U0572881

以土为中心的历史

山西明清时期的环境与社会

HISTORY CENTERED AROUND SOIL

The Environment and Society of Shanxi during the Ming and Qing Dynasties

韩强强 著

社会科学文献出版社
SOCIAL SCIENCES ACADEMIC PRESS (CHINA)

《华北区域环境史研究丛书》总序

本套丛书包括 7 本专著，大约 300 万字，是以国家社科基金重点项目——“华北环境变迁史研究”（2009 年立项，2016 年结项，批准号：09AZD050）的成果为基础，经多年增补、打磨而成。该项目原以 5 部专著结项，其中 1 部专论水力加工机具，因作者已经另做安排，未能收入；新增的 3 部，研究主题都是华北环境史且都出自南开大学同事和同学的手笔，可以视作项目后续推进的成果，承蒙诸位慷慨应允，一并集结出版。由于我的拖延，成果积滞多年，新著渐成旧稿。承蒙社会科学文献出版社领导和同仁鼎力扶持，幸获国家出版基金资助，如今终于付梓，一时多种滋味齐齐涌上心头。编辑同志命为作序，我就借机略做回顾、介绍和检讨。

一　何以“华北”？哪个“华北”？

最近 10 多年，同仁陆续推出了三套具有通史性质的多卷本中国环境史，本套丛书将华北作为专门对象，或是迄今卷帙最大的一套基于单个项目研究的区域环境史著作结集。不过，若是将中国环境史学的多个先导甚至母体领域如历史地理、农（林渔牧）业史、水利史、灾疫史等研究合并观之，它就只是诸多系列研究成果之一。早在我们之前，已有多个团队大批学者对江南（江浙）、两湖（湖广）、西北（黄土高原）、西南（云贵川）等重要区域的人地关系和环境变迁展开集群探研并且推出了系列论著。

有人认为，历史学是时间科学，地理学是空间科学。在特定的语境中，这种学科判分固有道理，但只是学术任务的分工、认知向度的分异，而非客观对象的真如。时间和空间作为一切事物存在和运动的两种基本形式，从来都是共在、协进而未曾亦不能彼此分离。历史学虽以时间作为第一标尺，但任何人物活动和事件的发生都离不开特定的空间，并且受到诸多空间条件的规定和制约。孔子以微言大义编订《春秋》，虽按时间年代顺序记事述往，但从来不离地域空间；司马迁被刑发愤而著《史记》，更欲“究天人之际，通古今之变”，其时空统一的思想一直被史家奉为圭臬，不仅塑模了历代正史，而且规制了各地方志。时至今日，基于各种问题意识和学术诉求，选取特定空间尺度和区域范围开展研究，早已成为历史探索尤其是那些与自然环境、物质因素关联紧密的课题研究惯常采用的进路和策略。环境史研究既要把历史上的人与自然关系作为主题，更应践行先史“天人本一”“时空不二”的思想理念。这并非简单接续本土史学道统，而是基于现代科学、针对现实问题而展开的一种新历史认知活动。

诸多领域的科学研究已经明示：人类作为地球生命系统的一部分，必须依赖一定的自然资源和生态环境而存活和延续，但大自然中的万事万物从来不是专为人类而设计和准备的，自然界中的物理运动、化学反应和生物演化从来不以人的意志和意愿为转移。环境史学及其诸多先导领域的研究也愈来愈证明：人类与自然之间有着与生俱来的矛盾，并非今天才面临资源制约、环境挑战和生态风险。自古到今以至未来，自然力量始终作用于人类社会，为人类生命活动提供物质资源及其他条件，同时造成各种约束、阻碍和威胁；人类社会则不断创造、运用各种观念知识、工具技术、经济方式和社会组织，根据自己的需要和意愿认识、适应、利用和改造周遭环境，自然系统和社会系统彼此因应，两大系统及其众多要素之间的复杂关系始终处在流变不居、主次不定和后果不同的动态演化之中。中国疆域辽阔，生态环境复杂，民族文化多元，文明历史绵长，人与自然的关系存在多样性、复杂性，且历史悠久。同一时代不同区域、同一区域不同时代，人与自然双向作用、相互影响和彼此塑造的规模大小不一、速度快慢不同，东西南北不同区域环境与社会互动关系的历史局势、面貌、情态和模式可谓千姿百态，由分区考察逐渐达成整体认识，是中国环境史研究的必然进路。

我们将华北作为区域环境史研究的第一个学术试验场，既因这里是华夏文明肇兴之地，是多元一体中华民族的“长房”，是百川交汇中国文化的“主根”，又因这里传载着最漫长、最丰富、最复杂和最惊心动魄的人与自然关系故事，其古今山川大地巨变举世罕见，用沧海桑田、天翻地覆都不足以形容，现实环境困局和生态危机更令人忧心。

我们最初计划以“大华北”作为项目研究范围，这是基于流域生态史实和广域生态史观。所谓“大华北”，系采用多数地理学家所认可的自然地理区划概念：大致东起于海，西至青藏高原东缘，北抵长城一线，南则以淮河—秦岭为界，这个地理范围与近世曾经多次调整的华北行政区划俱不相同。在漫长的地质时代，中国大地经历了气候回旋、造山运动、高原隆起、黄土堆积、海面升降、大河形成、生物演化等一系列巨大变迁，逐渐形成如今所见的地理格局和自然面貌，终于在距今两三百万年前造就了新生代第四纪的人类适生环境和生态。而苍莽辽阔的华北大地，受天、地诸多因素特别是地理纬度、海陆位置的综合影响，自然环境和生态系统具有显著的区域特征，气候、地形、水文、土壤等诸多结构性要素动静相随，彼此因应，协同作用，构成了当地万物孳育、竞生和人类生活、劳作的基底环境。

“大华北”位于中纬度地区，处在东亚大陆性季风气候控制之下；西部的黄土高原，是世界上最典型的黄土区，东部的华北平原则属次生黄土区；从北到南，可以大致划分为海河、黄河和淮河三个流域，而黄河自古居于主导地位。在过去几千年里，由于自然营力驱动和人类活动影响，黄土高原水土流失不断加速，巨量泥沙导致黄河下游河道淤积、河床抬升，使黄河成为举世罕见的“地上悬河”，频繁决溢泛滥特别是多次重大的河道移徙和南北摆动，对黄淮海平原自然景观塑造和生态系统演变产生了根本性的影响。如今黄河下游流域宛若一条狭长的地垄，河床高出两岸地面，非但不能汇纳诸河之水，反而成了南北“分水岭”，但这并未减弱反而增强了其不断重塑华北平原水土环境、频繁重创当地人民生活的巨大威力，学人常把“大华北”笼统称为“黄河中下游地区”，并非没有理由。

黄河中下游东西两大地形地貌板块——华北平原、黄土高原和南北三大河流——淮河、黄河和海河流域，自然生态和社会文明都具有非常紧密的整体关联性。作为世界最古老的人类活动舞台和文明起源发展中心之一，其区域经济、社会和文化的历史性格独特，色彩鲜明。在当地百万年人类史、一万年农业史和五千年文明史上，人类系统与自然系统始终相互制约、彼此塑造，人与天、地“三才相参”，各种自然和文化力量、众多环境要素和生物种群共同编织极其复杂的物质、能量和信息关系网络，不断竞合消长、协同演变。

中国幅员辽阔，生态环境复杂多元，中华文明因此多元起源、多元交汇、多元一体，地域差异显著，民族特色鲜明。一个不容否认的事实是，1000 多年前，黄河两岸、黄土地带一直是大多数中国先民的生存家园，中华文明于兹完成基本构型并取得长足发展，“黄土”“黄河”是最显著的两大自然、历史标识，既预设了其生态系统演化的基调，也铺陈了其社会文明发展的底色。早期“中国”曾与“中原”地域概念相近，后世涵盖越来越广大。西周青铜器——何尊（1963 年陕西宝鸡出土）铭文有云：“宅兹中或（国），自兹乂民。”若在何尊铭文中追补自然环境说明，最应加上“殖兹黄土”“济兹大（黄）河”。

我们最初设计以“大华北”为研究范围，试图“取百科之道术，求故实之新知”，综合考察区域自然环境的古今变化及其同社会文明变迁的关系，可谓胸怀荦荦大志，如今看来，实在有些好高骛远和自不量力。特别幸运和必须深表感谢的是，在项目评审阶段，曾有专家提醒应当避免因为研究范围过大而流于泛泛言说，建议着重考察“小华北”，即京津冀地区。后来的实践证明，这些善意提醒和中肯建议真是非常宝贵的“经验之谈”！经过反复斟酌、不断调整，我们决定以“大华北”作为综合论述、整体观照的“棋盘”“棋局”，而以“小华北”作为要素分析和专题考察的“棋子”“落点”。

二 研究目的和思想导向

黄河中下游的古今自然环境和生态系统变迁，是众多领域共同关注的重大课题。不论是“大华北”的研究，还是“小华北”的研究，我们都不是先行者，而是小跟班。在项目设计阶段，我们曾对前贤时彦的相关成果进行过系统梳理，结果令人惊讶：已有论文、著作和报告数量之多，远超我们的想象。自清末民初仿照西学重构中国学统，百余年来，地质、地理、生物、农林、气象、水利、生态、考古、历史等诸多学科领域已有成千上万学者分别考察了难以计数的区域自然历史事项和问题，当我们试图围绕环境史学主题即历史上的人与自然关系进行汇集、整理时，感到很难将所有相关成果尽行收纳和编目，其学术史本身就是一个值得研究并且不易完成的课题。

但我们同时发现，由于过度细化的“分科治学”，兼以部门职事条块切割，众多学科、行业和部门研究者都拥有各自的学术导向、问题关怀、理论方法、技术手段、时空尺度和概念话语，彼此之间缺少对话、交流与合作，关于同类问题的研究，论著陈陈相因，而事实判断、因果分析和价值评估时常相去颇远甚至彼此扞格，大量重复性、碎片化研究不仅造成思想认识片面和混乱，甚或导致决策、行动偏差与失误。百余年来，关于华北大地历史自然环境和生态系统变迁的研究论著堆积如山，针对众多具体问题的探研已经取得丰富成果，但是关于这个地区人与自然关系的古今变化以及诸多环境生态问题的来龙去脉，还缺少广域观察、多线联结和多层观照的综合论说，没有足够的连贯性、系统性和统合性，这给同仁运用生态系统思想方法进一步探究这个古老文明区域“天人之际”的“古今之变”留下了一些思想劳作的空间，若能汇集众家之长，加强对自然、经济、社会诸多要素相互作用、协同演变历史关系的系统观察和综合论说，仍可在某些方面发现新的问题，取得新的成果。

该项目的基本立意，就是试图整合诸多领域已有的研究成果，进一步发掘相关历史资料和经验事实，对华北区域古今环境变迁轨迹和重大生态问题根源，开展自然、经济、社会诸多要素相互结合的历史—生态系统考察，为生态恢复、环境治理和资源保护提供历史知见。为此，我们预设了三个目标：一是遵循区域社会文明演进的历史轨迹，讲述随着时间推移而多维展开的先民生命活动同天、地、万物广泛联系的历史故事；二是聚焦自然环境和生态系统主要结构性因素的古今变化，探询当今主要区域环境挑战和生态危机的历史生成、积聚过程；三是基于华北环境史实，探求人类系统与自然系统相互塑造和协同演变的动力机制。

为了实现这些新的目标，开展不同于此前学者的叙事和论说，我们努力寻找、运用新的思想方法，例如生态学家马世骏、王如松所提出的“社会—经济—自然复合生态系统”理论就是我们借鉴的主要思想框架之一。我们把人类历史和自然历史视为既相分别又相统一的生态系统过程，动态、整体地观察自然生态和经济社会诸多因素之间繁复变化的相互作用和彼此影响，提问题、摆事实和讲道理，都既注重揭示众多社会历史变化背后的自然力量和环境基础，也尽量避免只就特定自然现象和环境因素“就事论事”和“见物不见人”。

“因应—协同论”则是我们自己提出和尝试运用的一种新思想方法，旨在形成一种更具动态性、复合性和系统性的环境史学思维。在我们的思想理念中，因果关系是世界运动和历史变化的普遍关系，但是不论在人类系统还是自然系统中，特定因子的地位、作用、功能及诸多因子之间的关系都是动态变化的，不同的自然、经济、社会要素之间并非总是单向、直接的主动与受动、作用与被作用和决定与被决定的关系，而是在不同的时空尺度、数量范围、组织结构和秩序状态之下表现出疏密不同、主次不定和极其复杂的彼此因应、协同演变关系。环境史研究的主要目标，就是透过时间纵深解说特定自然空间和生态单元中的人类社会行为，包括经济生产、物质生活消费乃至政治、文化和军事活动如何不断响应周遭环境的变化而又不断驱动新的环境变化的，同时探查古往今来自然系统与人类系统、环境因素与社会因素如何彼此因应、相互反馈。我们试图采用“因应—协同”这一思想方法，超越“人类中心主义”与“生态中心主义”、“文化决定论”与“环境决定论”的长期理论纷争，纠正一度相当普遍存在的“经济开发导致环境破坏”的简单因果论说，以广泛联系、协同作用和多维立体的生态系统网络思维，呈现华北区域人与自然关系的历史复杂性。

前贤时彦的大量论说已经充分证明：黄河两岸、黄土地区在中华民族生存发展史上具有不容置疑的重要地位，中国文明的诸多传统和特质，例如天人相应的自然观念、顺时而动的生活节律、以农为本的经济模式、家国同构的政治形态、抚近徕远的天下秩序，敬祖睦族的人伦关系等都是在这里最早生成和确立的。我们尝试从“天人关系”角度重新解说这个生态系统脆弱多变区域的历史，对这里的社会文明历史成就及其早熟性、持续性、起伏性和强韧性做出历史的生态学解释，探寻当地先民的独特生命历程和特殊“生生之道”，并阐释他们面对种种环境制约、自然威胁和灾害打击迎难而上的积极应对策略和勇敢抗争精神，为当今环境资源保护和生态系统恢复提供历史资鉴。

三　主要内容和重点问题

基于上述思想导向和学术目标，同时根据历史资料条件和前人研究状况，我们大致以五代时期为界，对唐以前和宋以后分别采用不同的研究思路：前者进行全域观察和综合论说，后者专题探讨重点地区、关键问题。

本丛书有两部专著综合论说唐朝以前的华北环境史问题。其中，《商代中原生态环境研究》选取出现最早系统文字记录和拥有丰富考古实物资料的商朝作为一个历史截面进行宽频观察，尽可能全面地描述那时中原地区自然环境的基本面貌，包括气候、水文、土质土壤、草木植被、野生动物等方面的情况，以及这些自然因素同人口变动、经济生产、社会生活和文化观念的互相影响，为考察后代华北区域的生态环境和人与自然关系变化提供一个早期历史参照。

《黄土文明与黄河轴心时代》试图纵观远古至唐代华北自然、经济、社会诸多要素之间的交相作用和协同演变，探寻中国古代基本经济生产和社会生活模式、重要文化元素和文明特质在黄土地上率先发生、奠基、成熟甚至定格的自然根柢，追寻生态退化、资源减耗、水土流失、旱涝灾害等诸多环境问题最早在黄河两岸发生和累积的人类行为导因、社会应对策略及其生态系统影响，揭示“黄河轴心时代”的商周、秦汉和隋唐文明得以灿烂辉煌的环境资源基础，并就古代文明历史空间格局的变化、社会经济发展优势的南北易位等问题提出历史的生态学解释。

关于宋代以后的环境问题研究主要聚焦于“水”“土”“林”，水的问题更是重中之重。我们认为，“水”“土”“林”是自然环境和生态系统的三大结构性要素，也是经济、社会和文化发展的主要物质基础。在华北环境史上，三者交相联动、协同作用，经历了极其复杂的演变过程，并且表现出非常显著的区域特征。三者之中，流注不定、形态易变的水最具有不确定性，对华北人民生命活动的历史影响制约最为广泛深刻，如今更是构成区域发展的主要环境约束和资源瓶颈。

鉴于前人针对水的问题已经做过大量探讨，成果非常丰富，为了避免简单重复，我们选择研究基础相对薄弱的海河流域重点突进。在博士学位论文基础上加工、完成的三部专著——《从渠灌到井灌——海河平原近600年水环境与灌溉水利变迁研究》、《清代海河流域湖泊洼淀衰变与社会应对研究》和《流动的城市——近代天津城市水资源与供排水系统研究》分别就下列问题做了比较深入的探讨：一是近600年来海河流域水资源如何逐渐衰退并迫使当地农田水利由渠灌向井灌（由地表水向地下水）转变；二是清代以来海河流域湖、泊、洼、淀经历了怎样的衰变过程，官方和民众面对由此带来的环境变化、资源萎缩和生存压力采取了哪些因应策略和举措；三是近代天津如何在诸多自然与社会、本土和外来因素的共同作用下逐渐完成城市供水排水系统的近代转型，又给天津城市生活方式带来了哪些显著改变。

《管子·水地》有云：“地者，万物之本原，诸生之根菀也。”[①] 其以“水地”命篇，当然是因为两者密不可分。虽然“地”的基本构成要素是“土”，但“地”之生物必赖“水”的条件，有“水”方有“地”。华北先民早已知晓，“水土”“土地”“壤土”乃是生命之本、万物之根和衣食之源，故赋予它们以“母亲”“家园”这些最亲切的生命意义和伦理价值。成千上万年来，黄土地上的人们辨土、用土、亲土、保土，始终同土地保持着亲密接触、相互塑造的和谐共生关系。

但这并不意味着人、土之间从未出现任何问题。事实上，进入农耕时

---

① 黎翔凤撰，梁运华整理《管子校注》卷14《水地第三十九》，中华书局，2004，第813页。

代，人类即已发现一些类型的土地不合己用，而对土地的不当作为和过度利用亦最先造成诸如肥力下降、水土流失之类的环境问题。古代华北“土”的环境问题主要是表土侵蚀和斥卤贫瘠，举其大要有四：一是高原山区水土流失和地表破碎；二是河流泥沙搬运和下游土地堆积；三是多种类型、成因的土地盐碱化；四是西北边缘和黄河故道的沙碛化。关于这些问题，前人已有许多研究成果，而《以土为中心的历史——山西明清时期的环境与社会》以明清山西高原为研究对象，深入生产、生活细节，对出于不同目的（如农作、筑路、造桥、建窑洞等），运用不同知识技术的识土、选土、用土和治土展开了新的探讨，试图还原一段人土互动的动人或辛酸的往事，可谓另辟蹊径。

在地球生命系统演化史上，林草是依托水土以及其他条件而继生的自然事物和环境因素，但人类活动改变自然环境并且造成生态问题，却是林草损毁在先，水土破坏在后——前者是因，后者是果，而水土流失造成土地贫瘠，又反过来导致林草难以茂长。因此，森林植被破坏与水土环境退化始终呈现正相关、强叠加和恶性循环的关系，并且引起连锁性的生态与社会系统响应，这些在华北环境史上有着非常显著和特别典型的表现。正因如此，从农林史、历史地理到环境史研究，森林植被破坏及其环境生态恶果一直受到高度重视，甚至形成“经济开发—森林破坏—环境恶化”的思维定式。我们同样非常关注森林植被变迁，但是试图采用新的叙事、论说方式。不同于惯常采用的套路，《自然—经济—社会协同演进中的古代华北燃料危机与革命》并不径直亦不局限于考论华北森林植被破坏和林草资源耗减的历史，而是从百姓日日所需的薪柴燃料出发展开人与自然交往的故事。作者对古代华北燃料危机形成、燃料革命发生和燃料格局演变的环境资源条件、人类应对策略及其广泛的经济、社会和生态效应，进行了别开生面和颇有深度的探讨。

要之，关于宋代以后特别是明清以来华北“水”“土”“林”的专题探讨，不是单纯讲述森林资源如何耗减、水土环境怎样退化，而是试图把它们同产业经济调整、物质生活变迁乃至文化风俗嬗变紧密联系起来，围绕焦点问题考论具体事实，揭示华北环境史上自然系统与人类系统相互影响、彼此因应和协同演变的长期过程和复杂机制。

四 基本认识和主要心得

以上七部著作或可算得上一个系列，却远远构不成一个系统，因为还有太多方面的事实和问题我们未做探讨：有些是刻意回避，有些是无力进行。稍可欣慰的是，通过10多年的学习和思考，我们对华北区域社会、经济和环境相互影响、协同演变的大致历史轨迹有了一些初步认识，对若干重要环境问题的历史成因和演变过程提出了自己的看法，在思想进路、叙事框架、资料发掘、事项观察和问题分析方面都有一些新的尝试和推进。

在对中古之前的长时纵观和断代综论中，我们就华北区域自然环境的基本面貌，先民对自然事物、资源禀赋、生态条件、环境威胁的认知、顺应、利用、改造和应对，以及它们对经济类型、生活模式、社会制度和文明特质形成、发展的历史影响，都做了一些力所能及的新解说。我们认为，在采集捕猎时代和农业起源发生阶段，华北区域的人与自然关系已经表现出诸多特点，但经济社会发展并未居于显著优势地位。距今四五千年前，气候演变进入一个特殊周期，由于自然环境和资源禀赋的某些特点，工具技术水平等自然、文化因素恰巧更加耦合，中原地区人口增长、经济发展和社会进步的速度显著高于其他地区。因此，在中国文明国家发展的早期阶段，黄河、长江两大流域都产生了发达的地域文明，形成了多个文明板块，古老文明之光南北辉映而以中原文明最为耀眼，形成“众星拱月”之势。

自夏商周到秦汉、隋唐，黄河两岸一直是中华民族生命活动的主要历史舞台，黄土大地是大多数人口世代劳作、休憩的家园，因此我们用“黄土文明”和“黄河轴心时代”加以概括。

进入公元后的第一个千年，特别是在其后半期，中国文明的空间格局开始发生巨大变化，长江流域加速崛起，但经济、社会和文化发展的中心区域依然是华北。虽然黄土高原的过度垦殖已经造成相当严重的流域性环境问题，特别是黄河水患、森林资源消耗逐渐造成的燃料短缺，但是直到唐代，华北地区的自然环境和生态系统整体还较健康，至少尚未恶化。文献记载反映，那时华北地区的水资源依然相当丰富，众多河流尚可通行船只，山区林泉众多，平原湿地广袤，一些地方水网交织，泽淀辽阔，稻荷飘香，不输江南，令人怀想。

然而中古以后，由于长期消耗，自然资源约束逐渐加强，北方经济增长和社会发展愈显颓势，而南方地区不断强势崛起甚至后来居上，华北地区失去了“一区独大”、傲视四方的优势，中国历史的“黄河轴心时代”终结。尽管如此，在最近的1000多年里，华北大地依然是中国经济社会发展的基本区域、中华民族历史活动的主要舞台和亿万人民生息繁衍的主要家园之一。在环境资源压力持续加大、生态系统退化渐趋严重的情况下，华北区域的人口数量和经济规模依然在波动之中呈现总体增长趋势，而没有像两河流域和世界其他古老文明那样出现严重中断甚至几乎完全衰没，这是必须首先肯定的历史事实，其背后必有非常值得深究的历史缘由。

通过前期宏观整体考察和后期具体实证研究，我们对华北区域水土资源环境变迁的历史过程形成了若干基本认识，认为华北地区的水土环境变迁大致可以分为三个阶段。

第一阶段，远古至北宋，是地表水资源比较丰裕的时期，西部高原山区水泉众多，东部平原湿地广袤，大小河川的水量远比现在丰富且稳定。那时也频繁发生旱灾，农民必须努力保墒抗旱，但主要是水资源的时空分布不均（包括降水年季变差较大和农田水利工程失修），而不是资源性缺水。在相当长的历史时期，华北平原水土环境的主要问题并非严重缺水，而是地表水流漫衍，地下水位高，导致土地下湿沮洳、盐卤贫瘠。如何排除积潦、扩大耕地和化除斥卤，是许多地方不得不长期面对的农业生产难题，而垦辟稻田、引渠排灌、治垄作沟、淤泥压碱等，是常见的工程对策和技术措施。

第二阶段，南宋至民国（12世纪到20世纪前期），是各类水体逐渐萎缩、地表水源渐趋匮乏时期。西北高原山地森林植被耗竭，导致水源涵养能力衰弱；东部平原湖泊沼泽淤填，致使水流潴蓄能力持续下降；黄河下游、海河和淮河变迁剧烈，河道飘忽不定，水系紊乱不堪，决溢、泛滥和断流频繁，资源性缺水局面自西而东渐次形成，到了明朝后期，一些地区开始抽取地下水以弥补地表水源不足，以凿井浇灌替代引渠灌溉，国家、地方和民间社会不得不面对日渐众多的利益纠缠和矛盾冲突，而斥卤盐碱治理任务依然沉重。

第三阶段，20 世纪中期以来，这一时期人口快速增加和经济巨量增长，导致需水总量直线上升，地表和地下水资源都以空前速度急剧耗竭，而工业化、城市化和农业化学化给各类水体造成严重污染，更导致有限的水资源不能被充分利用，形成资源性缺水与水质性缺水不断叠加的严重局面。这也成为华北特别是京津冀地区经济社会发展的最大资源约束。

总而言之，当代华北的环境挑战和生态危机并非朝夕之间陡然出现，许多问题是在漫长时代中“积渐所至”。当然，水、土、空气的严重污染是最近百余年快速形成和积聚的问题。

华北自然环境既有得天独厚的优势，也有诸多不利的因素和限制。“水”是历史环境变迁的枢机，也是现实生态危机的要害，而长期历史观察结果清楚地表明:“水”“土”“林”乃是相互牵连、协同作用和密不可分的整体。正如习近平总书记所指出的那样:“山水林田湖是一个生命共同体，人的命脉在田，田的命脉在水，水的命脉在山，山的命脉在土，土的命脉在树。”① 在过去 1000 年里，“先天不足的客观制约”和“后天失养的人为因素”② 逐渐加速耦合和叠加，导致水土环境和生态系统总体呈现资源耗减、功能退化直至恶化的趋势，干旱、洪涝及其他自然灾害的发生频率不断增加，危害程度不断加深，黄河肆虐、断流是其中最为突出的历史表现。当地人民一面频繁遭罹黄河、淮河、海河及其众多支流决溢、泛滥甚至移徙造成的巨大灾难，一面频遭旱魃肆虐，每逢甘霖不济，往往人畜渴死、禾苗枯槁甚至赤地千里。由

① 习近平:《关于〈中共中央关于全面深化改革若干重大问题的决定〉的说明》，2013 年 11 月 15 日，中华人民共和国中央人民政府网，https://www.gov.cn/ldhd/2013-11/15/content_2528186.htm。

② 习近平:《在黄河流域生态保护和高质量发展座谈会上的讲话》，2019 年 10 月 15 日，中华人民共和国中央人民政府网，https://www.gov.cn/xinwen/2019-10/15/content_5440023.htm。

于时代局限，古人长期不知诸多环境问题的根源一在高原山区过度砍伐、垦殖导致水源涵养能力下降、水土流失严重，二在平原地区泽、淀、洼、泊消亡和河道壅塞抬高造成洪水无以潴蓄、旱涝瞬时翻转。由于缺乏大流域大生态的系统观念和全局意识，更无全域观察、长远考量、整体布局、多方协同和综合施治的科学决策、社会组织及工程技术能力，先民面对水患，唯知下游疏堵，耗费公帑、竭尽民力而不能纾解；遭遇旱灾，常常束手无策，只能跪拜龙王、哀告上苍。成千上万年来，华北先民一直靠天吃饭，频繁受打击，生计维艰，但始终坚忍顽强地生活着，历尽磨难而又生生不息，书写了无数可歌可泣的人与自然关系故事，令人慨叹！令人感佩！

新中国成立以来，在中国共产党的坚强领导下，亿万华北人民奋力拼搏，治理大河、兴建水利、植树造林、治沙改土……古老华北大地迅速恢复蓬勃生机。党的十八大以来，以习近平同志为核心的党中央把生态文明建设纳入国家发展“五位一体”总体布局，把人与自然和谐共生确定为中国式现代化宏图伟业的一个新的主要目标，把资源环境保护和生态系统修复摆在全局工作的优先位置。随着《黄河流域生态保护和高质量发展规划纲要》和《京津冀协同发展规划纲要》的颁布和实施，华北区域生态环境同全国各地一样正在发生历史性、转折性、全局性变化。项目执行期间，我们反复学习两份纲要，发现它们拥有一个非常重要的共同点，就是高度重视流域区域环境资源、经济产业和社会事业众多要素的系统性、综合性和协同性，感觉此乃基于深刻历史反思甚至是在痛定思痛之后做出的长远谋划、整体布局和统筹安排，科学理性地规划了区域文明复兴的美好前景，符合中华民族的共同意愿和长远利益。时至今日，环境保护和生态文明理念日益深入人心，越来越多的人士对中国历史上的环境问题产生了兴趣，相信也有不少读者愿意了解当今华北主要环境问题的来龙去脉。若是有缘人能够从本套丛书获取些许有用的资料和知识，我们将会深感欣慰！

五 没有尽头的思想旅行

这套丛书的研究、撰写、修订和编辑工作，因为杂事不断干扰一直断断续续，自立项通知书下达至今，竟然已有整整15年！问题酝酿和资料积累时间更长，有些阅读思考题可以追溯到我在南开大学攻读博士学位期间，差不多有30年了。我的学长和同事朱彦民教授也早在20年前就开始探研商代中原环境问题并发表专题研究论文。5位青年学者——赵九洲、曹牧、潘明涛、高森和韩强强在过去10多年里陆续加入华北环境史研究。他们曾经都是南开大学历史学院环境史专业（自主设置交叉学科，教育部正式公布）的博士研究生，贡献给本套丛书的著作都以其博士学位论文为基础。我们一路走来，任凭寒暑往还，兀自苦中作乐，一起困惑，一起求索，一起成长。“学海无涯，唯苦能渡，重在尝试，贵在坚持”，是我们在这段人与自然关系历史行思中的共同领悟。

前贤一再训诫：治史如同修行，要十年磨一剑。我辈根基浅薄，自是信受奉行。但经验告诉我们，时间长短与水平高低并不总是正相关的关系，一项研究成果的学术质量和思想高度，受众多主、客观因素的影响和制约，包括学人的资质、识见、功力和专注程度，以及问题的复杂性、任务的难易度等。这套丛书从酝酿到完成，时间远远不止10年，但我们拖延越久就越是缺少自信，丝毫不敢自矜自夸。项目所涉事实和问题之庞杂，让我们越来越尴尬地发现自己竟是这般志大才疏、眼高手低！

这套丛书出版意味着我们总算完成了一项延宕太久的任务，但压在心头的石头并未移除，反而更加沉重，因为这些成果距离理想目标十分遥远：我们花费20多年时间，找到并探讨了若干典型、关键的历史问题，但是它们太过复杂，我们的思想认识还有很大推进空间；我们尽力博采众长，冀成一家之言，但诸多领域的相关前期成果堆积如山，我们未能也无力尽予消化、吸收；我们努力学习和运用自然科学知识以期提升专业水平，增加技术含量，但是其中依然难免遗留一些知识错误和思想偏差；我们试图借用“社会—经济—自然复合生态系统”框架梳理这一古老文明区域“天人之际”的“古今之变”，揭示自然系统与社会系统协同演变的历史过程和动力机制，现在看来，那是一个道阻且长，甚至可能没有尽头的思想旅行。

令人高兴的是，在本项目执行期间，环境史研究已在中国迅速发展起来，不再像几十年前那样被看成历史学的异类。更可喜的是，近年获得国家社科基金和其他经费资助的华北环境史研究项目越来越多，形势喜人。我们自知这套丛书存在诸多缺陷和不足，但仍然期望它能够充当推进相关研究的垫脚石。诚恳等待来自读者的批评，期盼同仁不断推出更加系统、精湛的新著，而我们自己亦将继续勉力前行。

王利华

2024 年 8 月 17 日草就、20 日修订于空如斋

序　言

2015年的秋天，韩强强进入陕西师范大学西北历史环境与经济社会发展研究院攻读硕士学位，随我开展历史地理研究，三年的师生共处时光很快过去，韩强强顺利考入南开大学历史学院，跟随著名农史学家和环境史专家王利华教授攻读博士学位，由历史地理学转向环境史。此后，我们一直有着断断续续的联系，交流最多的还是学术研究问题。前不久，他发来了他即将付梓的书稿——《以土为中心的历史——山西明清时期的环境与社会》，请我作序。作为他曾经的指导老师，我目睹他日渐成长，在学术上取得了可喜的成绩，于是欣然应命，在通读全书的基础上，写了几点读后感想，权当序言。

历史过往纷繁复杂，总体而言是一部人类脱胎于自然、认识自然、适应自然、利用自然和改造自然的历史，不同学科的研究者基于对人类社会和自然环境（主要是指地理环境）关系的不同认识，从不同的角度切入，探讨历史演进的各个方面，试图复原史实、阐述道理、发现规律、总结经验。在人类活动力度不断增强，对自然的影响显著加大和加深，环境问题日益严峻的现实促动之下，环境史于20世纪七八十年代应运而生。与历史地理关注的核心问题是人地关系问题一样，环境史主要讨论的也是人地关系问题。但二者的研究理论、研究视角和研究方法不同，历史地理主要是研究历史时期在人类活动影响下地理环境的变迁过程，更多的是通过对不同时间剖面地理环境空间差异的形成和演变的分析，探讨人地相互作用的机制，而环境史则从它产生之日起，便带有明显的环境关怀，将自然环境和人类社会置于平等的地位，旨在从人与自然环境循环往复的关系网中，寻找吾土吾民生生不息的历史足迹，以为未来人们更好地生存指明一点出路、提供些许智慧。韩强强此书正是在这样的立场上展开论述的。

在众多的自然环境要素中，“土”的重要性无须赘言，维持人类基本生存和生活的衣、食、住、行，无一不依赖于“土”，通过“土”来展开。中国自古以农立国，一直强调以农为本，即使是在今天工业经济迅猛发展，农业在国民经济中的比重明显下降，与农业、农村、农民有关的所谓“三农”问题，依然关系到国家的长治久安。而且，即使是工业，乃至商业、旅游业等其他任何产业，也都离不开对“土”的依赖和利用。以往，研究者们对于历史时期有关土地的问题进行了长久而热烈的讨论，包括土地所有权、土地利用、土地管理等，形成一个可称为“以土地为中心”的研究取径。

但是，韩强强此书所言“土”并非我们习以为常的“土地”，而是比“土地”内涵更为丰富、外延更为广阔的“土”，是更具有自然属性的“土”，是最能体现土的本质和人类依赖的“土”。众所周知，土是地球的疏松表层，土除了能生长陆地植物以外，还被广泛地作为他用。就以我国古代文明产生的核心区域黄土高原而言，在深厚的黄土层中，人们可以掏挖窑洞用以栖止、夯筑土垣用以自卫。利用黄土的可塑性，人们可以抟土成坯，而又烧坯成砖，用砖加固土窑洞或进而建造砖窑洞，用砖包砌城墙以减少自然力的日侵月削。而在我们每天所必须行走的交通道路上，亦离不开土的制约和影响。在路面未硬化的时期，人们必须忍受土路的断陷崩落、泥泞不堪与沙尘滚滚，正是这些“日遇而不察”的细节逐渐推动着交通道路向硬化路面的变迁。除了物质层面，在精神层面人们也对土有一定的思考和利用，韩强强称之为“精神性利用”。蜿蜒的土质山脉成为人们风水龙脉信仰的物质载体，这一载体遇水易被侵蚀的特性以及土作为生存资源的不可或缺性，促成了人们与土脉相交往的历史。

这些可称为“以土为中心”的历史事实，主要是围绕着利用土的各种性能、治理土的各种缺陷而生成的，即韩强强在书中屡次提到的“环境应对”。韩强强认为，人与自然之间的关系过程，一定程度上可以看作“适应性地利用自然”与“建设性地治理环境”相统一的过程。自然环境在提供给人们生存条件的同时，也为人们的生存设置了诸多障碍。人们利用那些条件、消除那些障碍的诉求，推动着人土关系不停地向前发展。这一过程有中止，而绝无终止。正是基于这一认识，韩强强能够从大家所习见的史料看到历史发展或者人地关系史的另一个侧面，能够把相关的史料组织在一起，从人们增加粮食产出量的努力、劳动力向与土相关行业的转移、窑洞与城墙的华丽变身、对土路缺陷的持续治理、土与信仰等方面，细致而生动地刻画出明清山西以“土”为中心的环境与社会实况，提出了许多颇有见地的思考。

人与自然关系的历史虽然十分庞杂，但对人与众多自然环境要素之间关系的个别解析，无疑是实现环境史叙事的一种路径，韩强强此书一定程度上实现了从“土地”叙事向“土”叙事的转变，是一次有益的尝试。希望韩强强在以后的日子里继续努力，取得更多成绩。是为序。

王社教

2024 年 8 月 25 日撰于不悔斋

目　录

绪 言
环境史为何研究土

土作为一项自然环境要素，是环境史研究的题中之义。但要想说清楚环境史为什么要研究土，还得从什么是环境史谈起。“生态环境史的兴起，无疑是历史学在新旧千年交替之际的一个重大发展，是21世纪新史学的一项宏伟事业。就世界范围而言，生态环境史研究由起步至今不过才30余年，但发展相当迅猛，在国际史坛上已由‘边缘’走向‘主流’。”[①] 更具体地说，“环境史是自1970年代以来逐步氤氲生成的史学研究新领域。对于中国史学而言，它是1990年代之后勃然兴起的一个新的‘学科生长点’，一经出现即具有一种引领学术潮向的作用”[②]。李根蟠这样阐述环境史的意义：“环境史的兴起，不但开辟了史学的新领域，而且给史学带来了新思维”，“环境史把人与自然结合起来进行总体的动态考察”，“自然环境对人类历史的作用受到空前的重视”，环境史兴起的意义正在于其最可能使“人类回归自然，自然进入历史”。[③] 环境史以其卓异的研究旨趣、强烈的现实关怀，在国际史学界傲然绽放、异彩纷呈。并且，迄今为止，中国的环境史研究也如火如荼，蓬勃发展。

---

① 王利华：《中国历史上的环境与社会·前言》，王利华主编《中国历史上的环境与社会》，生活·读书·新知三联书店，2007，第1页。

② 王先明：《环境史研究的社会史取向——关于“社会环境史”的思考》，《历史研究》2010年第1期。

③ 李根蟠：《环境史视野与经济史研究——以农史为中心的思考》，《南开学报》（哲学社会科学版）2006年第2期。

关于环境史的研究对象，伊懋可（Mark Elvin）曾这样说：“环境史的主题是人与生物、化学和地质等系统之间不断变化的关系，这些系统曾以复杂的方式既支撑着人们又威胁着人们。具体来说，则有气候、岩石和矿藏、土壤、水、树木和植物、动物和鸟类、昆虫以及万物之基的微生物等。所有这些都以种种方式互为不可或缺的朋友，有时候也互为致命的敌人。技术、经济、社会与政治制度，以及信仰、观念、知识和表述都在不断地与这个自然背景相互作用。在某种程度上，人类系统有其自身的活力，但不论及它们的环境，就不可能自始至终对它们予以充分的理解。”[①] 伊懋可虽非第一个对环境史的研究对象加以厘定的学者，但毫无疑问，其上所述较为全面地表明了环境史研究的主题。简言之，人与其环境的交界面就是环境史研究的对象。

但实际上，环境史学界同仁在回答什么是环境史这一问题时，给出的答案纷繁多样且各有侧重。正如唐纳德·沃斯特（Donald Worster）所言：“在环境史领域，有多少学者就有多少环境史定义。”[②] 但无论如何，众多研究者均认可将人与自然之间的关系作为环境史研究的主题。据此，不少学者便在已有的史学分支学科之基础上，指出了众多环境史学分支领域，以实现对人与自然环境相交界之事项的梳理，并进而厘清实现环境史研究或环境史叙事的路径，最终丰满环境史的学科枝叶。例如，有学者指出社会史与环境史相交叉之后可产生社会生态史（社会环境史）或生态社会史（环境社会史）[③]，有学者指出边疆史与环境史相结合之后可形成边疆环境史[④]，有学者指出军事史与环境史相结合后能

---

① 〔英〕伊懋可：《大象的退却：一部中国环境史·序言》，梅雪芹、毛利霞、王玉山译，江苏人民出版社，2014，第5~6页。

② 包茂宏：《唐纳德·沃斯特和美国的环境史研究》，《史学理论研究》2003年第4期。

③ 王利华：《社会生态史——一个新的研究框架》，《社会史研究通讯》（内部交流刊）2000年第3期。王利华：《中国生态史学的思想框架和研究理路》，《南开学报》（哲学社会科学版）2006年第2期。王先明：《环境史研究的社会史取向——关于“社会环境史”的思考》，《历史研究》2010年第1期。毛利霞：《从双元互动到三维结合——环境社会史兴起的理论探讨》，《长江师范学院学报》2010年第2期。

④ 周琼：《中国环境史学科名称及起源再探讨——兼论全球环境整体观视野中的边疆环境史研究》，《思想战线》2017年第2期。薛辉：《中国边疆环境史研究刍议——基于学术史梳理的思考》，《史学理论研究》2020年第4期。

提炼出军事环境史[①]，有学者指出海洋史与环境史相交叉可形成海洋环境史[②]，有学者指出环境史思维引入传统政治史研究后可产生环境政治史[③]，有学者指出城市史研究接纳了环境史之后可形成城市环境史[④]，有学者指出口述史结合环境史后可形成口述环境史或环境口述史[⑤]，还有学者指出在疾病医疗社会史中引入环境史或生态视角可生成医疗环境史[⑥]，亦有学者提出山地环境史、环境制度史、环境法制史、环境思想史、环境保护史等环境史分支学科名称[⑦]。如此种种，难以缕述，举例如上以略见一斑。

除了通过在已有的史学分支学科中重视自然环境因素以显示环境史色彩、

---

① 贾珺：《为什么要研究军事环境史》，《学术研究》2017年第12期。刘合波：《史学新边疆：冷战环境史研究的缘起、内容和意义》，《世界历史》2019年第2期。贾珺：《一战西线老兵记忆的两种研究路径：从新军事史到军事环境史》，《史学理论研究》2019年第2期。贾珺：《慎思与深耕：外国军事环境史研究》，中国社会科学出版社，2023。

② 包茂红：《海洋亚洲：环境史研究的新开拓》，《学术研究》2008年第6期。李玉尚：《被遗忘的海疆：中国海洋环境史研究》，《中国社会科学报》2012年12月5日第A05版。张宏宇、颜蕾：《海洋环境史研究的发展与展望》，《史学理论研究》2018年第4期。包茂红：《从海洋史研究到海洋环境史研究》，刘新成主编《全球史评论》第19辑，中国社会科学出版社，2020，第3~22页。赵九洲：《由陆向海：中国海洋环境史研究前瞻》，《中国边疆史地研究》2023年第1期。

③ 刘向阳：《环境政治史理论初探》，《学术研究》2006年第9期。刘向阳：《论环境政治史的合法性》，《史学月刊》2009年第12期。滕海键：《政治纬度的环境史研究及其现实意义——以美国的环境政治史研究为实例》，《辽宁大学学报》（哲学社会科学版）2013年第5期。

④ 高国荣：《城市环境史在美国的缘起及其发展动向》，《史学理论研究》2010年第3期。侯深：《没有边界的城市：从美国城市史到城市环境史》，《中国人民大学学报》2013年第3期。肖晓丹：《法国的城市环境史研究：缘起、发展及现状》，《史学理论研究》2016年第2期。刘启满：《城市环境史在中国的缘起及发展动向》，《鄱阳湖学刊》2024年第6期。赵九洲、宋倩：《中国城市环境史研究刍议》，《东方论坛——青岛大学学报》（社会科学版）2025年第1期。

⑤ 周琼：《"创造"与书写：环境口述史料生成路径探微》，《云南社会科学》2020年第1期。耿金：《环境史研究的"在地化"表达与"乡土"逻辑——基于田野口述的几点思考》，《云南大学学报》（社会科学版）2020年第3期。曹牧：《口述环境史：概念、方法与价值》，《鄱阳湖学刊》2020年第3期。

⑥ 毛利霞：《环境史领域的疾病研究及其意义》，《学术研究》2009年第6期。李化成、沈琦：《瘟疫何以肆虐？——一项医疗环境史的研究》，《中国历史地理论丛》2012年第3辑。余新忠：《医疗史研究中的生态视角刍议》，《人文杂志》2013年第10期。

⑦ 周琼：《定义、对象与案例：环境史基础问题再探讨》，《云南社会科学》2015年第3期。

实现环境史写作之外，学界也因研究对象在时空上的差异性，通过倡导并撰写环境史通史及断代史、整体或区域环境史，为中国环境史的研究添砖加瓦。例如，伊懋可所著《大象的退却：一部中国环境史》、马立博（Robert B. Marks）所著《中国环境史：从史前到现代》，以及王利华编著《中国环境通史》第1、2卷，侯甬坚等编著《中国环境通史》第3卷与梅雪芹等编著《中国环境通史》第4卷，还有河北师范大学环境史研究中心负责编纂的六卷本《中国环境史》，等等，从通史、全域的角度丰富了中国环境史的研究。此外，也有学者专门思考了断代环境史写作的可能。[①] 当然《中国环境通史》《中国环境史》本身就蕴含着断代环境史。与根据时间线进行环境史编纂不同，另有一些学者在尊重时间线索的同时，更着重于对空间特质的探讨，试图在区域环境史的框架下推动环境史研究的实现与发展壮大。例如，王建革《江南环境史研究》一书对江南环境史进行了系统研究，滕海键撰文对“东北区域环境史”研究现状、研究体系、史料来源进行了深入的思考，蓝勇《对中国区域环境史研究的四点认识》一文对中国区域环境史的研究进行了一定的构想，以及孙竞昊与卢俊俊撰文对“江南区域环境史”的研究进行了一定的检讨与省思。[②] 以上思考或实践，无疑有利于推动中国环境史研究的大力发展。

在为丰满环境史的学科枝叶而竭力思索环境史研究实现路径的众

---

① 苏全有、韩书晓：《中国近代生态环境史研究回顾与反思》，《重庆交通大学学报》（社会科学版）2012年第2期。赵九洲：《追本溯源：中国远古环境史研究初探》，《鄱阳湖学刊》2017年第4期。王利华：《关于中国近代环境史研究的若干思考》，《近代史研究》2022年第2期。梅雪芹：《在中国近代史研究中增添环境史范式》，《近代史研究》2022年第2期。赵九洲：《意义与方法：中国近代环境史研究批评》，《社会科学》2023年第8期。王利华：《范式转换和领域开拓：中国近代环境史研究蠡见》，《社会科学战线》2024年第7期。

② 王建革：《江南环境史研究》，科学出版社，2016。滕海键：《古代东北区域环境史研究综述》，《中国史研究动态》2020年第1期。滕海键：《“东北区域环境史”研究体系建构及相关问题探论》，《内蒙古社会科学》2020年第2期。滕海键：《东北区域环境史资料搜集、整理与研究相关问题初论》，《辽宁大学学报》（哲学社会科学版）2020年第3期。蓝勇：《对中国区域环境史研究的四点认识》，《历史研究》2021年第1期。孙竞昊、卢俊俊：《江南区域环境史研究的若干重要问题检讨和省思》，《重庆大学学报》（社会科学版）2021年第2期。更多关于区域环境史的已有研究成果可参见邢哲《近十年（2004~2013年）区域环境史研究述评》，《中国史研究动态》2016年第1期。

多学者中，赵九洲的系列思考比较特别。其从多个角度为环境史研究内容与研究视角的丰富贡献了自己的智慧。其因研究对象的宏观与微观之分而指出宏观或微观环境史的研究取径，因研究对象的虚实之分而有虚幻环境史之提法与倡导，因常态环境与变态环境之分而提出常态环境史或变态环境史之名。[①] 以上设想为实现环境史研究提供了可能的独特蹊径。

在确认了“人与自然之间的既往关系”这一环境史的研究主题之后，众多学者从自身的学科本位出发，对环境史研究进行了实践，也对环境史研究的未来进行了展望。这些研究实践或构想均为环境史研究的实现指明了方向、提供了思路，也均有利于使中国环境史研究走向成熟、发展壮大。正是这些实践与思考支撑着中国环境史自 20 世纪 70 年代兴起以来，一直蓬勃发展至今日。但是，只要仔细核查便不难发现，大多数研究仅仅是通过在研究内容上契合人与自然关系这一环境史倡导但绝非独特的研究主题来实现环境史的研究或编纂。之所以说人与自然关系是环境史具有但不独有的研究主题，是因为在以往包括但不限于历史学的众多学科之中，以人与其环境之间的关系为研究对象的学科还有不少，这其中最为显著者当数历史地理学。[②] 正如梅雪芹对中国环境史发展历程所作的总结一样，中国环境史是在“继承学界前辈有关‘环境的历史’以及关于‘地理与文明’或地理环境与社会发展之研究成果的基础上”，“在有关的具体研究以及理论与方法的思考上出现了可喜的

---

① 赵九洲：《环境史研究的微观转向——评〈人竹共生的环境与文明〉》，《中国农史》2015 年第 6 期。赵九洲、马斗成：《深入细部：中国微观环境史研究论纲》，《史林》2017 年第 4 期；赵九洲、马斗成：《避实就虚：中国虚幻环境史研究发凡》，《鄱阳湖学刊》2019 年第 1 期；赵九洲：《返璞归真：中国常态环境史研究刍议》，《中南大学学报》（社会科学版）2021 年第 1 期。

② 所以，有学人专门就历史地理学与环境史之间的关系进行过辨析。例如：迈克尔·威廉斯撰，马宝健、雷洪德译《环境史与历史地理的关系》，《中国历史地理论丛》2003 年第 4 辑；侯甬坚：《历史地理学、环境史学科之异同辨析》，《天津社会科学》2011 年第 1 期；韩昭庆：《历史地理学与环境史研究》，《江汉论坛》2014 年第 5 期。

势头”。[1] 换句话说，以人与自然关系为研究对象的“环境的历史”研究、“地理与文明”关系研究早已经底蕴深厚，如果仅是对“环境的历史”“地理与文明”等内容进行研究，那环境史与其他已有相关学科又有什么分别呢？所以，如果不提取出有别于其他相关学科的独特学科理念的话，那么环境史存在的意义便会大打折扣，甚至兴味索然，其专业地位也将岌岌可危，甚或失去自己的学术生态位。

对此，王利华已有提醒，其言：“最近几年，中国环境史研究发展诚然迅速，与之相关的立项、会议和论著越来越多，显得相当热闹，以致学界认为环境史研究已在中国‘异军突起’。然而，仔细观察就可发现：迄今为止，相关的研究仍旧由不同领域的学者分别进行，研究者们大体尚未超越各自学科原有的指向、路径和话语，彼此之间缺乏必要的沟通和联系”，这种分而治之的局面使得“中国环境史研究仍处于零散状态”，中国环境史“成为一种学理清晰、架构完整和自成体系的专门学术尚需时日”。[2] 诚如斯言，环境史研究仍然缺乏独特性、专门性、系统性而无法独立于学术之林。也正是鉴于此种情况，王利华在整合已有学术资源的基础上，从“生命中心主义”“生命共同体论”的环境史内核出发，进一步夯实了环境史研究的专门性，认为“环境史研究除了系统考察自然环境的历史面貌及其变化之外，需要特别注重考察‘生命支持系统的历史’、‘生命护卫系统的历史’、‘生态认知系统的历史’和‘生态—社会组织的历史’”，并进一步阐述了“生态认知系统”的概念及其对环境史学的意义，附带论证了中国环境史上的四种生态认知方式。[3] 也就是说，两种或多种史学分支学科相结合的环境史研究有失之零散之嫌。王利华对环境史研究内容之框架的厘定无疑将使环境史的研究体系更加自成一体，也不失为另一种颇具前瞻性的实现环境史研究的路径。只不过，这一研究内

① 梅雪芹：《从环境的历史到环境史——关于环境史研究的一种认识》，《学术研究》2006 年第 9 期。

② 王利华：《浅议中国环境史学建构》，《历史研究》2010 年第 1 期。

③ 王利华：《“生态认知系统”的概念及其环境史学意义——兼议中国环境史上的生态认知方式》，《鄱阳湖学刊》2010 年第 5 期。

容之框架尚未经过实践检验，骨架虽有，但尚待填之以血肉，方能骨肉相附，浑然一体。

单从研究内容上厘定环境史的专门性恐怕是不够的，所以王利华也特别注意提炼环境史有别于其他史学分支学科的初心使命，其言："人类是一种与大自然血肉相连、情感相连的特殊生物，是自然界的一部分，依靠大自然而存活，并且与其他生命形式和各种环境因素构成相互依存的'生命共同体'。环境史学以'生命'作为第一个关键词，把生命关怀作为精神内核，把人类生存发展的基本需求作为思想焦点，从而展开历史叙事和问题解说。环境史将历史上的人与自然关系作为研究主题，致力于揭示成千上万年来人与自然关系演变的过程、机制和规律，并由此展开深度的历史反思。"① 简言之，"生命中心主义"的立场乃是环境史足以与其他史学分支相区别的特点。本研究认可王利华对于环境史理念与旨趣的观点，认为作为一种新的史学思想，环境史试图跨越人类史与自然史之间的鸿沟，改变重视人本身而不重视自然的历史叙事传统，并希冀改变人们认知历史、理解现在与展望未来的方式，以求得人类种群在与自然环境相交往的过程中更好地存在与延续。在"生命中心主义"的立场上，思考、阐释历史上的人与自然之关系，将是环境史研究得以实现、得以独立发展的一种途径。

人与自然关系纷繁复杂，有关环境史的案例研究无法面面俱到地涉及，所以必须择取其中的一个点或几个点进行集中论述。马克思、恩格斯在《德意志意识形态》中指出："全部人类历史的第一个前提无疑是有生命的个人的存在。因此，第一个需要确认的事实就是这些个人的肉体组织以及由此产生的个人对其他自然的关系。当然，我们在这里既不能深入研究人们自身的生理特性，也不能深入研究人们所处的各种自然条件——地质条件、山岳水文地理条件、气候条件以及其他条件。任何历史记载都应当从这些自然基础以及它们在历史进程中由于人们的活动而发生的变更出发。"② 历史的第一个

① 王利华：《历史学家为何关心生态问题——关于中国特色环境史学理论的思考》，《武汉大学学报》（哲学社会科学版）2019 年第 5 期。

② 《马克思恩格斯选集》第 1 卷，人民出版社，2012，第 146~147 页。

前提是生命的存在，生命的存在与延续需要一定的物质能量还有其他一些东西予以支撑，自然环境或说自然环境各要素则为生命的存续提供了条件。因而，一定程度上，人与自然之间的关系可以解析为人与自然环境中各要素之间的关系，而自然环境中的每一个单一环境要素与人及其社会的关联，都会对生命的存在与延续产生或多或少的影响。也因此，通过分析单一自然环境要素与人类及其社会发生联系的历史过程，探索其中所蕴含的有关人类生存、生活的内容，无疑是实现环境史研究或说实现环境史视野下的历史写作的具体路径之一。简言之，站在理解生命、关怀生命的角度上，通过要素分析的手段实现对人与自然关系之历史的解说，无疑是环境史研究得以实现的一种路径。

在已有的环境史研究成果中，虽然可能不一定秉持“生命中心主义”的理念，或阐释了其研究内容所蕴含的影响生命存在的意义，但单独对人及其社会与某一自然环境要素间的关系进行研究的成果十分丰硕。其中，动物、植物、矿物、水体等均得到不同程度的研究。

动物与人类及其社会之间的关系无疑是环境史研究的重要内容，约翰·麦克尼尔（John R. McNeill）对作为病菌传播媒介的蚊子与大加勒比地区历史进程间关系的论述[①]，以及谢健（Jonathan Schlesinger）对 18、19 世纪清朝东北边疆地区珍珠等渔产、毛皮等山产与消费需求、市场网络、政策变动之间的联动关系的论说[②]，均是此类成果。实际上，环境史视域下的动物研究一直是西方环境史研究中的重要选题。最近 20 年来亦有较大的发展，研究时间以近现代为中心范围，逐渐向中古乃至上古追溯；研究空间以欧美地区为主，但也拓展到亚洲、非洲等地区；研究对象日益丰富，探讨家养动物、野生动

① John R. McNeill, *Mosquito Empires: Ecology and War in the Greater Caribbean, 1620-1914*, New York: Cambridge University Press,2010. 杜宪兵:《小蚊子与大历史——读〈蚊子帝国：大加勒比地区的生态与战争（1620—1914 年）〉》，刘新成主编《全球史评论》第 6 辑，中国社会科学出版社，2013，第 398~407 页。

② 〔美〕谢健:《帝国之裘：清朝的山珍、禁地以及自然边疆》，关康译，北京大学出版社，2019。

物以及与动物相关的机构的研究逐渐增多。[①] 中国历史动物研究虽属小众，但也正蓬勃展开。[②]

关于植物的研究也不在少数。例如，王利华对竹子与中国人及其社会之间的多方面关联进行了论述[③]，蒋竹山对人参与清代政治及社会之间的关系进行了论说[④]，刘荣昆对森林与彝族人民之间多样的关系进行了研究[⑤]。对于水体的研究也为数众多。例如，在行龙“以水为中心的山西社会”[⑥] 的号召下，张俊峰、胡英泽、李嘎等分别以农田水利、饮水水利、城市水患为切入点，一步一步丰富着水利社会史以及水环境史的研究面向，亦逐渐拓展着环境史研究的版图。[⑦] 涉及矿物的研究也引人瞩目。例如，威廉·卡弗特（William M. Cavert）对煤炭在伦敦城中与人及其社会间纠葛不清的关系进行了研究[⑧]，耿金、和六花则对历史时期云南境内金沙江流域地区金矿开发与区域人口、农业发展、地方社会间的关系进行了探讨[⑨]。

自然环境中与人产生关联的要素难以缕述，已有的研究指出了一些史实、

---

① 张博：《近 20 年来西方环境史视域下动物研究的发展动向》，《世界历史》2020 年第 6 期。

② 可参见曹志红、张博、聂传平《“理论与实践：中国历史动物研究的现状与反思”青年工作坊会议综述》，《鄱阳湖学刊》2021 年第 1 期。

③ 王利华：《人竹共生的环境与文明》，生活·读书·新知三联书店，2013。

④ 蒋竹山：《人参帝国：清代人参的生产、消费与医疗》，浙江大学出版社，2015。

⑤ 刘荣昆：《林人共生：彝族森林文化及变迁》，中国环境出版集团，2020。

⑥ 行龙：《“水利社会史”探源——兼论以水为中心的山西社会》，《山西大学学报》（哲学社会科学版）2008 年第 1 期。行龙：《何以研究明清以来“以水为中心”的晋水流域？》，《山西大学学报》（哲学社会科学版）2011 年第 3 期。行龙：《“以水为中心”：区域社会史研究的一个路径》，《史林》2023 年第 6 期。

⑦ 张俊峰：《水利社会的类型：明清以来洪洞水利与乡村社会变迁》，北京大学出版社，2012。张俊峰：《泉域社会：对明清山西环境史的一种解读》，商务印书馆，2018。胡英泽：《凿井而饮：明清以来黄土高原的生活用水与节水》，商务印书馆，2018。行龙编著《以水为中心的山西社会》，商务印书馆，2018。李嘎：《旱域水潦：水患语境下山陕黄土高原城市环境史研究》，商务印书馆，2019。

⑧ 〔美〕威廉·卡弗特：《雾都伦敦：现代早期城市的能源与环境》，王庆奖、苏前辉译，梅雪芹审校，社会科学文献出版社，2019。

⑨ 耿金、和六花：《矿业·经济·生态：历史时期金沙江云南段环境变迁研究》，中国环境出版集团，2020。

提供了一些思路。参酌上述研究并举一反三，那么实现环境史的叙事并丰富环境史的面向，将是有迹可循、有路可依的。只是，除了上述动物、植物、矿物、水体等自然环境要素之外，尚有更多的与人发生关联的环境要素尚未得到因而需要得到环境史研究者的关注。因为，自人类诞生以来，有众多的自然环境要素为人类的绵延提供了条件，同时也设置了障碍。正是人类对众多自然环境条件的利用，以及对诸种自然环境障碍的消除，才使得人类这一生命形式生生不息以至于今日。在众多能为人类之生命存续提供基础的自然环境条件中，能直接支撑人们基本生活的那些自然环境条件，无疑又应该是所有自然环境条件中最重要的条件。

马克思、恩格斯在《德意志意识形态》中还指出："一切人类生存的第一个前提，也就是一切历史的第一个前提，这个前提是：人们为了能够'创造历史'，必须能够生活。但是为了生活，首先就需要吃喝住穿以及其他一些东西。因此第一个历史活动就是生产满足这些需要的资料，即生产物质生活本身，而且，这是人们从几千年前直到今天单是为了维持生活就必须每日每时从事的历史活动，是一切历史的基本条件。"[①] 所以，就必须特别注意支撑了人们吃喝住穿的那些自然环境要素。在人类赖以生存的自然环境圈层中，土所构成的圈层对于生命生息的意义至关重要，各种生物或栖息其中、或活跃其上，其对人类及其社会的重要性亦不言而喻。土这一能生长陆地植物特别是粮食等农作物的疏松地球表层，具有能产生供给人类生命运动以物质能量的特殊能力，故而成为人们赖以生存与生活并受到人们重视的最重要的自然环境要素之一。当然，土对人类的意义也不止于提供土地以种植农作物产出农产品上，而是还将其影响延伸至建筑、道路、信仰等更多事关人们生命存续的领域。无论是在过去、现在还是在未来，土与人类及其社会相关联的面向都是而且也将是十分丰富的。将那些与土相关的人类社会事项串起来的过往，我们或可称之为"以土为中心的历史"。

王铭铭在《关于水的社会研究》一文中说："中国社会研究的许多范式，

① 《马克思恩格斯选集》第1卷，人民出版社，2012，第158页。

都是围绕着土地概念建立起来的”；“相形之下，作为世界另一重要构成因素的水，则似乎没有那么受关注”；“其实，如同土地一样，水在人创造的人文世界中，重要性不容忽视”；“事实上，相对于固定的土地，流动的水照样也能为社会科学家提供众多重要的课题”。[①] 王铭铭的此番思考，得到“以水为中心”的历史研究者的赞同。张俊峰因此认为：“从过去强调以土地为中心转向以水为中心，这一视角的转换，更加凸显出水和水利社会研究的必要性和重要意义。”[②] 当然，强调“以水为中心”并非否定或抛弃“以土地为中心”，也并非认为“以土地为中心”已属题无剩义。对此，行龙也说：“‘以水为中心’并不否认长期以来中国史学界对土地制度乃至中国封建社会诸多重大问题的研究，其旨意在于加强开展以水为中心的相关研究，因为土和水都是自然界为人类生存和发展提供的基本资源，在人类发展的历史上，土和水具有同等的重要性。”[③] 可见，学界早就对土地予以特别关注，承认土之于人的重要性，并有“以土地为中心”的提法。但是，本研究提出的“以土为中心”与以往所言“以土地为中心”全然不同。一方面，“土”在一定意义上是比“土地”范畴更广的一个概念，“土”包含“土地”；另一方面，“土”带有很浓厚的“自然环境”色彩，更像是一个环境史概念，而“土地”则带有较浓厚的“人化自然”印迹，不加限定或不明确指出的话很难让人联想到环境史研究。所以，本研究特别注意区分“土”或“土体”与“壤”或“土壤”以及“土地”等概念之间的细微差异。

《地质辞典》解释“土壤”一词时说：“工程地质学的土壤是指基岩以上全部未固结的土质物质，其意义接近于浮土”；“土壤学的意义是可以生长陆地植物的自然介质”；“在土壤分类中，土壤这一术语是指在地球表面所聚集的天然土体，其中包含生物或能够生长植物以及经过改造的甚至是人工造成的土质物质，其垂直的下限也就是生物活动的下限，即多年生植物根部所及

① 王铭铭：《心与物游》，广西师范大学出版社，2006，第 159、162 页。

② 张俊峰：《泉域社会：对明清山西环境史的一种解读》，商务印书馆，2018，第 5 页。

③ 行龙：《“以水为中心”：区域社会史研究的一个路径》，《史林》2023 年第 6 期。

的深度”。[①] 的确，工程地质学自有其关于“土”或“土壤”的定义。例如，《工程地质学概论》也认为“土是地壳表面最主要的组成物质，是岩石圈表层在漫长的地质年代里，经受各种复杂的地质作用所形成的松软物质”；“土是由固体颗粒以及颗粒间孔隙中的水和气体组成的，是一个多相、分散、多孔的系统”。[②] 足见，无论表述成“土”还是“土壤”，工程地质学所指的都是基岩以上的疏松物质，而不强调或侧重于其某一功能，尤其是能生长陆地植物的功能。

与工程地质学不同，土壤学则特别想要通过“土壤”一词来强调“土”作为有肥力、能够生长陆地植物的疏松物质的角色。例如，《土壤学》专门强调：“土壤是成土母质在一定水热条件和生物的作用下，经过一系列物理、化学和生物化学的作用而形成的。在这个过程中，母质与成土环境之间发生了一系列的物质、能量交换和转化，形成了层次分明的土壤剖面，出现了肥力特性。”[③] 又如，《土壤学大辞典》亦认为：“土壤”是“地球表面能够生长植物的疏松层，是岩石风化物或松散沉积物之类的成土母质在生物、气候、地形和时间因素综合作用下形成和发展的产物”；“土壤由矿物质、有机物质、水分、空气和生物所组成，具有不断供给和调控植物生长所需养分和水分的能力（肥力）”。[④] “肥力”“植物生长”是土壤学对“土壤”的期望与定义。而在土壤分类学中，“土壤”就是与“土体”相等价的，泛指地球基岩上之疏松表层物质。可以看出，多个学科并不区分“土”“土体”“壤”“土壤”之间的差异，只是在给出具体解释时，因其期望与目的不同而略有侧重。但实际上，古人对于“土”与“壤”之间的差异之认识还是十分清晰的。

在古代，《管子》中有言“民之所生，衣与食也；食之所生，水与土

① 地质矿产部《地质辞典》办公室编《地质辞典》（四）《矿床地质、应用地质分册》，地质出版社，1986，第 385 页。

② 李智毅、杨裕云主编《工程地质学概论》，中国地质大学出版社，1994，第 6 页。

③ 黄昌勇主编《土壤学》，中国农业出版社，2000，第 133 页。

④ 周健民、沈仁芳主编《土壤学大辞典》，科学出版社，2013，第 1 页。

也”。[1] 其中，“土”就是取“土”之能“生万物”之意。汉儒郑玄为《周礼》作注时特别对“土”与“壤”进行过解释，其言:“壤，亦土也，变言耳。以万物自生焉则言土。土，犹吐也。以人所耕而树艺焉则言壤。壤，和缓之貌。”[2] 可知，“壤”是一种特别的“土”，其上有很强的“人”的色彩。所以，王云森亦说:“由于‘土’通过人的主观能动作用，用土、改土、精耕细作，‘土’就熟化起来而成为‘壤’。所以说‘壤’本来也就是‘土’，但它经过人为耕种之后，它的性能就不同于‘土’的原有性能了。它的自然性质，有了一定的变化，从科学上说，‘土’通过‘以人所耕而树艺’的过程，使‘土’的物理性、化学性和生物学性等，都会起着一定的改变，它的生产能力就有所提高。换句话说，‘壤’是一种肥力提高了的‘土’。”[3]《土地大辞典》解释“土”时也说“中国古代亦指自然土壤”，并引郑玄“以万物自生焉，则言土”之说为证据，认为“未经种植过的土壤为‘土’。它是人民居住、生产、生活的场所”。[4] 如此可见，“壤”来源于“土”，“壤”一定是“土”，但“土”不一定是“壤”，言“壤”时特指的是“土”能生长陆地植物特别是农作物的性能，而言“土”时可能就并不特别强调“土”可生农作物能养人的功能了。同时，言“土”时更强调的是“土”的“自然环境”属性，言“壤”时更多强调的是“土”的“人化自然”属性。

可见，如果不是特别强调地球基岩上部疏松表层能生长陆地植物的性能时，使用“土”还是“土壤”并无区别。但是，如果特别强调地球基岩上部疏松表层具有生长陆地植物的功能时，最好还是使用“壤”或“土壤”两词，如此更能以词达意。同时，如果想特别强调地球基岩上部疏松物质的“自然环境”属性，则使用“土”或“土体”更为合理。相反，如果想强调地球基岩上部疏松物质的“人化自然”属性，则使用“壤”或“土壤”表达就更为

---

① 颜昌峣:《管子校释》卷 17《禁藏》，岳麓书社，1996，第 442 页。

② （汉）郑玄注，（唐）贾公彦疏《周礼注疏》卷 10《地官·大司徒》，上海古籍出版社，1990，第 152 页。

③ 王云森:《中国古代土壤科学》，科学出版社，1980，第 19~20 页。

④ 马克伟主编《土地大辞典》，长春出版社，1991，第 802 页。

鲜明。因此，如果需要泛指地球基岩上部疏松表层之物质或强调自然环境本身时，使用“土”或“土体”而不是“壤”或“土壤”才更名正言顺。所以，为了行文表述更加清晰，本研究特别强调：当文中使用“壤”或“土壤”之概念时，所强调的是“土”或“土体”能生长陆地植物特别是能生长粮食等农作物的性能以及其本身所具有的“人化自然”之印迹；尽管“壤”或“土壤”是特殊的“土”或“土体”，但当文中使用“土”或“土体”这两个词时，则强调的是“土”或“土体”有肥力、能生长陆地植物功用之外，作为一种纯自然的物质存在，在建筑、交通、信仰等层面对于人们及其社会所具有的意义。

除了“土”或“土体”与“壤”或“土壤”这两组概念外，我们对于“土地”一词也需要稍微进行一番解释。当然，对“土地”这一概念的认识也是言人人殊。或说“土地即土壤，是陆地上覆盖土壤的部分，而土壤是陆地中具有肥力的、能够生长植物的疏松表层，这是一种传统的看法，是针对土地的农业利用而言的”；或说“土地是陆地或陆地的表层，是地球表面区别于海洋的部分或不为海水所浸没的部分”，对于陆地又有“纯粹的陆地，即陆地中的非水面部分”与“全部大陆，把江河、湖泊、水库等内陆水面也包括在内”之分，这是人们通常所认定的土地范围；或说“土地即国土，指在一个国家的国界范围以内，全部的陆地（领土）、海洋（领海）和天空（领空），这是政治学意义上的土地”；或说“土地即地球表面，包括水、冰和地面”，是土地经济学意义上的“土地”范围。[①]《土地规划学》解释“土地”这一概念时也说：狭义上的“土地”“是指地球表面陆地部分，由土壤、岩石等堆积而成的场所”，不包括“水域”以及“地球上部的空气层及附着于地上与地下的各种物质和能力”；广义上的“土地”则认为“凡是陆地、水面、空气层、地下蕴藏的矿物以及附属于土地上的一切自然物和自然力（如动植物群落、热能、风能、降雨等），都包括在土地范畴之内”。[②]可见，对于“土地”这

① 冯玉华、贾生华主编《土地经济学》，华南理工大学出版社，1995，第 1~2 页。

② 西北农业大学、南京农业大学主编《土地规划学》，农业出版社，1991，第 1 页。

一概念，不同的学科有着各自的理解，并无一定之规。在本研究所关注的以农为本的古代，“土地”一词在大多数情况下与农业活动中的“田”“地”等字样等同。因此，当本研究使用“土地”一词时，是针对“土”的“农业利用”而言的，等价于“壤”或“土壤”。换句话说，当本研究论述历史上人们围绕着土所展开的农业活动，特别是粮食种植活动时，将使用“壤”“土壤”或“土地”这一组词义近似的概念来特指。

一切历史的第一个前提是有生命的个人的存在，而有生命的个人的存在需要摄入物质能量，其中由“壤”、“土壤”或“土地”所生长出的农作物，特别是粮食作物的意义因此凸显，这些事迹也因此被更多地留在了过往所遗存下来的陈迹之中。也正是如此，一直以来，人们更多地将自己的目光聚焦于土能生长农作物的性能之上，并以此来界定人与土之间的关联，所以对于以土地、土壤及其上的农作物为劳动对象的人类之农业活动进行了不惮其烦的研究。早在公元前 5 世纪，被誉为“历史之父”的古希腊历史学家希罗多德（Herodotus）在其巨著《历史》一书中就阐释了肥沃的土地对于古埃及人的意义，其在书中写道:“希腊人乘船前来的埃及，是埃及人由于河流的赠赐而获得的土地。”又说居于孟斐斯下方土地上的埃及人“比世界上其他任何民族，包括其他埃及人在内，都易于不费什么劳力而取得大地的果实……那里的农夫只需等河水自行泛滥出来，流到田地上去灌溉，灌溉后再退回河床，然后每个人把种子撒在自己的土地上，叫猪上去踏进这些种子，此后便只是等待收获了”;“全部埃及是尼罗河泛滥和灌溉的一块土地，而全部埃及人就是住在埃烈旁提涅的下方并且饮用尼罗河的河水的那个民族”;“据说阿玛西斯的统治时代是埃及历史上空前繁荣的时代，不拘是在河加惠于土地方面，还是在土地加惠于人民方面都是如此”。[①] 根据希罗多德这一记述所总结的“埃及是尼罗河的赠礼”之语，常常成为后世学者阐述河流之于文明意义的论据。但实际上，希罗多德不只是在阐释河流之于文明的重要性，也是在强调土地之于文明的重要性。

① 〔古希腊〕希罗多德:《历史》，王以铸译，商务印书馆，1959，第 111、115、117、189 页。

到了公元1864年，美国自然保护主义者乔治·马什（George P. Marsh）在述说罗马帝国各行省所具有的自然优势时，特别提到了其所享有的“肥沃的土壤”，并说“丰富的土地和水源充足地供应了每一种物质需求、慷慨地满足了每一种感官享受”，而随着土壤肥力的耗竭所导致的生产力的低下，原先人口稠密的地方则逐渐沦为废墟、变得荒凉。① 马什指出了土壤肥瘠与文明盛衰之间的对应关系，这一认识在之后被很多美国学者继承并发扬。曾任南京金陵大学森林系教授的美国人罗德民（W. C. Lowdermilk）发表于1935年的一篇文章强调：从乔治·马什开始的研究者们已逐渐认识到土壤利用不善对于文明衰落或毁灭的作用，而考古学证据亦表明破坏性的土地开发常常使繁荣富饶之地一变而为贫穷荒凉之所，土壤侵蚀尤其是人为加速侵蚀是不折不扣的文明之敌。② 之后在1955年，美国学者弗·卡特（V. Carter）和汤姆·戴尔 (T. Dale) 以更加翔实可信的资料指出了土壤状况的恶化乃是世界诸多文明衰败的缘由，并总结了历史上诸多行之有效的保护土壤的实践经验，并认为当前人类必须要做的是停止对自然资源的浪费和破坏。③ 随后2007年，受《表土与人类文明》一书的影响，美国学者蒙哥马利（David R. Montgomery）亦讲述了历史上土壤与人类社会之间的复杂关系及其变迁，并重申了土壤之于文明兴衰的作用，警示我们不要重蹈历史之覆辙。④ 总而言之，土壤或土地上生长的农作物所能够提供的物质能量为人类的繁衍、文明的兴盛提供了坚实的基础。反之，土地的失去、土壤的侵蚀将会威胁人们的生命安全、中断文明的繁荣昌盛，不可不引以为戒。

来自西方的学者对土壤或土地与文明之间的关系虽然论述甚详，但对发生在中国大地历史上土壤与文明之间关系的故事却未能详论，更乏深论。其

---

① George P. Marsh, *Man and Nature Or Physical Geography as Modified by Human Action,* Cambridge, Massachus, Massachusetts: The Belknap Press of Harvard University Press, 1965, pp.7-10.

② W. C. Lowdermilk, “Civilization and Soil Erosion,” *Journal of Forestry,* 1935, 33(6), pp. 554-560.

③ 〔美〕弗·卡特、汤姆·戴尔:《表土与人类文明》，庄崚、鱼姗玲译，中国环境科学出版社，1987。

④ 〔美〕戴维·R. 蒙哥马利:《泥土：文明的侵蚀》，陆小璇译，译林出版社，2017。

实早在1945年，著名历史学家顾颉刚就曾强调：“据地质学家的研究，中国文化的发生实在是受了黄土的恩惠”，“因为它的性质极腴，所以得水即能发酵，助长植物的发达，不需要肥料。这种黄土遍布于黄河流域的全境，不论是山陵和原野，它的肥沃的程度，和尼罗河的沉淀物相仿佛，但土地之广却远过于尼罗河的流域”。[①] 作为提出“层累地造成的中国古史说”的古史辨派的创立者，顾颉刚对黄土利惠中华史实的认识是十分精辟的。之后，著名美籍华裔历史学家何炳棣着重从肥沃土壤对于文明起源作用的角度，对黄土之于中国农业起源、文明发轫的重要意义进行了更翔实的阐述。[②] 继何炳棣之后，国内很多学者强调了土特别是黄土对于中华文明发轫的意义。张波肯定了何炳棣重视黄土的观点，并进一步说明是黄土而非黄河对中华文明起源具有重大意义。[③] 周昆叔也强调了黄土高原之黄土对于创造和凝聚中华文明的意义。[④] 吴文祥、刘东生认为中国黄土和黄土高原的地质生态系统，以及与之相应的旱作农业是中国文明起源、发展和形成过程不曾中断的重要原因之一。[⑤] 刘东生、丁梦麟亦重申并肯定了何炳棣关于黄土与中国农业起源之间存在因果关系的观点。[⑥] 高凯则从土壤微量元素对人体健康有一定影响的角度，讨论了土壤对黄淮海平原文明进程的影响。[⑦] 除高凯外，上述其他学者均是从农业影响人类食物供给的角度进行的讨论。也就是说，无论中外，时至今日，学者们都承认土壤之于人类及其社会的重要性，并都进行了不同程度的揭示。

土壤之于文明发生与增长的重要性不言而喻，土地垦辟之于生命存续与

---

① 顾颉刚：《黄河流域与中国古代文明》，《文史杂志》1945年第3~4期。

② 〔美〕何炳棣：《黄土与中国农业的起源》，香港中文大学，1969。〔美〕何炳棣撰，马中译《中国农业的本土起源》，《农业考古》1984年第2期；《中国农业的本土起源（续）》，《农业考古》1985年第1期；《中国农业的本土起源（续）》，《农业考古》1985年第2期。

③ 张波：《谁是我们的母亲—是黄河，还是黄土？——中国农业起源的“河土辩”》，《农业考古》1988年第1期。

④ 周昆叔：《黄土高原　华夏之根》，《中原文物》2001年第3期。

⑤ 吴文祥、刘东生：《试论黄土、黄土高原与原始农业和文明的关系》，《原始农业对中华文明形成的影响研讨会论文集》，中国高等科学技术中心，2001，第10~16页。

⑥ 刘东生、丁梦麟：《黄土高原·农业起源·水土保持》，地震出版社，2004。

⑦ 高凯：《试论土壤微量元素变化与历史时期黄淮海平原的文明进程》，《史林》2006年第3期。

绵延的意义亦不容研究者忽视。所以，除了探讨土壤与文明这一宏观命题外，更细部的土地对于中国社会形成与发展的意义也被国内学者进行了不同程度的揭示。因此，不从文明进程的高度，而从土壤或土地之于区域社会意义的角度，不少学者进行了相应的个案研究，丰富了我们关于历史上人土关系，特别是人与土地间关系的认知。岳谦厚、张玮试图从黄土环境下恶劣的生存条件角度解释 20 世纪三四十年代晋西北社会之困局，给人以一定程度上的启发，其所谓“黄土”概念更应该理解成一种自然环境综合体而非只是狭义上的土地。① 王建革则从水环境对土壤肥力的影响、盐碱地生态、传统农业变迁对土壤的影响等方面入手，分析了传统社会末期华北土壤环境与社会结构之间的对应关系。② 胡英泽则利用大量第一手资料，从土地及其变迁的角度，对山陕之间黄河小北干流区域社会的变迁进行了新的诠释。③ 同样是关于土地与人类社会间关系的历史研究，有一些研究着重探讨土地垦殖的时空过程及其原因与影响。从卜凯主编的《中国土地利用》出版以来，土地利用渐渐成为农业史等相关领域重点关注的研究主题，尤其近 70 年来，从历史地理、农业历史等角度开展的土地垦殖过程的定性研究，从区域开发史、环境史等角度开展的土地开发过程及环境效应的定性、定量研究，均取得了丰硕成果。④ 其中，韩茂莉的《中国历史农业地理》可谓集大成之作，其中对我国历史时期土地垦殖的时空过程及区域特征进行了特别的论述。⑤ 日本学者松永光平则根据前人的研究成果，梳理了先秦至宋代黄土高原土地垦辟的诸多关键节点。⑥ 上述关于历史上土壤或土地与人类社会之间关系的个案研究并非已有研究的

① 岳谦厚、张玮：《黄土、革命与日本入侵——20 世纪三四十年代的晋西北农村社会》，书海出版社，2005。

② 王建革：《传统社会末期华北的生态与社会》，生活·读书·新知三联书店，2009，第 59~110 页。

③ 胡英泽：《流动的土地：明清以来黄河小北干流区域社会研究》，北京大学出版社，2012。

④ 何凡能、李美娇、杨帆：《近 70 年来中国历史时期土地利用 / 覆被变化研究的主要进展》，《中国历史地理论丛》2019 年第 4 辑。

⑤ 韩茂莉：《中国历史农业地理》，北京大学出版社，2012。

⑥ 〔日〕松永光平：《中国の水土流失：史的展開と現代中国における転換点》，劲草书房，2013。

全部呈现，但这些案例无疑表明，学界已经在对土壤或说土地与人类社会及其文明关系研究的延伸、细化及深化上做了相当多的工作。

在进行粮食生产的过程中或者为了进行粮食的生产，土壤流失治理、盐碱土改良、土壤肥力保持、土壤保护及掌握土宜知识的意义亦非常重大，故也成为历史研究者关注的重点。土壤流失治理的研究主要是在“水土保持”的话语下进行的。辛树帜是其中的代表人物，他较早勾勒了中国水土保持的历史。① 其后，水土保持史的研究蔚为大观。② 盐碱地改良的历史经验亦被关注，不同时期产出了众多成果。③ 土壤肥力保持史方面，桑润生对我国古代的施肥理论及其实践进行了总结④，赵赟对我国古代利用矿物质改良土壤的经验进行了揭示⑤，杜新豪则研究了宋以降面临人多地少矛盾时农民保持土壤肥

① 辛树帜:《我国水土保持的历史研究》，科学史集刊编辑委员会编辑《科学史集刊》第 2 期，科学出版社，1959。辛树帜、蒋德麒主编《中国水土保持概论》，农业出版社，1982。

② 可参见李荣华《20 世纪 50 年代以来中国水土保持史研究综述》,《农业考古》2020 年第 6 期。

③ 唐德富:《治碱史话》,《中国水利》1963 年第 22 期。文焕然、林景亮:《周秦两汉时代华北平原与渭河平原盐碱土的分布及利用改良》,《土壤学报》1964 年第 1 期。文焕然、汪安球:《北魏以来河北省南部盐碱土的分布和改良利用初探》,《土壤学报》1964 年第 3 期。高敏:《历史上冀鲁豫交界地区种稻同改良盐碱地的关系》,《人民日报》1965 年 12 月 7 日第 10 版。李鄂荣:《我国历史上的土壤盐碱改良》,《水文地质工程地质》1981 年第 1 期。孙家山:《苏北滨海盐土改良利用的历史经验》,《中国农史》1982 年第 2 期。朱更翎:《北宋淤灌治碱高潮及其经验教训》，中国科学院水利电力部水利水电科学研究院编《科学研究论文集》第 12 集《水利史》，水利电力出版社，1982，第 99~112 页。高敏:《我国古代北方种稻改碱经验的探讨》，山西省社会科学研究所编《中国社会经济史论丛》第二辑，山西人民出版社，1982，第 523~544 页。张汉洁:《古代中州人民对土壤改造利用之贡献》,《地域研究与开发》1987 年第 S1 期。闵宗殿:《历史上黄淮海平原的盐碱地治理》,《古今农业》1989 年第 2 期。闵宗殿:《我国古代的治理盐碱土技术》，华南农业大学农业遗产研究室编《农史研究》第八集，农业出版社，1989，第 104~112 页。咸金山:《中国古代改良、利用盐碱土的历史经验》,《农业考古》1991 年第 3 期。咸金山:《商丘地区盐碱土发生发展规律及其治理的历史经验》,《中国农史》1994 年第 3 期。王元林:《历史上关中东部盐碱地的改良》,《唐都学刊》2010 年第 5 期。杜娟:《秦汉时期关中平原农耕土壤的利用与改良》,《自然科学史研究》2012 年第 1 期。陈洪友、徐畅:《试论 20 世纪 30 年代华北的碱地改良》,《中国农史》2012 年第 2 期。熊帝兵、刘亚中:《清代河南盐渍化土地改良及利用探析》,《干旱区资源与环境》2013 年第 6 期。

④ 桑润生:《我国古代对施肥的认识及其经验》,《土壤通报》1963 年第 1 期。

⑤ 赵赟:《中国古代利用矿物改良土壤的理论与实践》,《中国农史》2005 年第 2 期。

力的努力[①]。关于土壤保护的历史研究，相对而言数量不多。何红中、惠富平研究了先秦时期的土壤保护实践[②]，而像《中国古代环境资源法律探研》所呈现的法律中并无土地资源保护的相关内容[③]。关于土宜知识的历史研究大多数重在复原。蓝梦九罗列了《禹贡》《周礼》《管子》等文献中关于土宜的内容，试图复原古代文献中的土宜知识。[④]陶希圣亦以《禹贡》《管子》《周礼》《吕氏春秋》等史籍为主，从“土宜知识”的角度，解说了中国古代关于土壤类别及所宜栽植之植物的记载。[⑤]林蒲田对汉代以后至明清时期的土宜问题进行了专门梳理。[⑥]

以上研究成果从土壤或土地对文明发生与增长的意义、土壤环境变化或土地变迁对社会变迁的影响，以及人们对土壤流失的治理、土壤盐碱的改良、土壤肥力的保持、土壤本身的保护、土宜知识的掌握等方面，论述了纷繁多样的人土关系中的一个很重要的类型。如果说人土关系研究可以分成“以人为视角的人土关系研究”和“以土为视角的人土关系研究”的话，那上述的研究基本上可以归入“以人为视角的人土关系”之列，这些研究属于以人类及其文明与社会变迁的土壤或土地因素作为侧重点的成果。在此需要顺便提及的是，本研究正属于此种研究取径，侧重于揭示“以人为视角的人土关系”之历史。如此的话，应该有另一些研究大概是可以归入“以土为视角的人土关系”之列的，这些研究属于以探讨土壤或土地变化的人为因素或作用作为研究侧重点的成果。要之，历史上人土关系的内容大概可以分成两个侧重点不同的研究取径，一是解释人类及其文明与社会变迁过程中土的作用，二是揭示土的形成及其演变过程中人为因素的影响。本研究将主要讨论前者，对后者间有涉及但不重点论述。

---

① 杜新豪:《金汁：中国传统肥料知识与技术实践研究(10~19世纪)》，中国农业科学技术出版社，2018。

② 何红中、惠富平:《先秦时期土壤保护思想及实践研究》，《干旱区资源与环境》2010年第8期。

③ 刘海鸥:《中国古代环境资源法律探研》，中国社会科学出版社，2021。

④ 蓝梦九:《我国土壤学之历史的研究》，《中华农学会报》1931年第86期。

⑤ 陶希圣:《古代土壤及其所宜的植物记载》，《清华学报》1935年第10卷第1期。

⑥ 林蒲田:《中国古代土壤分类和土地利用》，科学出版社，1996，第29~99页。

梳理以往研究，仍是因为土壤能生长粮食作物的能力，以及土的流失与沙化给人们的生存生活设置障碍的“环境问题”，促使研究者热衷于探究历史时期自然土壤演变的人为因素，土壤流失与沙化的原因及应对之策等论题。

一方面，关于土壤演变的人为因素的研究。刘世清论述了农业对土壤演变的影响①，迟仁立等初步复原了耕层构造的演变史②，咸金山考察了中国古代盐碱土发生及发展的规律③，徐琪探讨了太湖地区水稻土的形成史④，王建革研究了嘉湖地区圩田土壤与吴淞江流域水稻土的形成史⑤，潘季香钩沉了关中平原塿土这一古老耕作土壤的形成史⑥，杜娟探讨了古代农业生产对西北地区人为土形成的影响⑦，章明奎等则考察了宁绍平原现代水耕人为土形成的历史⑧。杜娟还从自然土壤向人为土壤演变的人为尤其是农耕因素角度，论述了历史时期关中地区土壤环境的变化，从另一个侧重点上给读者讲述了有关人土关系的历史故事。⑨

另一方面，关于土壤流失与沙化的人为原因的探讨。罗德民通过实地调查测定了黄河流域上游植被减少和水土流失之间的关系，并提出“人为的加速侵蚀”的概念。⑩《中国水利问题》一书则使黄河上游植被覆盖、水土流失

---

① 刘世清：《论农业土壤演变史及其发展方向》，《中国农史》1987年第4期。刘世清：《论农业土壤演变史及其发展方向（续完）》，《中国农史》1988年第1期。

② 迟仁立、左淑珍：《耕层构造史初探——虚实并存耕层是古农业“精耕”的继承和发展》，《农业考古》1988年第2期。

③ 咸金山：《中国古代对盐碱土发生发展规律的认识》，《中国农史》1991年第1期。

④ 徐琪：《中国太湖地区水稻土》，上海科学技术出版社，1980，第43~45页。

⑤ 王建革：《技术与圩田土壤环境史：以嘉湖平原为中心》，《中国农史》2006年第1期。王建革：《多因素影响下吴淞江流域的土壤环境（1750–1950）》，章开沅、严昌洪主编《近代史学刊》第8辑，华中师范大学出版社，2011，第68~83页。王建革：《宋元时期吴淞江流域的稻作生态与水稻土形成》，《中国历史地理论丛》2011年第1辑。

⑥ 潘季香：《塿土的形成和熟化》，《土壤通报》1961年第2期。

⑦ 杜娟：《古代农业生产对西北地区人为土形成的影响》，《古今农业》2014年第1期。

⑧ 章明奎、邱志腾、杨良觎：《历史时期宁绍平原稻作环境与现代水耕人为土的形成》，《土壤通报》2019年第1期。

⑨ 杜娟：《历史时期关中的土壤环境与永续农耕》，中国环境出版集团，2020。

⑩ 许国华：《罗德民博士与中国的水土保持事业》，《中国水土保持》1984年第1期。罗桂环：《20世纪上半叶西方学者对中国水土保持事业的促进》，《中国水土保持科学》2003年第3期。

与下游河决水患之间的因果关系为更多的人所熟知。[①] 为了解决黄河泥沙问题，日本学者松本洪复原了黄河流域原始植被覆盖状况，追寻了土壤流失之由。[②] 以上研究显示，是治理黄河的需要推动了黄河中游水土流失人为原因的历史研究。随后，谭其骧撰文探讨了黄河中游地区人们农牧业活动下的土壤侵蚀强度对黄河泥沙含量的影响。[③] 史念海则进一步肯定了植被变化直接影响黄土高原侵蚀速率的事实。[④] 接着，史念海等还论述了历史上黄土高原森林与草原的变化以及农林牧业的分布，以期有助于黄土高原地区的生态环境治理与社会经济发展。[⑤] 之后，在黄土高原水土流失与黄河下游水患存在因果关系这一前提下，学界基本上认可人类活动不同程度地通过影响黄土高原上的植被覆盖状况，继而影响了水土流失的速率与规模，并最终影响了黄河下游水患的频度。[⑥] 而以侯仁之为代表的一大批学者的研究成果则充分展示出了不合理的农垦与土地荒漠化之间的直接因果关系，并为此类土壤环境问题的解决提供了可资参考的建议。[⑦]

综观以上所举荦荦大端有关人土关系的历史研究，皆是有关土壤或土地与人类及其社会、文明之间关系的历史研究案例。不是我们疏忽大意，有意或无意漏掉了人土关系的其他方面，而是对除了人与土壤或土地关系外的人土之间的其他关系进行研究的成果确实凤毛麟角。所以有学者呼吁须从“以

---

① 李书田等:《中国水利问题》，商务印书馆，1937。辛德勇:《由元光河决与所谓王景治河重论东汉以后黄河长期安流的原因》，《文史》2012年第1辑。

② 〔日〕松本洪:《上代北支那の森林》，帝国治山治水协会，1942。辛德勇:《日本学者松本洪对中国历史植被变迁的开拓性研究》，《中国历史地理论丛》2012年第1辑。

③ 谭其骧:《何以黄河在东汉以后会出现一个长期安流的局面——从历史上论证黄河中游的土地合理利用是消弭下游水害的决定性因素》，《学术月刊》1962年第2期。

④ 史念海:《河山集·二集》，生活·读书·新知三联书店，1981。

⑤ 史念海、曹尔琴、朱士光:《黄土高原森林与草原的变迁》，陕西人民出版社，1985。

⑥ 韩茂莉:《历史时期黄土高原人类活动与环境关系研究的总体回顾》，《中国史研究动态》2000年第10期。王晗:《学界关于历史时期黄土高原环境变迁问题的论争》，《黄河文明与可持续发展》2020年第2辑。

⑦ 张伟然等:《历史与现代的对接：中国历史地理学最新研究进展》，商务印书馆，2016，第49页。

土地为中心”转向“以水为中心”，或至少腾出一点时间精力给予水一点点关注。实际上，只要将“土地”换成“土”，那么关于人与土的历史故事就仍有很大的讨论空间。学界以往将关于人土关系研究的重点放在了土地而非土上，最后导致对土与人在农业活动交界之外的其他人类活动之界面着墨不多，甚或可称为置若罔闻，从而影响了我们对历史上人土关系进行完整而深刻的理解。正是出于对以往学界研究现状的把握与对人土关系范围的认识，本研究才将研究对象确定为范围更广的“土”，而不是只能展现人之农业活动的“土壤”或“土地”。总而言之，无论是学界一直以来重点观照的“土壤”还是“土地”，或者是很少予以注目的其他意义和功用上的“土”或“土体”，都是本研究所关注的研究对象。因为，历史上的种种记载均表明，土这一物质始终是人们须臾难离并必须依之为生的自然环境要素或说自然资源。针对这一关乎人们生活能否继续的自然环境因素，我们希望在对已有研究进行继承的基础上加以集成、验证、补充与更新，并对过去尚未曾发现并深入探讨的某些内容进行复原、分析与深入讨论，进而尽可能完整地揭示土与区域人群及其社会之间的关联，从而为整体上认识并理解人土关系的历史添砖加瓦、抛砖引玉。

除了上述研究成果之外，其他人类社会中有关土或土体的事项，有很多已经出现在了各种不同的已有学科范式之中，例如，建筑史学者关于土窑洞的相关研究，城市史学者关于城墙的相关研究。这些已有的研究在内容上对我们有相当大的参考价值。但有一点不可否认，那就是这些研究终归不是基于“生命中心主义”立场的环境史思考，也并非以环境史所秉持的揭示吾土吾民生生之道的研究旨趣作为最基本的起点。实际上，本研究一直在强调，能生长粮食作物的土壤或土地以外的那部分土与人之间的关系亦应该受到应有的甚至同等的重视。直到今日，1955 年《表土与人类文明》的两位作者关于“人类与其赖以生存的表土之间的关系是一个重要的，却又不幸被忽视了的历史研究领域”① 的判断依然是振聋发聩且合乎当下实际的不刊之论。当

① 〔美〕弗·卡特、汤姆·戴尔:《表土与人类文明·序言》,《表土与人类文明》，庄崚、鱼姗玲译，中国环境科学出版社，1987，第 1 页。

然，弗·卡特与汤姆·戴尔话语中的“表土”主要指的依然是“土壤”。除却常常为人所注意的土壤或土地之外，土与人类社会的联结点还有很多，仍然值得而且有必要进行充分的挖掘。如此，定能为环境史的研究增添丰富的内容。人类与自然交织的历史虽然错综复杂且丰富多样，但“以土为中心的历史”总应该是其中最重要的部分之一。对这部分历史遗产的发掘，一方面有助于环境史“人类回归自然，自然进入历史”学术图谋的实现，另一方面又有助于当代人理解我们这一生命形式之所以生生不息的道理，另外也将有可能为当下与未来人土关系的实践提供些许历史经验和教训。那么，我们以怎样的分析工具或逻辑思路实现上述关于人土关系史的研究目标，或说展开本课题的研究呢？

前面提及，自然环境给人类生存提供了条件的同时也设置了障碍，为了活命并续命的人类则试图利用这些条件并冀望消除那些障碍。李根蟠说：“自然环境对于人类历史并非外在的和被动的，它作为内在的能动的因素经常作用于人类历史，参与人类历史尤其是经济历史的创造和演出”，因此在人与自然互动中、在人类经济活动中，人类也就必然对自然环境有所“应对”，所谓“应对”是指“人类对自然环境的‘适应’和‘改造’的统一”。① 钱克金进一步说“环境‘应对’是适应性利用自然和建设性治理环境的统一”，将李根蟠所说的可能带有“人类中心主义”“人类征服自然”意味的“改造”改成了比较中性的“治理”一词。② 某种程度上说，适应性利用自然与建设性治理环境就是人与自然关系的全部内容。前者是人类利用自然条件的过程，后者就是人们消除自然障碍的过程。自然环境既为人类提供可资利用的资源，又为人类设置防不胜防的限制。人类既能从自然环境中获得丰收的喜悦，也必会从自然环境中备尝失去的烦忧。适应性利用与建设性治理作为分析工具，有利于环境史研究的最终落实。如此，从人与自然环境单一要素之间的关系入

① 李根蟠：《环境史视野与经济史研究——以农史为中心的思考》，《南开学报》（哲学社会科学版）2006 年第 2 期。

② 钱克金：《明清太湖流域植棉业的时空分布——基于环境“应对”之分析》，《中国经济史研究》2018 年第 3 期。

手，借用“适应性利用自然与建设性治理环境的统一”这一分析工具，参考王利华所谓“自然环境的历史面貌及其变化”、“生命支持系统的历史”、“生命护卫系统的历史”、“生态认知系统的历史”与“生态—社会组织的历史”之环境史研究内容的框架，是我们具体开展明清山西“以土为中心的历史”之研究的思路。

但是，即便以此种研究思路，为了实现上述学术旨趣和人文关怀，我们依旧必须直面中国悠长的历史进程、浩瀚的历史资料与多样的生态区域，虽然这些常常被认为是进行中国环境史研究的独特优势①，但这显然也常常会使研究者陷入手足无措、无从下手的境地。历史学主要是研究“变化”的学问，明清时期作为上承传统下启现代的历史过渡期，几乎在所有方面都体现出显著的变迁性，故而我们的研究时段是以明清为中心而适当上溯与下延的。实际上，一些与土有关的社会事项的变迁正是在明清时期才显现出明显变化的，如城墙易土为砖集中发生于明后期，而一直迁延至清朝才大抵完成，并于清之后显示出其历史命运。另一些与土有关的社会现象则承明清或更早时代之

① 对于环境史研究来说，中国的特殊性在于：拥有“从海南至（满洲和）新疆，中国各朝代所控制的地区横跨三十个纬度和自然带至北极圈附近的生态区”“中国社会可能也是在传染病方面最有经验的”“中国的环境史，正如其经济史一样，是更为整合的，较不像在其他地方那样仅仅是各地分部的总合”等［见〔美〕约翰·麦克尼尔《由世界透视中国环境史》，刘翠溶、伊懋可主编《积渐所至：中国环境史论文集（上）》，“中央研究院”经济研究所，2000，第39~66页］。“拥有着两千年（或多或少）统一王朝史和三千年文字记录的中国，为理解人类活动与环境影响之间的长期关系提供了一个独特的视角。”（见 Robert B. Marks, “Why China?” *Environmental History*, Vol.10, No.1, 2005, pp.56–57）“从历史研究来说，中国是一个重要的对象……首先，其文字记载源远流长，使我们可以尝试回答许多问题，世界上其他地区却难以做到这一点。其次，它可以与其他主要国家及民族的环境史相互补充与对照……最后，它为考察今日中华人民共和国逐渐形成的环境危机提供了一个视角，这一危机的起源在时间上早于现代。”（见〔英〕伊懋可《大象的退却：一部中国环境史·序言》，《大象的退却：一部中国环境史》，梅雪芹、毛利霞、王玉山译，江苏人民出版社，2014，第5~6页）“中国可为展示环境分析的作用方面提供一个极好的舞台，因为它有着悠久的文献记录和广袤的面积，以及重视对土地和水资源等重要资源进行管理的官僚传统。当代中国环境史的研究既要依靠这些文化遗产，但是也需要在此基础上有所发展和超越。”（见濮德培《中国环境史研究现状及趋势》，《江汉论坛》2014年第5期）

余绪，以至于经历民国甚或下延至当代才有显著的变化发生，如城乡土路、石路到柏油路、水泥路的演变，以及乡村民居从土窑洞、砖窑洞到砖混房、钢混房的变化。所以，我们选取了明清时期作为我们研究的时间范围。

为了不使我们的研究无边无涯、无所依归，我们除了限定研究的时间范围之外，还必须对研究的空间范围进行一番界定。地理学家认为："区域是'组织地理信息最具逻辑性和最令人满意的方式之一'。"① 尽管地理学界对于区域地理学并非没有过微词，但是"区域"研究法无疑是实现"以土为中心的历史"之环境史写作的有效途径。为此，我们选取了黄土高原山西地区作为实践人土关系历史研究的空间范围。

黄土高原是中华文明最重要的发祥地之一，山西省是黄土高原的重要组成部分，土在山西地区文明与社会演进过程中的意义必然是值得深入挖掘的内容。同时，"黄土高原是世界上黄土分布面积最为广泛，黄土厚度最大，黄土地貌最为发育的典型高平原地区。黄土高原——世界上最大的土状堆积高原，与青藏高原——世界上最大、最高、最新上升隆起的高原，并列我国特有的、具有世界独一性的两大地质体和地理景观，正成为世界各国地球科学家关注的热点"；"一般在提到黄土高原地区应包括的行政省区时，最常提到的是山西全境、陕西北部、甘肃中东部、青海东部、宁夏和内蒙古南部，以及河南西部 7 省区，实际上还应包括河北西北部共 8 省区"。② 黄土高原这一地理单元在全中国乃至全世界都是极具特色的区域单位，而在黄土高原所跨越的 7 个或 8 个省区中，山西无论在土地面积、人口规模还是文明起源、历史悠久度、史料丰富度等方面都具有明显的相对优势。也就是说，在研究人土关系史时，对于全中国甚至是全世界而言，黄土高原都可能是一个比较理想的研究区域，而若要在黄土高原覆盖的行政区划中选择一个省级行政区域的话，山西省又无疑是一个较合适的选择。山西位于中国大陆的中北部，其东越太行山与河北平原毗连，西与陕北高原隔河相望，北与内蒙古以外长城

① 〔英〕R.J. 约翰斯顿主编《人文地理学词典》，柴彦威等译，柴彦威、唐晓峰校，商务印书馆，2004，第 587 页。

② 刘东生、丁梦麟：《黄土高原·农业起源·水土保持》，地震出版社，2004，第 1~2 页。

为界，南隔黄河与河南为邻。大致轮廓为一平行四边形，南北长680公里，东西宽380公里。境内地形高低相差很大，如果从空中俯瞰可明显分出东部山地、中部盆地、西部高原三种不同的地形地貌，平均海拔1000米左右。[①]上面所言就是我们所关注的主要空间范围，这一空间范围与清末大致相埒。至清末时，山西共辖9府、10直隶州、12厅、6州、85县。[②]需要特别说明的是，一些不属于今山西版图但属于明清山西所辖的区域，不是本研究所界定的必须关注的空间范围，例如清末的口外12厅，曾归属山西的广昌与蔚州。但是为了说明某个问题时，可能会引用清末不属于但明清曾属于山西的区域中所发生的某些事项。所以，至清末时，不计口外12厅，则山西共计有10个直隶州、6个散州以及包括附郭县在内的85个县。我们采用回溯的方式，追溯在这101个州县所辖地域内发生的人土之间动人心弦的历史过往。

就我们所研究的空间范围而言，土确实在明清山西历史中扮演着重要的角色，发挥着多样的功能，也给人们的生活增添了一些麻烦。首先，“耕田、筑室、举火之家胥于斯乎取土”[③]，耕田之家因加土沤粪与加土盖粪而取土为用，筑室之家因抟土成坯、烧坯成砖、筑土为垣或和土为泥而取土为用，举火之家则因“万家烟火，庐舍参差，有不能不资于陶瓦砖埴之用”[④]而取土烧陶自用或售卖。其次，碑刻记载：“社中树木、道土、池土，亦以此禁为则”[⑤]，又言“不许在他人田地取土，违者议罚”[⑥]，又记“田园之旁起土

① 山西省史志研究院编《山西通史》卷1“先秦卷”，山西人民出版社，2002，第4页。

② 傅林祥、林涓、任玉雪、王卫东：《中国行政区划通史·清代卷》，复旦大学出版社，2013，第219页。

③ （清）郭从矩：《修道碑记》，光绪《屯留县志》卷6《艺文》，《中国地方志集成·山西府县志辑》第43册，凤凰出版社，2005，第496页。

④ （清）刘斯裕：《禁白碑窊开窑记》，道光《大同县志》卷19《艺文上》，《中国地方志集成·山西府县志辑》第5册，凤凰出版社，2005，第330~331页。

⑤ （清）李蕚：《常珍村禁赌博碑记（嘉庆十九年）》，冯贵兴、徐松林主编《三晋石刻大全·长治市屯留县卷》，三晋出版社，2012，第57页。

⑥ （清）佚名：《重整社规碑（嘉庆二十一年）》，常书铭主编《三晋石刻大全·晋城市高平市卷》上册，三晋出版社，2011，第496页。

以侵其基”之流弊[①]，则筑路必以土为建材，挖池亦乃土工工程[②]，护田埂安全也必固土，以及屋旁之土、渠道之土、堤坝之土等均涉土工工程。再次，黄土高原地势绵延起伏、土脉弯环如龙，因此土还充当了龙脉的角色。“风水起源于先秦，形成于汉晋，成熟于唐宋，到明清则风靡各地，成为影响社会各阶层的行为的一个重要思想。”[③] 正是在风水观念风靡的明清时期，山西地区的人们特别相信，黄土高原沟壑纵横地貌中的土质山脉乃是地方龙脉，其完好或缺损事关地方科第兴衰、官员升降、风俗淳漓、人民安危、户口增损与经济好坏。正如清嘉庆元年（1796）始任沁水县知县的徐品山所言：“况县城为四乡纲纪，其来龙结穴，即户口之增损，利源之厚薄，文运之盛衰，胥系焉。脱令阙然中绝，其害更有不可胜言者。”[④] 如此，土或土体除了孕生陆地植物的性能对人类社会作用甚巨之外，作为建材、作为龙脉的功能亦支撑着人们的日常生活。最后，黄土也常常成为人类生活的麻烦。尘土飞扬、土路泥泞都是日常生活中必须要忍受的“日遇而不察”的影响，这些细微不著的“环境问题”恰恰难以成为研究者重点关注的研究对象。但这“日遇而不察”的“环境问题”却在我们翻阅历史文献时不时闪现在眼前。例如：“道路两侧是大片农田，再向东南走约一华里，有一滩河，注入黄河，至此已是农田尽头，前面变成茫茫无际的草地，土质为砂土，天晴有风则黄尘蔽天，阴天下雨则满路泥泞，行人深以为苦。”[⑤] 再如：“（村路）故已

① （清）苏儒：《乡约碑记（嘉庆二十五年）》，常书铭主编《三晋石刻大全·晋城市高平市卷》上册，三晋出版社，2011，第518页。

② 黄土高原地区某些饮水困难的地区常常“挖池（井）蓄水”，水池或旱井均是土工建筑物，土本身易崩解、易塌损，因而也就必须防止直接的或间接的人为损坏，以保证水池、旱井等水利设施的完好，进而保证人们日常生活用水需求得到满足。对于“挖池蓄水”，胡英泽有详细论述，参见胡英泽《凿井而饮：明清以来黄土高原的生活用水与节水》，商务印书馆，2018，第63~99页。

③ 倪根金：《明清护林碑研究》，《中国农史》1995年第4期。

④ （清）徐品山：《重修县城来脉记》，光绪《沁水县志》卷11《艺文上·记》，《中国地方志集成·山西府县志辑》第6册，凤凰出版社，2005，第564页。

⑤ 日本东亚同文会编《中国分省全志》卷17《山西省志》，山西省地方志编纂委员会编《山西旧志二种》，孙耀、西樵译，中华书局，2006，第406页。

有之，然坡陡弯厉，满径蓬蒿，逢晴飞沙莽莽，目不及丈余，始雨青泥盘盘，足莫能寸步，路人苦不堪言。”[①] 当然，本书所讨论的人土关系并不局限于上引史料所示案例，也并不轻视或舍弃对土壤或土地与人类之间既往关系的探讨。

要之，本书试图在环境史这一学科视角下，从生命的存在这一一切历史的第一个前提出发，带着“生命中心主义”的人文关怀，追寻吾土吾民绵延不息的生生之道。具体而言，以剔除口外12厅之后的明清山西为研究时空范围，运用“适应性利用自然和建设性治理环境”相统一的“环境应对”之分析工具，对人与自然关系中“以人为视角的人土关系”而非“以土为视角的人土关系”进行揭示，冀望在历史之芜杂中抽剥、提炼出可以被称为“以土为中心的历史”的过往。其中，人土关系的具体内容主要包括“生命支持系统的历史”“生命护卫系统的历史”“生态认知系统的历史”“生态—社会组织的历史”四个层面，关于“自然环境的历史面貌及其变化”的历史，即土本身的面貌及变化的历史则隐于以上“四个层面”之中。在具体章节的安排上，我们遵循以下逻辑及顺序。

首先，粮食作物供给人们的物质能量，维持了人们生命的存续，天然地成为人类一切历史得以展开的第一个前提，人土关系史的展开也不能例外。所以，“土壤”“土地”仍然是本研究最重要的关键词。也正是因为土能生长陆地植物，特别是农作物中的粮食作物，具有支持人类生命体运行的不可替代性，所以历史文献对有关土壤、土地基础上的农业活动载述颇多，后来的研究者对此部分内容的复原、阐释也就最为用力。但是相比于环境史从生命支撑的角度理解农业，以往关于农业史的研究多从农业经济、农业技术的角度展开，二者的出发点显然有所不同。所以，本研究在给予人与土地、土壤关系史很大篇幅的同时，试图展现一些不同于农业经济史、农业技术史的面向，这部分内容主要体现在第一、二章。前两章在继承、集成、补漏前人相

① 佚名:《路志碑（二〇〇六年）》，曹廷元主编《三晋石刻大全·临汾市古县卷》，三晋出版社，2012，第310页。

关研究成果的基础上，从人与土地的数量关系、土地养活人口的能力两个角度，对明清山西增加粮食产出量的努力进行了揭示，对土地的粮食供给能力进行了初步评估，对农业剩余劳动力的转移进行了解读。同时，之所以将这部分内容放在前面两章，除了因为粮食是一切历史之前提外，也是因为其中论述的耕地与人口之间关系的变动，或多或少对后面几章所要论述的人土关系的其他方面有所影响。

其次，当人们获取了一定的食粮，满足了日均所必需摄取的热量值之后，还需要确保已存活下来的生命不受破坏力的蹂躏而能继续享受下一次能量摄入。所以，生命支持系统的历史之外，便是生命护卫系统的历史。生命护卫系统有着很复杂的内部构成，包括但不限于为了应对敌对同类、毒虫猛兽、病毒细菌的侵扰而形成的各色各样的防卫子系统。在人类所构建的生命防卫系统中，有一部分是需要借助土或土体来实现的，其中在明清山西社会中表现最为明显的乃是住所与城墙。经典作家已经指出，“住”乃是可与“食”相并列的维持生命运转的前提。所以，本书的第三章旨在揭示黄土窑洞与夯土城墙如何产生、如何变化以至如何消亡的历史。黄土高原丰厚的黄土为人们掏挖窑洞提供了便利，人们因此可以躲藏在窑洞深处躲避风霜雨雪、严寒酷暑、豺狼虎豹以及蛇蝎同类。同时，主要为了防备兵连祸结、寇盗匪徒、野兽袭扰，人们取用随处可得的土体夯筑了蔚然壮观的城墙。窑洞与城墙构成了人们生命防卫系统的一部分。但以生土为建材，享受了自然环境赋予的安全便捷的同时，人们也不得不忍受着生土易溃败的自然环境障碍，而正是条件与障碍之间的这种难以消除的张力推动着窑洞、城墙层面上人土关系的走向。

再次，从生态学的角度而言，人类生态系统的运行离不开能量流动与信息传递。所以生命支持系统、生命护卫系统、生态认知系统的历史之外，还有关于“生态—社会组织”的历史。能量与信息只有在被组织起来之后，才能更充分、更高效地发挥能量以及信息在支撑、护卫生命上的作用。当然，“生态—社会组织”亦是一个繁杂的系统，内涵与外延均十分丰富，我们目前尚无法回答究竟人类社会的哪些事项可以包括其中。但如果所思不错的话，交通系统必然是“生态—社会组织”系统的重要组成部分。能量流动与信息传递需要在一定的网络中进行，而交通系统无疑就是这样的网络之一。“要想富，先修路”表面上是一个用以致富的锦囊妙计，但仔细察之，其本质上述说的还是提高能量流动与信息传递效率以更有效地维持生命生存延续的原理。交通系统中最基础的无疑是交通道路，地球的疏松表层成为交通道路的基础，一直以来无论陆地上的路面如何演变，其始终必须奠基在土体之上。由此，在关于“生态—社会组织”之交通系统的历史过往中，就有了人土关系史的内容。本书第四章即是在述说有关土路的历史，包括土路有哪些类型、土路有哪些缺陷，以及人们如何弥缝那些缺陷。与生命支持系统、生命护卫系统相比，交通系统对生命的影响似乎并不那么直接、那么急迫，但不直接、不急迫并不意味着不重要。

最后，土地不足耕、粮食不足食造成了大量的剩余劳动力，增长的人口为了摄取来自粮食作物的能量，不是只有种植粮食作物这一途径。在一个正常的社会里，那些无法通过种植粮食作物养活自己的人口，可以通过其他非粮食生产、非农业生产来养活自己，农业之外的产业因此变得十分重要。地球的疏松表层除了可以是土壤或土地外，还可以是土或土体，而土体一直都是十分重要的手工业原料。因为有包括以土为原料的手工业在内的众多手工业，所以从农事生产中逸出的剩余劳动力有了一线生机，他们可以通过劳动所得换取食粮来延续生命、过好生活。当然，与土相关的手工业所能接纳的农业剩余劳动力极其有限，过度夸大其影响是十分危险的，但忽视其存在也是不可取的。除了以土为原料的手工业外，人们日常生活中难以离开对土的挖取与利用，这些“日用而不觉”的与土有关的活动虽不能直接或间接换取食粮，但也是支撑生命不可或缺的行为。同时，面对社会的盛衰，明清山西官绅士民也喜欢将之归因于风水之好坏与龙脉之完缺。因此，在同一时空场域中，取土维生与护土维生便产生了冲突。这部分历史可以归入生态认知系统之中，乃是物质层面人土关系在精神层面的投射，并反作用于物质层面上的人土关系，这即是本书最后一章所要述说的内容。

总而言之，历史上人土关系发生与发展的历程，是一个尚未引起广泛重视与研究的环境史课题。相比于土对人类社会及其历史的必要性与重要性而言，已有的研究成果对人土关系的揭示与用力是远远不够的。本研究试图借用环境史的学科视角，抛砖引玉，钩沉一段“以土为中心的历史”，以唤起人们对于“土”的重视。当然，本研究所有的思考都是初步的，尚待大方之家读后有以教正焉！

第一章

耕地与人口：增加粮食产出量的努力

中国黄土高原“质地松匀、相当肥沃、易于耕掘的原生黄土，几种异常耐旱的禾本科植物，和集中于夏季的有限雨量”[①]所构成的自然环境给予了史前居民得天独厚的生存条件，并进而对中国北方农业的起源、文明的进程、历史的发展起到了基础性作用。山西位处黄土高原之中，亦具有易于先民耕种果腹、绵延血脉的自然环境条件。只是就山西全境而言，至明清时期，并非域内所有地区的农业环境条件皆如何炳棣所描述的那般优越。

1920年，依据实地调查获得的第一手资料，日本东亚同文会编成《山西省志》并刊行，其中有对山西地质、地貌以及气候与农业区域差异的描写：“地质以石灰岩层占大部分……其上层有沙岩、黄土及冲积层土壤，尤以黄土面积最为广阔，几乎自本省正中连亘南北，南部的黄土带有厚达二千英尺者。”“从成分看，可以说土壤肥沃，适于耕作。若雨量适度，施肥得当，在此土地上经营农业，实无须悲观，此点已由汾河沿岸的富饶所证实。然而，本省降雨量偏少，又乏水利灌溉之便，加之当地人耕作粗放，施肥甚少，所以土地一般硗瘠，除汾水沿岸地区、沁水流域及泽州一带外，适于耕作的土地并不多。农业落后和土壤狭隘可以说是造成此种状态的重要原因。”[②]

① 〔美〕何炳棣:《黄土与中国农业的起源》，香港中文大学，1969，第204页。

② 日本东亚同文会编《中国分省全志》卷17《山西省志》，山西省地方志编纂委员会编《山西旧志二种》，孙耀、西樵译，中华书局，2006，第190~191、445页。

诚如斯言，山西境内各处开展种植业的自然环境条件优劣不等，不可一概而论。

就山西形势而言，太行护卫于东，黄河萦绕于西，表里山河自成一体，土地面积的拓展被严格限制。在这被山河所限的空间区域之内，山西民人必须依靠并不肥沃的土壤和并不充裕的土地来获得生存所必需的物质能量。正是在保证维持生命运动能量供给之目的的驱使下，人与土壤或说与土地的关系在山西明清这一特定的时空场域中发生着引人瞩目的变化，这些变化主要是围绕着寻求饱腹之食粮以获取生存机会而发生的。基于此，我们首先需要回答的一个问题就是，明清山西民人为了维持或提高粮食产量做了哪些努力。对此，本章将从增加可耕地的面积与提高单位面积产量两个层面试图回答这一问题。

第一节　土地垦殖从易到难与由近及远

人们从自然环境中获取生存之资的过程中，“自然环境并不总是能够如人们所愿，适应性地利用自然的成本虽低，但有时候却不足依赖，于是不得不进一步选择成本较大的建设性地治理环境”[①]。人们谋取食物的过程就是这样一个适应性利用自然与建设性治理环境相统一的过程。如果说一开始的采集渔猎是适应性利用自然的过程的话，那么后来的种植畜牧就是建设性治理环境的过程。就其中的种植业而言，由于在不同地块上垦种时所投入成本的高低差异，土地垦殖呈现鲜明的由易到难、由近及远的趋势，而这已被历史上中国农业空间的拓展进程之实证明。韩茂莉长期致力于中国历史农业地理的研究，她指出：“在中国农业与现代科技接轨之前，靠传统生产方式带来单位土地面积上农作物的增产、增殖，远不能满足人口与社会发展的需求，为了生存，人们将眼光一次次投向山林边荒，耕地扩展成为中国农业发展进程中的主流”；“从中国农耕区空间扩展进程来看，黄河中下游开垦历史最久，早

① 韩强强：《环境史视野与清代陕南山地农垦》，《中国社会经济史研究》2020 年第 1 期。

在数千年前这里就成为稳定的农耕区，并以此为中心从北至南，从平原至山区，从中原腹地到周边地区，将农耕区扩展到长江流域、珠江流域乃至东北平原”。[①] 如上所言，可以说中国土地垦殖的过程大抵随着时间的推移，在空间上遵循着从易到难、由近及远的规律，山西土地垦殖的时空进程也大抵如此。

到明代时，“垦荒与屯田的进行，进一步扩大了山西的耕地面积，当时湖泊湮废涸竭，森林草地面积缩小，牧业衰微，所以不仅平原很少有弃地，就是丘陵、山区，甚至人烟稀少的边地，也都陆续耕山为田，使绝大部分能够种植作物的土地都变成了良田，山西北部与西北部的农业也有了长足的发展”；进入清代，山西垦荒继续进行，田地逐渐有所增加，北部大同、朔平二府田地面积的增量超过了南部的汾州、平阳、蒲州等府，说明山西北部的农业经济有了很大发展。[②]

大抵而言，历史上山西土地垦殖的空间过程体现出明显的纬度地带性与垂直地带性，这样的垦殖趋势与山西水热条件的地带性差异有着显著的对应关系。这说明，人们总是优先选择自然条件较为优越、需要较少人力投入的地方获取食物以求得生机。也说明，人们作用于自然环境的过程中，即使同是建设性治理环境，治理环境的策略及其实践亦常有优劣、难易之别。不是迫不得已，人们会一直停留在较优与较易的建设性治理环境的阶段，而不想进入较劣与较难的建设性治理环境的境地。当人们开始建设性地治理环境时，意味着适应性地利用自然已经难以保证人们的生存生活了。同理，当人们开始选择较劣与较难的建设性治理环境的策略时，意味着较优与较易的建设性治理环境也已经难以保证人们的生存生活了。

李辅斌曾将清代山西的土地垦殖过程划分为“清代前期的土地复垦”、“清中期传统农业区的深入垦殖和口外新垦区的扩展”以及“内地垦殖的缓滞和口外的全面放垦”三个阶段或类型，认为以山地垦殖为代表的传统农区的

---

① 韩茂莉：《中国历史农业地理》，北京大学出版社，2012，第 51~52 页。

② 杨纯渊：《山西历史经济地理述要》，山西人民出版社，1993，第 158~161 页。

深垦与出关寻求耕地均是出于对人多地少矛盾的应对。[①] 顺此思路，通过梳理史料，我们认为“山地开发的持续进行”“放淤造田的事例增多”“垦殖省外的日渐兴盛”集中体现了山西明清时期土地垦殖过程由易入难、由近及远的建设性治理环境的特征。实际上，对瘠薄自然环境的利用、对恶劣环境条件的治理、对安土重迁习惯的突破，确实能够表明山西民人对土地环境的应对不得不从成本较低的建设性治理环境的阶段进入成本较高的建设性治理环境的阶段，并且暗示了山西民人纯粹依靠耕地生存的生计模式受到了挑战，想要以山西域内之土地来养活山西蕃息之人口也越发有些痴心妄想。

一　山地开发的持续进行

山西是一个被黄土广泛覆盖的山地型高原，地势大致为东北高西南低，最高处为五台山北台顶，最低处为垣曲黄河滩地。[②] 全省可分为位于东部及东南部的间有盆地的东部山地区，以及包括大同、忻定、太原、临汾、运城彼此相隔的五大断陷盆地的中部断陷盆地区，还有位于中部断陷盆地区与黄河峡谷之间的西部高原山地区；其中，山地和丘陵面积约占全省的 80% 以上，平原面积不足 20%，全省除中、南部的几个盆地和谷地较低外，大都在海拔 1000 米以上，故常被称为山西高原。[③] 这一山地和丘陵占绝大多数的地形、地貌、地势深刻地影响了“多在山谷之间”的山西州县之民众依土为生的面貌。于是，垦种冈阜岭坂等硗确瘠薄之地就成为明清山西域内之民人迫不得已的选择，所谓明知难为而不得不为。

实际上，早在北宋时期，山西之山坡地就已经被欲耕垦播种之人觊觎。北宋韩琦于皇祐五年（1053）往知并州，途经平定故关，有《过故关》

① 李辅斌：《清代河北、山西农业地理研究》，博士学位论文，陕西师范大学，1992，第 1~75 页。相关内容亦曾发表，可参见李辅斌《清代前期直隶山西的土地复垦》，《中国历史地理论丛》1995 年第 3 辑；《清代直隶山西口外地区农垦述略》，《中国历史地理论丛》1994 年第 1 辑；《清代中后期直隶山西传统农业区垦殖述论》，《中国历史地理论丛》1994 年第 2 辑。

② 张维邦主编《山西省经济地理》，新华出版社，1986，第 5 页。

③ 钱林清等编著《山西气候》，气象出版社，1991，第 1~3 页。

诗云：

> 春入并州路，群芳夹故关。前驺驱弩过，别境荷戈还。古戍余荒堞，新耕入乱山。时平民自适，白首乐农闲。①

其中，“新耕入乱山”表明山地垦殖正在进行。此外，北宋曾有弓箭手营田制度，这可能是对民间垦殖山地行为的效仿。《宋史》载：

> 至和二年，韩琦奏订镐议非是，曰：“昔潘美患契丹数入寇，遂驱旁边耕民内徙，苟免一时失备之咎。其后契丹讲和，因循不复许人复业，遂名禁地，岁久为戎人侵耕，渐失疆界。今代州、宁化军有禁地万顷，请如草城川募弓箭手，可得四千余户。”下并州富弼议，弼请如琦奏。诏具为条，视山坡川原均给，人二顷；其租秋一输，川地亩五升，坂原地亩三升，毋折变科徭。仍指挥即山险为屋，以便居止，备征防，无得擅役。②

再者，北宋神宗熙宁九年（1076）十二月丙申，太原府知府韩绛（1012~1088）言及民间疾苦，称：

> 臣等见一方之人劳身苦体，日夜竭力于田亩，山田多而沃土少，继有水旱则如前岁易子而食，可不痛哉！③

由此可见，北宋时期山西境内之军民垦山种田已非罕见之事。而太原府

---

① 李之亮、徐正英：《安阳集编年笺注》卷 7，巴蜀书社，2000，第 278 页。

② 《宋史》卷 190《兵志四》，中华书局，1977，第 4712~4713 页。此段文字曾被王守春引为黄土高原北部和西部对坡地已有所开垦的证据，见王守春《历史时期黄土高原地区的植被》，孟庆枚主编《黄土高原水土保持》，黄河水利出版社，1996，第 100~101 页。

③ 《续资治通鉴长编》卷 279，中华书局，2004，第 6835~6836 页。

知府韩绛之言更能说明，在山西境内的某些地区，土地所出可能仅足供当年之食，偶遇水旱则只能坐以待毙或易子而食，这深刻表明土地承载力在某些时空场域内或已趋于极限。

进入蒙元之后，山西西北部之保德州、东南部之沁水县皆有耕山之实，有诗为证。元宪府照磨李进文《按事达保德偶成》诗云：

> 地势连丘阜，河流壮郡城。坡田多歇种，民粒少聊生。抚字心仍重，宣明政已清。名堂书牧爱，正要赞升平。①

元宪府吏武戢《大德六年（1302）春来保德赠太守王公》诗云：

> 峻岭重冈最尽头，孤城绝险枕黄流。东遮全晋山如戟，西接诸羌地似秋。俗本尚纯民少讼，田因歇种籽多收。六年太守人难学，废事重新一一修。②

保德州本身即属于西部高原丘陵区，以上诗文表明保德州的耕种山地可能是比较粗放的休耕歇地制。而元王恽（1227~1304）《过鹿台山》则描述了沁水县的山地垦殖，诗云：

> 远寻文石冈，来历南山缠。鹿台台为山，幽径蟠古篆。后峪行未尽，前岭已当面。秋声荡林樾，风露凄以泫。阴壑气蓊郁，疑有虎豹变。山田苦无多，沟崦耕已遍。柴援结半空，罗络碧岩转。自怜终岁勤，兽患防一旦。③

① 康熙《保德州志》卷12《艺文下》，《中国地方志丛书·华北地方·第414号·山西省》，成文出版社，1976，第684~685页。

② 康熙《保德州志》卷12《艺文下》，《中国地方志丛书·华北地方·第414号·山西省》，成文出版社，1976，第690~691页。

③（元）王恽：《秋涧集》卷2，《影印文渊阁四库全书》第1200册，北京出版社，2012，第21页。

王恽自注曰："在泽州沁水县南二十里，时被安西王命伐石于此。"沁水县之鹿台山重峦叠嶂，其山谷山坡也都开垦殆遍，但仍苦于山田还是太少。

迭至明代，耕垦山坡地的记载倏忽增多，且广泛涉及山西南北各州县。

山西北部、西部之山地地区，虽水热条件较差，但亦在垦殖之列。明嘉靖二十八年（1549），官方为了固边而在雁门、宁武等处关隘禁山，退耕还林，并立禁约：

> 今后一应人等敢有擅入禁山砍伐林木、耕垦地土，参将、守备、守□等官□便擒解道问，发南方烟□。[①]

边防重地本应竭力保护，但生计压力之下还是有人耕垦禁山。而明朝郭车山《过雁门》一诗亦云：

> 关城风色日飕飕，广武新军玉垒头。百亩石田山下业，数声羌笛戍边楼。[②]

实际上正如明朝庞尚鹏（1524~1580）所言："山西三关，逼近犬羊，为门庭之寇，视诸路特称要害焉，设军屯田，其来已久。"并详述了偏关、宁武、雁门三关及永宁州屯田及民田分布之情状，其言：

> 照得三关平原沃野悉为良田，若问抛荒，惟孤悬之地间有之，亦千百十一耳，其余山上可耕者，无虑百万顷。臣岭南人，世本农家子，常叹北方不知稼穑之利。顷入宁武关，见有锄山为田，麦苗满目，心窃

① （明）佚名：《退耕还林碑（嘉靖二十八年）》，张正明、科大卫主编《明清山西碑刻资料选》，山西人民出版社，2005，第1页。

② 万历《山西通志》卷30《艺文下》，明崇祯二年（1629）刻本，第48b页。

喜之。及西渡黄河，历永宁入延绥，即山之悬崖峭壁，无尺寸不耕，彼皆长子老孙之人，岂浪用其力，无所利而为之耶。

复查得永宁州有孝文水峪、马房二屯，原额地六十六顷四亩九分一厘……嘉靖三十九年，丈出新增地一十五顷六十亩……四十五年复丈出一十一顷八十五亩一分……通将原额新增彼此牵算，每亩该粮三升五合有奇。查该州民田在山崖者，每亩止征粮一升一二合，在平原者，每亩一升五六合。今前项屯田俱错列万山之中，冈阜相连，并无水利可资蓄泄，间有平地，亦多山涧相参，不成丘段。①

而明嘉靖三十六年（1557），太原府兴县知县王完在《增修城垣记》中指出：

嘉靖以前，山林茂密，虽有澍雨积霖，犹多渗滞，而河不为眚肆，今辟垦日广，诸峦麓俱童土不毛。②

明万历四十四年（1616）所刻《定襄县志》亦载：

境内东西南北相距各六七十里，视它疆域不啻倍缩。地狭则无旷土，即高阜砂涧尽收入起科之数矣。③

山西东部、东南部亦属于山地丘陵区，中部地区虽盆地面积较广，但其间亦有山地相隔。随着盆地平原开垦殆尽，向山地进发而垦山为田的事例也

① （明）庞尚鹏：《清理山西三关屯田疏》，（明）陈子龙选辑《明经世文编》卷359《庞中丞摘稿三》，中华书局，1962，第3870~3871页。

② （明）王完：《增修城垣记》，乾隆《兴县志》卷17《艺文》，《中国地方志集成·山西府县志辑》第23册，凤凰出版社，2005，第120页。

③ 万历《定襄县志》卷3《田赋》，国家图书馆地方志和家谱文献中心编《明代孤本方志选》第3册，中华全国图书馆文献缩微复制中心，2000，第430页。

逐渐增多。明沈钟有《辽州道》诗二首，其一曰：

青山森似戟，四面匝州城。晋国凭兹险，漳河满地行。烟中明野烧，岭上事春畹。明日观风毕，驱车又北征。[①]

明王世贞（1526~1590）隆庆四年（1570）北上山西，其在《适晋纪行》中亦说：

大抵自万善至盘陀七百余里，无非山者，其中罅为涧，涧旁稍高为道，道稍有美地则为市舍，美地稍宽而稍阜险则为城，邑之所不尽，坡陀上下则为田，其最下所视中原，不啻数百千丈矣。[②]

明太原府祁县人阎绳芳（1515~1565）在所撰《重修镇河楼记》中言及自己所目睹的垦殖情况：

祁之东南有麓台、上下帻诸山，正德以前树木丛茂，民寡薪采……嘉靖初元，民风渐侈，竞为居室，南山之木，采无虚岁，而土人且利山之濯濯，垦以为田，寻株尺蘖，必铲削无遗。[③]

明郑洛《陵川道中问俗》一诗则曰：

仗节观风逐太行，陵川遗俗自陶唐。几间茅茨千山暮，一径烟萝五月凉。云里孤城藏市井，雨中绝岭见耕桑。民间生事犹难问，岩谷苍茫

① 成化《山西通志》卷16《集诗》，《四库全书存目丛书·史部》第174册，齐鲁书社，1996，第637页。

② 万历《山西通志》卷28《艺文上》，明崇祯二年（1629）刻本，第57a页。

③ （明）阎绳芳：《重修镇河楼记》，光绪《祁县志》卷11《艺文二·记》，《中国地方志集成·山西府县志辑》第23册，凤凰出版社，2005，第498页。

思未央。[①]

明万历《泽州志》引阳城县旧志云：

> 邑据太行脊，其东一带溪谷矗矗，林箐丛茂。往昔民依山谷间，石耕为田，樵采为生。久之，山木濯濯，望之童然矣。[②]

就是位于中部断陷盆地、素称沃野平壤的临汾、运城盆地，其周围山地亦成为垦殖之所。明万历十七年（1589）平阳府太平县新任知县侯于鲁上任之初就组织垦殖荒山，王体复作《清储镇开荒田记》记其事，其中有云：

> 出太平县城南十里许有汾阴山，东西绵亘高阜，当古晋城上游。在昔多草木，蓊如也。后芟夷殆尽，濯然成广坡云，且其地瘠薄……万历己丑夏，我邑尹渭上侯公初入境，过此，即四顾叹曰："兹非地利乎？若之何遗之？"

于是始建堡以为垦殖之据点，自明万历十七年九月二十七日肇始兴工，至明万历十八年（1590）十月十五日就绪，堡既成，名之曰"清储镇"，究其所开田亩，则：

> 环堡荒田凡垦过四千四百三十六亩八分，已招过贫民九十四家，计口授屋，量力给田，散之牛种以为资本，与之帖券以杜争端，联之保甲以防寇盗，盖靡不周悉，云。[③]

① 万历《山西通志》卷30《艺文下》，明崇祯二年（1629）刻本，第47a页。

② 万历《泽州志》卷1《方舆志·图经》，北岳文艺出版社，2009，第24页。

③ （明）王体复：《清储镇开荒田记》，道光《太平县志》卷13《艺文上·记》，《中国地方志集成·山西府县志辑》第52册，凤凰出版社，2005，第505~506页。

太平县知县侯于鲁秉持尽地利无使荒废的原则，通过政策运行，垦殖了失去林木覆盖的境内汾阴山之山坡瘠薄之土。

绛州之悬崖隙地亦被开垦殆尽，康熙《绛州志》在述及绛州之风俗时，引明时所修旧志所载，云：

> 城市之民，无寸田，多贸易，盈难而虚速。乡民务耕织，悬崖畸径苟可种，无闲旷，抱布贸易殆无虚时，土狭而瘠使然也。[①]

明代许维新在《巡视河东记》中记述了其从乡宁往北巡视路上所见到的景象：

> 田者或在远山上，畦径蝉联，若鳞甲之在鱼腹也。[②]

以上略陈数例以见明代山西南北各地垦山为田之状。进入清代之后，山地垦殖仍在继续，与明代相比不遑多让，山西域内南北各地可谓山田满目，而耕种山地比平地更能表明山西民人剜土刨食之不遗余力、不弃地力的艰辛。

处于山西西北高原山地的各州县仍多垦山为田。清康熙二十二年（1683）刻石的《民山碑记》载：

> 宁武界在边陲，地瘠民贫，所属宁化、芦芽以及西山一带，其间环山而居者，乡村屯堡，不知凡几。若地，若粮，若山厂，输纳正供，由来久矣……且山厂四下居民屯地甚多，输纳正供，由来久矣……勘得宁化所所属之芦芽山，宁武所所属之高乔等山，西屯神池堡所属之虎鼻等山，岢岚州所属之乱村沿等山，镇西卫五寨堡所属之店坪等山，周围长

① 康熙《绛州志》卷1《地理·风俗》，清康熙九年（1670）刻本，第22a页。

② （明）许维新：《巡视河东记》，雍正《平阳府志》卷36《艺文二·记》，《中国地方志集成·山西府县志辑》第45册，凤凰出版社，2005，第293~294页。

阔约二百余里，内有居民，村庄九十余处。[①]

有村庄，则意味着有田地。清乾隆《宁武府志》亦载宁武、偏关、神池、五寨四县田地多寡及分布情况：

> 四县之地，既瘠而少田，田多在山上，鲜灌濯之利。故农人岁耕所获盖少，大半仰食外谷，虽果蔬亦然。[②]

清乾隆年间（1736~1795），山西兴县人康基田（1732~1813）撰《合河纪闻》记其家乡太原府岢岚州兴县之农事活动，其言：

> 邑东乡在万山之中，林木丛翳，土多硗瘠，乡人垦种，必举火焚之，然后布种，名曰“开荒”，成熟后歇一二年再种。[③]

清乾隆《兴县志》亦载本县风俗曰：“农夫力穑，崇岭峻阪，无不耕植。”[④]到了民国时期，山西西北部之平鲁县沧头河两旁悬崖之上皆是耕地，“河床两岸为四五丈高的悬崖，悬崖上是耕地”，而自宁化所至静乐县的汾河两岸，“沿途耕地甚少，仅在山间平地垦植高粱、莜麦等”。[⑤]

山西东北部之浑源州亦开垦殆尽，清乾隆《浑源州志》载曰：

---

① （清）佚名：《民山碑记（康熙二十二年）》，张正明、科大卫、王勇红主编《明清山西碑刻资料选（续二）》，山西经济出版社，2009，第5~6页。

② 乾隆《宁武府志》卷9《风俗》，《中国地方志集成·山西府县志辑》第11册，凤凰出版社，2005，第132~133页。

③ （清）康基田：《合河纪闻》卷10《杂记下》，清嘉庆二年（1797）刻本，第90b页。

④ 乾隆《兴县志》卷7《风俗》，《中国地方志集成·山西府县志辑》第23册，凤凰出版社，2005，第33页。

⑤ 日本东亚同文会编《中国分省全志》卷17《山西省志》，山西省地方志编纂委员会编《山西旧志二种》，孙耀、西樵译，中华书局，2006，第396、399页。

浑源遭姜瓖之乱，民散地荒，四郊榛莽，而百余年来，闾阎盈实，田野开辟，山巅水隈罔不籽粒，非圣天子休养生息之恩，何以能如是耶！然远所溪谷尚有不毛，使司民土者勤加劝课，缓其征输，则不二十年，富庶可望也。①

处于东部山地地区的五台山，清乾隆至光绪年间（1736~1908），山地垦殖日盛一日。清乾隆十一年（1746），清高宗游五台山，其《射虎川》诗注云：

五台旧闻多虎，今则垦田艺植，猛兽避迹矣。②

清乾隆二十六年（1761）《射虎川》诗又云："三驱弧矢罢平野，万户耕桑遍大田。"诗注曰：

承平日久，垦辟率无隙地，不似康熙初年，此地尚有野兽可行围也。③

清乾隆末年，《钦定清凉山志》在载述"虎"这一兽类物产时，特别强调：

山中素称多虎且猛鸷，今则耕种日开，虎渐避迹矣。④

---

① 乾隆《浑源州志》卷4《田赋》，《中国地方志集成·山西府县志辑》第7册，凤凰出版社，2005，第305页。

② （清）清高宗：《御制诗初集》卷36《射虎川》，《影印文渊阁四库全书》第1302册，北京出版社，2012，第542页。

③ （清）清高宗：《御制诗三集》卷11《射虎川》，《影印文渊阁四库全书》第1305册，北京出版社，2012，第440页。

④ 乾隆《钦定清凉山志》卷22《物产》，故宫博物院编《故宫珍本丛刊》第248册，海南出版社，2001，第466页。

迄至晚清，光绪《五台新志》述及当地人之生计时更言：

五台境内皆山，土仅十之二三，平土尤少……此外则冈阜纡蟠，田高下如阶级，近山则梯田矣。

无田者履险登山，石罅有片土，刨掘下种，冀收斗升，上下或至二三十里。[①]

相信五台山的境况在山西东部山地地区并非特例。

五台山以南的山西东南山地地区，其山田开垦亦复不少。清朝初年，徽州歙县人洪嘉植（1645~1712？）北游山西，南归时由交城往东南行，在太行山途中赋诗说道：

孤云十日太行连，行过交城泽路边。藏雨溪声春水碓，焚菑山脊种梯田。[②]

位处山西东南部太行山区的潞安府潞城县豆口里因垦山而与河南林县发生争执：

豆口里东南大山与河南林县界，自崖头以上，凡十八盘、金刚坡、秀水池诸处，并属晋疆，地多林木，并产参，以距村较远，募林县人租垦，久之成聚，同治十年遂以山属林县为辞，抗租不纳，恃众侵夺。[③]

① 光绪《五台新志》卷 2《生计》，《中国地方志集成·山西府县志辑》第 14 册，凤凰出版社，2005，第 74、80 页。

② （清）洪嘉植：《南归自交城行至太行道中即目书寄从弟昆霞》，雍正《山西通志》卷 224《艺文·诗》，《中国地方志集成·省志辑·山西》第 7 册，凤凰出版社，2011，第 706 页。

③ 光绪《潞城县志》卷 3《记三·大事记》，《中国地方志集成·山西府县志辑》第 41 册，凤凰出版社，2005，第 418 页。

山西潞城县与河南林县的这一山界纠纷说明在人多地少的背景下，太行山区垦山为田日盛一日，与洪嘉植的诗作所描述的景况可互相参证。

清乾隆八年（1743）《紫峰山永禁樵牧碑记》则记载了高平县东南的紫峰山被耕垦樵牧的情况，碑文言：

> 石末镇为高平东南之望，而紫峰山又石末东南之望也。虬松古柏，离奇突兀于苍岩碧嶂之间，观方者见青葱之佳气，验人文之日盛焉。乃有村农野竖，垦污莱于崔嵬之上，纵牛羊于维乔之下，岁月渐深，视为固然。不及今而为之所，匪独嘉树见戕，山灵且将怒之矣。里人张钿等谋于众绅士，追还侵地若干段，封植松柏，永禁樵牧，刻石而记之。

并立禁约曰：

> 一、耕过山界石内者罚银伍两。一、开垦荒土者罚银三两。①

紫峰山显然为石末镇之风水重地，但是即便如此，在普通民众面临迫在眉睫的生计压力时，虚妄无用的山神信仰也受到了冲击，在山神渺远与食粮迫切之间，村农还是优先考虑后者。

清咸丰七年（1857）陵川县岭常村《重修真泽宫记》亦描述了村人开垦西溪山坡地的情况：

> 西溪一带松坡旧有禁约，代远年湮，视为陈迹，盗伐树木者有之，牧放牛羊者有之，土田者又有之。其弊不除，习而余毒矣。因合社公议，复整禁约，演戏三日，昌明社规……一议禁止社坡、社地，□不得侵占、

① （清）司昌龄：《紫峰山永禁樵牧碑记（乾隆八年）》，《高平金石志》编纂委员会编《高平金石志》，中华书局，2004，第674页。

开垦、开窝起石、牧放牛羊侵踏社坡、社地，违者入社公处。一议坡内熟地各有地主，自立碑后，倘有买卖地者，总要到社报明，不许把社坡卖四至内，如不报明，私卖社坡于四至内，查明重罚。①

1933年刻立于黎城县平头村的一则碑刻同样讲述了垦殖山坡屡禁不止的情形，被垦之地位于凤凰山，碑载：

考前清咸丰十一年碑碣，曾经村民将此山四至划定，议有规则，严禁之后，不许再有樵牧垦开情事，一旦有违，村规议罚。不知行于何年，因何开禁也。只旧有森林，砍伐一空，即旧坡亦尽垦成禾田矣。②

黎城县与陵川县屡禁垦山而垦山不止的情形似乎更能说明，冒着被村社警告与重罚的风险，寻找未被垦殖过的禁地已成为贫苦农民不得不为之的生计选择。

让我们将目光从山西东南山区转向山西西南山区。在省府太原以南的山地丘陵区，农民亦多垦种山田。例如，山峦重叠的交城县：

农田逐步向森林扩展，到金末元初，蒙古族入主中原，县境平川居民多移居马鞍山一带，山地口户与田地猛增，森林骤减，因而元明之际，水患频繁，西冶河上游森林茂密，清初尚有虎鹿生存，道光十余年，官商任意砍伐，老鸦山毁林种地，树头岭移民落户，沟谷皆秃，水土难保。③

① （清）佚名：《重修真泽宫记（咸丰七年）》，张正明、科大卫主编《明清山西碑刻资料选》，山西人民出版社，2005，第451页。

② 常思善：《平头村复禁凤凰山碑记（一九三三年）》，王苏陵主编《三晋石刻大全·长治市黎城县卷》，三晋出版社，2012，第470页。

③ 交城县志编写委员会编《交城县志》，山西古籍出版社，1994，第303页。

又如，汾州府宁乡县。清康熙三十六年（1697），宁乡县知县顾嵘在《修城隍庙记》中提及：

宁乡处万山中，地僻瘠，民贫，城内外耕山为田，峰坳岭侧，人牛却立千仞上，种黍稷麦豆，虽耕云锄月，似别有天地，而吾民亦甚劳勚矣。田无水灌溉，天不雨，立槁，雨稍溢又下溜沙土和谷种，且漂没，为之天者不亦难乎？①

宁乡县以北的永宁州，其垦殖情况与宁乡县也相差无几。顾嵘在前往永宁州，也就是离石的途中曾赋《离石行》云：

离石离石蚕丛道，插天峰顶田星罗。农夫腰镰种禾黍，耕云锄月何嵯峨。②

而宁乡县南部的石楼县亦多种山田，硗薄难收，所谓：

石楼围绕皆山，既无平土，又无河渠，无田可耕，无井可凿，民间地亩尽在高岗斜坡之间，即雨旸时若，收获止得邻封之半，不然，潦则直流而下，旱则如炙而槁，兼且时令太迟，他处桃李实而石始华，他处禾黍秀而石始播，刮暴风于盛夏，陨肃霜于新秋，万物向荣之候，一宵露结萎靡，地薄且确，不宜禾黍，仅栽杂粟，借此供赋。③

① （清）顾嵘：《修城隍庙记》，康熙《宁乡县志》卷9《艺文》，《中国地方志集成·山西府县志辑》第31册，凤凰出版社，2005，第332~333页。

② （清）顾嵘：《离石行》，康熙《宁乡县志》卷10《艺文》，《中国地方志集成·山西府县志辑》第31册，凤凰出版社，2005，第343页。

③ 雍正《石楼县志》卷2《赋役》，《中国地方志集成·山西府县志辑》第26册，凤凰出版社，2005，第500页。

石楼县往东的灵石县：

虽地处冲途，而山田僻壤，夥于他境，故土物所出，视他境较寡焉。[①]

石楼县往南的汾西县，光绪《汾西县志》记述境内山川时，撰志者特加按语云：

汾邑广袤数百里，环邑皆山，曷可胜纪，巨川除汾河外，不过涓滴之流耳，童童者无材木以佐樵苏，发发者挟沙土难资灌溉，雨后山水涸可立待，民田于冈峦隙土，地利无闻，水少而旸雨偶愆，岁频告旱。[②]

汾西县往南的吉州乡宁县，知县李鸾于清乾隆元年(1736)莅任后亦颇劝民耕垦山巅，对此吉州知州薄岱追述道："深山旷邈，可以垦种者，皆公所开。"[③] 即使是硗确瘠薄、山高难耕、水利难施、水旱无常、仰天待命，但凡有一丝的希望，山西民人都愿意不遗余力地进行耕种，人地之间的紧张关系可见一斑。

与明清其他《山西通志》不同，雍正《山西通志》在记述山西各府州渠道情况时，特别记述了部分府州县的田地分布情况，以说明某府某州某县少渠道或无渠道的缘由，而这为我们宏观了解山西山地垦殖情况提供了一个剖面。雍正《山西通志》载："山西省总领九府十州，分治州县九十有六。"[④] 除

① 嘉庆《灵石县志》卷3《食货志·物产》，《中国地方志集成·山西府县志辑》第20册，凤凰出版社，2005，第57页。

② 光绪《汾西县志》卷1《山川》，《中国地方志集成·山西府县志辑》第44册，凤凰出版社，2005，第17页。

③ （清）薄岱：《新修李南畹公祠堂记》，乾隆《乡宁县志》卷15《艺文》，《中国地方志集成·山西府县志辑》第57册，凤凰出版社，2005，第100页。

④ 雍正《山西通志》卷3《沿革》，《中国地方志集成·省志辑·山西》第3册，凤凰出版社，2011，第66页。

记大同府、蒲州府、忻州直隶州、代州直隶州、绛州直隶州渠道有无情况时无明确的山田分布信息外，其余各府州县均有所体现，详见表 1–1。

表 1–1 清雍正《山西通志》卷 29~34《水利》所载诸府州县田地分布及渠道有无情况

府 / 直隶州	县 / 散州	田地分布及渠道有无情况
太原府	岢岚州	岢岚州僻处深山，多系旱地，无设立渠道
	岚县	岚县僻处深山，旱地，无渠道
	兴县	兴县多系旱地，无渠道
平阳府	浮山县	浮山县多崇山峻岭，并无渠道，虽有数小河，雨降则盈，雨止即涸，难资灌溉
	汾西县	汾西县西北胥高山，田艺山上，无渠道，惟东南近汾河有六村引渠
	灵石县	共水地六千一百八十三亩有奇，盖灵石县多山田，而开渠引水之地为数不甚夥
潞安府	壶关县	壶关居太行之巅，无濒河民田
	平顺县	平顺漳河在平北乡，两岸胥石山，高岭峻壁，虽有田亩，无繇引溉
汾州府	石楼县	石楼县僻处万山，重峦叠嶂，无近河民田，亦无设立渠道
	永宁州	永宁州万山丛杂，胥岗坡地，无水渠
朔平府	左云县	左云高山峻岭，沙堉强半，虽有数水，不能溉田
	平鲁县	平鲁县地处丛山，民田惟借雨露
宁武府	宁武县	宁武诸属四面胥层峦峻岭，田在山坡，少渠道
	神池县	神池田在山坡
	五寨县	五寨田在山坡
泽州府	凤台县	凤台田在万山间，惟恃雨泽，即山水涨发，旋起旋落，无繇引渠，诸属胥同
	沁水县	沁水田胥在坡岗高阜，虽有沁河，向无渠道，阳城同
辽州直隶州	辽州	辽州漳河两岸，胥乱石，无可开浚，民田皆在万山中
	榆社县	漳河两岸胥石涧，无可开浚，榆社田胥在叠岗间
沁州直隶州	沁州	沁州民田多在山坡，旧无渠道
	武乡县	武乡民田多在山坡，旧无渠道

续表

府 / 直隶州	县 / 散州	田地分布及渠道有无情况
平定直隶州	平定州	平定州山多田寡，其断涧深沟雨则水涨，雨止则涸，无长流渠道可以疏引
	寿阳县	寿阳民田多山坡旱地，不能设渠
	盂县	盂县民田多山坡旱地，不能设渠
	乐平县	乐平民田胥山坡旱地，不能设渠
保德直隶州	河曲县	河曲县四面山坡，民借以耕种，虽有黄河经流，濒河皆山，无民田
解州直隶州	平陆县	平陆皆崇山峻岭，近河民田亦无渠道
吉州直隶州	吉州并属县	吉州并属县崇山峻岭，泉水出自沟涧，民田无可设渠
	乡宁县	温泉，南半里，高山之阳，湛然深碧，冱寒不凝，沿山麓西流，岭畔石田资其灌溉
隰州直隶州	隰州	隰州田耕山上，人多窑处，惟恃雨泽，古无渠道，其山水胥入溪河，河边无寸地云
	大宁县	大宁地皆高原峻岭，古无渠道
	永和县	永和地皆高原峻岭，古无渠道

资料来源：雍正《山西通志》卷 29~34《水利》，《中国地方志集成·省志辑·山西》第 3 册，凤凰出版社，2011，第 580、591、597~598、603、614、621~624、632~636、643、646、657~659 页。

田地分布与渠道有无之间的上述关联，更让我们体会到山西民人即使无水可资灌溉也仍要耕山为田的迫不得已。如此尽地利而谋生的情状，除了给人以生活“困苦”的初步印象外，更多的是对耕地“贫乏”的深刻感知。清顺治四年（1647）任山西巡抚的祝世昌（？ ~1650）述及山西土地状况时曾言：“看得晋省地瘠山硗，土薄石广，其为平壤腴沃者，仅可十之三四耳。”① 整体言之，“晋位中土，西北、北部地多硗瘠，南部间有膏腴”②。随着时间的推移，经过整个清代的垦殖之后，山西之地能垦辟为田者已被悉数垦辟。因

① （清）祝世昌：《蠲荒疏》，乾隆《太原府志》卷 53《艺文》，《中国地方志集成·山西府县志辑》第 2 册，凤凰出版社，2005，第 18 页。

② 民国《洪洞县水利志补》叙，《中国地方志集成·山西府县志辑》第 51 册，凤凰出版社，2005，第 463 页。

此清光绪十八年（1892）成书的《山西通志》有所谓“盖自卫所并入州县，而在官之田始悉散于民。自丁粮摊归地亩，而无田之民始尽免于役。经制既定，垦辟日勤，遂使大漠穷荒皆出租税，沿边列郡并息挽输，休养生息之盛古未有也”[①]之语。“休养生息”一直包含着社会安定、百姓富足的深长意味，一定程度上是治世或盛世的代名词。但“休养生息”这一词语背后却是人口滋生、土地不足的现实，这在被山河所限、土地瘠多沃少的山西尤为明显。明清垦山为田的史实中流淌着的正是山西民人为谋食谋生而不得不建设性治理环境的艰辛汗水。

二　放淤造田的事例增多

黄土质地疏松，遇水易湿陷、易崩解、易流失，对黄土的这一特性，人们另有一种形容，即我们耳熟能详的“水土流失”。在人类社会中，水土流失被认为是一种“环境问题”。环境当然没有什么问题，只是观察事物的角度不同罢了。实际情况是，黄土的流失也常常能成为人们的利薮。正如北宋时王沿（？~1044）面对漳水泥沙时所言：“夫漳水一石，其泥数斗，古人以为利，今人以为害，系乎用与不用尔。”[②]也正如邓子恢（1896~1972）提及解决黄河泥沙问题的策略时所说：“我们对于黄河所应当采取的方针就不是把水和泥沙送走，而是要对水和泥沙加以控制，加以利用。”[③]正是对黄土这一常被认为是“问题”的特性加以因地制宜的利用，更能显示人们适应性利用自然之外建设性治理环境的不易。在无田可耕的窘迫时段，放淤造田不失为一个补充耕地的权宜之策，尽管所造田地相对于耕地总数而言微不足道，但无疑指示了一种新的动向。

自古以来，生活于黄土高原地区的人们就懂得利用河流含泥沙这一特点进行放淤，或放淤以对农田且溉且粪，或引淤填漫盐碱地、低凹地以为农田。

---

① 光绪《山西通志》卷58《田赋略一》，中华书局，1990，第4215页。

② 《宋史》卷300《王沿传》，中华书局，1977，第9958页。

③ 邓子恢：《关于根治黄河水害和开发黄河水利的综合规划的报告》，《人民日报》1955年7月20日第2版。

《吕氏春秋》记载公元前4世纪时魏人史起任邺令引漳水灌溉邺地之田，曰：

水已行，民大得其利，相与歌之曰："邺有圣令，时为史公，决漳水，灌邺旁，终古斥卤，生之稻粱。"①

《史记》记载公元前3世纪韩国水工郑国在秦国凿泾水开渠一事，曰：

郑国曰："始臣为间，然渠成亦秦之利也。"秦以为然，卒使就渠。渠就，用注填阏之水，溉泽卤之地四万余顷，收皆亩一钟。于是关中为沃野，无凶年，秦以富强，卒并诸侯，因命曰郑国渠。②

以上两例，显示的是将斥卤不可耕之地治理成可生稻粱、亩收一钟的良田，我们认为这反映的是放淤治理盐碱地而营造田地的实际。稍后的西汉武帝时，在今山西南部地区另有放淤以治理沼泽地而营造田地的事实。《史记》载：

河东守番系言："漕从山东西，岁百余万石，更砥柱之限，败亡甚多，而亦烦费。穿渠引汾，溉皮氏、汾阴下，引河溉汾阴、蒲坂下，度可得五千顷。五千顷故尽河壖弃地，民茭牧其中耳，今溉田之，度可得谷二百万石以上。谷从渭上，与关中无异，而砥柱之东可无复漕。"天子以为然，发卒数万人作渠田。数岁，河移徙，渠不利，则田者不能偿种，久之，河东渠田废，予越人，令少府以为稍入。③

根据包括但不限于上述史籍的记述，李令福认为：战国秦汉时代，大型农田水利建设在中国北方兴起，构成了中国水利发展第三阶段的主体，而第

① 许维遹撰，梁运华整理《吕氏春秋集释》卷16《先识览·乐成》，中华书局，2009，第417页。

② 《史记》卷29《河渠书》，中华书局，1963，第1408页。

③ 《史记》卷29《河渠书》，中华书局，1963，第1410页。

一阶段和第二阶段分别以防洪治河与航运交通为主，并且第三阶段是以放淤营造田地与引浑且溉且粪为主体表现形式的，构成中国传统农田水利的一个重要发展阶段。[①] 可见，农田水利建设兴起之初，其重要的内容之一，就是通过控制含泥沙的河水的流向营造出更多可耕可种的肥沃土地。与利用瘠薄的山地土层进行耕种一样，不到迫不得已的时候放淤造田不会成为一件十分普遍的农事活动。但无论是放淤治理盐碱地、沼泽地，还是放淤改善已耕垦田地的肥力状况，历史早期有关放淤事迹的记载并不是很多。因此，或许姚汉源才有“专门放淤自汉代开始，北宋王安石变法时期形成一个高潮”[②] 之语吧。北宋及其之后，放淤事迹越来越多，放淤的规模越来越大，所涉及的地域也越来越广，姚汉源对此已有论述，兹不赘言。[③]

具体到山西地区，北宋神宗熙宁年间（1068~1077），王安石（1021~1086）进行系列变法，其中之一就是大兴农田水利，其中一项工作就是“淤田”，而河东“淤田”是其中较为著名的事迹。《宋史》载：

> 九年八月，程师孟言：“河东多土山高下，旁有川谷，每春夏大雨，众水合流，浊如黄河矾山水，俗谓之天河水，可以淤田。绛州正平县南董村旁有马壁谷水，尝诱民置地开渠，淤瘠田五百余顷。其余州县有天河水及泉源处，亦开渠筑堰。凡九州二十六县，新旧之田，皆为沃壤。嘉祐五年毕功，缵成《水利图经》二卷，迨今十七年矣。闻南董村田亩旧直三两千，收谷五七斗。自灌淤后，其直三倍，所收至三两石。今臣权领都水淤田，窃见累岁淤京东、西咸卤之地，尽成膏腴，为利极大。尚虑河东犹有荒瘠之田，可引天河淤溉者。”于是遣都水监丞耿琬淤河东

---

① 李令福：《论淤灌是中国农田水利发展史上的第一个重要阶段》，《中国农史》2006 年第 2 期。

② 姚汉源：《中国古代的农田淤灌及放淤问题——古代泥沙利用问题之一》，《武汉水利电力学院学报》1964 年第 2 期。

③ 除《中国古代的农田淤灌及放淤问题——古代泥沙利用问题之一》一文外，另可参见姚汉源《中国古代的河滩放淤及其他落淤措施——古代泥沙利用问题之二》，《华北水利水电学院学报》1980 年第 1 期；姚汉源《中国古代放淤和淤灌的技术问题——古代泥沙利用问题之三》，《华北水利水电学院学报》1981 年第 1 期。

路田。[①]

可见，北宋嘉祐五年（1060）河东绛州正平县南董村等地的“淤田”实践，成为后来熙宁年间王安石变法时淤田的先驱。《宋史》在记程师孟事迹时，又载：

晋地多土山，旁接川谷，春夏大雨，水浊如黄河，俗谓之“天河”，可溉灌。师孟出钱开渠筑堰，淤良田万八千顷，裒其事为《水利图经》，颁之州县。[②]

通过分析这两则史料，可以十分明确地指出其中的“淤田”乃是“且溉且粪”引洪灌溉之含义，尚不能说是纯粹的“营造田地”之例。但不得不说明的是，淤肥土地与淤成新田只不过是“引洪”的同源殊途而已，最基础的泥沙可用之认知与驾驭洪泥之技术已经具备，区别只是将洪水引向何处。至明清时期，山西利用淤泥从无到有营造田地的事例渐趋增多。

1974年山西省水土保持科学研究所郜志峰查阅传世的清光绪《汾西县志》后发现一则与打坝淤地高度雷同的记载，于是写道：

汾西打坝淤地有悠久的历史。县志记载，早在明朝万历年间，“涧河沟渠下湿处，淤漫成地易于收获高田”，“向有勤民修筑”。当时的知县毛炯曾布告鼓励农民打坝淤地，“以能相度砌棱成地者为良民，不入升合租粮，给以印帖为永业，三载间给过各里砌修成地盂复全三百余家”。距今已有四百多年。[③]

后来，郜志峰此文“由黄委会水保处收录于1975年在天水召开的《黄河

① 《宋史》卷95《河渠志》，中华书局，1977，第2373页。

② 《宋史》卷426《程师孟传》，中华书局，1977，第12704页。

③ 山西省水土保持科学研究所：《汾西坝地建设经验调查》，《山西水土保持科技》1974年第1期。

流域水土保持科研工作座谈会资料汇编》。此后许多论文和资料谈到淤地坝建设历史时，引用‘早在明朝万历年间《汾西县志》就有打坝淤地的记载，距今已有四百多年’”。[①] 时至今日，论者在追溯人工“淤地坝”的最早文字记载时，均引毛炯之宦绩以为据。一般以清光绪《汾西县志》所载知县毛炯宦绩中所言“砌棱成地”为准，即：

> 汾地山冈宜潦畏旱，毛公躬历山原，见涧河沟渠湿下处淤漫成地，易于收获，高田值旱可以抵租，向有勤民修筑，奸排地邻吓夺，或禀官罪责，强入税粮，山水至，土去石出，遗粮赔累者众，公出示以能相度砌棱成地者为良民，不入升合租粮，给印帖为永业，三载间给过各里砌修成地孟复全三百余家。[②]

清光绪《汾西县志》设卷 4“职官”“名宦”之目次，并特于“名宦”下书“附毛公政略”。历史上汾西县共修有 6 部县志，保存至今的除了清光绪《汾西县志》外，尚有清康熙《汾西县志》，乃清康熙八年（1669）任汾西县知县的蒋鸣龙所修。[③] 其志设卷 5“职官”“名宦”之目次，并特于“名宦”下书“增附毛公政绩”。显然“附毛公政略”乃节选自“增附毛公政绩”，后者所载知县毛炯宦绩更为详细，其中所言“砌堎堰成地”事为：

> 汾邑地尽山冈，宜潦畏旱，少值亢旸，田辄枯槁。知县毛炯躬历山原，见得涧河沟渠湿下处，不在额粮内者，皆可淤漫成地，易于收获。非惟俯育有藉，即高田值旱，亦可藉此抵租，民免逃窜之虞。向年亦有一二勤民留心修筑，但奸排、恶邻人等，窥见成熟，往往捏告吓夺。令斯土者不察根因，反加罪责，致彼恣意夺种，或强入税粮。及遇山水暴

① 郜志峰：《山西省汾西县打坝淤地的历史记载》，《山西水土保持科技》1998 年第 3 期。

② 光绪《汾西县志》卷 4《名宦・毛炯》，《中国地方志集成・山西府县志辑》第 44 册，凤凰出版社，2005，第 40 页。

③ 刘纬毅主编《山西文献总目提要》，山西人民出版社，1998，第 258~259 页。

涨，土去石出，遗粮赔累。已修者生一悔心，欲修者旋生一惧心，致可修、可耘之地，悉委弃于沟底滩头。噫！奸蠹之扰民若此，国税又安从出也？示谕各里花户，莫惜米工，能将邻近沟渠相度地势可砌堎堰成地者，是称良民，决不以旋修旋倾之区增入升合租粮，给与帖文，永为己业，并不许奸排、恶邻仍蹈前弊。三载之间，各里修砌成地，给与孟复全等帖文三百余家，收获颇倍坡田。迄今边储早完，其明验也。[①]

毛炯在任时间为明万历三十四年（1606）至万历三十九年（1611）[②]，则人工淤地坝至迟于万历三十九年即已存在。并且，“向年亦有一二勤民留心修筑”的记载更表明，“砌堎堰成地”或还可追溯至更早的年代。此时汾西县民的“砌堎堰成地”显然与之前放淤治理盐碱地、沼泽地等未垦地，以及放淤以增肥硗确瘠薄等已垦地是有所区别的。前者是从无到有的过程，而后者是从有到好的过程，二者之间存在着一定的先后难易之别。这或许是前者直到明万历年间才有文字记载的原因，并恰与本研究所强调的“环境应对”的内在逻辑、作用机制相契合。

清康熙《汾西县志》在载述毛炯政绩时还收录了一则碑文，即《汾西县为厘夙弊、除积奸、利民生、裕国税勒石以垂永久事》。其中述及知县毛炯在踏勘了汾西县申村里此前租给邻壤赵城县石明里的“地亩”之后，“自捐俸银给付邻近乡村殷实义官李时化、郭聚贵、崔大礼、孟自冬四人建盖房窑，并置买耕牛，召人租垦”，因此毛炯落得“招抚贫民，设立居址，修筑堎堰”的好名声。这里的“修筑堎堰”与上文所述“砌堎堰成地”应是同一类事务，主持此项事务的人很可能就是李时化等人。而早在毛炯任汾西县知县前，李时化就主持过“修河地”的农田水利工程。明万历二十九年（1601）的一则题名为“汾西县为挑河修地以济民艰事”的“告示”[③]载：

① 康熙《汾西县志》卷5《名宦·毛炯·毛公政绩附》，清康熙十三年（1674）刻本，第13b~14b页。

② 康熙《汾西县志》卷5《职官》，清康熙十三年（1674）刻本，第3a页。

③ 此告示碑现镶嵌于山西省洪洞县堤村乡干河村净石宫内墙壁上。

> 干河里居民管修河地李时化、里长崔天祥等，即照前开地亩内已成地亩，见种青苗外余地，加工修堰，淤漫成地，内除叁百亩系原额之数，照旧征粮外，其余创开地壹百余亩，姑待叁年之后，丈明照例起科。仍督令居民将近堰水口堤外，照议增筑伍尺，其上复加叁尺，栽植杨柳，以为永久之计。务要协力修理，以防水患，毋得厌怠。

此处“干河里居民管修河地李时化”的载述，与上述“自捐俸银给付邻近乡村殷实义官李时化”，以及实际上申村里向南距离干河里不远的事实说明，两处文献所记“李时化”当为同一人。由此可见，至迟在毛炯任汾西县知县前的明万历二十九年，李时化就曾“管修河地”，负责带领居民“加工修堰，淤漫成地”，并督促居民增筑堰堤、栽植杨柳，以防水患。另两则碑刻则详细记载了李时化“修河地”的来龙去脉。

明万历二十九年孟冬刻立的《汾西县干河里创修河渠并成渠地碑记》《汾西县干河里新筑河堰碑记》二碑[①]记载：干河镇“东临河汾，北绕河涧”，明弘治（1488~1505）及正德（1506~1521）以前，汾河西岸之濒河土地不受汾河冲啮，“民得以宴然耕作，世享其利”。但明正德年间，由于“里民失于堤防”，加之“水势忽突而西”，汾河西岸濒河之土地遂被汾河浸没，“河西一带遂成巨壑”。这被汾河吞没的土地为“原额”，因为“粮无所出”，所以“岁苦赔累”。到明万历九年（1581）清丈土地之后，“地粮相当，赔粮之苦稍息”。只是此后汾河舍东而西流，与河西岸的善利渠一并继续侵夺滨河农田，“有粮之土地为河渠所侵削者，约有叁百余亩”，而干河镇人民又不得不深忧“地粮之苦累”。直到明万历二十七年（1599），时任汾西县知县的宁琯路经干河镇，听了当地父老言及河汾浸没500亩水田的事情之后，遂在干河里民众的推荐下，请颇有治水经验的李时化在汾河西岸筑堤，以障汾河，使汾河仍循东岸而流。从万历二十七年八月经始，当年河堤就已完工，而“水势果东”。在河堤就绪而汾河已向东流的基础上，李时化“又别为渠十余道，引

① 此二碑现竖立于山西省洪洞县堤村乡干河村净石宫内。

猛水淤漫之，无何遂成地壹百伍拾余亩。至次年，又成地壹百伍拾余亩，更需之，究竟可伍百亩”。

要之，最晚在明万历二十七年，汾西县由于山冈多而平衍少，旱地多而水田少，所以在原额地之外，当地居民就在“涧河沟渠湿下处”“沟底滩头”等处，或截流、或引导来自沟涧的含泥沙之洪水以“砌堎堰成地”，或多或少能有补于生计、国课，从而免赔累之苦。可见，“砌堎堰成地”乃是指截沟谷之山洪或引沟涧之浊水淤地造田的农田水利工程。因为其客观上起到了“保持水土”的效果，所以后来我们将“砌堎堰成地”等同于“淤地坝”，“砌堎堰成地”也由农田水利工程一变而为水土保持工程，以至于“砌堎堰成地”最原初的“成地”的意义反而被我们有意无意地忽视了。目前来看，明万历年间汾西县引沟涧含泥沙量较大的洪水从无到有营造农田的事迹不仅是山西，也是中国最早关于人工“淤地坝”的记载。引具有极大不确定性的洪水从无到有营造农田的事迹，似乎比复垦平衍沃野、开垦山区瘠地、远垦省外旷土更能表明彼时山西境内人稠地狭的人地矛盾的尖锐程度。实际情况也是如此，尤其是进入清代，从无到有营造田地以应对土地不足问题的事例在山西南北各地均有出现。这在一定程度上表明，利用黄土高原水土流失的自然环境条件，从无到有营造农田的“环境应对”策略完成了从个别到一般、从独特到普遍的转变。种种迹象表明，这一转变可能并不是由点及面的过程，而是全面开花、遍地有之的情形，而这无疑更说明明清山西人多地少之矛盾的普遍性而非特殊性、全域性而非局部性。

大约明朝天启年间（1621~1627），山西朔平府朔州西关外即有以自然洪淤为师，再人工修筑水利工程，改良沙瘠之地、营造新田用以种禾的事迹：

小北岔口一带西山雄峙，尤层叠高耸，水势乘雨而来，若匡庐之瀑布而黄河之建瓴也，若不设为堤防，则奔溃四出，远近诸田不蒙其利，而近城庐舍反有冲突之虞，从来久矣。粤稽此山以东、朔城以西，地皆沙瘠，岁苦狂霾，每随风扬起，不宜禾，而惟雨后山水到处，则胶泥随涌，土脉融润，能使风伯不灾而播种无患。昔人有见及此者，于各要害处筑堤以杀其势，而浚渠以导其流，民颇赖之。[①]

山水涨发，泥随沙下，自然落淤，覆盖沙瘠，形成田地，耕垦播种，民颇获利。人们得此天然之利后，遂顺天然之势而人更为之，筑堤浚渠导流而专门放淤于沙瘠地以造地耕种。此一事实兼有改造沙瘠与营造田地之意。

入清之后此类事迹屡现于史籍。清康熙十二年（1673），汾西县仍有淤泥成田之事：

康熙十二年，知县蒋鸣龙因新砌漫地叁拾余亩乏水，督率居民郭正巳、李惟芳等筑堤灌溉。[②]

其中“新砌漫地”即是通过修筑淤地坝而营造田地，而“筑堤灌溉”则是修猛水渠用以灌溉，也就是引洪灌溉。人工淤地多是效法自然的结果，这在史籍中亦有所反映。例如，清雍正《山西通志》提及大同府广昌县旧无渠道时，引旧志云：

汤河在县南六十里，源出灵丘县北、浑源州南汤头铺，流入直隶唐县界，又名唐河，昔年水势甚盛，居民结筏以渡，今淤成水田，可以种稻。[③]

清光绪《山西通志》亦载：大同府大同县东十五里玉河之东，清道光八年（1828）“淤出滩地一区”，并引《大同县志》云：玉河“不特开渠浇灌，

① （明）卢时泰：《朔州西关外古城水利碑记》，雍正《朔平府志》卷12《艺文·碑记》，《中国地方志集成·山西府县志辑》第9册，凤凰出版社，2005，第389页。

② 光绪《汾西县志》卷3《水利》，《中国地方志集成·山西府县志辑》第44册，凤凰出版社，2005，第30页。

③ 雍正《山西通志》卷31《水利三》，《中国地方志集成·省志辑·山西》第3册，凤凰出版社，2011，第618页。

且沙砾平滩，一二年间淤成膏腴，其利于民者，亦复不少”。[①] 与上述朔州以自然为师一样，大同府广昌县对自然落淤地的利用，以及大同县的淤填沙砾平滩进一步表明，人们淤地行为的增多不是一般的传播规律所能解释的，而这更说明了山西土地不足的普遍性以及人为应对的一致性。

清道光年间，太原、霍州亦有营造田地的例子。现镶嵌于霍州师庄乡坡底村诸神庙大殿墙上、清道光元年（1821）刊刻的《坡底社沟杜堰成地碣记》载：

> 从来好施之怀，莫先于急工乐善之念，要在乎推己。我坡底村古有社沟一道，为地虽甚无几，而荒芜之形觉可为福。因村中好善君子意欲杜堰成地，奈东西朔南不能无损于邻近地亩，于是本年香首、总管协同地邻人等商议，着让社修理。邻人无不输心愿意，或有奉价而让者，或有不待价而让者，或有任粮而让者。今将所让人等开列于后，以著社中不没人善之意云尔。是为序。[②]

现存于太原市古交市河口镇马连咀村南海寺内、勒石于清道光十四年（1834）五月的《新修片梁道碑记》载：

> 今本村片梁上之道原系种地小道，真那嘴之道乃赶羊大道也。村人欲将片梁之道左右筑墙，以作赶羊之捷径。第念左右之地虽皆本村所种，而背坡圪塔上有地一堰，乃石岩村杨成国之地焉。[③]

上述材料所记不太详细，“杜堰成地”无疑与“砌堎成地”表达的意思

① 光绪《山西通志》卷68《水利略三》，中华书局，1990，第4819、4821页。

② （清）佚名:《坡底社沟杜堰成地碣记（道光元年）》，段新莲主编《三晋石刻大全·临汾市霍州市卷》，三晋出版社，2014，第213页。

③ （清）闫安敏:《新修片梁道碑记（道光十四年）》，李文清主编《三晋石刻大全·太原市古交市卷》，三晋出版社，2012，第127页。

一致，而根据打坝淤地的技术要点，则以“堰”为单位度量地块的，“有地一堰”大概也表示此地系筑堰而造成之地。

清光绪年间（1875~1908）五台县的淤田事更为明确。光绪《山西通志》载五台县清水河“沿河诸村皆淤田也，渠非一所，兴废无常”①。此则史料说明了五台县淤地造田的兴盛，暗示了民众对肥沃土地的迫切需求与谋食谋生的刻苦努力。光绪《五台新志》对此有更详细的记述，所谓：

> 上下峪石多土少，民沿河砌石为池，候山水涨发，浊水入池，罣草根而淤，积数岁淤至五六寸，即可耕种，淤至尺余，即成良田，故上下峪产粟最多，丰年溢济邻境，然隔一二十年，遇大水涨发，土皆冲刷净尽，止余粼粼白石，则砌石再淤，积数年、十数年而后有田，其艰难亦已甚矣。②

虽然淤地坝被研究者大加赞赏，但是其为利无常，其在历史时期的实际作用不宜被夸大，只是作为一种生存技术而言，值得推广。恰如五台县上下峪的造地工程虽可救一时之急，但很难以之为恃一样：

> 上下峪中河水环流，各村赖利，但地借淤积，予夺之权，司自波臣，成毁无常，难为定例，原文所纪灌溉村数，本诸旧志，与今形势殊未尽合，好事者不得借为口实。③

当代研究者依据实地考察所获得的资料，亦对山西淤地坝的历史进行了追溯。因为后来淤地坝常常被认为是传统时期绝佳的水土保持措施，所以相

① 光绪《山西通志》卷69《水利略四》，中华书局，1990，第4846页。

② 光绪《五台新志》卷2《土田》，《中国地方志集成·山西府县志辑》第14册，凤凰出版社，2005，第74页。

③ 光绪《五台新志》卷2《水利》，《中国地方志集成·山西府县志辑》第14册，凤凰出版社，2005，第77页。

关工作及叙述大多来自水土保持学研究者。

1954年黄河水利委员会丘陵沟壑区水土保持调查团队调查了东自离山王仙局村、西至郝家山村，北自临县白家峁村、南至柳林西北贾家塬村区域内打坝淤地的经验，调查中访谈得知：

> 目前存在的淤地坝，大部分有百年以上的历史，其开始的年代当然是更加悠远。如离山三区佐主村回干沟中的四级淤地坝，据该村老农刘明章（62岁，中农）说是在他的老爷（曾祖）时代修成的，以每辈30岁计，距今已150余年了。又如离山三区，骆驼咀华家塌沟的五级淤地坝，据老农刘永昌（52岁）谈：在他的老爷（曾祖）时代已经存在，沟口主坝的石跌水是他爷爷（祖父）修的，所以这五道坝至少已经历了150余年，石跌水也有100年左右的历史了。又如贾家塬下的百亩大坝，据当地农民谈，已有四辈（120年）的历史了。又如刘家山村一位老农谈：很久以前，地主们打坝致富，就修了一个求子庙宇，从碑文来看，这一庙宇是在明朝修成的，假如这是事实，则这一地区的打坝淤地至少是在300年以前就开始了。①

1999年《山西水土保持志》的作者亦说：

> 到了清代，建坝淤地的范围扩大，在吕梁山区一带也盛行起来。据（20世纪）50年代省水土保持局考察，离山县佐主村千回沟的四级淤地坝，骆驼嘴华家塌沟的五级淤地坝，都建于清嘉庆年间（1796~1820），有200年历史。郝家山村娘娘庙沟，打坝13座，淤地5.4公顷，建于光绪年间，也有上百年历史。清嘉庆十二年（1807），贾家垣村贾本春在盐土沟修建的一座青砖白灰砌筑的高12米、长11.3米、宽5米的淤地坝，

① 佚名:《山西省离山县刘家山打坝淤地的经验——一九五四年黄河水利委员会丘陵沟壑区水土保持调查报告》,《新黄河》1954年第12期。

10年后淤成坝地8.0公顷，当时公顷产小麦2850公斤，谷子3000公斤。因坝地坚固，管护认真，保证了长期受益。光绪三年（1877）当地连遭旱荒，附近坡地颗粒无收，而坝地小麦公顷产仍达2100公斤。中阳、临县一带至今仍有“修坝如修仓，澄泥如存粮”“泥里出黄金”“驴驮元宝三口袋，不如打坝淤地块”等民谚。①

张俊峰指出：“不确定性是理解明清以来黄土高原半干旱区域人与自然关系的一个核心概念”；“不确定性本来就是历史的常态，自然和社会的不确定性在人类社会历史进程中扮演着相当重要的角色”。② 相比于垦种平衍沃野、山地梯田、省外旷地的确定性，垦种淤漫之地充满强烈的不确定性。“砌堎堰成地”的一个前提条件是需要有含泥沙的山洪，相比于泉水、溪流、井水的稳定性，洪水受自然环境影响较甚。由于只靠降水，洪水流量极不稳定，而瞬时水量巨大且持续时间不长，常常具有很强的破坏性，即汾西县民淤漫成地后所面临的“及遇山水暴涨，土去石出”的问题。

来自自然环境之洪水的这种不确定性在五台县民砌池淤田的过程中表现得最为充分。在砌石为池淤田之初，五台县民只能等待不确定何时到来、不确定来势大小的洪水自然进入所砌池中，之后只有等到淤泥累积至五六寸的时候才能勉强耕种，待淤泥累积至一尺多厚的时候才能算是良田。但是洪水的不确定性依然存在，五台县民不可能安然享用来自洪水的自然之利，因为每隔一二十年一次的大洪水会将好不容易淤漫而成的良田化为乌有。如此，五台县民砌池成地的工程就不得不重新开始，积累数年、十数年后才又有田可种。即时人所谓“地借淤积，予夺之权，司自波臣，成毁无常，难为定例”，这充分反映了面对不确定的自然环境条件时，山西人不得不吞咽的迫不得已之苦。

① 《山西水土保持志》编纂委员会编《山西水土保持志》，黄河水利出版社，1999，第202~203页。

② 张俊峰：《不确定性的世界：一个洪灌型水利社会的诉讼与秩序——基于明清以来晋南三村的观察》，《近代史研究》2023年第1期。

只是，“砌堎堰成地”的不确定性不仅仅来自自然环境中的洪水，还来自社会环境中的人事。毛炯之所以能入“名宦”之列并不在于其“修筑堎堰”，而在于其消除了“砌堎堰成地”过程中社会环境之不确定性。予夺之权司自波臣的淤漫地，往往是“不在额粮内”的土地。这些土地不缴纳赋税，并且因所引洪水的水肥优势，故常常收获倍常田，从而引起奸排、恶邻的觊觎，或恐吓强夺，或捏告官府，常常引起局部社会的动乱。于是已砌修者悔不当初，未砌修者不敢越雷池。洪水的不确定性通过“砌堎堰成地”这一事项传递到社会环境之中，不确定性的洪水反而更加剧了社会环境的不确定性。毛炯的功绩恰在于，通过给予帖证、免除赋税保证了“砌堎堰成地”者的权益，提振了“砌堎堰成地”者的信心，一定程度上消除了“奸蠹之扰民”的社会不确定性，认定“砌堎堰成地”者为良民，而非偷地逃税的国课蠹虫，使得民众之生计得到补充、国家税收因此得以早完。而光绪《五台新志》的纂修者关于淤田之“予夺之权，司自波臣，成毁无常，难为定例，原文所纪灌溉村数，本诸旧志，与今形势殊未尽合，好事者不得借为口实”的按语亦深刻表征了自然环境的不确定性如何导致社会环境的不确定性，从而影响民众正常的农业生产与生活。

要之，将淤地坝视为水土保持措施会在一定程度上掩盖历史上“砌堎堰成地”“砌堎成地”“杜堰成地”等营造农田事迹背后所蕴含的人们应对土地短缺的艰辛努力。自明迄清，山西境内放淤造田事例的增多，表明人们的土地垦殖已经是由易入难。从平原谷地到山岭峻坂，再从耕垦有较好肥力之地到耕垦改良后的盐碱地、沼泽地、瘠薄地，复从开垦自然堆积之土地到耕种本无而硬生生营造之地，人们的土地垦殖总体而言是遵循着由易入难的过程。而难亦不得不为，则表明人地关系的紧张加剧。所以，本研究更愿意将“砌堎堰成地”视为一项农田营造措施而非水土保持措施。尽管“砌堎堰成地”客观上达到了后来我们所称的“保持水土”的目的，但历史研究并非以今论古而无视历史上之主观真实，而是需要回到历史现场去倾听当事人内心的呐喊。当然，明清山西人在土地垦辟上的由易入难尚不止此。“砌堎堰成地”的不确定性再大、困难程度再高，也究竟还属于离家不远的省内垦殖，没有背井离乡之苦。相比之下，山西民人向省外的移民农垦，不仅需要跋涉千里、春去秋回远离故土与亲人，而且其筚路蓝缕的艰辛亦非安土重迁之民所能体会。从这一角度而言，则远赴省外耕垦农田的事迹似乎更能使我们明白山西人地矛盾的尖锐程度。

三 垦殖省外的日渐兴盛

一般情况下，人们都愿意安居乐业而非背井离乡。所以汉元帝（前48~前33）曾说："安土重迁，黎民之性；骨肉相附，人情所愿也。"[①]但为着生计，人们有时不得不轻去其乡。安介生将山西移民史从先秦至清末分为七个主要阶段，明清时期属于第七个阶段，并认为"这一时期可以大致称为山西人口的大迁出期"。[②]虽然也有省外来晋垦殖的事例，例如，1932年所印《林县志》记载："林县地狭人众，近年生齿日蕃，地价日贵，山石尽辟为田，犹不敷耕种，贫民相率赴晋垦荒，旧属平阳、泽、潞各县，盖无处无林人云。"[③]对此，安介生曾专门概述清代至民国年间山西境内的"客民"。[④]但是，明清时期的山西确确实实称得上人口迁出大省，外省迁入仍属个别现象。明清时期，晋商虽闻名遐迩，称霸中国商界数百年，但移民省外的人口中有一大部分仍是从事农垦的农民。尤其这一批外出垦种土地的农民及其事例，更说明了山西省内耕地缺乏已达一定之程度。

实际上，蒙元忽必烈至元年间（1264~1294），山西南部之平阳路已经属于"地狭人稠，食不足"，需要东侧上党之粟补给。[⑤]而至元顺帝至正十九年（1359），相对于"颍亳寇兴，荡然而千里萧条"，"当今天下劫火燎空，洪河

① 《汉书》卷9《元帝纪》，中华书局，1962，第292页。

② 安介生：《山西移民史》，山西人民出版社，1999，第10页。

③ 民国《林县志》卷10《风土·俗习》，1932，第200页。

④ 安介生：《清代山西境内"客民"刍议》，《晋阳学刊》1998年第6期。同时可参见安介生《山西移民史》，山西人民出版社，1999，第403~412页。

⑤ （清）屠寄：《蒙兀儿史记》卷94《郑鼎传》，北京市中国书店，1984，第610页。

南北噍类无遗”而言，“河东一方，居民丛杂，仰有所事，俯有所育”。[①] 山西在元明迭代之际，人口较少战损，故进入明朝之后，山西无产业之民就被纳入迁徙之列。

明洪武九年（1376）十一月，“戊子，徙山西及真定民无产业者于凤阳屯田，遣人赍冬衣给之”。[②] 单看这一则史料，无法认为人口稠密、土地缺少是明初山西移民的原因。并且，《明太祖实录》立足全国的宏大视野、彰显帝王德政的取径，使编纂者不可能巨细靡遗地收录各色史迹，但地方史志正好给出了源自地方视野的记述。同在洪武九年，清乾隆《绥德直隶州志》追记道：“九年，诏迁山西汾、平、泽、潞之民于河西，任土垦田，世业其家。”[③] 这一源自陕西绥德的地方视角，提供了较《明太祖实录》更详细的信息。其中“平”当指“平阳府”，明之平阳府与上引两则元代史料中的“平阳路”“河东”大抵相埒，而汾、泽、潞也一直是山西开发较早、人口密集的南部区域。所以，有理由相信，明洪武九年迁山西之民于河西、凤阳当是出于山西人稠地少的考量。只是，此时虽有迁山西人于省外之事迹，但与洪武后期的大规模官方移民相比，其规模与影响力均较小。

明洪武二十一年（1388）八月：

> 户部郎中刘九皋言：“古者狭乡之民迁于宽乡，盖欲地不失利，民有恒业。今河北诸处，自兵后，田多荒芜，居民鲜少。山东、西之民自入国朝，生齿日繁，宜令分丁徙居宽闲之地，开种田亩，如此则国赋增而民生遂矣。”上谕户部侍郎杨靖曰：“山东地广，民不必迁，山西民众，宜如其言。”于是迁山西泽、潞二州民之无田者，往彰德、真定、临清、归德、太康诸处闲旷之地，令自便，置屯耕种，免其赋役三年，仍户给

① （元）钟迪：《河中府修城记》，乾隆《蒲州府志》卷19《艺文》，《中国地方志集成·山西府县志辑》第66册，凤凰出版社，2005，第412页。

② 《明太祖实录》卷110，“中央研究院”历史语言研究所，1962，第1827页。

③ 乾隆《绥德州直隶州志》卷3《纪事》，《中国地方志集成·陕西府县志辑》第41册，凤凰出版社，2007，第188页。

钞二十锭，以备农具。[①]

此则史料常被认为是明初官方大规模从山西向其他省份移民之始。此后，至永乐年间，由官方推动的山西民人移徙至省外的记载频频见诸《明太祖实录》。

明洪武二十二年（1389）八月：

壬申，后军都督朱荣奏："山西贫民徙居大名、广平、东昌三府者，凡给田二万六千七十二顷。"

甲戌，山西沁州民张从整等一百一十六户告愿应募屯田，户部以闻，命赏从整等钞、锭，送后军都督佥事徐礼，分田给之，仍令回沁州召募居民。时上以山西地狭民稠，下令许其民分丁于北平、山东、河南旷土耕种，故从整等来应募也。[②]

明洪武二十二年十一月丙寅：

上以河南彰德、卫辉、归德，山东临清、东昌诸处，土宜桑枣，民少而遗地利，山西民众而地狭，故多贫。乃命后军都督佥事李恪等往谕其民，愿徙者验丁给田，其冒名多占者罪之，复令工部榜谕。[③]

明洪武二十五年（1392）十二月辛未：

后军都督府都督佥事李恪、徐礼还京。先是，命恪等往谕山西民愿徙彰德者听。至是还报。彰德、卫辉、广平、大名、东昌、开封、怀庆七府，民徙居者凡五百九十八户。计今年所收谷粟麦三百余万石，绵花

① 《明太祖实录》卷 193，"中央研究院"历史语言研究所，1962，第 2895 页。

② 《明太祖实录》卷 197，"中央研究院"历史语言研究所，1962，第 2958~2959 页。

③ 《明太祖实录》卷 198，"中央研究院"历史语言研究所，1962，第 2967 页。

千一百八十万三千余斤，见种麦苗万二千一百八十余顷。上其喜曰："如此十年，吾民之贫者少矣。"①

明洪武三十五年（1402），即建文四年九月乙未：

命户部遣官核实山西太原、平阳二府，泽、潞、辽、沁、汾五州丁多田少及无田之家，分其丁口以实北平各府州县，仍户给钞，使置牛具、子种，五年后征其税。②

明永乐元年（1403）三月乙未：

河南裕州言："本州地广民稀，山西泽、潞等州县地狭民稠，乞于彼无田之家分丁来耕。"上命户部如所言行之。③

明永乐十五年（1417）五月辛丑：

山西平阳、大同、蔚州、广灵等府州县民申外山等诣阙上言："本处地硗且窄，岁屡不登，衣食不给。乞分丁于北京、广平、清河、真定、冀州、南宫等县宽闲之处，占籍为民，拨田耕种，依例输税，庶不失所。"从之，仍免田租一年。④

以上略陈数端以见明初移民省外之状。《明史》曾对明初山西"移徙者"有如下概括：

---

① 《明太祖实录》卷 223，"中央研究院"历史语言研究所，1962，第 3263~3264 页。

② 《明太宗实录》卷 12 下，"中央研究院"历史语言研究所，1962，第 217 页。

③ 《明太宗实录》卷 18，"中央研究院"历史语言研究所，1962，第 329 页。

④ 《明太宗实录》卷 188，"中央研究院"历史语言研究所，1962，第 2004~2005 页。

> 户部郎中刘九皋言："古狭乡之民，听迁之宽乡，欲地无遗利，人无失业也。"太祖采其议，迁山西泽、潞民于河北。后屡徙浙西及山西民于滁、和、北平、山东、河南……太祖时徙民最多，其间有以罪徙者……成祖核太原、平阳、泽、潞、辽、沁、汾丁多田少及无田之家，分其丁口以实北平。自是以后，移徙者鲜矣。①

安介生对此亦总结道："明代初年（包括洪武时期与永乐时期）山西境内发生的移民运动不仅数量大，而且类型多，既有归降蒙古人的内迁，也有较大范围的边民内徙；既有大规模的垦荒性移民，也有数量可观的屯卫性移民。迁入地广泛分布于河北、山东、河南及长城缘边地区。各类移民累计起来，将近百万人之多，是当时最重要的移民输出地。"②

《明史》所谓"移徙者鲜矣"指的应该是官方移民，因为民间自发移民其实从未间断，这在洪武、永乐之后的明朝实录中亦有所体现。所以这或许是洪武、永乐之后官方移民"鲜矣"的原因，毕竟自发移民已成风气，何须官方再去劝谕呢。

明宣德三年（1428）闰四月甲辰：

> 行在工部郎中李新自河南还，言："山西饥民，流徙至南阳诸郡不下十万余口，有司军卫及巡检司各遣人捕逐，民愈穷困，死亡者多，乞遣官抚辑，候其原籍丰收，则令还乡。"上谓行在户部尚书夏原吉曰："民饥流移，岂其得已……其即遣官往同布政司及府县官加意抚绥，发廪给之，随所至居住，敢有捕逐者，罪之。"③

明宣德三年五月戊辰：

① 《明史》卷77《食货》，中华书局，1974，第1879~1880页。

② 安介生：《山西移民史》，山西人民出版社，1999，第311页。

③ 《明宣宗实录》卷42，"中央研究院"历史语言研究所，1962，第1038~1039页。

巡按山西监察御史沈福奏："山西平阳府蒲、解、临汾等州县，自去年九月至今年三月不雨，二麦皆槁，人民乏食，尽室逃徙河南州县就食者十万余口。宜令布政司、按察司委官招抚复业。"上谓尚书夏原吉曰："山西旱饥如此，既流河南，招之岂能遽复，昨有言者，已令赈济存恤，宜再下所在有司，如仓储不足，则劝谕富民分贷济之，毋令失所，俟秋成招抚复业。"①

明正统九年（1444）九月乙酉：

上谕户部臣曰："近闻山西等处民递年多有逃于河南地方居住，不才有司不能招抚安辑，以致迁徙不常，或于田多去处，结聚耕种，豪强之徒自相管束。布、按二司官苟且迁延，不思处置，虑有饥荒，相率为盗。"②

明正统十年（1445）五月庚子：

直隶凤阳府宿州知州甄谌奏："所辖地名龙山、湖玻等处，俱系湖水退滩，土膏地饶，易为耕种。山东、山西诸处逃来之人，动以万计，往往于彼团住。已招抚男妇四千一百余口，计七百八十余户。分拨田地，省令生理，相继来者，络绎于道。民数既多，若不严加防制，恐聚集为非，乞添设官安抚，秋成后相宜处置。"③

明正统十二年（1447）三月戊子：

河南邓州流民马贵等言："臣等三百五十余户，原居山东、山西，因

① 《明宣宗实录》卷 43，"中央研究院"历史语言研究所，1962，第 1052~1053 页。

② 《明英宗实录》卷 121，"中央研究院"历史语言研究所，1962，第 2435 页。

③ 《明英宗实录》卷 129，"中央研究院"历史语言研究所，1962，第 2578~2579 页。

地狭民众，徭役繁重，逃移至此。近承恩例，命于所在附籍，均田耕种。颙望已久，郡县不即举行。乞早加恩恤，使得宁居。”①

明成化二十一年（1485）正月己丑：

陕西、山西、河南等处连年水旱，死徙太半。今陕西、山西虽止征税三分，然其所存之民亦仅三分，其与全征无异。

陕西、山西、河南等处饥民流亡，多入汉中、郧阳、荆襄山林之间，树皮草根食之已尽，骨肉自相啖食，可为痛伤。

同年正月庚寅：

陕西、山西、河南灾伤军民有全家逃往邻境南山、汉中、徽州、商洛并湖广荆襄、四川利顺等处趁食求活者，情实可悯。②

自发之移民多迫不得已而轻去其乡，所以，成化十九年（1483）时，户部对山西的观感就是："山西地瘠民贫，遇灾即逃。"③

上述史料显示的几乎都是山西民人移徙至除蒙地外其他区域的事迹，由于明蒙关系紧张，明早期即便有移徙蒙地者亦属非法行为而难为官方获知。当然，不可能没有移往北边虏地者。安介生推论，早在明隆庆五年（1571）俺答封贡之前，"山西平民的自愿北上及对蒙古地区的开发已经开始，而这种平民'不合法'的迁徙在官方文献中记载极少……从明代初年开始，农耕区的汉人便源源不断地北上，并没有开耕与定居成功的记载，直到所谓'叛人'丘富等人出现之后，形势便大为改观"。④

① 《明英宗实录》卷151，"中央研究院"历史语言研究所，1962，第2972页。

② 《明宪宗实录》卷260，"中央研究院"历史语言研究所，1962，第4409~4410、4415页。

③ 《明宪宗实录》卷244，"中央研究院"历史语言研究所，1962，第4147页。

④ 安介生：《山西移民史》，山西人民出版社，1999，第358页。

明嘉靖三十九年（1560）七月庚午：

当大同右卫大边之外，由玉林旧城而北，经黑河、二灰河，一历三百余里，有地曰丰州，崇山环合，水草甘美。中国叛人丘富、赵全、李自馨等居之，筑城建墩，构宫殿甚宏丽，开良田数千顷，接于东胜川，虏人号曰板升。板升者，华言城也。[①]

又，明隆庆四年（1570）十二月丁酉：

虏执我叛人赵全、李自馨、王廷辅、赵龙、张彦文、刘天麒、马西川、吕西川、吕小老官等来献。初，赵全与丘富从山西妖人吕明镇习白莲教，事觉，明镇伏诛，丘富叛降虏，全惧，召其弟龙、王廷辅、李自馨从富降俺答，至边外古丰州地，居田作，招集中国亡命，颇杂汉夷居之，众数万人，名曰板升。[②]

安介生对《万历武功录》的记载进行了梳理，吕明镇、丘富为大同左卫人，赵全、赵龙兄弟为阳和堡人，李自馨为山阴县人，王廷辅为浑源州人，几乎均是山西邻边州县之民。[③] 种种迹象表明，"板升"容纳了大量从事耕种的汉民，其中山西北部之人众应不在少数。之后，"事实上时至明末，社会危机日益加重，天灾人祸频仍，山西境内百姓饥寒流离的记载不绝于书，不少山西人选择塞外为避难求生之所"。[④]

当然，山西人出塞外谋食，除了"山西旱，民多逃虏中就食"[⑤] 的情况外，更多可能是因为本土无地可耕而不得不佃佣塞外。例如，明九边重镇之

① 《明世宗实录》卷 486，"中央研究院"历史语言研究所，1962，第 8100 页。

② 《明穆宗实录》卷 52，"中央研究院"历史语言研究所，1962，第 1292 页。

③ 安介生:《山西移民史》，山西人民出版社，1999，第 361 页。

④ 安介生:《山西移民史》，山西人民出版社，1999，第 363 页。

⑤ 《明神宗实录》卷 461，"中央研究院"历史语言研究所，1962，第 8700 页。

宣府镇所属卫所：

> 此中土著无多，而土著之人，从来不习耕，凡戮力于南亩，皆山右之佣，秋去春来，如北塞之雁，所为斯仓斯箱者，亦晋民之魁。①

明清鼎革后，蒙古与内地关系不再水火不容，山西邻边情势发生了很大改观。但山西地狭人稠的局面未曾改观，民众移徙持续进行，蒙地成为最主要的迁入地。因为相比之下，蒙地尚有大量可开垦为农田的土地。

山西西北部之兴县，其士民于清雍正六年（1728）呈称："兴县地处山陬，飞沙石碛，不可耕种者比比皆是……夫使地果可耕，岂肯弃之而逃，既已弃地逃粮，尚有何地可隐，原系飞沙石碛，尚有何地可垦"；兴县知县"复细加备查，兴邑四面皆山，石碛、石坡、飞沙、林麓在在皆是，弃地逃粮者屡屡见告，实无地土可以开垦，并无开多报少、民间隐漏、官吏侵渔等弊"；清雍正七年（1729），兴县知县又称："查卑县四面环山，民间地土多系石碛，不可耕种，林麓陡崖十居其六，现有逃粮壹千余两，目今百姓赴口外种地者纷纷，即此具见无地可垦。"②

即使盆地如忻州，也需乞食口外。清乾隆十年（1745）到任的知州窦容邃言：

> 忻郡土满人稠，耕农之家十居八九，贸易商贩者十之一二，惟机杼纺绩之声无闻焉。迩年来，家有余丁多分赴归化城营谋开垦，春季载耒耜而往，秋收盈橐囊而还。予初至，恐其迁徙靡定也，后访得其实，乃知人烟辐辏，食指繁多，分其少壮于口外，实养其老弱于家中也。③

① （明）李仙风：《屯田四议》，乾隆《宣化府志》卷37《艺文志三》，《中国地方志集成·河北府县志辑》第11册，上海书店，2006，第661页。

② 乾隆《兴县志》卷10《田赋》，《中国地方志集成·山西府县志辑》第23册，凤凰出版社，2005，第59~60页。

③ 乾隆《忻州志》卷2《物产》，《中国地方志集成·山西府县志辑》第12册，凤凰出版社，2005，第65页。

与蒙古接壤之河曲县，其民则耕商塞外。清道光《河曲县志》载：

河邑山多地少，凡有地可以耕种者，固必及时树艺，即无地者，或养牲畜为人驮运货物，或赴蒙古租种草地，春去冬回，足称勤劳。①

清同治《河曲县志》更言：

河邑地瘠民贫，力农终岁拮据，仅得一饱，若遇旱年，则枵腹而叹。

河邑人耕商塞外草地，春夏出口，岁暮而归，但能经营力作，皆足糊口养家，本境地瘠民贫，仰食于口外者无虑数千人，其食糜米麦面牛乳羊肉，其衣皮革毡褐，其村落曰营盘，其居屋曰帐房，呼蒙古人曰达子、蒙古语曰达子话。凡出口外耕商者，莫不通蒙古人语。②

河曲县北邻之偏关县：

关地开辟较迟，民间犹有淳朴之气。迨有明中叶，益兵增将络绎于道，营帐星罗棋布，饷用既饶，市易繁盛，商贾因此致富者甚多，起居服物竞尚华靡，习尚为之一变。自满清入主中夏，兵将逐渐裁汰，市易顿衰，逐利日难，故关民有出口谋生，从此寄籍他所，不再回里者。③

偏关民众“出口谋生”的方式中当有“开垦”。清光绪《新修清水河厅志》便载：

---

① 道光《河曲县志》卷3《风俗》，清道光十年（1830）刻本，第34a页。

② 同治《河曲县志》卷5《风俗类·民俗》，《中国地方志集成·山西府县志辑》第16册，凤凰出版社，2005，第164页。

③ 道光《偏关志》卷上《风土》，《中国地方志集成·山西府县志辑》第57册，凤凰出版社，2005，第493页。

> 清水河厅所辖之属，原系蒙古草地，人无土著，所有居民，皆由口内附近边墙邻封各州县招徕开垦而来，大率偏关、平鲁两县人居多。①

西至河套地区也有山西民人的身影：

> 前套中部砂山连亘，高出黄河水面约一千尺，地势高亢，水分缺乏，沙砾弥漫，蓬蒿满目，颇不宜于农产，惟沿黄河一带及长城附近，地稍平坦，土质较佳，自清康熙末年，山陕北部贫民由土默特渡河而西，私向蒙人租地垦种，而甘省边氓亦复逐渐辟殖，于是伊盟七旗境内，凡近黄河、长城处，所在有汉人足迹。至贻谷督办垦务，各旗报地者累累，遂由官厅陆续丈放，惜地面稍高，不能引渠灌溉，地中又多含沙质，故收获不丰，而当此内地地狭人稠，薪桂米珠之际，亦未始非足民食之一助也。②

即使外出至蒙地垦殖，也并非全是肥沃水地，但内地实在过于地狭人稠，为获得可耕之地，不得不背井离乡。

在清代山西的移民潮中，最为引人瞩目的当数“走西口”。“‘走西口’即指清朝至民国初年成千上万的山西平民前往口外谋生的情形……走过西口，过了长城，就可以到达蒙古草原及河套一带。清代不少北方平民（尤其是山西人）为生活所迫，越过长城，到漠南蒙古及河套等地区佃种土地或从事商业活动。人们常说的‘走西口’主要是指这一层含义。”“在山西各个地区中，太原以北与吕梁地区参与‘走西口’的人数最多。造成这种局面最初及最重要的因素便是贫瘠而恶劣的自然环境给当地百姓带来的生存危机。”③

就整个清朝观之，“乾隆时期，平原地区的开垦已达饱和境界，清廷对

① 光绪《新修清水河厅志》卷 14《户口》，清光绪九年（1883）抄本，第 1b 页。

② 督办运河工程总局编辑处编《调查河套报告书》，督办运河工程总局编辑处，1923，第 219~220 页。

③ 安介生：《山西移民史》，山西人民出版社，1999，第 414~415 页。

于农民所进行的山区、水域的垦辟，采取了先是鼓励、放任，后是限制的不同态度，至嘉庆、道光时期已是进退维谷了。同治、光绪年间，一方面是江、浙、徽、陕等省在镇压农民起义之后的荒地垦复，一方面是东北、内蒙地区的逐渐放垦，至光宣之际，放垦达到了最后的热潮”[①]。正如清乾隆二十二年（1757）二月，陕西巡抚陈宏谋所奏称之言：“山陕民人每年出口租种蒙古地亩，秋收获粮最多。”[②]

晚清山西五台人徐继畬亦说：

> 雁代以北为古边陲，戎马时来，保塞之民多贫瘠。我国家德威远播，漠南漠北蒙古各部悉编入八旗为臣仆。在漠北者为外蒙古四部，服贾者涉瀚海往来如内地。在漠南者为内蒙古，分东四盟、西二盟。东四盟直直隶、盛京边外，西二盟直山西、陕西边外。在陕西边外者曰鄂尔多斯，即所谓河套者也。在山西边外者曰两翼牧场，曰察哈尔八旗，在归绥两城者曰土默特。此外则西二盟之喀尔喀右翼、茂名安四子部落、乌拉特四部。承平日久，内地无业之民多负耒租垦草地，服贾者亦时以百货往。车驼往来，殊无限隔。生聚既多，蒙民交杂。乾隆中乃于其聚成都会之地，分设七厅，以兼理蒙民。萨拉齐一厅在最西北，附近黄河为四子部落、乌拉特两部牧地，接套外额鲁特、阿拉善部，秦汉时云中、五原两郡边外地，三晋之人种地服贾者尤多，往往赤手起家成素封。圣朝二百余年涵濡之泽，中外一家，遐迩禔福，洵亘古所未有也。[③]

谭其骧曾总结道：“一地方至于创建县治，大致即可以表示该地开发已臻于成熟；而其设县以前所隶属之县，又大致即为开发此县动力所自来。故研

---

① 彭雨新：《序言——清代土地开垦政策的演变及其与社会经济发展的关系》，彭雨新编《清代土地开垦史资料汇编》，武汉大学出版社，1992，第2页。

② 《清高宗纯皇帝实录》卷532，《清实录》第15册，中华书局，1986，第714页。

③ （清）徐继畬：《诰封武翼都尉周公朴斋八十寿序》，《松龛先生全集》上册《松龛先生文集》卷2，朝华出版社，2019，第269~270页。

求各县之设治时代及其析置所自，骤视之似为一琐碎乏味的工作，但就全国或某一区域内各县作一综合的观察，则不啻为一部简要的地方开发史。”① 入清之后，山西北部及其边外行政区划的变动，尤其“雍正、乾隆年间设置的各厅，在清末有一个辖境扩大过程”②，这实际上可被认为是山西民人突破原山西疆域所限以扩大生境的一种尝试。借用谭其骧的话来说，山西北部边外蒙地行政区划的变动，大概可以反映蒙地农业开发的日渐成熟，而蒙地得以被开垦的动力，与邻近之山西等内地地狭人稠、耕不足食有着莫大的关联。

当然，清代山西民人赴省外垦殖的目的地不只是蒙地。例如，山西西北部之保德州：

> 地偏僻且瘠薄，舟车不通，商贾罕至，民贫，鲜生理，耕种而外，或佃佣陕西，贸易邻境间，沾体涂足。③

保德州毗邻陕北，所谓“佃佣陕西”的目的地应该也是陕北。山西民人也有往陕西秦岭山中垦种者，例如，清光绪《孝义厅志》载：

> 山地肥饶，种少收多，所以江楚各省人民源源而来，开荒附籍……约计境内烟户，土著者十之一，楚、皖、吴三省人十之五，江、晋、豫、蜀、桂五省人十之三，幽、冀、齐、鲁、浙、闽、秦、凉、滇、黔各省人十之一。④

---

① 谭其骧:《浙江省历代行政区域——兼论浙江各地区的开发过程》,《长水集》上册，人民出版社，1987，第404页。

② 傅林祥、林涓、任玉雪、王卫东:《中国行政区划通史·清代卷》，复旦大学出版社，2013，第228页。

③ 康熙《保德州志》卷3《风土·风尚》,《中国方志丛书·华北地方·第414号·山西省》，成文出版社，1976，第194~195页。

④ 光绪《孝义厅志》卷3《风俗·总纪》,《中国地方志集成·陕西府县志辑》第32册，凤凰出版社，2007，第443页。

又如民国《解县志》载：

> 前清盛时，有讲殖民政策，往洛南山一带，数十百家，开垦山田，颇获厚利。①

只是，移徙至蒙地之外地区耕种的山西民人相较为少，尤其太原迤南地区民人，多赴外省从事商业而非农业。

总之，正如光绪《山西通志》所说明的："垦辟日勤，遂使大漠穷荒皆出租税，沿边列郡并息挽输。"② 也如李辅斌所总结的：经过清中期对"山头地角，水滨河尾"等"边缘土地"的垦殖，山西"传统农业区的土地利用程度又有所提高，但由于同时人口增长速度远高于耕地的增加，人多地少的矛盾依然没有缓和，所以雍乾以来大批民人纷纷出关寻求耕地"，这构成了山西垦殖的另一个重要组成部分。③ 垦耕省外，特别是蒙地，成为山西民氓应对本省地狭人稠、地瘠民贫、灾歉连年等问题的主要手段。从大规模的移徙而就食邻封的史实中，可见山西百姓勤苦治生之不易。山西民人由省内而省外的拓殖，比局限于省内的垦殖山地与放淤造田似乎更能表明山西人土关系的紧张。如非不得已，人们始终是不愿意轻去其乡的，也不愿千里跋涉只为粗获温饱。失去原据山西腹里土地的庇佑，山西民人的生存和生活注定是艰辛的、无所依归的省际漂泊之旅。

第二节　人们在耕作制度上的艰辛努力

明清时期山西民人通过耕垦山地、放淤造田与垦殖省外以增加可以耕种

① 民国《解县志》卷2《生业略》，《中国地方志集成·山西府县志辑》第58册，凤凰出版社，2005，第48页。

② 光绪《山西通志》卷58《田赋略一》，中华书局，1990，第4215页。

③ 李辅斌：《清代中后期直隶山西传统农业区垦殖述论》，《中国历史地理论丛》1994年第2辑。关于清代山西口外地区的垦殖情况，可参看李辅斌《清代直隶山西口外地区农垦述略》，《中国历史地理论丛》1994年第1辑。

的土地，从而获得足以饱腹延命的食粮。但除了增加土地面积这一途径外，影响耕地养活人口能力的因素还有耕作制度，后者比前者某种程度上可能更重要。所谓耕作制度，“又叫农作制度。是一整套用地和养地相结合的，以保证农作物全面持续高产的农业技术措施体制。它以种植制度（包括作物布局，间、混、套作，复种，轮作等）为中心环节，密切结合相适应的土壤耕作制、施肥制、灌溉制、植保制等”①。张正明等对明清时期山西农业生产方法的改进，从“农业耕作技术的改进与提高”“引进新的农作物和经济作物品种”“因地制宜的农作物区域分布与格局”方面进行了论述，认为：“因地制宜、因时制宜，对农业生产方式、农作物耕作技术进行了改进，使农业生产有了较大的发展。”② 实际上，明清时期已经到了传统农学的总结阶段，具有革命性的种植制度、土壤耕作制度、灌溉制度、施肥制度的改进已经不多。

1917 年陈赓虞在为《洪洞县水利志补》所作的叙中说：“晋位中土，西北、北部地多硗瘠，南部间有膏腴，就中水田之多，以洪赵称最。”③“洪”指洪洞县，“赵”指赵城县，二县相邻，均处于汾河下游沿岸临汾盆地中。其中，对山西之土的描写，或是“硗瘠”“膏腴”，或是“水田”多寡，均是对水肥条件的评价。据此可以想见，时人对于土地的关心，主要是关心它的肥不肥与旱不旱。实际上，农田水利建设与土壤肥力保持是粮食生产中最重要的、最基础性的环节，种植制度、土壤耕作制度等均是在水肥条件得以保证的基础上发挥作用的。故而，本节首先论说明清山西种植制度的基本情况，并在此基础上，论说农田水利建设与土壤肥力保持的发展趋势。换句话说，本节探讨明清时期山西民人为使自己能够立于粮食自给自足的不败之地，在耕作制度上究竟做了哪些努力。

---

① 北京农业大学等单位编《简明农业词典》第一分册，科学出版社，1983，第 202 页。

② 张正明、张梅梅：《明清时期山西农业生产方法的改进》，《经济问题》2002 年第 12 期。另可参见徐月文主编《山西经济开发史》，山西经济出版社，1992，第 235~240 页。其中明清时期“主要农作物和农业生产技术”所在的第八章“明清时期的经济开发”由张正明撰写。

③ 民国《洪洞县水利志补》叙，《中国地方志集成·山西府县志辑》第 51 册，凤凰出版社，2005，第 463 页。

一 因时因地种植的生存之道

农业生产是人类参与下的植物生长过程，本质上是由自然环境因素所支配的。一般情况下，人类无法突破农作物本身的生长周期以及地域环境条件的限制进行农业生产。于是长期以来，人们只能因时制宜、因地制宜地进行农作物的选择与种植。正如韩茂莉所言："在自然环境参与并影响农业生产的过程中，人类社会劳动通过农业技术首先寻求农作物生物学属性与环境的吻合之处，并建立农作物种类、品种与自然地带的对应关系；然后伴随农业生产技术进步，逐步突破原有的环境界限，力求在有限的时空内最大限度、最合理地利用资源，获得效益。"[①] 本研究所谓因时因地种植即韩茂莉所言的"对应关系"，而本研究所谓水利与施肥或即韩茂莉所言"突破原有的环境界限"。至明清时期，一般山西民人大抵像彼时全国其他地区的农民一样，均能因时制宜、因地制宜地进行农作物种植，以求在有限的时空内获得最佳的效益。

首先，关于因时制宜。战国时期孟子就曾说："不违农时，谷不可胜食也。"[②] "不违农时"，能够依据自然节令按时耕种，乃是农业生产所应遵循的第一准则，是一般农民所必备的基本素养。明清山西农民在这一点上应无怠惰，更不会有差池，这从历史文献所记诸多关于农时的内容上可以推测出。虽然文献所载农时并不表明农民的实际操作，但本研究认为，即使最差劲的农民也不会犯违背农时的低级错误。

广灵县位于山西东北部，清乾隆《广灵县志》专门述及了当地所产五谷的种获时间：

> 粟谷，有黄白二种，三月谷雨后耩种，六月中旬吐穗，八月秋分后成熟，约一百五十日收获。

---

① 韩茂莉：《中国历史农业地理》，北京大学出版社，2012，第140~141页。

② （清）焦循：《孟子正义》卷2《梁惠王章句上》，中华书局，1987，第54页。

黍，五月芒种时耩种，六月下旬吐穗，八月白露后成熟，约一百余日收获。

稷米，有黎黑二种，早晚同黍。

稻，五月上旬栽种，七月中旬吐穗，九月中旬成熟，约一百二十日收获。

小麦，二月春分时耩种，五月初旬吐穗，六月小暑后成熟，约一百二十日收获。

大麦，三月清明时耩种，五月初旬吐穗，六月初旬成熟，约一百日收获。

荞麦，初伏耕种，八月上旬出槊子，九月上旬成熟，约七十日收获。

高粱，有黑白红三种，三月下旬耩种，六月中旬吐穗，九月寒露前成熟，约一百六十余日。

黄豆，小满时耩种，七月中旬结角，白露后成熟，约一百二十日收获。

黑豆，早晚同黄豆。

胡麻，三月下旬耩种，六月中旬出槊，八月上旬成熟，约一百二十日收获。①

孝义县位于山西中部，清乾隆《孝义县志》亦记载了当地各种谷物的种获时间：

自小暑至处暑多连雨，而斯时第荞麦可入种。

宿麦白露时种，夏至始熟……春麦有大小二种，皆春分时种，夏至时熟。

高粱……立夏时种，寒露时熟。

① 乾隆《广灵县志》卷4《风土志·乡俗》，《中国地方志集成·山西府县志辑》第8册，凤凰出版社，2005，第26页。

粟米、黍米……皆种于立夏，收于秋分。

豆有数种，豌豆春分种，扁豆清明种，俱夏至收；黑豆、茶豆俱谷雨时种，秋分后熟；羊眼豆、黄豆、白豆俱同黑豆时种，熟差早……菜豆……谷雨种，小满即收，熟最易……豇豆、绿豆俱立夏种，白露收；小豆立夏种，秋分收；小黑豆小暑种，秋分熟。

荞麦……小暑时种，秋分时熟。荞麦、小黑豆、糜子俱刈麦后可复入种。

山药，谷雨时种于园地，霜降后掘地而取。

诸瓜皆谷雨时种于沙地，入夏后渐次结实。①

寿阳县位于山西中东部，清代祁寯藻（1793~1866）所著《马首农言》反映的即是清中期寿阳县的农作制度。清道光十六年（1836），祁寯藻在为《马首农言》所写的自记中说道：

请假侍亲，读《礼》守墓，寒暑四周，惟农是务，农家者言，质而不文，因时度地，各述所闻，耳目既习，征验亦久，烦言碎辞，以笔代口。

余初得邑人张氏耀垣种植诸说，复与同研友冀君乾详细参考，质之老农，皆以为然，遂记之。②

可见，《马首农言》是基于寿阳县农业生产实践经验的产物，应该反映了相当长时段内寿阳县及其邻近地域农业耕作制度的真实情况。其中关于“种植”部分特别对“农时”进行了述说，其言：

谷……原，谷雨后立夏前种之；隰，自立夏至小满皆可种。

① 乾隆《孝义县志·物产民俗》卷1《物产》，《中国地方志集成·山西府县志辑》第25册，凤凰出版社，2005，第503~504页。

② （清）祁寯藻：《马首农言》，王毓瑚辑《秦晋农言》，中华书局，1957，第107、115页。

黑豆……谷雨后先种。

麦种不一，春麦……春分时种之……草麦与种春麦同时……草麦、拐麦获在夏至……春麦至伏乃刈之……宿麦于秋分前后种之。

高粱……谷雨后种之。

小豆种法与黑豆同，所异者，黑豆先种原、后种隰，小豆先种隰、后种原……至大小豌豆、扁豆，与种春麦同时，皆系夏田。红豆不拘迟早……绿豆与种小豆同时。

黍有穄黍，与种谷同时。穄黍外又有大小白黍、大小黑黍、大小红黍之别。大者先种后熟……小者后种先熟……芒种时种之。

油麦……种有蚤晚，而获亦因之。夏油麦与种春麦同时，获在初伏，获后其田种荞麦，则迟至秋分种宿麦为宜。与小豆同时种者，俗谓之二不秋，获在处暑后。与黍同时种者，谓之秋油麦，获在秋分后。

谚曰："小满前后，安瓜点豆。"瓜类甚多，栽时不甚相远。

蒜多栽于湿处，俗有"清明不在家"之说……芒种时于行隙中洒红萝卜，欲洒芥菜，则俟初伏，处暑起回辫之。①

临县位于山西中西部，其地西临黄河，民国《临县志》专辟"农时"一目，其内容为：

雨水之后依然雨雪，惊蛰出牛，种莞豆。

春分种麦，名曰春麦。清明杏花开，滩地种大麦，山地种黑豆。谷雨种麻，立夏种谷，小满种高粱，芒种种黍，夏至收菜子、芥子，小暑收大麦，大暑收小麦，立秋打麻，处暑则天凉无衣葛者。白露寒渐至，谷皆秀实。秋分收黍，寒露收谷。②

① （清）祁寯藻：《马首农言》，王毓瑚辑《秦晋农言》，中华书局，1957，第109~115页。

② 民国《临县志》卷13《风土略》，《中国地方志集成·山西府县志辑》第31册，凤凰出版社，2005，第443~444页。

并且，几乎每一个农时都有对应的谚语，可见普通民人对于农时是成竹在胸的。此外，尚有更多的农时信息散落在诸多地方志中。例如，清雍正《山西通志》载：

> 稷……先诸谷熟，刈欲早，过熟即随风落。
>
> 黍以大暑种，故谓之黍。
>
> 谷子，有早谷晚谷二种，汾州北诸属胥三四月种……汾州南诸属胥五六月种……早谷以六十日为率，宜旱田；晚谷以一百二十日为率，亦水田。
>
> 麦……汾州北诸属春分前种，处暑后收，名春麦；汾州南诸属白露前种，芒种后收，名宿麦。[①]

清乾隆《大同府志》载：

> 清明前后始种麦豆，五月种谷、粟、秫、稷、荞麦各种。[②]

清光绪《天镇县志》载：

> 农人往往清明前后种麦、豆，五月种谷、粟、秫、稷、油麦、荞麦。[③]

清乾隆《榆次县志》载：

---

① 雍正《山西通志》卷47《物产》，《中国地方志集成·省志辑·山西》第4册，凤凰出版社，2011，第15~16页。

② 乾隆《大同府志》卷7《风土》，《中国地方志集成·山西府县志辑》第4册，凤凰出版社，2005，第131页。

③ 光绪《天镇县志》卷4《风土记》，《中国地方志集成·山西府县志辑》第5册，凤凰出版社，2005，第513页。

其气候与太原同，常以仲春种二麦，夏至而获。四月种谷粟杂田，秋后而获，源涡有水田，则艺晚稻。[①]

清乾隆《武乡县志》载：

七月陨霜，农人往往清明前后种麦豆，五六月种黍荞等。[②]

清道光《直隶霍州志》记述物产之谷属时特指出种获时间：

稷……夏种秋熟。

黍……以大暑种，故谓之黍。

谷……有早晚二种，早者三四月种，晚者五六月种，早宜旱田，晚宜水田。

麦……春分前种，处暑后收，名春麦；白露前种，芒种后收，名宿麦。[③]

民国《沁源县志》载：

种禾分为三季，在春季为豌扁豆、莜麦，在夏季为莜麦、马铃薯、玉蜀黍、高粱、谷、糜黍、杂豆、荞麦等，在秋季为宿麦，种期最延长者，惟莜麦，种有大小之别，收期有夏秋二秋之分。[④]

① 乾隆《榆次县志》卷6《风俗》，清乾隆十三年（1748）刻本，第4b~5a页。

② 乾隆《武乡县志》卷2《风俗》，《中国地方志集成·山西府县志辑》第41册，凤凰出版社，2005，第42页。

③ 道光《直隶霍州志》卷10《物产》，《中国地方志集成·山西府县志辑》第54册，凤凰出版社，2005，第67页。

④ 民国《沁源县志》卷2《农田略》，《中国地方志集成·山西府县志辑》第40册，凤凰出版社，2005，第303页。

如果说农时还是简单地将农作物生长周期与自然节律相对应的话，那在自然环境之热量条件所能允许的范围之内，形成一种稳定的作物熟制，无疑更进一步表明山西农人已能最大限度地顺从自然、适应环境、遵循农时以使农业产出最大化。张正明、张梅梅指出：晋南盆地为一年两熟地带；晋中平川盆地为两年三熟地带，有套种轮作历史，冬小麦套种玉米，夏种谷子和移栽高粱；晋北为一年一熟地带，实行混种、间种、套种，春小麦混种马铃薯，玉米间作胡麻；晋西黄土丘陵地区，有粮豆间作或轮作传统。[①] 韩茂莉亦言：据清至民国文献记载，冬小麦北界基本稳定在唐山、廊坊、保定、石家庄、榆次、霍州至关中盆地北缘一线，然后经陇东地区与青藏高原边缘相接，冬小麦的北界往往就成为农作物一年一熟与两年三熟的分界线，而一年两熟制分布区基本位于“秦岭—淮河”一线以南亚热带地区，其中水稻起着核心作用。[②] 明清山西地方志的描述与韩茂莉所言基本吻合。

清光绪《怀仁县新志》载：

> 地近北边，风高霜早，岁无再获之利，民有终岁之勤。[③]

清乾隆《保德州志》载：

> 州境山坡陡地，抑且暖迟霜早，一年一熟，犹有不能告成者。[④]

清乾隆《孝义县志》载：

① 张正明、张梅梅：《明清时期山西农业生产方法的改进》，《经济问题》2002 年第 12 期。

② 韩茂莉：《中国历史农业地理》，北京大学出版社，2012，第 164、172 页。

③ 光绪《怀仁县新志》卷 4《风俗 · 物产附》，《中国地方志集成 · 山西府县志辑》第 6 册，凤凰出版社，2005，第 295 页。

④ 乾隆《保德州志》卷 4《田赋 · 地粮》，《中国地方志集成 · 山西府县志辑》第 15 册，凤凰出版社，2005，第 448 页。

荞麦、小黑豆、糜子俱刈麦后可复入种，故良田一岁能两收，通计所种大约高粱十之一，豆五之一，麦亦五之二，谷三之一，荞麦、油麦诸色四之一。[①]

民国《闻喜县志》载：

邑之温度岁可再熟，而土瘠泽艰，惟井灌者两获焉。[②]

怀仁县、保德州分别位于山西东北部、西北部，属于张正明所言之晋北，位处韩茂莉所言“榆次—霍州”一线以北，一年一熟乃气候使然。孝义县则属于张正明等所言之晋中平川盆地，位处韩茂莉所言“榆次—霍州”一线北侧。闻喜县则属于张正明等所言之晋南盆地，位于韩茂莉所言“榆次—霍州”一线以南。孝义县与闻喜县均能两年三熟，即地方志所谓“一岁能两收”“岁可再熟”。张正明等所谓“晋南盆地为一年两熟地带”当是对史料的误读，晋南盆地离真正意义上“秦岭—淮河”以南之一年两熟区甚远，史料所言“两收”“再熟”实际上是说一个自然年中收获两次，而这并非“一年两熟制”，而应是“两年三熟制”。无论具体细节上有多少误差，以上史料充分反映了农民已能充分利用自然环境所给予的热量，从产出效益最大化的角度安排农作物种植，形成了固定的作物熟制，理论上产出了彼时自然环境条件所能获得的极限收益。

综而言之，对于明清时期山西的一般农家而言，熟悉把握各种农作物的生命周期与生长规律，以及在把握的基础上根据自然时令进行人为安排，似乎不应是什么难以掌握的知识与技术。同时在此基础上更进一步，作物熟制的形成与继续实践、持续保持，从另一个角度充分证明了人们因时制宜进行

① 乾隆《孝义县志·物产民俗》卷1《物产》，《中国地方志集成·山西府县志辑》第25册，凤凰出版社，2005，第503~504页。

② 民国《闻喜县志》卷5《物产》，《中国地方志集成·山西府县志辑》第60册，凤凰出版社，2005，第400页。

作物种植的知识与技术之成熟与臻于极致。上文不厌其烦地引用各色史料，旨在说明，彼时人们对于因时制宜进行农作物生产可以说是已经臻于极限，这不仅表明人们从自然界中充分获得经济效益的经验的积累已经十分丰富，而且更说明一般农人对于自然环境条件的利用已达至生态极限。当然，本研究之所以从不违农时与作物熟制的角度阐述人们因时种植的极致策略，不是为了夸耀历史时期的农业耕作制度取得了如何了不起的成就，以及达至何种至高至善的境界。恰恰相反，之所以到达某种极致，乃是因为不达极致的话，就无法养活生命本身。如果在这种看似已经十分完美的因时种植策略之下，在人们已经投入了许多艰辛与不懈的努力之后，依然未能救民命于乏食之境地，以及明清时期山西人地矛盾依然持续激化的话，那么我们所谓的因时种植的极致策略到底是应该被夸耀还是应该被反思呢？所以，明清时期山西民人极致的因时制宜种植农作物的策略，实际上恰恰反映了彼时人与土地关系已紧张到不可调和的境地，并且在这种紧张的氛围当中，在彼时彼地再也找不出新的策略能缓解这种紧张局面。下面将要述说的因地制宜的种植策略，亦暗示人与土地的这种紧张关系。

其次，关于因地制宜。众所周知，只有适应地域环境的农业生产才会在当地自然环境条件下获得最大限度的产品收益。一般情况下，因地制宜的“地”指的是“环境”，是整体的环境而非某一环境要素，本研究则特指不受时令影响的“土壤”或“土地”环境。简言之，本研究所谓“因地制宜”就是指因土地、土壤之宜而进行种植。针对不同的地块，明清时期的山西农民已懂得如何安排自己的农作物种植，以发挥各类土地的优势、产出尽可能多的农产品，从而最大限度地维持自己的生计、存活自身的性命。中国历史上的“尽地利”观念应该就是指此，所谓“天生地成，其益无方，园廛漆林无非利薮，瓜壶果蓏亦佐常餐，极之山坡川曲，尺壤寸土，皆能生物养人，培植芟柞不以其时，则地利遗而生之机隘矣”[①]。所以，凡土地可以利用以种植

① （清）刘叔麟：《救荒策》，光绪《潞城县志》卷4《杂述》，《中国地方志集成·山西府县志辑》第41册，凤凰出版社，2005，第538页。

某种农作物的，包括山西农民在内的广大中国农民无不尽力使用。

在众多历史文献中，有些史料表面上看属于因地制宜，但仔细察之却是因时制宜。例如，民国《沁源县志》便载：

> 沁源地瘠山多，气候不一，农作物有宜于此而不宜于彼者，以故地温及气候可分为四，县治一区附近各村为最暖，二区郭道附近各村次之，三区古寨附近各村又次之，西山一带为最寒。最暖之处以种谷、玉蜀黍、高粱为大宗，宿麦次之；次暖之区以种谷子、玉蜀黍为大宗，高粱、宿麦次之；三区古寨以北以种宿麦、谷子、玉蜀黍为大宗，莜麦、黑豆、糜黍次之；古寨以南以种谷子、玉蜀黍、莜麦为大宗，豌豆、扁豆、黑豆次之；西山一带以种莜麦为大宗，豌、扁豆，菜籽次之；东川一带种麻特多，余与三区同。
>
> 马铃薯，俗名山药蛋，在清咸同年间，吾县始知栽种，惟止宜于寒地，以故初种始时惟三区各村及东西山一带有之，一二区较暖之地则不宜。①

以上沁源县这则关于农作物种植区划的史料，实际上表明的是地域微气候之寒暖差异决定了农作物的选择。乍一看，似乎涉及何地种植何种农作物为宜的话题，但仔细分析，讲述的仍然是因时制宜的种植原则，因为在一定的时空范围内，寒暖的差异是由太阳直射点在地球上的位置决定的，而这本质上乃是时令问题而非土壤问题。所谓据土地或土壤的差异进行相应的农作物种植，乃是指不同地域的土地有水旱、平坡、肥瘠之别，明清山西的农民常常据此安排农作物种植。

例如，民国《平顺县志》中对于农作物种植的记载，除了涉及因时种植外，也提及因地种植的原则，其言：

---

① 民国《沁源县志》卷2《农田略》，《中国地方志集成·山西府县志辑》第40册，凤凰出版社，2005，第302页。

莜麦，南乡杏、赵城，黑虎及老马岭十七八社山顶坡地多种之。

稻，本地乏水，不能种，惟王曲实会等处地近漳河，间或有之。

芥子，不普通，惟赵城、杏城、新城等村因产谷不佳，多种制油，出售以代谷。

瓜，南瓜、北瓜为大宗，种者亦随地气候而异，东乡最宜南瓜不宜北瓜，西南乡最宜北瓜不宜南瓜，山上最宜北瓜，沟底最宜南瓜，西瓜清泽口、小铎等处均产。

苦杏……此种无地不宜，虽山坡野地土壤极浅薄之处，亦能畅茂，果能全县皆种，加以保护，补助生计为至巨也。①

所谓“坡地多种之”“地近漳河，间或有之”“产谷不佳，多种制油”“山上最宜北瓜，沟底最宜南瓜”“山坡野地土壤极浅薄之处，亦能畅茂”等描写无不表明，人们对于何种土地种植何种作物方能收益最大化是十分清楚的。

在近水能得灌溉之便利的地区，当然这些地区的土地同时也具有平衍、肥沃等优势，人们一般选择种植水稻这样的稀缺作物，或蔬菜、瓜类那样的经济作物。大同府广昌县旧时可能并无渠道，清雍正《山西通志》引旧志言大同府广昌县种植水稻的情况：

汤河在县南六十里，源出灵丘县北浑源州南汤头铺，流入直隶唐县界，又名唐河，昔年水势甚盛，居民结筏以渡，今淤成水田，可以种稻。②

五台县得水灌溉之区亦多栽植水稻，以及蔬菜及瓜壶：

① 民国《平顺县志》卷3《物产略》，《中国地方志集成·山西府县志辑》第42册，凤凰出版社，2005，第42~43页。

② 雍正《山西通志》卷31《水利三》，《中国地方志集成·省志辑·山西》第3册，凤凰出版社，2011，第618页。

惟大南路之东西两潭、大西路之泉岩村、小东路之龙湾、大北路之虒阳河源可以种稻，苦于无多，此外则皆种杂粮。[①]

泉岩河即小营河，五台水利之最大者，引渠灌田，不知起于何代，大约千百余年矣……田最多而腴者为东冶五级村，然西畔在上游得水易，可种蔬菜瓜壶，每亩价值七八十千。东畔在下游得水难，仅可种五谷及萝卜，每亩仅四五十千。大渠之南，南北畛之外，旧尚有东西畛若干顷，近数十年来，为滹沱冲啮，坍塌已尽，坍入河滩者，近年人颇种稻，然水大涨则尽没于河。[②]

保德州河滩地能得灌溉之利者也多会栽植菜果：

保德东自天桥西至冯家川，黄河经流百余里，两岸皆夹大山间，有河滩，夏秋多湮没……保德诸滩旧皆引河水或汲井泉浇溉，菜果茂盛，自明季河变以后遂成巨漫焉。[③]

沁州亦在得浇灌之利的土地上种植水稻、蔬菜，并且显示能得灌溉与不得灌溉时，种植的作物有明显差异：

湛泉在州西半里，旁多园林，周围数泉环绕，圃人利之。[④]

---

① 光绪《五台新志》卷2《土田》，《中国地方志集成·山西府县志辑》第14册，凤凰出版社，2005，第74页。

② 光绪《五台新志》卷2《水利》，《中国地方志集成·山西府县志辑》第14册，凤凰出版社，2005，第77~78页。

③ 雍正《山西通志》卷33《水利五》，《中国地方志集成·省志辑·山西》第3册，凤凰出版社，2011，第643页。

④ 雍正《山西通志》卷32《水利四》，《中国地方志集成·省志辑·山西》第3册，凤凰出版社，2011，第633页。

导清源自亦山，灌田三千亩，盖达于官邮，围水环流，往沁止播菽谷，新田皆种粳，亩收二钟有奇。①

凤台县本难得有灌溉之利，而仅有的能得灌溉之利的田地，却被“艺圃种树”，所谓“艺圃”应该是栽植蔬果：

其地溪水多伏流，泉源并少疏浚，丹沁二水入南山始盛，又高峰摩天，水不可上，限于地，非弃于人也。无已，近水村落仿闽粤滩田之法，以乱石壅水，挽之使高，庶可少滋灌溉，泉源壅塞，浚之使通，用以艺圃种树。②

芮城县之地有傍山地、依水地、近河地之区别，在各地块儿上进行的农事活动有一定差异，所谓：

傍山居者多事牧畜，依水居者多种菜蔬，近河岸者多种瓜菜。③

孝义县则在汾河旁栽苇以为生计：

汾河旁多栽苇，其梗森森，细而长，秋冬取作席，近河居民多业此，间有出鬻邻邑。④

赵城县低洼卑湿之地所产芦苇亦为民之利源：

① （明）崔铣：《沁州水田记》，雍正《山西通志》卷32《水利四》，《中国地方志集成·省志辑·山西》第3册，凤凰出版社，2011，第119页。

② 乾隆《凤台县志》卷2《山川》，《中国地方志集成·山西府县志辑》第37册，凤凰出版社，2005，第55页。

③ 民国《芮城县志》卷5《生业略》，《中国地方志集成·山西府县志辑》第64册，凤凰出版社，2005，第81页。

④ 乾隆《孝义县志·物产民俗》卷1《物产》，《中国地方志集成·山西府县志辑》第25册，凤凰出版社，2005，第505页。

注地不任稼穑者多产芦苇，谓之苇地，始生曰芦，既老曰苇，芦笋可食，苇秸可编箔，皆民之所利也。[①]

夏如兵等对明清山西的水稻种植有过研究，其总结道："明清时期山西水稻的种植空间主要分布在沿汾河一线的河谷盆地之间，其他地区依其水利灌溉条件呈现零星分布的状态"；"虽然明清时期山西水稻分布范围较广，但种植面积普遍较小，汾河流域的传统植稻区稻田面积通常不过几十顷，算上水地也仅数百顷，而一些新近植稻的地区种植面积可能只有数顷，即使稻米的单产较高，总产在当地粮食结构中占比仍旧很小"。[②]要之，水稻种植面积虽少，但其深刻表明人们试图使用地效益最大化。以上史料亦表明，在能得灌溉的地块上，人们多种植经济效益较高的作物，比如北方稀缺的水稻、收益较高的蔬菜。尤其值得注意的是，沁州开通渠道灌溉之前种"菽谷"而开通渠道灌溉之后种"粳"的例子，似乎更能说明人们因地种植以获取最大化收益的逻辑。

与平衍、肥沃的水田相对，另有一些陡峻、瘠薄的旱地，有时是山坡丘陵地，有时是田舍旁隙地。这些地块虽不是最肥沃、高产的地块，但因地制宜地种植一些农作物亦能颇有收获、补益生计。在这些地块上，人们多选择栽植林木、果树等木植或耐瘠、耐旱的谷物等。同时，由于山地丘陵特殊的地理环境，最适合发展的不是种植业，而是畜养业。因为山区土薄而石厚，因而往往难堪种植之用，反而成为发展牧业的绝佳之区，所谓：

北路各州县及口外各厅地多沙碛，宜于畜牧，如骆驼、山羊、骡马之属，均为出境货品之大宗，乡人业此致富者甚多。[③]

① 道光《赵城县志》卷19《物产》，《中国地方志集成·山西府县志辑》第52册，凤凰出版社，2005，第83页。

② 夏如兵、王威：《明清时期山西地区的水稻种植》，《中国历史地理论丛》2020年第1辑。

③ 石荣暲纂，任根珠点校《山西风土记》，山西省地方志编纂委员会编《山西旧志二种》，中华书局，2006，第114页。

类似的例子还有许多，例如沁源县：

牧畜宜在荒野之处，沁源荒山最多，牧畜一事实为相宜，且山草繁盛，泉水亦夥，较石山缺乏水草之区域事半而功倍矣。①

又如虞乡县：

羊，分山、绵二种……容易起群，但好食田苗、小树秧，平地不便群养，惟近山与山上各村乃可多牧，凡平地有羊者，寄托山上人牧放，必届严冬下雪，山无可吃之草，乃送山下喂养。②

再如万泉县：

羊……孤山中数百成群，牧竖歌声与鞭声相继，每岁剪毛成毡，亦精白耐久，若得人提倡，其利更广。③

但是，由于畜牧业养活相同人口比种植业需要更多的土地，在人口压力之下，土地不足耕的时候，山区虽土薄、坡陡、地狭，却也并不是农作物栽植的禁地。

应州位于山西东北部：

土田皆沙瘠，兼之边地高寒，惟宜黍、穄、芦、菽、胡麻、穬麦数

① 民国《沁源县志》卷2《农田略》，《中国地方志集成·山西府县志辑》第40册，凤凰出版社，2005，第307页。

② 民国《虞乡县新志》卷4《物产略》，《中国地方志集成·山西府县志辑》第68册，凤凰出版社，2005，第284页。

③ 民国《万泉县志》卷1《舆地志·物产》，《中国地方志集成·山西府县志辑》第70册，凤凰出版社，2005，第26页。

种，绝无稻粱嘉谷。[①]

石楼县位于山西西南山区：

围绕皆山，既无平土，又无河渠，无田可耕，无井可凿，民间地亩尽在高岗斜坡之间。[②]

石楼县地多沙碛之区，不宜禾黍，宜于畜牧，且仅栽杂粟，即所谓谷物中耐瘠、耐旱的品种。

阳城县位于山西东南太行山中：

荞（麦）……惟深山种之。

御麦……山产者肥大。

柿……近城沙石山植者味甘美，县南山尽青石，产柿味涩，食之令人嘈噍。[③]

临县位于山西西部吕梁山区：

农夫尽力田亩，崇岭峻阪地无旷土，惟墙下路旁鲜知种植树木，迩年知事奉令晓谕人民，渐知森林之益，锐意栽培。[④]

---

① 乾隆《应州续志》卷1《方舆志·风俗》，《中国地方志集成·山西府县志辑》第29册，凤凰出版社，2005，第426页。

② 雍正《石楼县志》卷2《赋役》，《中国地方志集成·山西府县志辑》第26册，凤凰出版社，2005，第500页。

③ 同治《阳城县志》卷5《物产》，《中国地方志集成·山西府县志辑》第38册，凤凰出版社，2005，第265页。

④ 民国《临县志》卷13《风土略·礼俗》，《中国地方志集成·山西府县志辑》第31册，凤凰出版社，2005，第444页。

山地丘陵之区，除了牧养牲畜、种植杂粟而外，种植果木、材木乃是最为合适的，如上引阳城县沙石山即颇适宜种植柿子。

实际上，“丰歉者气候之不齐，衣食者民生所日用，然则欲预谋救荒之策，非广求种植之方不可”，而种植必须因地制宜，“晋省地广山多，物稀土旷，诚能辨高下燥湿之性，因地以制宜，察兹生土物之臧，相时以播种，如种棉花、植桑茶、树材木，南方添种大麦、北路增播秋禾等类，虽遇小旱，可以无饥，较之采买于邻封，仰给于秦豫，陆路转输，贵贱岂不悬欤”，尤其“山林之利宜预谋也”“桐漆山茶皆有自然之利，桃李枣栗咸有结实之仁，至于种药于园、植茶于坂，任劳在一二岁之前，收效在两三年之后”。①

而清雍正帝亦早有有所谕，其言曰：

> 舍傍田畔以及荒山不可耕种之处，度量土宜，种植树木桑柘，可以饲蚕，枣栗可以佐食，柏桐可以资用，即榛楛杂木亦足以供炊爨，其令有司督率指画，课令种植，仍严禁非时之斧斤、牛羊之践踏、奸徒之盗窃，亦为民利不小，至孳养生畜，如北方之羊、南方之彘，牧养如法，乳字以时，于生计不无裨益。②

总之，地广山多的山西地区，必须尽可能地利用山地，或者舍旁田畔之地因地种植，方能使民获利而免遭饥馑之患。虽确实有囿于习惯而遗弃地之利者，以至于官方不得不出面劝导，但大多数理性的农民应该都能尽地之利。

例如，汾阳县：

> 楼山园者，处西山之中，在高原之上，距城二十里而遥，余庚辰岁

---

① （清）佚名：《劝晋民尽人事以弥天灾示（光绪三年六月）》，光绪《补修徐沟县志》卷5《恤政》，《中国地方志集成·山西府县志辑》第3册，凤凰出版社，2005，第336、339~340页。

② （清）清世宗：《上谕直省督抚等官（雍正二年）》，雍正《朔平府志》卷12《艺文·诏敕》，《中国地方志集成·山西府县志辑》第9册，凤凰出版社，2005，第351页。

所购也。其地宜果，土人专以为利，灶前圃侧皆果也。又宜桑宜麦，桑种涧沟中，饲蚕操茧鬻输公赋，瓯窭尽麦，夏候蘦蘦在望，微风鼓浪，幽陇腾香，野致殊胜。①

又如，壶关县：

今详考之，谷之属豌豆不出，即来牟二麦，近来其种渐广，获利亦丰，然惟平畴有之，冈峦硗瘠之地不能也。②

五台县：

杂植则小南路之下峪有核桃、榛子、花椒、桃、杏、柿，大南路之东多半枣林，大西路之田家冈、善文金山一带多植梨果，其地与崞县之桐川隔一山梁，故亦解种树也。③

还有，崞县：

魁光岭，在县治东南六十五里……岭东为北铜川数十村，地宜果木，居民耕种之外，首务栽植梨果，贩鬻四外，每岁二三月花开时，岭头一望红白相间，灿若云霞。④

---

① （清）佚名：《楼山园记》，光绪《汾阳县志》卷10《杂识》，《中国地方志集成·山西府县志辑》第26册，凤凰出版社，2005，第306页。

② 道光《壶关县志》卷2《疆域志·物产》，《中国地方志集成·山西府县志辑》第35册，凤凰出版社，2005，第26页。

③ 光绪《五台新志》卷2《土田》，《中国地方志集成·山西府县志辑》第14册，凤凰出版社，2005，第74页。

④ 光绪《续修崞县志》卷1《舆地志·山川》，《中国地方志集成·山西府县志辑》第14册，凤凰出版社，2005，第335页。

另有，河曲县：

恭读雍正二年上谕："舍旁田畔及荒山不可耕耘之处，度量土宜，种植树木，其令有司劝课等因，钦此"。又乾隆七年上谕"如果园圃虞衡薮牧之藏以次修举，于民生日用不无裨益，国家生齿日繁，凡资生养赡之源，不可不为急讲等因，钦此"。天语垂训，为民生计者至周至切，凡我臣民谨当遵行，勿怠也……河邑山多土瘠，栽种树木可以佐耕耘之所不及，近阅沿河一带多植杨柳榆枣及桃杏海红大果等树，林木长成，岁获其利，是树植之成效尤昭然共见矣。若尔村落居民或岭脚山陂，或田头地角，凡不可耕作之处，悉行栽植，审土性之所宜，勤加培护，乡邻互相戒约，毋得砍伐损伤，十年之计树木，百里之地成林，唐风之诗曰：山有枢、隰有榆。不犹是古风欤？况杏子、榆皮取食可备荒年，柳枝槐木其材可作器用，尔居民素称勤俭，亦何惮而不为哉？为此出示劝导，并饬乡保挨户传谕，各宜遵照毋违，此谕。①

再有，孝义县：

惟近村傍舍多栽榆柳，利其易长便用，而不知十年之计树木，有土之山皆可也。②

再有，汾西县：

汾虽土脉高阜，非尽不毛，树艺之利，尤当急兴，陡坡崇冈易成莫如枣桑柳箕，余木次之，举团柏里以例之，团柏山高土燥，十日不雨

① （清）曹春晓：《劝民种树谕》，同治《河曲县志》卷8《艺文类·谕》，《中国地方志集成·山西府县志辑》第16册，凤凰出版社，2005，第271~272页。

② 乾隆《孝义县志·物产民俗》卷1《物产》，《中国地方志集成·山西府县志辑》第25册，凤凰出版社，2005，第504页。

苗且枯槁，但山多煤，居民驴驼担挑，易银于霍、洪度朝昏，天何尝不仁爱也，乃视种地为缓图，耕耘逾时，赋鲜凑办，倘度土性，不拘山巅坡畔，于春月土润卖煤稍暇，率妻子剜枣种栽，灌如法，莫使牛羊作践，二年结实，数年繁茂，雇人防守，此不事耕耘而国税衣食所从出也。今郭云鹏等种枣六七十株或百株，株收一袋，李春柳山头隙地亩余，枣三十余株，收约三十袋，每袋值一钱，是一亩得银三两，岂非大效也欤？①

再有，赵城县：

《齐民要术》云，凡地不任稼穑者则令种枣。土人凡隙地无不种此者，得古之遗意矣。②

再有，解县：

至于畜牧森林，近日各地方汲汲兴办，吾解惟南乡有一线山地尚可讲求此二事；其东北三乡地皆平衍，无坟隰丘陵长沟大阜，畜牧既无其地，森林又妨害禾稼，此必不能兴办之事；因地制宜，有识者当不河汉斯言。惟种桑一事可实力督办，墙角宅畔，隙地闲田，苟不能种植五谷，即可令其多栽桑树，十年以后丝获厚利，少种木棉，多种五谷，百室盈止，妇子宁止，吾乡人尚其生生永赖矣乎。③

总而言之，河滩地、水浇地多种水稻、瓜菜，荒山地、狭隙地多种果木、

① 光绪《汾西县志》卷4《名宦·毛炯》，《中国地方志集成·山西府县志辑》第44册，凤凰出版社，2005，第38页。

② 道光《赵城县志》卷19《物产》，《中国地方志集成·山西府县志辑》第52册，凤凰出版社，2005，第83页。

③ 民国《解县志》卷2《生业略》，《中国地方志集成·山西府县志辑》第58册，凤凰出版社，2005，第48页。

材木等木植或是黑豆、莜麦等杂粟而非禾黍。当然，宿麦等禾黍无论于平坡、水旱等地均能种植，只不过种在隙地、山地、薄地、水田并非效益最大化的选择。为了达到农作物种植效益的最大化，人们还总结出了一系列因地种植的经验。比如，明忻州知州杨维岳曰：

郡寒早暖迟不宜绵，地沙不宜麻枲、碱不宜桑柘。[①]

比如灵石县：

择种法：阳坡麦子阴坡谷，天旱芝麻雨涝谷，大粪地内收稻秫……高地黑豆低地麻。[②]

又如孝义县：

麦、高粱宜通渠水地，粟谷、黍谷、糜子兼可种向阳旱地，惟豆处处可种，坡阴山地止可种油麦、荞麦而已。

山药谷雨时种于园地，霜降后掘地而取，南乡民多种，如艺禾麦焉。诸瓜皆谷雨时种于沙地，入夏后渐次结实。[③]

又如五台县：

县城迤东、迤北得雨较易，土性疏衍，雨及寸即可布种，大南路则得雨最艰，恒苦旱干，土厚而坚，雨非三寸不能布种，若遇雨足之年，

① 乾隆《忻州志》卷2《物产》，《中国地方志集成·山西府县志辑》第12册，凤凰出版社，2005，第64页。

② 民国《灵石县志》卷12《杂录志·谚语》，《中国地方志集成·山西府县志辑》第20册，凤凰出版社，2005，第468页。

③ 乾隆《孝义县志·物产民俗》卷1《物产》，《中国地方志集成·山西府县志辑》第25册，凤凰出版社，2005，第503页。

则收获优于北路，然患人满，丰年亦资北路之粟。[①]

再如荣河县：

窃观荣邑滨河之区，其有碱地者广二里，长至五十余里，而沙滩广袤亦复类是，二者合计都二百余方里，历年弃掷荒芜，无复顾之者，以不宜蔬谷也。不知物有所适，地有所宜，胶柱鼓瑟，非通义也，使以沙滩尽种落花生或树木，碱地遍培杨柳，则物性所合，自获丰而荫茂，不亦起废物而利用，化瘠壤为沃土哉？然荣人至今无注意及之者，囿于习也。[②]

这些关于因地种植的经验所显示的是：明清山西民众为了实现种植效益的最大化，在农作知识与经验的积累上下了很大的功夫。但是这些积累起来的经验必然不能全方位地得到实施并产生效果，这是我们不得不注意的。表1–2 显示的是民国兴县农作物种植地域选择的一般情况，附识于此以见人们对土地因地种植认识之一斑。

表 1–2　民国时期兴县农作物种植区划

作物	产地	播种情形	收益情形
莜麦	东区	东乡一带山岭较高，气候寒冷，播种甚易	每亩平均可收二斗，每斗约值大洋九角
黑豆	东南北区	多种于山坡地，性质耐寒耐热，种植甚易	每亩平均可收一斗，每斗约值大洋七角
高粱	西南北区	宜于平地，种亦甚易	每亩平均可收四斗，每斗约值大洋七角
糜黍	南北西区	约分两种，一软种一硬种，种植甚易	每亩平均山地可收一斗，平地可收二三斗，每斗约值大洋七角
亚麻	南区	宜于水地，种亦甚易	每亩平均可收一斗，约值大洋八角

① 光绪《五台新志》卷 1《气候》，《中国地方志集成·山西府县志辑》第 14 册，凤凰出版社，2005，第 41 页。

② 民国《荣河县志》卷 8《物产》，《中国地方志集成·山西府县志辑》第 69 册，凤凰出版社，2005，第 204 页。

续表

作物	产地	播种情形	收益情形
豌豆	南区	多种于山坡地，性耐热畏寒，种植甚易	每亩平均可收一斗，约值大洋一元
棉	西区	查兴县向不产棉，近年渐有种植，因地气寒冷，最畏北风，收获甚难，现已采购多种，设法试验	每亩仅收十余斤，约值大洋六元
花麻	南西北区	多种于水地，性耐寒，成熟甚易	每亩收七十余斤，值大洋十元
烟草	中西南区	多种于水地，性质耐热，种植甚易	每亩收九十斤，值大洋九元
春麦	中南西北区	多种于坡地，性不耐寒热，种植甚易	每亩收五斗，每斗值大洋一元四角，共值大洋七元
绿豆	全境	多种于坡地，性不耐寒热，种植甚易	每亩收一斗，值大洋一元
谷	全境	多种于梁地，性耐寒热，种植甚易	每亩收三斗，每斗值大洋六角，共值大洋一元八角
江豆	全境	多种于坡地，性不耐寒，种植甚易，秋初成熟	每亩收一斗，约值大洋一元
马铃薯	全境	坡地、梁地均可种植，成活甚易，收获丰富	每亩约收五百斤，每斤值大洋一分，共值大洋五元
黄芥	全境	种植甚易，最畏多雨，成熟于秋间，能榨油以供全县之用	每亩约收三斗，值大洋一元五角
劈蓝	中西区	多种于水地，性质耐热耐寒，种植甚易，成熟于冬初	每亩收八百个，值大洋五元
山药	中西区	种于水地，惟土质最宜黑土，种植稍宜，性不耐寒，成熟于秋季	每亩收一百八十斤，每斤值大洋二分，共值大洋三元六角
白菜	中南西北区	多种于水地，种植尚宜，上年在农场试验，颇著成效	每亩收六百个，值大洋五元
韭菜	中西北区	多种于水地，种植甚易，能剪割数次	每亩收一百五十斤，值大洋四元五角
南瓜	中南北西区	多种于水地、平地，性不耐寒热，种植成熟甚易	每亩收五百个，值大洋一元
茄子	中西区	多种于水地，种植甚易	每亩收成八百个，值大洋三元
豆角	中西北区	多种于平地，种植甚易	每亩收五百斤，值大洋八元
黄瓜	中西北区	多种于水地，种植甚易	每亩收五百二十条，值大洋二元五角
辣椒	中西北区	多种于水地，种植甚易	每亩收一百四五十斤，值大洋五元

资料来源：民国《合河政纪》“实业篇”，《中国方志丛书·华北地方》第71号，成文出版社，1968，第128~130页。

二 不遗余力的农田水利建设

对于明清山西农田水利的建设及发展情况，前人多多少少有所涉及，得出了较为丰富的认识。徐松荣主编的《近代山西农业经济》上溯至清代，提及清代山西水利的兴修，并对民国以后山西水利的兴废及水利状况进行了论述。[①] 徐月文主编的《山西经济开发史》专门简述了明清山西的农田水利工程情况，论及引河、引泉、凿井以灌溉的事例。[②] 李心纯将山西分为中部地区、北部地区、东西部地区，分别论述了三个区域内明代及清初引河、引泉、凿井、引洪灌溉的情况。[③] 李辅斌对清代山西小型灌渠的兴修以及井灌的发展进行了论述，其中涉及引河、引泉、引洪、凿井用以灌溉的内容。[④] 李三谋对清代山西境内的引河、引泉灌溉为主要形式的农田水利活动进行了论述，认为水利工程分布不平衡，且水田主要集中在晋中、晋南的汾河沿岸地区，未能充分地利用可利用的水资源。[⑤] 当然，有关研究成果不止如上。[⑥] 我们的目的不在于复原明清山西农田水利建设的兴衰，而是试图通过分析农田水利的建设情况，加深我们对于明清山西人土关系变迁的理解。

长期致力于山西水利史研究的张荷认为："古代山西的农田水利灌溉工程，主要有两种修渠引水形式：一是引泉水入田灌溉，二是引河水进田灌溉。一般地讲，河渠灌溉规模要比引泉灌溉规模大，但启动开发时间却比引泉灌溉大约晚 300 多年。"[⑦] 实际上，除了主要的引泉灌溉、引河灌溉两种类型外，至明清时期，山西农田水利建设还包括凿井灌溉与引洪灌溉两种类型。对于引水水源各异的灌溉类型，前人亦多多少少有所涉及，且有些方面论述已较

---

① 徐松荣主编《近代山西农业经济》，农业出版社，1990，第 44、216~219 页。

② 徐月文主编《山西经济开发史》，山西经济出版社，1992，第 234~235 页。

③ 李心纯：《黄河流域与绿色文明——明代山西河北的农业生态环境》，人民出版社，1999，第 138~163 页。

④ 李辅斌：《清代山西水利事业述论》，《西北大学学报》（自然科学版）1995 年第 6 期。

⑤ 李三谋：《清代山西主要农田水利活动》，《古今农业》2005 年第 2 期。

⑥ 可参见刘文远《清代北方农田水利史研究综述》，《清史研究》2009 年第 2 期。

⑦ 张荷：《"从智伯渠到汾河八大冬堰" 的历史解读》，《山西水利》2021 年第 3 期。

为详尽深入。① 我们由此认为，明清山西农田水利灌溉工程，根据所导引之水源的不同，主要有引泉灌溉、引河灌溉、凿井灌溉与引洪灌溉诸种。已有成果对引洪灌溉进行了角度各异的论述，水利发展史、水利社会史是其中主要的视角。相关成果虽然对共时性的引洪灌溉相关史实进行了甚为详细的梳理，但很少将之置于农田水利史的脉络中进行历时性考察，也未更多论及诸灌溉类型之间有何先后难易之分，因而也就较少论及这种先后难易之分在明清山西农田水利史上意味着什么。

更进一步而言，已有研究试图通过对明清山西农田水利的复原研究，或揭示水利兴衰与农业兴衰之间的关系，或揭示社会如何围绕水利组织自身。本研究在立意及研究旨趣上与以往研究均有较大不同，对于明清时期山西农田水利兴修的讨论，主要是为了说明在这些不遗余力的努力之下，人与土地的关系发生了何种变化，以及这种努力是不是已经达到了传统时代人力所能及的临界点，以至于即便有比之前更多、更艰辛的努力，人与土地之间的矛盾还是不可避免地加剧并引发了人土之间其他层面关系的变化。所以，本节主要是在前人的研究基础上，进行一些归纳、补充、总结与演绎，以引出前人所不及而本研究需要着重强调的史实，表达本研究的旨趣。

冀朝鼎根据各省地方志所制作的“中国治水活动的历史发展与地理分

① 引泉灌溉，如张荷《古代山西引泉灌溉初探》，《晋阳学刊》1990 年第 5 期。引河灌溉，如张俊峰《引河灌溉：明清至民国时期以通利渠为中心的临汾、洪洞、赵城三县十八村》，行龙主编《环境史视野下的近代山西社会》，山西人民出版社，2007，第 82~139 页。凿井灌溉，如梁四宝、韩芸《凿井以灌：明清山西农田水利的新发展》，《中国经济史研究》2006 年第 4 期。另有学者论及井灌时言及山西，见陈树平《明清时期的井灌》，《中国社会经济史研究》1983 年第 4 期；张芳《中国古代的井灌》，《中国农史》1989 年第 3 期。引洪灌溉，如王长命《引洪灌溉：明清至民国时期平遥官沟河水利开发与水利纷争》，行龙主编《环境史视野下的近代山西社会》，山西人民出版社，2007，第 140~152 页；〔日〕井黑忍著，王睿译《清浊灌溉方式具有的对水环境问题的适应性——以中国山西吕梁山脉南麓的历史事例为中心》，刘杰主编《当代日本中国研究》第 3 辑《经济 · 环境》，社会科学文献出版社，2014，第 194~222 页；张继莹《山西河津三峪地区的环境变动与水利规则（1368~1935）》，《东吴历史学报》2014 第 32 期；张俊峰《不确定性的世界：一个洪灌型水利社会的诉讼与秩序——基于明清以来晋南三村的观察》，《近代史研究》2023 年第 1 期。当然相关研究成果不止上述几种，此处择例举之以见一斑。

布的统计表”中有关山西与其邻省的水利工程数目，常常被引用作为明清山西农田水利工程发展壮大的依据，其中山西的有关数据来自清雍正《山西通志》。根据此表，冀朝鼎说：“对于山西省，在元明清的数字，特别是在后两代的数字，由于计入私人的工程而增大了。纵观中国本土 18 个省的全部地方志，山西似乎是私人水利工程繁多的一个省。这也许是因为该省在最近五六百年中商业高度发展的结果。相对于其他各省的资料来说，这一资料，明显的也是一个例外。”① 冀朝鼎的统计只涉及一部分有关山西水利工程的信息，而且只是基于清雍正《山西通志》这一单一文献的统计。虽然不考虑水利工程的灌溉面积而只是简单统计兴修水利工程的项目多寡，就确定水资源开发利用的程度是不严谨的，但大抵能说明人们为了生存所做的努力是艰辛的。

除了冀朝鼎，许多学者对明清山西的农田水利建设及发展状况进行了论说。

张俊峰就曾评价道：“明清两代山西的水资源开发利用已达到封建时代最全面、最发达的程度，境内主要河流及其泉水资源普遍得到程度不同的开发利用”②，“明清两代，山西引泉灌溉全面兴起。据统计，至同治年间，当时有引泉灌溉之利的县达 52 个，超过全省总县数的一半。从引泉的地域分布上看，已大大超越了汾河中下游地区，而是遍及全省许多州县”③。

张荷等在其《山西水利发展史述要》一文中亦说：“明清时期，山西水利事业在元代全面发展的基础上又有新的扩展，除平川各县外，一些山区县也出现不少灌溉工程，河流及泉水资源进一步得到开发。同时，水利门类进一步齐全，在防洪、灌溉、人畜饮水、城市建设和航运各方面均起了重要的作用。”④

李心纯依据清雍正《山西通志》将明代与清初的水利状况进行了对比，

① 冀朝鼎：《中国历史上的基本经济区与水利事业的发展》，朱诗鳌译，中国社会科学出版社，1981，第 36、42 页。

② 张俊峰：《明清以来山西水力加工业的兴衰》，《中国农史》2005 年第 4 期。

③ 张俊峰：《泉域社会：对明清山西环境史的一种解读》，商务印书馆，2018，第 55~56 页。

④ 张荷、李乾太：《山西水利发展史述要》，《山西水利·水利史志专辑》1986 年第 4 期。

就中部地区而言，“明代汾河引水灌溉有较大的发展，其中太原府、平阳府和汾州府的阳曲、太原、榆次、太谷、祁县、徐沟、交城、临汾、洪洞、曲沃、汾阳、平遥、介休、孝义、赵城等 15 县，都修了一批中小型水利工程”；直到清初，大小渠道比明时为多，“这说明清初对水利灌溉事业也是相当重视的，而且，其可灌溉田地亩数与明时相比基本没有变化”。[①] 明至清初，渠道总数有所增加，但灌溉田亩变化微弱的情况，说明水利投入增多，但效用可能不曾大变。

迭至清代，山西农田水利的兴修还是如火如荼地开展着的。李辅斌根据清雍正《山西通志・水利略》和清光绪《山西通志・水利略》所统计的各府及直隶州的渠道数得出这样的认识：“清代山西水利事业基本是保持稳定的发展趋势”，“以灌渠的地区分布看，最为集中的是位于汾河沿岸的太原、汾州、平阳、霍州，涑水沿岸的绛州，以及滹沱河沿岸的忻州等府州”，河水之外，因为有着丰富的泉水资源，“清代山西各地引用山泉灌溉非常普遍”，并且，“清代山西各地特别重视引洪淤灌，几乎多数府州都开挖有数量众多的引洪灌渠”，认为“地方及民间自行兴修的小型灌溉渠道为数甚多，形成了清代山西水利的一个突出特点，这些小型灌渠遍布山西各地，对于农业生产的发展起了积极的促进作用”。[②]

明清山西内部各地域农田水利的建设及其发展实际上是相当不平衡的，很多地区缺乏引河、泉之便利，这些地区主要位于高原山地丘陵之区。就山西北部、西北部地区而言，李心纯总结说：“从明到清初，表面看来该区域内忻定盆地的水利设施变化不大，但是从县志更详细、具体的记载中便可知，由于水文状况的恶化，水利效益已大大逊于往昔。”[③] 王恺瑞依据地方志对清代晋北的农田水利建设情况进行了梳理，认为“清代晋北的农田水利建设很

① 李心纯：《黄河流域与绿色文明——明代山西河北的农业生态环境》，人民出版社，1999，第 139、143 页。

② 李辅斌：《清代山西水利事业述论》，《西北大学学报》（自然科学版）1995 年第 6 期。

③ 李心纯：《黄河流域与绿色文明——明代山西河北的农业生态环境》，人民出版社，1999，第 155 页。

少，山区的一些州县更是无从谈水利”。[①] 所谓：

> 晋北土质干燥，气候较寒，山田高耸，无川流灌溉，所凭借者雨泽耳，故晴雨稍有失时便成灾歉。[②]

同时，大部分位于山地丘陵地区的水流，因水势建瓴而下亦难资利用。明代陆深即言：

> 晋水涧行，类闽越，而悍浊怒号特甚，虽步可越处，辄起涛头，作澎湃，源至高故也。夏秋间，为害不细，以无堰埸之具尔，予行三晋诸山间，常欲命缘水之地，聚诸乱石，仿闽越间作滩，自源而下，审地高低，以为疏密，则晋水皆利也。有司既不暇及此，而晋人简惰，亦复不知所事，甚为可恨。闽谚云，水无一点不为利。诚然，亦由其先有豪杰之士作兴，后来因而修举之，遂成永世之业。故予谓闽水之为利者，盈科后进，晋水之不为利者，建瓴而下尔。[③]

综而言之，至晚清时，山西农田水利正如清光绪《山西通志》所总结的：

> 夫汾、沁、二漳、滹沱、桑干，皆晋之巨川也。而食其利者，顾独太原之于汾，岂台骀之泽，常厚于其始封欤？大抵霍山以南，患在田高而川下，蓄泄难施；忻、代而北，患在水劲而沙浮，涸溢无定。而收灌溉之益者，恒舍大川而争经流之清泉及骤涨之浊潦，其为利概可睹矣。[④]

---

① 王恺瑞：《清代晋北的农田水利建设与环境初探》，《山西师范大学学报》（自然科学版）2007年第1期。

② 道光《偏关志》卷上《风土》，《中国地方志集成·山西府县志辑》第57册，凤凰出版社，2005，第492页。

③ （明）陆深：《燕闲录》，王云五主编《丛书集成初编》第2906册，商务印书馆，1936，第7页。

④ 光绪《山西通志》卷66《水利略一》，中华书局，1990，第4691页。

可见，舍大川而不引，争经流之清泉以及骤涨之浊潦，在山西人的眼里，已经是不得已而为之的事。其中，对于引河、引泉、引洪的先后排序亦可表明时人对不同水源的态度。井灌没有被列入其中一并讨论，也部分说明，即使是到了清末，井灌在整个山西农田水利中的地位也是微弱的。虽然井灌之规模在全省而言很是微弱，但作为一种引水类型，其在人水关系、人与土地关系史上的意义不容小觑。

引泉、引河灌溉确乎是两种一直延续至明清且不断发展的农田水利类型。相比之下，虽然凿井灌溉、引洪灌溉的历史亦很长，但后二者真正开始普遍进行并引起注意却是在明清时期。直观上，河水、泉水、井水、洪水之间的取用有着明显的难度与效益上的差异。泉水较少受环境影响，水流稳定，水量较大，水势不激。河水常常有明显的季节性，水流年内与年际变化较大，流量不稳定，来时汹汹，去时涸竭，水势缓急无常。井水亦受环境影响较小，水流稳定，但水量较小，凿井与汲井多艰难，灌溉面积有限。洪水受环境影响较河水尤甚，由于只靠降水，所以其流量极不稳定，而瞬时水量巨大且持续时间不长，常常具有很强的破坏性，但能且溉且粪，也属聊胜于无。比较之下，对不确定性更大的灌溉水源利用频率的增多，意味着人们对土地产出的需求及期望变得更大，而需求增大的背后无疑是土地短缺或人口增多导致的粮不足食的现实。因此，凿井、引洪比引泉、引河更能表明人与土地关系的紧张程度加剧，下面将重点讨论凿井与引洪在山西农田水利史上的这层意涵。

对于明清山西井灌的发达程度，明末清初不少士人进行过论述。明徐光启（1562~1633）论汲井引泉之“玉衡车”时提及：

> 既远江河，必资井养。井汲之法，多从绠缶，饔飧朝夕，未觉其烦。所见高原之处，用井灌畦，或加辘轳，或藉桔槔，似为便矣。乃俯仰尽日，润不终亩。闻三晋最勤，汲井灌田，旱熯之岁，八口之力，昼夜勤动，数亩而止。他方习惰，既见其难，不复问井灌之法，岁旱之苗，立

视其槁，饥成已后，非殍则流，吁可悯矣。[1]

清王心敬（1656~1738）则特撰《井利说》极言井灌之利：

则如掘井一法，正可通于江河渊泉之穷，而实补于天道雨泽之缺尔……吾生陕西，未能遍行天下，而如河南、湖广、江南北，足迹则尝及之。山西、顺天、山东，则尝闻之。大约北省难井之地，惟河南西南境地势高亢者多，井灌多难。至山东、北京，则可井者，且当不止一半，特以地广民稀，小民但恃天为生，畏于劳苦，而历来当事，亦畏于草昧经营，故每逢荒时，率听天处分，任丁口之流离死亡耳。惟山西则民稠地狭，为生艰难，其人习于俭勤，故井利甲于诸省。然亦罕遇召父、杜母为监司，故行井处终不及空闲地亩之多。[2]

王心敬又在《答高安朱公》中说：

若夫水利一事，山西虽无南方之江湖，然如河泉之可设法挹取者，当亦不乏。至如掘井取水，则除高山大陵不能收利外，但使地上去水在二三丈以前，即砂地，亦可砖石砌甃而成……今观平阳一带，洪洞、安邑等数十邑，土脉无处无砂，而无处不井，多于豫秦者，皆其人深知水利之厚，而不惜重费以成井功故也。

取井之水，晋匠为之有余。[3]

清崔纪（1693~1750），山西蒲州府永济县人，曾于乾隆二年（1737）巡

---

① （明）徐光启：《农政全书》卷19《水利》，明崇祯十二年（1639）平露堂刻本，第18a页。

② （清）王心敬：《井利说》，《丰川续集》卷8《水利》，《清代诗文集汇编》第199册，上海古籍出版社，2010，第497~500页。

③ （清）王心敬：《答高安朱公》，《丰川续集》卷18《书答》，《清代诗文集汇编》第199册，上海古籍出版社，2010，第737~738页。

按陕西时倡率凿井灌溉，在给朝廷的奏疏中，其言：

> 窃思凿井灌田一法，实可补天道雨泽之缺、济地道河泉之穷，而为生养斯民、有备无患之美，利正大，《易》所谓养而不穷之道也。臣籍居蒲州，习见凿井灌田之利，如永济、临晋、虞乡、猗氏、安邑等县，小井用辘轳、大井用水车。其灌溉之法，小井五六丈以下皆可用人力汲引，或用辘轳四架或三架、二架不等，每井一眼可灌田四五亩，大井深浅须在二丈上下，水车用牲口挽拽，每井一眼可灌田二十余亩。①

清吴其濬（1789~1847），道光二十五年（1845）任山西巡抚，其在《植物名实图考》中顺便提及：

> 蒲、解间往往穿井作轮车，驾牛马以汲，殆井渠之遗？然不宜稻。②

以上大抵就是学界论及明清山西井灌时所引用的主要史料。确实，以上史料能够表明彼时山西凿井灌溉已发展至引人瞩目的地步。只是井灌的发展在地域上极不平衡，井灌大发展的地区主要集中在山西西南部。故陈树平有言："山西历来井灌较为发达，清代也有较大发展……山西，特别是晋西南井灌十分普及，且多有水车大井，灌溉效率也相当高。"③ 张芳亦言：明清时期"山西省井灌很发达……山西的井灌区主要分布于晋西南一带，且多水车大井，灌溉效率较高"④。梁四宝与韩芸则将"凿井以灌"定位为明清山西农田水利的一种新发展趋势，并承认"多数农民是无力开井的，大多需要依靠封建政府贷银借谷方能勉为其难，在旱荒之年尤为如此"。⑤

① 民国《续修陕西通志稿》卷 61《水利五·井利附》，民国二十三年（1934）刊印本，第 11a~11b 页。

② （清）吴其濬：《植物名实图考》卷 1《谷类·稻》，商务印书馆，1957，第 15 页。

③ 陈树平：《明清时期的井灌》，《中国社会经济史研究》1983 年第 4 期。

④ 张芳：《中国古代的井灌》，《中国农史》1989 年第 3 期。

⑤ 梁四宝、韩芸：《凿井以灌：明清山西农田水利的新发展》，《中国经济史研究》2006 年第 4 期。

可能是由于陷入了“选精”“集粹”的窠臼，井灌对于农业的意义被夸大了。来自地方志的记载与时人的描述常常出现反差。例如，介休县向有井灌，“万历二十七年旱，史记事教民穿井六百眼有奇，贫民不能持畚锸者，申请一井借谷五斗，共开一千三百眼有奇”，何以有汾河流经不引汾反凿井，可能是因为“民田虽滨汾河，而地形高亢，河身卑凹，居民多掘井浇溉，未开渠道”。[①] 此则史料描述的虽然是井灌事迹，但从字里行间不难看出时人对于汾河水与井水的态度，其中可能隐含着如果能引汾开渠道的话，则不会选择掘井浇灌。实际上，关于井利微弱的言论还有很多，例如：清代位于山西北部的应州，其知府吴炳在清乾隆三十三年（1768）《覆通饬兴修农田水利等事宜禀启》中即言：

> 州境南路地高，掘三四丈至八九丈不等，方可及泉，底土虚松，必须砖砌，每井一圆，须工本钱约十千上下，只可灌地五六亩，费多利微。北路地势略低，见泉稍易，又因地多盐碱，水味苦咸，浇地反损田苗，是以开井甚少。[②]

清雍正《山西通志》载永济县：

> 永济民多畛旁疏井，用辘轳转运，循渠洒润，大概与虞乡同。[③]

又载临晋县：

---

① 雍正《山西通志》卷 31《水利三》，《中国地方志集成·省志辑·山西》第 3 册，凤凰出版社，2011，第 608、611 页。

② 乾隆《大同府志》卷 26《艺文》，《中国地方志集成·山西府县志辑》第 4 册，凤凰出版社，2005，第 540 页。

③ 雍正《山西通志》卷 32《水利四》，《中国地方志集成·省志辑·山西》第 3 册，凤凰出版社，2011，第 625 页。

临晋畦旁开井略同虞乡，而水性多寒，灌溉之利少不逮云。[①]

而虞乡县：

至于山下诸村，畛旁凿井，辘轳转运，虽昼夜不息，洒润有限，一遇亢旱，亦难成功。[②]

由上几则实例可见，井灌实际上乃是“费多利微”“洒润有限”。其实，山西普通民众亦对井水比之于江河之水引用之难易有着非常直观而深刻的感受，所谓：

水之于人大矣哉，得之则生，弗得则死，而其事有难易之分，取之于江河者易，取之于邃井者难，难则对所有之井不得不珍重而保爱之。[③]

实际上，也恰如徐光启所言：“俯仰尽日，润不终亩”“昼夜勤动，数亩而止”。日本人调查后亦言：

为防止干旱，争取几分收获，当地人只好地头打井，以人力或畜力用机械的方法提水浇灌田地。在烈日炎炎的夏季，往往是几名农夫和一头驴子整天围在井边提水浇灌，犹不能满足禾苗需要。[④]

① 雍正《山西通志》卷32《水利四》，《中国地方志集成·省志辑·山西》第3册，凤凰出版社，2011，第627页。

② 光绪《虞乡县志》卷1《地舆志·山川·水利附》，《中国地方志集成·山西府县志辑》第68册，凤凰出版社，2005，第27页。

③ 闻喜县店头村民国九年（1920）坡上井碑刻，转引自胡英泽《水井碑刻里的近代山西乡村社会》，《山西大学学报》（哲学社会科学版）2004年第2期。

④ 日本东亚同文会编《中国分省全志》卷17《山西省志》，山西省地方志编纂委员会编《山西旧志二种》，孙耀、西樵译，中华书局，2006，第445页。

所以，李心纯说："从另一个角度来看，山西井灌之发达，先于北方其他诸省，也正是明末清初其生态环境恶化，地面水源今不如昔，旱象频生的反映。"[①] 诚如斯言，"洒润有限"的井水都被普遍汲引以灌田，可见其时对于灌溉水源的渴求以及灌溉水源的缺乏。

实际上，无论在北方还是在南方，相比于泉水、河水甚至是池塘之水所灌之田，井水所灌之田一般都属于等次较低的田亩。清光绪《道州志》载湖南道州田土等则有五，曰：

> 最上者为横坝田，筑石堵水横灌田间，一堤可溉数百亩，遇旱则谷数反赢，如营乐、蒋居、大洞，此合州所恃无恐者也。次则为车田，伐木筑堰，横截河流，岸边堰口施筒车，湍波激触旋转，引水而上，一车可溉百余亩，旱则水尾者可虑，每岁必修整，人力维艰。又次则为塘田，即低洼处开成，潴水至满，旱则放之，一塘可溉数十亩，春雨少则水浅而易竭，田或龟坼不可救。又次则为井田，藉井水以灌润，水源短浅，数亩之外无余也。下此则俗名望天田，无涓滴之源，十日不雨，则无禾矣。[②]

据此，陈树平说："井地为水利田中的最末等，也说明井灌在灌溉水利中的地位问题。"[③] 井灌相比于引泉、引河灌溉而言不具有优势，因此若不是迫不得已，人们应当不会普遍汲引井水灌溉田亩。

泉水、河水、井水虽各有优缺点，但究属于较为确定、较为常态的灌溉水源。相比之下，洪水就并非确定性的、常态性的灌溉水源。之所以水源选择从确定性延伸到不确定性、从常态延伸到非常态，乃是因为灌溉水源的短缺程度日渐加剧，刨土而食的民众对于粮食有着更为迫切的渴望，也就对灌

---

① 李心纯：《黄河流域与绿色文明——明代山西河北的农业生态环境》，人民出版社，1999，第154页。

② 光绪《道州志》卷3《赋役》，《中国地方志集成·湖南府县志辑》第48册，江苏古籍出版社，2002，第64页。

③ 陈树平：《明清时期的井灌》，《中国社会经济史研究》1983年第4期。

溉水源极尽利用之能。这一趋势同时也意味着，为了饱腹活命，人们需要忍耐更多来自环境的不利因素，并试图付出更艰辛的努力变害为利。对明清时期的山西而言，彼时土地紧缺、粮无所出的境况，迫使人们不得不选择引用虽不经常但还能“且溉且粪”的洪水，以提高农田的单位面积产量，进而化解部分生存危机。

明清时期，山西引洪灌溉的发展，可以称为山西农田水利建设史上的另一个“新发展”。姚汉源说：“利用山溪雨洪所挟泥沙淤灌，历史很长，根据清光绪《山西通志》记载，这类渠道最早的相传是西晋刘渊时代（304~307）所开。明确的记载唐初（公元 7 世纪中期）已有，到北宋（11 世纪）经过劳动人民的长期实践，积累了较完整的经验，已经大规模推广，元明清的渠道更多。”① 张荷编有“历代山西水事活动辑要”，其中所述“引洪灌溉”事有：唐贞观元年（627）洪洞县开润民渠引三交河洪水灌万安等村镇数十顷地，北宋嘉祐五年（1060）河东绛州引雨洪浊水淤灌，明永乐元年（1403）洪洞县开普润渠引大洪峪洪水浇 5 村地 2800 亩，明弘治元年（1488）洪洞县民开渠引青龙山峡洪水浇全村地千余亩，明弘治十四年（1501）襄陵民众引豁都峪洪水淤灌五六百顷田，清嘉庆元年（1796），崞县下薛坬村郑水修集资开永增渠引洪淤灌 600 余亩。② 可知，随着时代的发展，山西引洪灌溉的事业也愈加发展。

山西地区较早且较为明确的引洪灌溉事迹出现在北宋。论者说：“自北宋以来，山区民众对‘猛水’的开发利用就已达到很高的程度，在地方社会发

① 姚汉源：《中国古代放淤和淤灌的技术问题——古代泥沙利用问题之三》，《华北水利水电学院学报》1981 年第 1 期。

② 张荷：《晋水春秋：山西水利史述略》，中国水利水电出版社，2009，第 204~205、207 页。其中关于洪洞引洪灌溉的情况，应是引自民国《洪洞县水利志补》，《中国地方志集成·山西府县志辑》第 51 册，凤凰出版社，2005，第 475~478 页。此志将各渠所引水源类别分为河水、泉水、涧河水、雷鸣涧水、雷鸣山水、雷鸣水，其中冠以“雷鸣”二字的当为“引洪灌溉”。其中有明确纪年的，有唐贞观年间（627~649）引雷鸣涧水的润民渠，唐德宗二十一年（805）重修、明永乐年间（1403~1424）续修引雷鸣水的万润渠，金皇统二年（1142）引雷鸣水的第二润民渠，最初未详、元至大二年（1309）重修引雷鸣山水的汾州里渠，元至元年间（1264~1294/1335~1340）引雷鸣山水的涧渠，明永乐元年（1403）引雷鸣水的普润渠，明弘治四年（1491）引雷鸣山水的天润渠，明弘治年间（1488~1505）引雷鸣山水的淤民渠。

展中产生了积极的作用和影响”；“山西各地引浊水灌溉……就地理位置而言，引洪渠道修筑多在农业开发较早，耕垦率较高的中南部山区及沿河川丘陵阶地，也就是历史时期的太原府、汾州府、平阳府、直隶霍州所辖之地”。[①]

上文在论及放淤造田的史实时已经提及《宋史》所谓河东“淤田”事，其中的“淤田”即“且溉且粪”引洪灌溉之义。可能正是自程师孟于河东“淤田”之后，加之《水利图经》的传播，以及时人的需求，引洪灌溉在山西地区逐渐被更多地施用，以至于相关事迹此后连绵于史载。

在山西中部的汾州，金代泰和五年（1205）所立之《永丰渠记》之碑记载开渠引州城之北涧河及泉源以资灌溉事。[②]碑文虽有缺字，但从其碑阳“□□上连山□幽幽林薄，人多畜牧，虽清泉断流，若浑水一过，既粪且润，以滋以□，肥尔之瘠，谷可倍实，湿尔之燥，苗不加□，岁则长熟，故其渠可目之曰‘永丰’”之言，以及碑阴“今具二村使清浑水姓名”与元世祖至元十四年（1277）重新立石时在碑阴所书“汾阳西爰有涧河，清浑浇溉”之语可知，永丰渠当为引清及引浑浇灌之渠，而所谓“浑水一过”的“浑水”应当就是指“洪水”，一条渠兼引清与浑，也表明此“浑”应当是具有季节性、时效性的“洪水”。

更多关于明清之前山西地区引洪灌溉的事迹，是在明清地方志等文献中被追溯出来的。上引前人研究中，山西中部平遥县官沟河引“山河发涨”之水灌溉的历史可追溯至宋元时期，山西南部吕梁山脉南麓河津北部三峪引雨后浊水灌溉的历史可追溯至明洪武年间（1368~1398）或更早，而同在山西南部的临汾县三村引洪灌溉的历史可追溯至明朝万历年间（1573~1620）。可见，山西有着悠久的引洪灌溉史，这在明清时期纂修的五部省志中有着鲜明的体现。

明时修成成化、嘉靖、万历三部《山西通志》，惜均未设水利专卷，只在“山川”专卷中附“渠堰”。其中，除成化《山西通志》外，嘉靖、万历时期

---

① 王长命：《引洪灌溉：明清至民国时期平遥官沟河水利开发与水利纷争》，行龙主编《环境史视野下的近代山西社会》，山西人民出版社，2007，第140~152页。

② （金）任知微：《永丰渠记（泰和五年）》，王堉昌原著，郝胜芳主编《汾阳县金石类编》，山西古籍出版社，2000，第282~285页。

的《山西通志》均在“山川”专卷中辟有“渠堰”专目，其中有关引洪灌溉的事例见表 1–3。

表 1–3　明代三部《山西通志》水利卷目所记引洪灌溉事

省志	所在卷目	事例
成化《山西通志》	卷 2《山川·岩洞井泉渠堰附》	山川：豁都谷，在乡宁县东一百三十五里，每大雨，西山诸水会于此，下达襄陵、太平县境，溉田甚广
		山川：雷鸣水，在太平县，其源有二，一出县西北二十五里西侯村，一出西北十五里蔚村，俱引灌田，东流入汾
嘉靖《山西通志》	卷 4《山川上·附渠堰桥梁》	山川：豁都谷，在乡宁县东一百三十五里，每大雨，西山诸水会于此，下连襄陵、太平县境，溉田甚广
		山川：雷鸣水，在太平县，其源有二,一出县西北二十五里西侯村，一出西北十五里蔚村，俱引灌田，东流入汾
万历《山西通志》	卷 4《山川上·附渠堰桥梁》	渠堰：榆次县北十里有洪水上、下两渠
		山川：豁都谷，在乡宁县东一百三十五里，每大雨，西山诸水会于此，下连襄陵、太平县境，溉田甚广
		山川：雷鸣水，在太平县，其源有二，一出县西北二十五里西侯村，一出县西北十五里蔚村，俱引灌田，东流入汾

明代三部省志之水利卷目中，明确为引洪灌溉事例者共 3 例，其中 1 例在“渠堰”目下，2 例夹在“山川”目中。据我们所知，明代山西的引洪灌溉事不止 3 例。即便是在以上三部省志记载的渠道中，应该也有用作引洪灌溉的，只是由于所记较为简略，我们无法辨别那些渠道是引洪、引泉还是引河。要之，水利为传统社会之大事，明代三部省志并未设“水利”专卷，而是将相关事例系于“山川”项下，对于引泉灌溉与引河灌溉所记甚多，而对引洪灌溉及引井灌溉所记甚少。这并不是因为缺少引洪灌溉的事例，只是从全省的农田水利事业来看，彼时引偶发之水进行灌溉的引洪灌溉尚不能与引长流之水进行灌溉的引泉灌溉与引河灌溉相提并论。故省志编修者对引洪灌溉也就着墨不多、论之不详。之后，随着时间的流逝，引洪灌溉越来越多，清代的省志编修者终于无法忽视，于是较多着墨。

与明代所修三部省志不同，清代所修三部省志均设有“水利”专卷，对全省水利述之较详，其中不乏引洪灌溉的事例。清康熙、雍正时期之《山西通志》在记引洪灌溉事时，与光绪《山西通志》有明显不同。前二者所记引洪灌溉事数量上虽远超前代，但仍未将引洪与引泉、引河置于并列地位，后者则明确将“浊潦”与“大川”“清泉”相并列。清代三部省志中，只有明确描述为引洪水灌溉，且所载是前志所未载的引洪灌溉事才为我们所辑录。据此，我们制成表 1–4。

表 1–4　清代三部《山西通志》水利专卷所记引洪灌溉事

省志	所在卷目	事例
康熙《山西通志》	卷 12《水利》	榆次县：洪水上渠，洪水渠
		汾西县：猛水渠，新修猛水渠
		蒲县：沟渠水，本县河水不能灌溉，民筑沟渠借雨水以资溉田
		河津县：遮马峪、瓜峪，二峪水各有清浊二渠，筑自唐时，清水自泉出，浊水待天雨溪壑水流
		绛州：马首峪雨水，自稷山三界庄而下，分为二渠
		稷山县：黄华峪，系清水，时出时没，雨则混入猛水；马壁峪，系猛水；晋家峪，内有浸水，遇雨有猛水；东曲渠，猛水
		绛县：沙峪，其谷中雷鸣雨水可引溉田
		乡宁县：豁都谷，在县东一百三十五里，即今官水峪，每大雨，西山诸水会于此，下通襄陵、太平界，溉田甚广
雍正《山西通志》	卷 29《水利·津梁附》	榆次县：洪水渠，乃山水涨发使水；涧河渠，乃山水涨发使水；金水河渠，乃山水涨发使水；牛耕沟渠，乃山水涨发使水；顺道渠，乃山水涨发使水
		太谷县：奄峪等河，冬春恒涸，夏秋暴雨时至，凡可以引导者，自上逮下，挑渠筑堰，旱干则待之，水流则循其渠道注之，即引以溉田；繇乌马、嵺峪诸河而出者，上游清流涓涓，盆盎之注也，惟山雨汇而成川，民获酾渠灌溉，否则枯无滴水，砂石皛皛，原隰胥暵焉
	卷 30《水利·津梁附》	洪洞县：有十二道渠，胥引雷鸣山水
		赵城县：北大涧，出霍山观音沟中，居民或用以溉田，但暴涨亦能为害；北小涧，出霍山谷中，利害参半
		太平县：旱渠二十六道，胥待雷鸣水发，始能引溉
	卷 31《水利·津梁附》	临县：有十六河，胥山中沟道，冲徙不常，间遇山水，可溉田
	卷 32《水利·津梁附》	朔州：迟至明崇祯间，朔州西关外居人即引雨后山水淤灌，后又开浚小渠二百余丈，使禾受灌溉
	卷 33《水利·津梁附》	绛县：续鲁峪雨水，通沁水，溉田颇广

续表

省志	所在卷目	事例
光绪《山西通志》	卷 66《水利略一》	榆次县：其浊水资溉者，金水河五渠、蟓峪水、牛院水、杜堡沟水、长寿沟水、圪塔沟水各有渠
	卷 66《水利略一》	太谷县：其浊水资溉者，乌马河十九渠、蟓峪河十四渠、圪塔河二渠、咸阳河十一渠、奄峪河二渠、马鸣王河四渠、猪峪河二渠、四卦河一渠
	卷 66《水利略一》	徐沟县：浊水资溉者，蟓峪河十四渠、沙河渠
	卷 67《水利略二》	洪洞县：浊水资溉者，涧河十二渠、北大涧四渠、南涧河三渠
	卷 67《水利略二》	太平县：浊水资溉者，豁都峪渠、尉北峪渠、大柴峪渠、煤峪渠
	卷 67《水利略二》	汾西县：浊水资溉者，有团柏、枣平、水润、卫滩诸渠
	卷 67《水利略二》	虞乡县：浊水资溉者，有石鹿、青龙、直峪、苍龙、清水、孤获诸水
	卷 68《水利略三》	孝义县：浊水资溉者，漕溪河渠、白沟河渠、王马河渠
	卷 68《水利略三》	天镇县：浊水资溉者，石门沟水、梨园沟水
	卷 69《水利略四》	夏县：浊水资溉者，巫咸河三渠
	卷 69《水利略四》	绛州：浊水资溉者，马壁峪二渠
	卷 69《水利略四》	河津县：其浊水由瓜、遮二峪分三渠
	卷 69《水利略四》	稷山县：浊水资溉者，晋家峪二渠、马壁峪三渠、黄华峪二渠
	卷 69《水利略四》	绛县：其浊水资灌者，沙峪水、续鲁峪水
	卷 69《水利略四》	霍州：浊水资溉者，官渠、义成渠
	卷 69《水利略四》	赵城县：其浊水资溉者，有北大涧、北小涧

当然，不排除因文献本身描述不清，本应是引洪灌溉或可据相关信息推断为引洪灌溉的事例无法列入。但是，本身描写上由模糊到清晰的变化，不正反映出引洪灌溉逐渐受到重视，且越往后受重视程度越高吗？另外，由表1–4 易知，引洪灌溉至光绪时在山西的地域分布、渠道数量均有显著的增加。姚汉源就曾说：光绪《山西通志》中明确记载，“用浊水灌溉的有 24 个县；其中 12 个县的不完全统计有淤灌田 6039.5 顷（其余 12 县无统计）；其中 22 个县的不完全统计有这类渠道 129 条（2 县无统计）。这些大多数是较大的涧谷，多半有支渠，如北宋所说的马壁谷（峪）水，清代还存在，就有五条渠。

其他记载含糊或较小的（特别是没有支渠的淤地坝）没有记载的还很多。渠道多半是几百年的旧渠（唐、宋、金的渠道都有，元、明更多）。”[①] 实际上，与前面五部省志不同，光绪《山西通志》的撰者已经明确指出了引洪灌溉在山西农田水利中的意义。其载：

> 灌溉之益者，恒舍大川而争经流之清泉及骤涨之浊潦，其为利概可睹矣。[②]

甚至像太平县：

> 诸泉通塞无常，其利甚细，惟西北涧汧当雷雨时发，闸水灌田，利为较大云。[③]

又像太谷县：

> 溉田惟恃山水为用。[④]

可见，至清光绪时，经流之清泉与骤涨之浊潦已经成为相并论的农田灌溉水源。无论在观念上还是在实际上，引洪灌溉已成为山西农田水利建设中不可忽视的重要部分。

要之，在表 1–3、表 1–4 所示的史料中，我们发现无论是引洪灌溉涉及的区域，还是开辟的渠道均有增多之势，呈现与引泉、引河灌溉争奇斗艳的

---

① 姚汉源：《中国古代放淤和淤灌的技术问题——古代泥沙利用问题之三》，《华北水利水电学院学报》1981 年第 1 期。

② 光绪《山西通志》卷 66《水利略一》，中华书局，1990，第 4691 页。

③ 道光《太平县志》卷 1《舆地志 · 水利》，《中国地方志集成 · 山西府县志辑》第 52 册，凤凰出版社，2005，第 267 页。

④ 光绪《太谷县志》卷 3《水利》，清光绪十二年（1886）刻本，第 66 页。

局面。以 2023 年被列入第十批世界灌溉工程遗产名录的霍泉灌溉工程所在的洪洞县为例，明清时期洪洞县最引人注目的农田水利工程就是引霍泉灌溉。雍正《山西通志》和光绪《山西通志》明确记载了洪洞县引洪灌溉的事实。正是此一时期，省志所载洪洞县农田水利工程所引水源才包括了引泉、引洪、引河这三种形式。在雍正《山西通志》中，依次列“霍泉渠五道”“涧河渠十有二道”“汾河渠三道”“清泉渠三道”，其中引“雷鸣山水”的涧河渠排序靠前，且霍泉渠溉 35 村地，而涧河渠亦可溉 35 村地。[①] 在光绪《山西通志》中，依次列“县北汾河渠一道溉河西七村田”“县北霍泉五渠溉二十六村田”“清泉三渠溉近城田二十顷有奇”“涝河渠溉县东南界二村田”“坡泉东南有双泉、宝泉、深泉”“浊水资溉者县东有涧河十二渠，溉三十七村田；县西有北大涧四渠，溉七村田；南涧河三渠，溉六村田”，各灌地约 226 顷 82 亩、187 顷 48 亩、20 顷、2 顷 30 亩、14 顷 60 亩、334 顷 30 亩。[②] 数据显示，清代洪洞县引洪灌溉的村落与亩数比之引泉与引河灌溉也不遑多让，甚至有超越。据此，不难猜测引洪灌溉在清代山西农田水利发展过程中所处位置的重要性。

但同时不能忽略的是，洪水的不确定性是非常鲜明的。清乾隆《沁州志》引康熙六年（1667）任沁州知州的汪宗鲁之言道：

> 沁地山童童而水发发，山以之为田，则艺薄而入寡，水以之灌溉，则蓄泄不受，且驶悍湍急，不可活寸鲔，及涸也，又可立俟，民何恃赖乎？[③]

清乾隆《太谷县志》的作者在述及地方水利时，言明了“志水利”之初衷，曰：

---

① 雍正《山西通志》卷 30《水利二》,《中国地方志集成·省志辑·山西》第 3 册，凤凰出版社，2011，第 587~588 页。

② 光绪《山西通志》卷 67《水利略二》，中华书局，1990，第 4761~4766 页。

③ 乾隆《沁州志》卷 1《山川·州》,《中国地方志集成·山西府县志辑》第 39 册，凤凰出版社，2005，第 38 页。

水利者，农田之本，即民生之本也。西北之水，夏涨而冬涸。阳邑距滹沱、汾、浍稍远，惟引山水为用，失其宜则为害，得其宜则为利，蓄泄之法，盖可忽诸？①

如此足见，洪水之用可谓利害参半、福祸相依，而民众引之则可谓是刀尖舔血、虎口夺食。对此，日本学者井黑忍曾说："与利用拥有稳定水量的泉水进行的清水灌溉相比，以雨水为水源的浊水灌溉在水量及时期上则存在不稳定的特征。"②张俊峰也特别强调了引洪灌溉的这种不确定性。所谓不确定性隐含着"自然灾害、疾疫、战争、冲突和意外不时威胁着人类的生命、健康、安全和社会稳定。最大限度地消除不确定性，规避风险，达到预期目标，是古今中外人类社会的共同追求。如果把不确定性视为一种条件或过程，那么确定性就是目标或理想"③。不确定性是一种需要规避的风险，人们生存的目标即是为着消除不确定性、追求安全稳定的幸福而努力。但是，一旦人们开始利用、适应这种不确定性，在这里就是明清时期逐渐普遍利用、适应洪水以资灌溉之事，则意味着人与自然关系的模式发生了显著的改变，意味着山西民众为了生存，做了比之前更多、更艰辛的努力，却只是为了求得土地产出的食粮苟延性命。

总而言之，相比于河水、泉水的常易与较大规模，井水常常是费多利微、洒润有限，而洪水则总是利害参半且非常不确定。前引梁四宝与韩芸一文论述了明清山西"凿井以灌"的历史，并认为这是"明清山西农田水利的新发展"。并特别强调井灌投资小、收益大，以家庭为单位的小农易于举办。开

---

① 乾隆《太谷县志》卷3《水利》，《中国地方志集成·山西府县志辑》第19册，凤凰出版社，2005，第65页。

② 〔日〕井黑忍著，王睿译《清浊灌溉方式具有的对水环境问题的适应性——以中国山西吕梁山脉南麓的历史事例为中心》，刘杰主编《当代日本中国研究》第3辑《经济·环境》，社会科学文献出版社，2014，第202页。

③ 张俊峰:《不确定性的世界：一个洪灌型水利社会的诉讼与秩序——基于明清以来晋南三村的观察》，《近代史研究》2023年第1期。

渠灌田投资大、涉及地域多、建设周期长，需“专一而持久”，而井灌成本低、见效快，完全可以随时开凿，特别是山西自耕农占相当比例，发展井灌可以真正做到谁投资谁受益，适合一家一户的需要，易于调动农户投资投工的积极性。但从碑刻中，我们了解到“水之于人大矣哉，得之则生，弗得则死，而其事有难易之分，取之于江河者易，取之于邃井者难，难则对所有之井不得不珍重而保爱之”。两相综合，我们认为，对于一家一户而言，参与引泉、引河的灌溉之中，估计比凿一眼井的成本要低。所以，不能单凭凿井本身的人力、财力投入与凿渠时的人力、财力投入而比较二者之难易。

本研究赞同井灌乃是明清山西农田水利“新发展”的定位，并且认为引洪灌溉亦是明清山西农田水利的“新发展”。井灌的地位并不是通过当时井灌的成本、规模、效益与分布而彰显的，洪灌的地位也绝不单是因为其所灌溉的田土面积有多广及灌溉效益有多大而彰显的。井灌与洪灌作为“新发展”，更主要是因为二者作为两种逐渐普及化和逐渐被重视的农田水利类型，标志着人与自然关系进入了一个崭新的阶段，无异于一场农田水利视域下人与自然关系的“革命”，山西的农田水利史、人水关系史、人土关系史，因为凿井灌溉与引洪灌溉的出现与普遍化而具有了引泉、引河时代所不具有的深刻意涵。要之，明清山西人们在农田水利建设中，从引泉、引河之易跨度到凿井、引洪之难，与人们在土地垦殖上由易入难的趋势是一致的。由易到难的过程，符合人们从优与易的建设性治理环境到劣与难的建设性治理环境过渡的“环境应对”过程。这一过程亦充分表明，在人与土地关系日趋紧张的前提下，从土地中产出更多粮食的难度加大了。粮食需求得不到满足，社会层面必定会在追求粮食的目的之驱使下，在人与土相交界的其他层面留下或多或少、或深或浅的印迹。

三 濒于极限的土壤肥力保持

在垦辟的土地上因时、因地规划农作物的种植，体现的是人们尽自然环境之最大可能，参与植物再生产并创造出最大化的效益，以保证粮食供应充足的意图。当然，不遗余力地引河水、泉水、井水、洪水进行灌溉也是出于同样的目的。与水相配合而使农作物产量最大化的另一个重要条件就是土壤肥力。土壤肥力是农业生产赖以持续产出养活人口的粮食所不可或缺的因素。土壤肥力可以分为自然肥力与人为肥力，早期农业生产主要依靠自然肥力，而后逐渐依靠人为肥力。就黄土高原地区而言，“总的来看，黄土地区农地土壤除南部湿润区较为黏重，耕性较差和容易发生浇墒现象，以及北部砂性过重，保墒性能较差外，其他均为疏松易耕，保墒抗旱能力强，且富含矿质养分，都是适宜于农作生长和具有丰产潜力的土壤。虽然，有些地方少数土壤盐化，但是含盐量并不太高，并易于改良。本地区的成土母质，主要是黄土。黄土的性质，除抗冲性较弱外，其他性质均良好，特别有利于耕作和作物的生长。以往由于黄土地区水土流失特别严重，因而人们误认为黄土的性质不好，这其实是很大的错觉。事实恰相反，黄土是一种良好的土壤，因为它较肥沃，同时便于耕作，所以虽然在不断遭受严重的冲刷情况下，它仍能够很快转变为适宜于作物生长的土壤”①。正是在黄土的这种自然肥力条件以及地广人稀的人地比例之下，诞生了山西早期无须人工施肥而只需采用抛荒与休耕等种植方式的农业种植模式。

可是，自商代后期开始，人口逐渐增多，人们就已经开始注意人工施肥了；春秋战国时期，人工施肥的知识、技术、实践都有所发展，堆肥、绿肥的使用等已见诸记载。② 此后直到明清时期，虽然施肥知识或技术有所增长，但实际上施肥实践却是乏善可陈的。在讨论明清山西的施肥是如何濒于极限之前，需要提及的是彼时对于土壤肥力最大化使用的方式，即轮作。韩茂莉说：“土地连作制下为了保证地力的恢复，人们在对土地进行施肥的同时，也开始考虑农耕技术的改进与合理轮作。”“轮作是指在同一块田地上，有顺序地在季节间或年度间轮换种植不同的作物”，这是由于“农作物的生理特征不同，对土壤养分的选择以及受土壤内病虫的危害都不同”。③ 如此，同一地块就会被最大限度地利用，甚至得到一些养分的补充，从而使得种植农作物的效益最大化。一般认为，轮作有“土壤有机物质的供应和维持”“增加氮素自

① 朱显谟主编《黄土高原土壤与农业》，农业出版社，1989，第43页。

② 杨纯渊：《山西历史经济地理述要》，山西人民出版社，1993，第69、83页。

③ 韩茂莉：《中国历史农业地理》，北京大学出版社，2012，第131页。

然供给力”“改善土壤物理性”“扩大土壤中养分吸收利用领域”“维持土壤养分的平衡”“防止土壤侵蚀”“抑制病虫害的发生”“抑制杂草发生”“均衡劳力分配”“提高土地利用率”等功能。[①] 因此，这里有必要述说一下明清时期山西的轮作情况。

清代重臣祁寯藻所著《马首农言》虽是针对山西寿阳地区农业活动的描述，但其关于轮作的描述一定程度上反映了很长时段、相当地域内的农作情况。其云：

> 谷多在去年豆田种之，亦有种于黍田者，亦有复种者。
>
> 黑豆多在去年谷田或黍田种之，万勿复种……获后施耕，以备来年种谷与高粱，不可于荞麦地种。
>
> 春麦于去年黑豆、小豆田春分时种之。
>
> 高粱多在去年豆田种之。
>
> 小豆种法与黑豆同。
>
> 黍……于去年谷田、黑豆田，芒种时种之。
>
> 荞麦多在本年麦田种之。
>
> 油麦多于去年黑豆田、瓜田种之……获后其田种荞麦则迟，至秋分种宿麦为宜。[②]

有论者说：“这里提到的几种农作物轮作制，归纳起来就是‘麦豆轮作’或‘谷豆轮作’，说明当时已经充分认识到豆科作物的肥田作用了。”[③] 诚如斯言，禾本科作物与豆科作物的轮作，除了由于生长周期的互相补充之外，也与“豆科作物由于根瘤菌的固氮作用，使土壤氮素增加，而成增进地力的作

---

① 〔日〕大久保隆弘:《作物轮作技术与理论》，巴恒修、张清沔译，农业出版社，1982，第6~10页。

② （清）祁寯藻:《马首农言》，王毓瑚辑《秦晋农言》，中华书局，1957，第109~115页。

③ 高恩广、胡辅华:《马首农言注释序》，《马首农言注释》，农业出版社，1991，第4页。

物，再加落叶在耕地上的积累，又有供给有机物的作用"[①] 有关。可见，关于轮作的知识、技术与实践，明清山西的一般农家均能掌握并遵照施行。这一方面说明农业生产经验的成熟，另一方面也说明农业生产技术的相对停滞。换句话说，明清时期轮作技术并无大的发展。如果说还有所发展的话，也只不过是新作物传进之后，加入原来的轮作体系当中而已，原本的农作知识体系并不会因此而有大的改动与促进。如此，说明明清时期的山西民人要通过轮作这一耕作制度达到增产的目的实际上已经越来越不可能或说越来越不敷用了。换句话说，彼时增加农作物的产量，通过轮作以图有所突破，实际上是不可能的。轮作对作物产量的革命性影响，应早在轮作发明之初的那个时期，而这个时期显然不是明清时期。

轮作除了可最大化利用土壤养分之外，还能部分增加土壤养分，而后者就可以归入土壤肥力保持之列。与轮作以增加土壤氮含量不同，在明清时期的山西，另外一种非常规性但较多地补充土壤肥力的方式是"且溉且粪"。引浑或说引洪灌溉的"且溉且粪"作用已经于上文"放淤造田的事例增多""不遗余力的农田水利建设"多有论及，只需将其中能说明"且粪"的信息提取出来即可，此处不拟再重复引用史料。总之，引洪灌溉在明清时期的普遍存在，亦可部分表明彼时人们所能依赖的增进土壤肥力的物质是有限的、不易获取的。

引洪、引浊淤灌以改良盐碱土地或增加土壤肥力的方式在明清山西某些地区依然沿用，但这一肥田方式肥田面积占总人为肥田面积的比例难以统计清楚，不过应该不大。另外，较为清楚的是，明清时期地力衰退的现象已经到了可观察、能体验到的地步，同时肥料的匮乏也已经是农业生产的瓶颈之一。[②] 徐光启记载了一则山西地区的用肥实践：

---

① 〔日〕大久保隆弘:《作物轮作技术与理论》，巴恒修、张清沔译，农业出版社，1982，第110页。

② 杜新豪关于宋以降肥料匮乏的历史趋势以及不遗余力的积粪生活的论述都能证明人工施肥也逐渐成为困厄民众的一个重要因素，具体可参见杜新豪《金汁：中国传统肥料知识与技术实践研究（10~19世纪）》，中国农业科学技术出版社，2018，第26~47、64~87页。

山西人种植勤用粪，其柴草灰谓之火灰。大粪不可多得，则用麦秸及诸糠穗之属，掘一大坑实之，引雨水或河水灌满沤之，令恒湿。至春初翻倒一遍，候发热过，取起壅田。①

所谓“大粪不可多得”以及沤秸秆制肥等事实，已能证明彼时山西粪肥之短缺。我们没有确定无疑的统计资料能直接证明山西粪肥不足以支撑农业生产，但显然可以得到的结论是肥料之匮乏已经较为明显。民国初年，日本人调查后总结道：

至于肥料，还是沿用老一套的方法，施用畜粪、人粪、烧土等，并不根据作物的种类考虑肥料是否得当，所以产量减少也是理所当然的。

所施肥料主要是堆肥，水肥甚少，而且这些肥料又局限于动物性或植物性肥料，绝少施用矿物性肥料。水肥主要是人粪尿，堆肥则以人粪尿及混合物，或以烧土、牧草、家畜粪尿及杂草沤制而成。②

由此可知，明末至民国初年，山西肥料状况并未有较大改观，除了积少成多这一个途径外，山西农人并无别的办法增加土壤肥力。而山西并非个例，在人地矛盾逐渐加剧的前提下，“作物轮作制度的变化与新经济作物的广泛种植，大大加剧了华北对肥料的需求，由于肥料不足，陈年炕土、多年墙壁甚至熏土肥料等含养分少得可怜的东西都被拿来用做肥料，比如旧墙土中的有效氮素含量仅有 0.1%，可见华北地区对肥料的缺乏程度”③。当然，虽无直接而坚实的证据表明山西乃至华北地力衰退、肥料匮乏，但是对豆类作物的依靠、对含泥沙之水的使用、烦琐的制肥技术、无所不沤的物料、不遗余力地

① （明）徐光启:《农书草稿》，朱维铮、李天纲主编《徐光启全集》第 5 册，上海古籍出版社，2010，第 446 页。

② 日本东亚同文会编《中国分省全志》卷 17《山西省志》，山西省地方志编纂委员会编《山西旧志二种》，孙耀、西樵译，中华书局，2006，第 447、451 页。

③ 杜新豪:《金汁：中国传统肥料知识与技术实践研究（10~19 世纪）》，中国农业科学技术出版社，2018，第 116 页。

积粪这些现象，大抵能从侧面证明彼时地力衰退、肥料匮乏的趋势是确实存在的。

为了了解明清山西的施肥实践比之于前代有无大的发展，我们还需要回顾一下中国肥料发展史的相关内容。关于中国古代肥料知识与技术，除了部分文章外，也已有专门著作问世，如曹隆恭所著《肥料史话》[①]，以及杜新豪所著《金汁：中国传统肥料知识与技术实践研究（10~19世纪）》（以下简称《金汁》）[②] 等。这些著作为我们了解中国肥料发展史提供了便利，下文所论大抵来源于此。

西方土壤肥料学说舶入中国之前，中国本土的土壤肥料学说已经发展了两千余年。纵然革新中国农业产量的似乎还是源自西方的现代农业及土壤科学，但中国传统的土壤肥料学说着实影响了中国农夫几千年的可持续农业生产。学界对于中国古代土壤肥料学多有溯源与总结，本研究主要从"地可使肥论"与"使肥技术论"两个层面展开论述。

如果不是认识到地力可以自然或人为恢复，人们便不会易地种植、施粪肥田。对这一认识过程，我们暂且称之为"地可使肥论"。《吕氏春秋·任地》载："地可使肥，又可使棘。"[③] 此处"地可使肥"旨在强调人可使地肥，主要是指地力的人为恢复而非自然恢复。但是，人类从事农业生产之初，依靠撂荒或轮作而非施肥的方式恢复地力的过程，可视为人为操作下地力的自然恢复过程。故而，在本研究中，"地可使肥"表示人为易地种植以自然力使地肥与人为岁岁种植以施粪肥使地肥两层含义。

"地可使肥论"最早期的形态当是"地力可以通过易地种植的方式自然恢复"之朴素的经验性认识，随后或许又经过漫长的农业实践与日常观察，"地可使肥论"逐渐由最初的形态演替为"地力可以通过施以粪肥的方式人为恢

---

① 曹隆恭：《肥料史话》，农业出版社，1981；曹隆恭：《肥料史话》（修订版），农业出版社，1984。

② 杜新豪：《金汁：中国传统肥料知识与技术实践研究（10~19世纪）》，中国农业科学技术出版社，2018。

③ 许维遹撰，梁运华整理《吕氏春秋集释》卷26《任地》，中华书局，2009，第688页。

复”之朴素的经验性认识。此后，古人逐渐将这一朴素认识进一步升华为置之四海而皆准的“地可使肥论”。同时，也通过“地力常新壮”以及受“气”论的影响而创造出的“地气”“气脉”诸概念，在历史的长河中不断丰富与充实着“地可使肥论”的内涵。

曹隆恭在《肥料史话》一书中，对“地力常新壮”的思想渊源、明确提出以及后续发展有过较为详细的论述，兹作简要复述以见一斑。[①] 自战国、秦汉至魏晋南北朝时期，《周礼》《吕氏春秋》《氾胜之书》《论衡》《齐民要术》等书中都存在“人工肥力观”，即人们相信可用施肥和其他相应措施使土壤变得肥美、维持或提高地力，而这种切实存在的“人工肥力观”即是“地力常新壮”的思想渊源。之后到宋代时，陈旉在驳斥“地力衰退论”并借鉴先贤思想的基础上，进一步明确提出了“地力常新壮”的说法，为施粪肥壤提供了更坚实的理论支撑。宋之后，“地力常新壮”思想继续被充实与完善。元代王祯、清代杨屾等人均强调施肥可化瘠薄为肥腴。“地力常新壮”而非“地力衰退论”使得中国农人在农业生产中一直重视积粪肥田。

“地力常新壮”的说法显然还是一种偏直观性、经验性的认识，很多时候人们并不明白其背后的作用机制。为了探明“地力常新壮”的内部作用机制，士人受“气”论的启发，创造出“地气”“气脉”诸概念予以解释。

杜新豪在《金汁》一书的第二章以“为何施肥”为题，探究了“气”进入士人施肥理论的历史过程，虽非详尽但亦可引为参考。[②] 中国哲学或认为“气”乃世界万物之本源，农学家则用“气”来阐释土壤性能的发挥，认为土壤与人一样有气脉，即所谓地气，地气是土壤能生长植物的原因。因之，土地生产力的下降便是地气耗散的结果。这些来自《管子》《吕氏春秋》《论衡》的思想胚胎，直到明清时亦不断产生影响，不断有农学家予以新的注疏。明代农学家马一龙基于阴阳学说而将“地气”解释为“阳气”，地力衰减乃是由于阳气外泄。清代农学家杨屾基于气脉学说而将“地气”解释为“膏油”，地力

① 曹隆恭：《肥料史话》（修订版），农业出版社，1984，第44~48、68~70页。

② 杜新豪：《金汁：中国传统肥料知识与技术实践研究（10~19世纪）》，中国农业科学技术出版社，2018，第50~52页。

衰退乃是由于膏油散溢。无论具体作何种解释，正如郑世铎注《知本提纲·农则》时所云："惟沃以粪而滋其肥，斯膏油有助而生气复盛，万物发育，地力常新矣。"① 其中"膏油"二字亦可换作"阳气"。

通过"地力常新壮""地气"等概念的进一步充实，"地可使肥论"愈加完备。

当"地可使肥"的观点被古人较为充分地论证之后，"使肥技术"的问题也就出现了。当早期"地可使肥论"还处于地力可以通过易地种植的方式自然恢复的认识阶段时，"使肥技术论"也当然还是处于撂荒或轮作的阶段。当"地可使肥论"演替到地力可以通过施以粪肥的方式人为恢复的经验性认识与理论性总结相结合的阶段时，"使肥技术论"也进一步发生了变化。变化的最终结果是"追肥说"、"三宜说"与"粪药说"等施肥技术知识的出现，这三种说法构成了"使肥技术论"的基本内容。

首先，"追肥说"。在基肥或种肥的基础上，于作物生长之中再行施肥，这就是所谓"追肥"，追肥乃是施肥技术进步的体现。历史时期，民间用"接力""浮粪"等说法表示"追肥"之法。"自春秋、战国、秦汉到魏晋南北朝都很少注意追肥，汉《氾胜之书》注重基肥和种肥，《齐民要术》仅在种蔬菜时提到追肥。到宋元时代在重视基肥、种肥的同时，还突出地重视施用追肥，并且强调要多次追肥"，到明清时期，施用追肥的认识水平逐渐提高。② 具体而言，"明清时期史籍中有关追肥的记载显著增加，显然表明此时段内追肥的使用范围有所扩大"，但可能仍然只是一种"现象"而非"制度"；"从全国范围来看，除南方水稻区资产雄厚的富农或自耕农之外，明清时期追肥在其他地方使用更是稀少"。③ 总之，"追肥说"早已存在，明清时应用范围变广但不宜夸大。

① （清）杨屾撰，郑世铎注《知本提纲·农则》，王毓瑚辑《秦晋农言》，中华书局，1957，第36页。

② 曹隆恭：《肥料史话》（修订版），农业出版社，1984，第43、67页。

③ 杜新豪：《金汁：中国传统肥料知识与技术实践研究（10~19世纪）》，中国农业科学技术出版社，2018，第147、153页。

其次，“三宜说”。所谓“三宜”即指施肥时要遵循土宜、物宜与时宜原则。《周礼·地官》载：

草人，掌土化之法，以物地，相其宜而为之种。凡粪种：骍刚用牛，赤缇用羊，坟壤用麋，渴泽用鹿，咸潟用貆，勃壤用狐，埴垆用豕，强槛用蕡，轻爂用犬。①

此处所言乃是土宜。其实，“因地、因时、因物合理施肥是我国古代施肥技术方面的优良传统。关于施肥中的‘三宜’问题，宋元以前已有论述，至明清时期在这方面有很大发展，特别到清代经杨屾、郑世铎等人的总结，使人们对施肥‘三宜’的认识更明确和进一步深化”②。杨屾在《知本提纲》中总结道：

生熟有三宜之用。

郑世铎注曰：

惟熟粪无不可施，而实有时宜、土宜、物宜之分。时宜者，寒热不同，各应其候，春宜人粪、牲畜粪，夏宜草粪、泥粪、苗粪，秋宜火粪，冬宜骨蛤、皮毛粪之类是也。土宜者，气脉不一，美恶不同，随土用粪，如因病下药，即如阴湿之地，宜用火粪，黄壤宜用渣粪，沙土宜用草粪、泥粪，水田宜用皮毛蹄角及骨蛤粪，高燥之处宜用猪粪之类是也。相地历验，自无不宜。又有碱卤之地，不宜用粪，用则多成白晕，诸禾不生。物宜者，物性不齐，当随其情，即如稻田宜用骨蛤蹄角粪、皮毛粪，麦

① 夏纬瑛：《〈周礼〉书中有关农业条文的解释》，农业出版社，1979，第 38 页。

② 曹隆恭：《肥料史话》（修订版），农业出版社，1984，第 63 页。相关内容亦可参考杜新豪《金汁：中国传统肥料知识与技术实践研究（10~19 世纪）》，中国农业科学技术出版社，2018，第 159~164 页。

粟宜用黑豆粪、苗粪，菜蔬宜用人粪、油渣之类是也。皆贵在因物验试，各适其性，而收自倍矣。[①]

最后，“粪药说”。宋代农学家陈旉明确提出用粪如用药的“粪药说”，“主张使用粪肥像中医治病使用药材一样：首先要对症下药，对不同类型土地需要用不同的粪肥……其次，需要像对中药材进行炮制那样来对粪肥进行处理……还需要对粪肥的用量进行把握，不可多用”[②]。“粪药说”与“炼丹术”的结合，最终产生一种新型肥料，即“粪丹”。但是，“粪药说”下诞生的“粪丹”“在当时似乎也并没有被投入到实际使用中，更遑论取代传统肥料”，也“没有被下层农民接受而用在大田作物的种植中”。[③]

士人农学家尽力在历史的长河中，充实并完善着“地可使肥论”与“使肥技术论”，这些由观察所得的经验性知识逐渐演替而来的升华性理论纵然令人眼花缭乱，但毕竟还只是书本中的肥料知识，落实到具体的空间上，施肥实践不可能完满地遵循士人的理想而运作，就像“粪丹”的失败一样。鉴于此，本研究紧接着考察明清山西及其邻近之陕西地区的施肥实践，以见真实发生过的施肥历史究竟是何样面貌。

清代陕西三原人杨秀元舌耕半生，而后于四十岁始归耕田园，勤勉力作，清道光年间（1821~1850）为儿辈作关于经营田业的训示，即《农言著实》，刊刻于清咸丰六年（1856）。书中所言施肥事，当与一般农家无大差异，兹录于后以见一斑。[④]

---

① （清）杨屾撰，郑世铎注《知本提纲·农则》，王毓瑚辑《秦晋农言》，中华书局，1957，第39~40页。

② 杜新豪：《金汁：中国传统肥料知识与技术实践研究（10~19世纪）》，中国农业科学技术出版社，2018，第110页。

③ 杜新豪：《金汁：中国传统肥料知识与技术实践研究（10~19世纪）》，中国农业科学技术出版社，2018，第119页。

④ （清）杨秀元：《农言著实》，王毓瑚辑《秦晋农言》，中华书局，1957，第86、93、94、97、99、100、101页。

二、三月内实在无活可做，或拉土，或铡草，就这两样事了。但此二事除过麦秋二科，若无活可做，就着做此事。如果草房子宽大，可以积每年底麦秸，何妨遇着闲日子，就教人将草铡底放满。或者无多底房屋，但有工夫，就要铡草。不然，天有不测风雨，下上几天，牲口没草吃，你看作难不作难。至于土，天日圈内是定要底。有干土可衬，不必言矣；有土房子放土，亦不必言矣。如若无土，又无土房子放土，即或有放土地方，却不甚多，万一下上几天雨，圈内无土可衬，你看作难不作难。所以此二事，我于二月、三月内言，但无活可做，就着做此事也。嗣后无活底天气，九、十、冬、腊悉照此。

假如草锄完，实在无事，莫过于拉土，就是冬月亦然。农人无闲日，此之谓也。

麦后上底粪，粪亦不要太大。这些活总在平日经理庄稼底人粗细上说话。

地将冻，再无别事，就丢下拉粪。明年在某地种谷，今冬就在某地上粪。先将打过之粪再翻一遍；粪细而无大块，不惟不压麦，兼之能多上地。

农家首务，先要粪多。或曰："多买牲口，则粪亦不忧其少矣。"余曰："不然。有牲口而不衬圈，与无牲口者何异？即衬矣而不细心，与有牲口而少者何异？"或曰："是何说也？"余曰："此事要身亲方能晓得。自家有人经理，不必言矣。若无人，必先与伙计定之以日，约之以时，某日一圈。或十日或十五日。此一定之期，不可改易。又必须于每日早晚两次着工人衬圈。粪要拨开，土要打碎，又要衬平。或早刻用土多少，晚间亦如之。照日查算，遇十日一期，令工人出圈。周而复始，总要亲身临之，则日积月累，自然较旁人多矣。夏天土多则牲口凉，冬天土多则牲口暖，此又不可不知。又曰，粪多力勤者为上农夫，非农家之首务乎？故先及之。"

门外拴牲口处，见天日有粪。见天日着伙计用土车子推回衬圈，不得任意就堆在粪堆上，亦不得任意烧炕。若能天日如此，日积月累，粪自然多矣，岂不多上些地？

前言地内上浮粪，可以不必。麦后所有底粪，尽行上了底粪。至于六、七月所积之粪，或种荞麦，或种豌豆。上后，其余当年所积之粪，与第二年所积粪，俟麦后场活清白，都上在靠茬地里，也把稳，也两活。近来雨水缺少，原上地高，兼之风多，日晒风吹，上浮粪者岂不枉费乎？

综上所言，陕西省三原县一带农民闲时以拉土垫圈之踏粪法尽量积粪，施肥则有“底粪”与“浮粪”之分，实践程度可能因人因地而异。这段记载展示得最多的内容，其实是积粪。这从侧面告诫我们，无论肥料知识多么完备，如若无粪可积，一切都是妄言。同时，其他各类文献中所总结的制粪之法与粪肥种类颇多，但是古代农书或当今论著更像是一个“选精”与“集粹”的展览馆，而非普遍的历史实际。牲畜踏粪、院内粪堆、人之屎尿可能就是山陕地区普通农家所有的肥料来源，而注重底粪忽视浮粪，以及可能部分或毫不遵循“三宜”原则，才是中国农民农业生产中的常态。

历史文献确实也为我们一探明清山西地区的施肥实践提供了一个窗口。明代吕坤（1536~1618）曾言：

山西道旁常设坑厕，道间水潦之时，将鲜干草秸杂泥压于水中，牛马足下垫以糠秕灰柴，任其便尿腐朽。至于旧炕老墙，亦壮地力，而山西尤以卧羊为要法，此岂恃人畜作粪哉？商君威立弃灰，重粪之义也。①

如此可见，商鞅时代对于弃灰可为粪的认知依然被后来不断践行，直到明朝还在沿用。这一方面说明施肥知识与实践源远流长，另一方面也说明粪肥知识及其实践的长期停滞。进入清朝，当街堆灰压粪的情况也有存在。清

① （明）吕坤：《实政录》卷2《民务・小民生计》，王国轩、王秀梅整理《吕坤全集》中册，中华书局，2008，第945页。

嘉庆三年（1798）泽州县一则碑刻载：

> 劝人洁净街道。夫街道原非堆灰压粪之所，一值阴雨，行人几无下足处，正可恶也。况当街堆灰压粪，不惟一股败气，且属奉官禁，何得不知畏惧？自今以后，人知扫除街道，令人望之，亦村中一大旺气也。①

官方有禁令，但禁而不止的结果，表明对于粪肥的需求常常使人们铤而走险，也表明彼时积累粪肥不遗余力之状。

关于明清山西东南部沁水县农田施肥的情况，几则史料恰可拼凑一幅不完全的土壤肥力保持的图景。明代吕坤曾言：

> 往见张大参临碧，谈其沁水农政，令人起舞。大端多粪少苗，熟耕多锄，壅本有法，去冗无差而已。②

可见，沁水农家一般都能注意施肥于农田。清嘉庆元年（1796）沁水县贾寨村的一则碑刻记载道：

> 历年来，人贪起土，不顾风脉，大抵以粪土为重。③

可见，耕田之家常常取土作肥。何以取土可以作肥？笔者生于山西南部洪洞县，自小目睹祖父及同村养马、牛、羊之农民，常常取新土垫马、牛、羊圈，以与圈内的尿粪混合，待马、牛、羊将新土踩踏结实后，铲运而出并

---

① （清）佚名:《公议乡风十二劝（嘉庆三年）》，王丽主编《三晋石刻大全 · 晋城市泽州县卷下》，三晋出版社，2012，第 507 页。

② （明）吕坤:《实政录》卷 2《民务 · 小民生计》，王国轩、王秀梅整理《吕坤全集》中册，中华书局，2008，第 944 页。

③ （清）陈升堂:《贾寨村禁土补煞重整社费碑记（嘉庆元年）》，车国梁主编《三晋石刻大全 · 晋城市沁水县卷》，三晋出版社，2012，第 256 页。

加敲碎后运入田地以肥田，这与陕西三原县杨秀元所述相一致。位于山西中部的孝义县，则常常养羊积粪，对此乾隆《孝义县志》载：

> 羊，则近城地多圈羊积粪，俱仅足供本地用，无出鬻也。①

粪肥供本地用而不出卖于他乡的情况，既表明本地粪肥的紧缺与积攒有限，又表明外地所积攒的粪肥不敷使用，需求缺口很大。

沁源县距沁水县、洪洞县均不远，位于山西东南部。民国《沁源县志》载有比较详细的肥田信息，其云：

> 羊粪为肥料之佳品，本县多山，养羊最宜，农家种田上肥，普通以堆肥为大宗，次则为人粪、牛粪、骡马粪、油粕等，但不如上羊粪之省工。养羊之家于地空时，夜将群羊卧牧，后以犁耕之最为方便。
>
> 肥料为农田必需品，农家视之如珍。吾县俗谚常云：兴家之子视粪如金，败家之子视金如粪。可见粪为农田之宝。惜我沁农民缺乏制造之常识，而粪量以减。如畜圈粪不加土沤，由圈运出不加土盖；鸡粪糠粪不上田，恐生桃虫；沤粪以腐烂为期，而不知以熟期为准。如能改良，则肥料多而农田之收益加矣。
>
> 本县山多，农家养羊最宜，养羊者多为肥料，故无较大羊群，每家最多者不过三四百头。冬则各家雇工独牧，夏秋则朋辈合牧，轮流卧地。不朋者在田植篱为圈，从事采粪，俗称踩圈。②

撰志者对于沁源县民人的批评可能并无道理，毕竟农谚表明人们对于粪的重要性是知道的，事实也表明积累羊粪不遗余力也是存在的，所谓“粪量

---

① 乾隆《孝义县志·民俗物产》卷1《物产》，《中国地方志集成·山西府县志辑》第25册，凤凰出版社，2005，第504页。

② 民国《沁源县志》卷2《农田略》，《中国地方志集成·山西府县志辑》第40册，凤凰出版社，2005，第303、306页。

以减”是事实，但“缺乏制造之常识”恐怕不实。毕竟，以土垫圈并不是多么新颖与难以理解的知识。

同样位于山西东南部的平顺县，亦养羊积粪。民国《平顺县志》载：

县治偏东各村山势蔓延，多喜养羊，平均计算，每村均有两三群，亦有零喂伙放者，名曰合群，黑羊最多，绵羊甚少。

养羊者以积粪为目的，绒毛之利非所重视，县西各村地势较平，亦有养绵羊者，然为数不似东乡黑羊之多。

养牛以东南一带为最，每村不下三四十头，亦有分喂者，其目的多在生犊、耕田、积粪，其余各乡间或有之。①

在山西北部，肥田可能又是另一番景象。如大同府：

其农力作勤苦，然薄于粪壅，又多砂碛硗确，风高霜早……丰岁亩不满斛，故日仅再食。②

保德直隶州之河曲县，则以胡麻榨油后的麻糁肥田：

晋北惟胡麻油其用最溥，胡麻产口外，秋后收买，载以船筏，顺流而下，乡人业其利者，以牛曳大石磨碎，蒸熟榨取其汁为油，油净则取渣滓饲牛，又其粗者谓之麻糁，并可肥田，故业农者多开油店，此商贾之业，与农事相表里者也。③

---

① 民国《平顺县志》卷3《生业略》，《中国地方志集成·山西府县志辑》第42册，凤凰出版社，2005，第37~38页。

② 乾隆《大同府志》卷7《风土》，《中国地方志集成·山西府县志辑》第4册，凤凰出版社，2005，第131~132页。

③ 同治《河曲县志》卷5《风俗类·食货》，《中国地方志集成·山西府县志辑》第16册，凤凰出版社，2005，第171页。

代州直隶州下辖之崞县则烧林草成灰以肥田：

土人不惜一炬，往往由山四周一齐纵火，林莽灌草，尽化为灰，作肥田之料，俗名放荒，每放一次，其火经旬不熄，至夜间光达数里，人俱见之。①

太原府西北部之兴县，亦举火烧山，可能以此肥田。清乾隆年间（1736~1795），山西兴县人康基田撰《合河纪闻》记其家乡事，其中言太原府岢岚州兴县：

东乡在万山之中，林木丛翳，土多硗瘠，乡人垦种，必举火焚之，然后布种，名曰开荒，成熟后歇一二年再种。②

山西南部，除了圈粪外，施肥情况参差。例如，隰州直隶州所辖蒲县：

风高气寒，种棉不宜，石骨土皮，其获亦薄，晚种早收，畏霜同于畏旱，多田少粪，丰年等于中年。③

其“多田少粪”与山西北部大同府之“薄与粪壅”相类，估计由于气候寒冷、降雨稀少、乏水浇灌，故广种薄收而非精耕细作，与山西南部之沁水“多粪少苗”有明显不同。

再如，蒲州府所辖虞乡县，以黑豆豆饼为肥料，民国《虞乡县新志》载：

---

① 民国《崞县志修订稿·工政志·农业》，转引自翟旺、杨丕文主编《管涔山林区森林与生态变迁史》，山西高校联合出版社，1994，第 91 页。

② （清）康基田:《合河纪闻》卷 10《杂记下》，清嘉庆二年（1797）刻本，第 90b 页。

③ 乾隆《蒲县志》卷 1《地理志·风俗》，《中国地方志集成·山西府县志辑》第 50 册，凤凰出版社，2005，第 422 页。

黑豆豆饼……且作肥料，农人栽靛种瓜多用之。[①]

长期生活于太原县赤桥村的清代乡绅刘大鹏，是一位典型的耕读传家之人，他在《退想斋日记》中记载有雇人担粪肥田事宜，例如：1918 年 9 月 29 日“雇工二人担粪、种麦”；1926 年 7 月 17 日“雇工一人担粪上田一十三回”；1926 年 7 月 19 日“雇工一人第三日担粪上田”；1926 年 9 月 17 日“雇工一人担粪上菜”；1940 年 5 月 7 日“雇工人担粪上菜”。[②] 此处“担粪”应该是指人之屎溺。时至今日，在山西南部之乡村亦多担粪肥田，笔者就有过类似经历。可见，中国传统肥料知识与实践恰是在一个稳定的框架内延续与发展着的，或许有量的突破，但真正的革命性变化其实不多，尤其是越到传统社会后期越是如此。

以上为山西各地积粪肥田之大端。要之，“有收无收在于水，多收少收在于肥”[③]。故而，地土瘠薄如大同、蒲县部分地区，虽因水分条件不佳，往往不重积粪。但普遍而言，清代山西地区的农人继承了历史上踩粪、堆肥等沤粪制粪技术，对人畜粪便、粪土堆积与豆饼肥料等多能施用。只是看不出有何特别之处，反而有时因技术较为粗糙而遭时人诟病。纵然肥料知识是较为完善且逐渐进步的，但苦于地土硗确、灌溉不便、雨水不时，也苦于粪肥难积，实际上的施肥实况是不尽如人意的。在这样的知识与技术以及干旱半干旱的自然环境条件下，人们对土壤的利用效率实际上已经达到了传统时期的极限。在土地垦殖已接近饱和的前提下，粪肥的施用使得农业可持续但却不可增长。反而随着人口的继续增长，传统施肥知识与实践显现出更大的不敷用之缺点。要之，无论是在理论上还是在实践上，明

---

① 民国《虞乡县新志》卷 4《物产略》，《中国地方志集成·山西府县志辑》第 68 册，凤凰出版社，2005，第 286 页。

② 刘大鹏遗著，乔志强标注《退想斋日记》，山西人民出版社，1990，第 266、333、334、340、555 页。《退想斋日记》纪事起于光绪十七年（1891）十二月，止于民国三十一年（1942）七月，其中涉及农业活动的内容颇多。

③ 李延沛编注《农谚选》，黑龙江人民出版社，1979，第 31 页。

清山西的土地肥力保持并无新的内容、新的发展，还是沿用老一套的方法。可能正是由于肥料的短缺以及对于增加土地产出的期望，引洪灌溉之“且粪”的作用才被重视，其成为明清山西农田水利中的“新发展”可能亦有此因。

第二章

耕地与人口：对粮食供给能力的评估

关于山西土地整体上的肥力状况，唐代杜佑（735~812）曾说：

山西土瘠，其人勤俭。[①]

明代陆深（1477~1544）亦言：

山西州县多在山谷之间……地瘠天寒。

《禹贡》八州，皆有贡物，而冀州独无之，冀即今之山西，土瘠天寒，生物鲜少，盖自古为然。[②]

明万历《山西通志》则载：

山西土瘠多寒，无嘉生丰品以厚我民，所产惟服食耳。[③]

---

① （唐）杜佑：《通典》卷179，中华书局，1988，第4745页。

② （明）陆深：《燕闲录》，王云五主编《丛书集成初编》第2906册，商务印书馆，1936，第1、5页。

③ 万历《山西通志》卷7《物产》，明崇祯二年（1629）刻本，第1a页。

晚清曾国荃（1824~1890）亦说：

> 查山西一省，山多地少，本非五谷蕃衍之区。如雁门迤北，则地多斥卤，岁仅一收。太行迤东，则冈峦带土，颇鲜平原。其共推为神皋奥区者，亦只太、汾、平、蒲、绛、解数郡，土地平旷，天气稍为湿煦，而所属州邑，仍有界在山陲，号称峣崅者。是由地势所迫，初非人力可施。①

如此足见，山西高原虽也有有利于早期农业起源与发展的黄土环境，但后来域内民人赖以为生的田土并不全然都是肥沃的。

对于“土瘠天寒”环境下山西民人的生计抉择与生存状态，清代山西兴县人康基田曾这样概括：

> 朱子以为唐、魏勤俭，土风使然，而实地本瘠寒，以人事补其不足耳。太原迤南，多服贾远方，或数年不归，非自有余，逐什一也。盖其土之所有，不能给半岁之食，不得不贸迁有无，取给他乡。太原迤北，冈陵丘阜，硗薄难耕，乡民惟倚垦种上岭下坂，汗牛痛仆，仰天待命，无平田沃土之饶，无水泉灌溉之益，无舟车鱼米之利，兼拙于营运，终岁不出里门，甘食蔬粝，亦势使之然。而或厌其嗜利，或病其节啬，皆未深悉西人之苦，原其不得已之初心也。②

山西民人勤劳、节俭、吝啬、嗜利，或优点或缺点，均与山西民众所处的自然环境或多或少有些关系。迨至明清时期，无论是因地势宽平、灌溉便利而水热条件较好的太原及其迤南之盆地，还是地势高峻、难于灌溉而水热条件较差的山西南北之丘陵地区，均难以单独依靠耕种土地获取粮食产出来

① （清）曾国荃：《致各府厅州公函》，《曾国荃全集》第4册《书札、电稿》，岳麓书社，2008，第72页。

② （清）康基田编著《晋乘蒐略》卷2，山西古籍出版社，2006，第131页。

维持生计。所谓垦种岭坂、远逐什一、甘食蔬粝等民风的背后，均深藏着山西民人依土难生的苦闷。由此，本章所讨论的问题是，经过增加可耕地面积的努力以及耕作制度上的艰苦付出后，明清山西农人能否收获足够多的食粮来养活自身呢？

第一节 人口与耕地及其出产间的关系

明清时期，山西民人在寻求食物这一人们所必需的物质资料的过程中，粮食种植业始终是最主要的途径。因此除了拓展可耕地的边界之外，还通过在耕作制度上的不懈努力以获得更多的食粮。只是，寻找可耕地、提高土壤水肥条件的努力是十分艰辛的。可耕地的边界已经至于放淤造田、耕垦省外，而农田水利建设也从较高效的引泉、引河到较低效的凿井与引洪，从较确定的泉水、河水、井水到不确定的洪水，说明明清山西民众的境遇越来越艰难，同等的收获须付出更多的努力。同时，对于土壤肥力的保持也渐入窘途，农家喜溉浑水所重视的即是浑水中的肥力。尤其自明迄民国，除了从数量上多积肥料外，土壤肥力的保持并无他途。这种延续了几百年的停滞与对浑水可肥田的重视，恰恰暗示着农田土壤肥力的保持可能已捉襟见肘。既然山西民人在可耕地拓展、水肥条件提升上做了如上文所述的艰辛努力，那这些努力能否保证山西民人获得足够的维持生命存活的粮食呢？这从古人的言论中可以得到一些答案。

太原以南地区土地最宜耕作，但由于地狭人稠，人们常常陷入食物不足的窘迫境地。《金史·食货二》中特别提到：

> 平阳一路，地狭人稠。[①]

元元贞二年（1296）刊刻的《重修康泽王庙碑》亦载：

---

① 《金史》卷47《食货二》，中华书局，1975，第1049页。

河东硗狭多旱，而临汾尤甚。中田岁收亩才三四斗，或雨旸少愆，则薄不偿种，力农者寒耕暑耘，捽草耙土，胝胼焉，暴露焉，勤动终岁，而父母妻子饱糠核不厌，刍租赋一切是取。故其俗勤俭，民多艰苦致蹿徙，吏或以逋负被谴。唯是水所浸，则瘠化而腴，获常十、五其倍，居其地者用卒岁，无凶歉忧。且数百里内遇旱暵，祷辄应，是灌溉所不及，神亦有以庇之也。①

一旦雨旸稍愆，就面临食粮不足的忧虑。晋东南泽州亦如此：

州界万山中，枉得泽名，田故无多，虽丰年，人日食不足二鬴，高赀、贾人、冶铸、盐筴，曾不名尺寸田。②

曲沃县亦多如此，明嘉靖《曲沃县志》载：

曲沃地狭土瘠，不足供所用，多取给于临境，谷麦自猗氏至，柴炭自绛县至，盐自安邑至，木自静乐至，铁自阳城至，集四方之用而民用始足矣。③

夫曲沃四境不过百里，而民则十万有奇，其在城者无田之家十居其六，在野者十居其四。夫古制一夫受田百亩，则期可无饥，今则无田以为之耕，且以一人之身，有俯仰之累，有庸调之劳，抑将何出？则其离

---

① （元）曹幌：《重修康泽王庙碑》，成化《山西通志》卷 14《集文·坛庙类》，《四库全书存目丛书·史部 174》，齐鲁书社，1996，第 505~506 页。又见王天然主编《三晋石刻大全·临汾市尧都区卷》，三晋出版社，2011，第 47~48 页。

② （明）李维桢：《泽州志序》，《大泌山房集》卷 15，《四库全书存目丛书·集部》第 150 册，齐鲁书社，1997，第 616 页。

③ 嘉靖《曲沃县志》卷 1《疆域志·市集》，《天一阁藏明代方志选刊续编》第 4 册，上海书店，1990，第 329 页。

父母妻子而为商为贾者岂得已哉？资身无策，糊口是谋耳。[①]

总而言之，颇宜耕作的山西南部地区在金元明时期就已经出现一年之产不足一年之食的情况。

进入清代之后，山西民不足食需仰赖外省接济的情况更是自始至终。清康熙四十八年（1709），康熙帝在其所作祭文中说：

> 溯自顺治二年以迄今日，垂七十载，承平日久，生齿既繁，纵当大获之岁，犹虑民食不充，倘或遇旱潦，则臣虽竭力殚思，蠲租散赈，而穷乡僻壤岂能保无转于沟壑之人。[②]

雍正帝也曾敕谕曰：

> 因念国家承平日久，生齿殷繁，地土所出，仅可赡给，偶遇荒歉，民食维艰，将来户口日滋，何以为业？惟开垦一事，于百姓最有裨益。
>
> 我国家休养生息，数十年来，户口日繁，而土地止有此数，非率天下农民，竭力耕耘，兼收倍获，欲家室盈宁，必不可得。[③]

清乾隆五年（1740），乾隆帝在命开垦闲旷地土谕中说：

> 朕思则壤成赋，固有常经，但各省生齿日繁，地不加广，穷民资生无策，亦当筹画变通之计。[④]

① 嘉靖《曲沃县志》卷1《贡赋志·田赋》，《天一阁藏明代方志选刊续编》第4册，上海书店，1990，第332~333页。

② 《清圣祖仁皇帝实录》卷236，《清实录》第6册，中华书局，1985，第357页。

③ （清）鄂尔泰等撰，董诰等补《钦定授时通考》卷48《劝课门》，《影印文渊阁四库全书》第732册，北京出版社，2012，第658~659页。

④ 《清高宗纯皇帝实录》卷122，《清实录》第10册，中华书局，1985，第811页。

如此足见彼时各省生齿日繁而地辟将尽的情状。也因此，像山西这样地瘠且少而地狭人稠的省份，就需要仰给他省。清初名臣孙嘉淦（1683~1753）曾因"山西平、汾、蒲、解等处，人稠土狭，本地所出之粟，不足供居民之用，必仰给于河南、陕西二省，由豫至晋，经太行、中条之险，转运维艰。关中沃野，自雍及绛，舟车通行，故所资于陕省者尤多"，但是"自西陲用兵以来，陕省有司以军兴之际，恐粟有所泄，遂禁止籴买，关口河津稽查严密，颗粒不渡"，而奏请开籴禁以便民生。[①] 可能正因如此，乾隆帝于乾隆八年（1743）七月丁未谕军机大臣等言：

> 向来山西一省，民间需用小麦杂粮，本省时有不足，多往关中贩运，近闻该省督抚，于关中限数放行，不许照常运载，以致山西粮食缺少，市价日昂。朕思山陕虽分两省，均属朕之赤子，难分畛域，且平阳、蒲州两处，与陕西之西安、同州，尤为切近，今年陕西二麦丰收，秋成可望，本年米粮既属充裕，自应使商贩流通，以资接济，庶山西民人无艰食之患。[②]

清人朱轼则说：

> 查山陕二省地瘠民稠，即丰年亦不足本省食用，全凭东南各省米艘，由江淮溯河而北，聚集豫省之河南、怀庆二府，由怀庆府之清化镇进太行山口运入山西，由河南府之三门砥柱运入潼关，秦晋省民人藉此糊口，由来已久。今风闻河南各州县因二省旱荒，搬运日多，阻遏商贩，不容西行，以致西、延、平、汾等府米价腾贵，流移载道。[③]

---

① （清）孙嘉淦:《请开籴禁疏》，孙涛编《孙文定公（嘉淦）奏疏》卷3《河东盐政奏疏》，《近代中国史料丛刊》第55辑，文海出版社，1970，第213~214页。

② 《清高宗纯皇帝实录》卷197，《清实录》第11册，中华书局，1985，第534页。

③ （清）朱轼:《咨户兵二部河南巡抚禁遏籴》，《朱文端公文集补编》卷4，《清代诗文集汇编》第214册，上海古籍出版社，2010，第629页。

清康基田亦曾说：

太原迤南，多服贾远方，或数年不归，非自有余，逐什一也，盖其土之所有，不能给半岁之食，不得不贸迁有无，取给他乡。[①]

清乾隆十七年（1752）九月甲戌，河东盐政萨哈岱亦奏称：

解州、安邑、运城等处附近盐池，地多硝碱，即丰年所产米麦，亦不敷民食，全赖邻省贩运接济，本年夏秋被旱，收成无几，臣谕令运盐各商，于就近丰收之地，采买米麦，分发解、安、运城三处平粜。得旨好。[②]

以上言论，呈现的依然是晋西南地区土狭人稠的面貌。山西农业生产条件于省内而言最为优越的晋西南地区尚且一直需仰赖外省之食，由此明清山西人地关系的紧张程度可见一斑。尤其清光绪初年的“丁戊奇荒”，更充分暴露了山西粮不足食的窘境。清光绪三年（1877）是为丁丑年，时逢大祲，这年四月丙午，时任山西巡抚的鲍源深奏言：

晋省向称财富之区，实则民无恒业，多半携资出外贸易营生。自经东南兵燹，生意亏折，富者立贫，元气大伤，其系种地为业，仅十之二三。又兼土非沃壤，产粮本属无多，即在丰年，不敷民食，必须仰给邻省。[③]

接任鲍源深任山西巡抚的曾国荃于光绪三年九月奏称：

① （清）康基田编著《晋乘蒐略》卷2，山西古籍出版社，2006，第131页。

② 《清高宗纯皇帝实录》卷423，《清实录》第14册，中华书局，1986，第533页。

③ （清）朱寿朋编，张静庐等校点《光绪朝东华录》第1册，中华书局，1958，第409页。

晋省地方所产之粮，本不敷民间之食，向赖陕省及省北一带商贩接济。本年陕省荒旱，尚赴楚、豫各省买粮，省北地方亦被旱灾，以致粮价奇昂。

又与奉命视察赈务的阎敬铭于光绪四年（1878）四月初六日奏称：

晋省地瘠民贫，素无盖藏，即遇丰收，不敷一年之食。向日蒲、解、汾、平仰给于秦，潞、泽、辽、沁仰给于豫。其余腹地州县，无不以口外为粮之来源。去岁，秦、豫亦被旱荒，口外收成连年歉薄，仰给无从。谋挽输于数千里外，旷日持久而不得一饱，道远费繁而无由速至。①

其间，还与阎敬铭于光绪四年正月二十六日奏称：

臣等窃观晋省形势，南路重山复岭，绝少平原，北路固阴冱寒，每忧霜雹，纵令全行播种嘉谷，已不足给通省卒岁之粮……省北大、朔、代、忻及归化七厅向来产粮尚多，每年秋后，粮贩自北而南，委输络绎不绝。近至省城，远逾韩侯岭。昔年太、汾二府米价低昂，恒视北路之丰歉为准，由包头一路循河而下，直达蒲、绛……至于南路平、蒲、解、绛，以陕西米麦为大宗，泛舟之役自古称盛。乃自回匪削平以后，种烟者多……夫以雍州上上之田……其力竟不足以自赡，平、蒲、解、绛粮乏来源，更成坐困之势。②

清光绪十八年（1892）所刻《山西通志》的编纂者总结说：

国家升平日久，生齿益繁，地力既竭，盖藏难裕，自乾嘉时已不免

① 光绪《山西通志》卷 82《荒政记》，中华书局，1990，第 5625~5626、5632 页。

② （清）曾国荃、阎敬铭：《申明栽种罂粟旧禁疏》，《曾国荃全集》第 1 册《奏疏》，岳麓书社，2008，第 258 页。

仰给邻省，所恃人以商贾为本计，挟赀贸迁，无远弗届，又俗尚勤俭，工于居积，用是日臻殷富，虽有荒歉，挹注不穷。一自咸丰军兴，贯道四梗，兵燹所经，富既丧资，贫亦失业，加以嗜烟成风，膏腴之壤率种罂粟，纯朴之习流为游惰，是向以一夫之耕供十人之食者，今所食且不止二十人矣，向以终岁之勤有百亩之获者，今所获亦不过五十亩矣。数穷理极，大祲骤罹，遂致牵动全省、延及邻封，告籴无从，转壑相继，事势相因，有必然也。①

以上不嫌麻烦胪列相关言论，意在表明山西本省之粮不足本省之食的情况由来已久，并且其中潜藏着巨大的风险。这种勉力维持的脆弱平衡在平时的小荒小灾面前并无大碍，但当遇到清光绪初年那样的大旱灾时，这种脆弱的平衡所潜藏的风险就全面暴露出来了。

除了上述文献所描述的明清山西粮不足食的情况外，实际的人口、耕地及产量数据能更直观地说明明清山西的土地是否能够养活当时的人口。因此，在了解了相关之定性描述的基础上，本节的主要工作即是考察明清时期人口与耕地及其产出之间的数量关系，以求得较为量化的认识。

一 人口数量与人口密度

关于明清人口数据的实质，何炳棣指出："洪武十四年至洪武十五年（1381~1382）间编成、洪武二十四年（1391）修订了的劳役登记名册，通常称为黄册。除了若干例外地区，黄册都是以全部人口的统计为基础的。因此，就全国大多数地区而言，这次人口统计的结果包括年龄、性别和职业等概况，与现代人口调查具有某些相似之处。而直到乾隆四十一年（1776）后，中国才再次进行足以与明太祖时期相提并论的人口调查和统计。"又说："明太祖时期的人口统计在中国大部分地区无论就其条令规则还是实际效果而言，都相当接近现代人口调查，因此对近代早期的中国人口研究具有较高的价值。

① 光绪《山西通志》卷82《荒政记》，中华书局，1990，第5639~5640页。

但一个严重的问题在于洪武三十一年（1398）这位太祖高皇帝驾崩以后，尽管这一人口登记制度依然存在，其统计的重点和方法却都已发生了重大变化，结果是此后的人口上报数字实际上仅仅包括一部分人口，与真正的统计数字之间的差异越来越大。因而，明代后期某些地区和清代前期全国的所谓的人口统计数只能看作为纳税单位。”①

在此基础上，通过考察明万历《山西通志》卷9《户口》所载数据，《中国人口史》认为：“山西的例子告诉我们，洪武时期的户口调查大致体现这样一个特征，越是靠近政治中心地，调查的结果就越可靠；越是远离政治中心地，调查的结果就越不可靠。由此看来，洪武时期户口调查似乎受到强烈的行政因素的干扰。”②《中国人口史》第4卷《明时期》与第5卷《清时期》则复原了明清山西分县基础上的分府人口数据，其中对明洪武二十四年（1391）、清乾隆四十一年（1776）、清嘉庆二十五年（1820）人口数字的重新估测为我们提供了可资参考的数据。

在以往的研究中，梁方仲所撰《中国历代户口、田地、田赋统计》一书被引用较多，但涉及山西的情况时，除了清嘉庆二十五年各府州人口密度表外，其余关涉山西的数据均是省级数据，对于我们了解省内各府县的情况意义不大。除此之外，张正明、赵云旗编写有《山西历代人口统计》一书，其数据精确至分县数据，明清数据所依据的主要是成化《山西通志》、崇祯《山西通志》、光绪《山西通志》和光绪版《晋政辑要》，其中崇祯《山西通志》实为万历《山西通志》。李玉文则编著了《山西近现代人口统计与研究》一书，其中的统计亦精确至分县，并涉及晚清山西人口数字，主要依据光绪《山西通志》与光绪版《晋政辑要》。目前，学界公认传世文献所载人口数字不是全部人口，即便依据一定的逻辑对册载数据有一定的校正，最后所得到的仍然只是一种相对合理的估测数字。总而言之，没有完全可靠的人口数据。因此，我们不期望通过历史数据得出什么精确的结论，只是借助历史上的数据，作为文献

① 〔美〕何炳棣：《明初以降人口及其相关问题（1368—1953）》，葛剑雄译，生活·读书·新知三联书店，2000，第3~4页。

② 《中国人口史》第4卷《明时期》，复旦大学出版社，2000，第33页。

中定性描述的一种补充，呈现一种趋势性而非精确性的结果。

明清时期山西各府或直隶州、县或散州之间的上下所属以及辖境面积多有变动，这为明清两代基于州县疆域的人口数字及人口密度的比较设置了障碍。完全复原基于州县辖境面积或县级界限的人口数据是十分不现实的，我们所基于的只能是假设同一个县名或散州名之下的疆域面积是不变的，也只关注府或直隶州所辖县或散州是否有所变化。根据所采数据的断限，我们将明清时期府县行政区划进行了对应，见表 2–1。

表 2–1　山西明清时期行政区划对照

<table>
<tr><th colspan="2">明洪武二十四年、万历十年</th><th colspan="2">清乾隆元年、嘉庆二十五年、光绪五年</th></tr>
<tr><th>府、直隶州</th><th>县、州</th><th>县、州</th><th>府、直隶州</th></tr>
<tr><td rowspan="5">太原府</td><td rowspan="5">阳曲县、太原县、榆次县、太谷县、祁县、徐沟县、交城县、文水县、岚县、兴县、岢岚州、清源县
平定州、盂县、寿阳县
忻州、定襄县、静乐县
代州、五台县、崞县、繁峙县
保德州、河曲县
临县、石州、宁乡县、乐平县</td><td>阳曲县、太原县、榆次县、太谷县、祁县、徐沟县、交城县、文水县、岚县、兴县、岢岚州</td><td>太原府</td></tr>
<tr><td>平定州、盂县、寿阳县</td><td>平定直隶州</td></tr>
<tr><td>忻州、定襄县、静乐县</td><td>忻州直隶州</td></tr>
<tr><td>代州、五台县、崞县、繁峙县</td><td>代州直隶州</td></tr>
<tr><td>保德州、河曲县</td><td>保德直隶州</td></tr>
<tr><td rowspan="6">平阳府</td><td rowspan="6">临汾县、洪洞县、浮山县、岳阳县、曲沃县、翼城县、太平县、襄陵县、汾西县、乡宁县、吉州
霍州、赵城县、灵石县
隰州、大宁县、蒲县、永和县
解州、安邑县、夏县、平陆县、芮城县
绛州、垣曲县、闻喜县、绛县、稷山县、河津县
蒲州、临晋县、荣河县、万泉县、猗氏县
石楼县</td><td>临汾县、洪洞县、浮山县、岳阳县、曲沃县、翼城县、太平县、襄陵县、汾西县、乡宁县、吉州</td><td>平阳府</td></tr>
<tr><td>霍州、赵城县、灵石县</td><td>霍州直隶州</td></tr>
<tr><td>隰州、大宁县、蒲县、永和县</td><td>隰州直隶州</td></tr>
<tr><td>解州、安邑县、夏县、平陆县、芮城县</td><td>解州直隶州</td></tr>
<tr><td>绛州、垣曲县、闻喜县、绛县、稷山县、河津县</td><td>绛州直隶州</td></tr>
<tr><td>永济县、临晋县、荣河县、万泉县、猗氏县、虞乡县</td><td>蒲州府</td></tr>
</table>

续表

明洪武二十四年、万历十年		清乾隆元年、嘉庆二十五年、光绪五年	
汾州直隶州	汾州、孝义县、平遥县、介休县	汾阳县、孝义县、平遥县、介休县 临县、永宁州、宁乡县、石楼县	汾州府
潞州直隶州	潞州、长子县、屯留县、襄垣县、潞城县、壶关县、黎城县	长治县、长子县、屯留县、襄垣县、潞城县、壶关县、黎城县	潞安府
大同府	大同县、怀仁县、山阴县、浑源州、应州、广灵县、灵丘县 蔚州、广昌县 朔州、马邑县	大同县、怀仁县、山阴县、浑源州、应州、广灵县、灵丘县 阳高县、天镇县	大同府
		朔州、右玉县、左云县、平鲁县	朔平府
泽州直隶州	泽州、高平县、阳城县、陵川县、沁水县	凤台县、高平县、阳城县、陵川县、沁水县	泽州府
沁州直隶州	沁州、沁源县、武乡县	沁州、沁源县、武乡县	沁州直隶州
辽州直隶州	辽州、和顺县、榆社县	辽州、和顺县、榆社县	辽州直隶州
		宁武县、偏关县、神池县、五寨县	宁武府

说明：明洪武二十四年太原府下辖清源县于清乾隆二十八年并入徐沟县；明洪武二十四年太原府下辖临县、石州、宁乡县、乐平县，其中，临县于明万历二十三年改属汾州府，石州于明隆庆元年改名永宁州而在明万历二十三年改隶汾州府，宁乡县原隶石州而随州改属汾州府，乐平县于清雍正二年改属平定直隶州而在清嘉庆元年并入平定州；明洪武二十四年山西布政司下辖平阳府所属石楼县于明万历四十年改属汾州府；明洪武二十四年山西布政司所辖汾州直隶州于万历二十三年升为府，于其附郭置汾阳县；明洪武二十四年山西布政司所辖潞州直隶州于明嘉靖八年升为潞安府，置附郭长治县；明洪武二十四年山西布政司所辖朔州及所领马邑县于清雍正三年改属朔平府，而后马邑县于清嘉庆元年并入朔州；明洪武二十四年山西布政司所辖蔚州、广昌分别于雍正六年、雍正十一年往属直隶；明洪武二十四年山西布政司所辖泽州直隶州于清雍正六年升为府，置附郭凤台县；清嘉庆二十五年蒲州府所辖虞乡县乃清雍正七年析临晋县虞乡镇地所置；清雍正三年于大同府下改阳高卫置阳高县、改天镇卫置天镇县；同清雍正三年置朔平府，改右玉卫置右玉县、改左云卫置左云县、改平鲁卫置平鲁县；又清雍正三年置宁武府，改宁武所、宁化所置附郭宁武县，改神池堡置神池县、改偏关置偏关县、改五寨堡置五寨县。

资料来源：郭红、靳润成:《中国行政区划通史·明代卷》，复旦大学出版社，2007，第61~71页；傅林祥、林涓、任玉雪、王卫东:《中国行政区划通史·清代卷》，复旦大学出版社，2013，第218~227页。

据复旦大学历史地理研究中心中国历史地理信息系统中1911年层数据计算出分县面积，再将1911年分县面积对应至相应清代行政区划上，相累加之后从而得出诸府或直隶州之辖域面积，见表2–2。

表 2-2 清代山西各府、直隶州面积

单位：平方公里

府、直隶州	面积	府、直隶州	面积	府、直隶州	面积	府、直隶州	面积
太原府	18149.39	泽州府	9476.08	忻州直隶州	6035.50	绛州直隶州	5531.45
平阳府	13656.08	大同府	16041.13	代州直隶州	10219.15	隰州直隶州	6197.71
蒲州府	3947.97	宁武府	6310.74	保德直隶州	2528.48	沁州直隶州	5546.29
潞安府	8974.84	朔平府	7821.29	霍州直隶州	2739.02	辽州直隶州	5888.13
汾州府	14243.04	平定直隶州	9043.09	解州直隶州	4310.84	合计	156660.22

以清嘉庆二十五年（1820）山西行政区划为基础，我们将明洪武二十四年、明万历十年、清乾隆元年、清嘉庆二十五年、清光绪五年的人口数据，全都转化至符合于清嘉庆二十五年山西行政区划的数据表中，计算出对应的人口密度，见表 2-3。

表 2-3 明清山西府级人口密度

单位：人，人 / 平方公里

府、直隶州	时间									
	洪武二十四年		万历十年		乾隆元年		嘉庆二十五年		光绪五年	
	人口	人口密度	人口	人口密度	人口	人口密度	人口	人口密度	人口	人口密度
太原府	496909	27.38	518232	28.55	1635187	90.10	2086640	114.97	1431419（1435971）	78.87（79.12）
平阳府	727532	53.28	498701	36.52	1124881	82.37	1397546	102.34	766720（766722）	56.14（56.15）
蒲州府	284424	72.04	185937	47.10	727395	184.25	1398811	354.31	538769（548769）	136.47（139.00）
潞安府	666410	74.25	379949	42.33	672556	74.94	940514	104.79	849429（849430）	94.65（94.65）
汾州府	327858	23.02	431831	30.32	1373525	96.43	1807377	126.90	1636092（1646119）	114.87（115.57）
泽州府	474931	50.12	632420（619975）	66.74（65.43）	643574	67.92	899698	94.94	661535（685689）	69.81（72.36）
大同府	112846	7.03	94966	5.92	648079	40.40	764923	47.69	1007185（1159159）	62.79（72.26）

续表

府、直隶州	时间									
	洪武二十四年		万历十年		乾隆元年		嘉庆二十五年		光绪五年	
	人口	人口密度	人口	人口密度	人口	人口密度	人口	人口密度	人口	人口密度
宁武府	—	—	—	—	186287	29.52	238692	37.82	230598	36.54
朔平府	13974	1.79	6265	0.80	447747	57.25	530066	67.77	193156（374699）	24.70（47.91）
平定直隶州	77478	8.57	122763	13.58	497652	55.03	640484	70.83	606402（596402）	67.06（65.95）
忻州直隶州	92297	15.29	128930	21.36	283866	47.03	366146	60.67	449955（450027）	74.55（74.56）
代州直隶州	101423	9.92	89155	8.72	399186	39.06	513135	50.21	441574（454368）	43.21（44.46）
保德直隶州	9635	3.81	15280	6.04	109998	43.50	140769	55.67	158051	62.51
霍州直隶州	93189	34.02	111870	40.84	261741	95.56	351147	128.20	176651	64.49
解州直隶州	282974	65.64	223933	51.95	539666	125.19	799521	185.47	292483	67.85
绛州直隶州	359399	64.97	360959	65.26	581091	105.05	1017312	183.91	494444（516763）	89.39（93.42）
隰州直隶州	88419	14.27	30051	4.85	100001	16.14	134045	21.63	83513（85771）	13.47（13.84）
沁州直隶州	138607	24.99	200787	36.20	190941	34.43	266811	48.11	187764	33.85
辽州直隶州	62418	10.60	52068（62068）	8.84（10.54）	151127	25.67	212715	36.13	129207（129209）	21.94（21.94）
合计	4410723	28.15	4094097（4084097）	26.07（26.07）	10574500	67.50	14506352（14597428）	92.60（93.18）	10334947（10744057）	65.97（68.58）

数据说明：1. 不加括号的数据表示的是原载逐县数据的累加数，加括号的数据表示的是原载府级数据，二者之间有时有所差异。

2. 表中数据计算方法示例：万历《山西通志》汾州府户口数由下辖汾阳县、灵石县、平遥县、永宁州、介休县、孝义县、宁乡县、临县户口数构成，而清嘉庆二十五年行政区划中，汾州府由汾阳县、孝义县、平遥县、介休县、临县、永宁州、宁乡县、石楼县构成。两相比较，后者少灵石县而多石楼县。故对应至嘉庆二十五年行政区划中，万历十年的户口数当由汾阳县、平遥县、永宁州、介休县、孝义县、宁乡县、临县、石楼县构成，此即表中数据之由来。

3.（1）成化《山西通志》原载潞安府洪武二十四年的数字 1113024 人应该存在问题。据康熙《长治县志》卷 2《户口》所载："户口之在潞州者，明洪武中实在户二万八千五百二十四，口一十九万六千九百一十八。"成化《山西通志》所载潞州直隶州洪武二十四年与成化八年口数分别为 1113024 人与 548460 人，其间二者差别甚巨。主要是因为所载潞州本州口数差别亦如此巨大引起的，成化《山西通志》载潞州本州洪武二十四年与成化八年口数分别为 643532 人与

164590 人。说明，成化《山西通志》所载潞州本州的口数有误。当取康熙《长治县志》所载口数为准，则潞州直隶州洪武二十四年口数为 666410 人，此数字与成化《山西通志》所载潞州本州数字相差不大，估计成化《山西通志》所载洪武二十四年潞州本州数字实际应是潞州直隶州全州之数。（2）万历《山西通志》原载文水县口数为 209726 人，远高于同府其他县份数字，估计存在错误。据康熙《文水县志》卷 3《民俗志・户口》载，万历九年文水县有口 93650 人，故以此为准。（3）万历《山西通志》原载汾阳县口数为 40596 人，且原载汾州府口数为 521226 人，但实际各县口数累加数为 341262 人，其间差距甚大。据康熙《汾阳县志》卷 7《丁徭》载，万历年有 13062 户 127574 人，可知，大抵万历《山西通志》所载汾阳县口数有误。故取 127574 人而舍 40596 人，各县累加数变为 428240 人，仍与原载 521226 人差 10 余万人，不知何故。

数据来源：明洪武二十四年数据来自成化《山西通志》。万历人口数据来自万历《山西通志》，其中，平阳府、潞安府、汾州府、大同府、辽州各属明言是万历三十五年数据，沁州本州、泽州及各属明言是万历三十八年数据，此外，包括太原府所属州县在内的许多州县数据均只言明是万历年，为了与之后的土地数字相对应，姑且计作万历十年，其间定有误差，但从总结趋势的角度而言，当不至太谬。嘉庆二十五年的数据来源于嘉庆《大清一统志》。乾隆元年的数据系由嘉庆二十五年的数据逆推得出，据以推算的年均人口增长率来自《中国人口史》第 5 卷《清时期》中所估之人口增长率。光绪五年的人口数据来源于光绪《山西通志》，其实光绪《山西通志》的人口数乃光绪十年数字，此处为与土地数字相匹配，姑且计作光绪五年，前后时间相差不多，故亦不至误差太大。

梁方仲在《中国历代户口、田地、田赋统计》中给出了清嘉庆二十五年山西各府州人口密度数据，梁氏原表中有归化城六厅的数据，根据我们的统计原则，今剔除，无法剔除的是朔平府所辖的宁远厅与大同府所辖的丰镇厅，这可能是跟上面我们所统计的人口密度差距较大的原因。具体可见下表 2-4。

表 2-4　清嘉庆二十五年山西各府州人口密度

府、直隶州	人口（人）	面积（平方公里）	密度（人 / 平方公里）
太原府	2086640	16500	126.46
平阳府	1397546	12300	113.62
蒲州府	1398811	3300	423.88
潞安府	940514	9000	104.50
汾州府	1807377	15000	120.49
泽州府	899698	8700	103.41
大同府	764923	19200	39.84
宁武府	238692	6000	39.78
朔平府	536066	27000	19.85
平定直隶州	640484	8100	79.07
忻州直隶州	366146	5400	67.80

续表

府、直隶州	人口（人）	面积（平方公里）	密度（人 / 平方公里）
代州直隶州	513135	8700	58.98
保德直隶州	140769	3300	42.66
霍州直隶州	351147	3000	117.05
解州直隶州	799521	3730	214.35
绛州直隶州	1017312	5400	188.39
隰州直隶州	134045	6300	21.28
沁州直隶州	266811	5700	46.81
辽州直隶州	212715	4500	47.27
合计	14512352	171130	84.80

资料来源：梁方仲《中国历代户口、田地、田赋统计》之“甲表 88 清嘉庆二十五年（1820）各府州人口密度”。梁氏原表中归化城六厅数据有缺省，且今已不属于山西辖境，故不计入。

《中国人口史》在何炳棣“明代后期某些地区和清代前期全国的所谓的人口统计数只能看作为纳税单位”这一指导性框架下，对明清时期山西的户口数进行了估测，初步复原出了明洪武二十四年、清乾隆四十一年、清嘉庆二十五年的山西分府户口数。[①] 并进一步说：“《嘉庆一统志》载嘉庆二十五年山西口数为 1462.7 万，较表 9–13 稍多，这是由于本节对山西若干府的口数进行修正后所致。《清朝文献通考》载乾隆四十一年有 1250.3 万，亦较本节估计稍多，同样可理解为若干府的口数偏多所致。总的来说，与其他省份相比，无论是《嘉庆一统志》还是《清朝文献通考》，所载山西户口数都是相当准确的。”[②] 故总而言之，明清时期，山西户口数，较为可信的就是明洪武二十四年、清乾隆四十一年、清嘉庆二十五年的数据。《中国人口史》所估测的清嘉庆二十五年蒲州府人口为 110.9 万人，而清嘉庆《大清一统志》为 1398811 人，除此之外的其他各府数均是由清嘉庆《大清一统志》中的数据四舍五入并舍掉千位以下数字得来的。《中国人口史》所估测的清乾隆四十一年的数字，系在清嘉庆二十五年数据基础上由一定的人口增长率估算得来，我们采信了这一人口增长

① 《中国人口史》第 4 卷《明时期》，复旦大学出版社，2000，第 150~151 页。《中国人口史》第 5 卷《清时期》，复旦大学出版社，2001，第 392~393 页。

② 《中国人口史》第 5 卷《清时期》，复旦大学出版社，2001，第 393 页。

率，并将之向前逆推至清乾隆元年（1736），得出乾隆元年的分府口数，以与田地数字的时间相匹配。《中国人口史》经过修正所估测的明洪武二十四年山西的口数为 383.4 万人，这与明成化《山西通志》所载明洪武二十四年的口数 4423408 人差距较大。由于《中国人口史》给出的是分府人口数字，而非分县人口数字，我们进行明清之间府级人口数的比较时无法将之赋值于清嘉庆二十五年之政区上，故不予以参考采用。况且，明洪武年间的统计数字被认为是可信的，因此采用明成化《山西通志》所载洪武二十四年的口数应该是可以的。

总体而言，明清山西各府级政区内人口密度均大幅增长。明万历鼠疫、清光绪大旱对人口都有影响。但即便如此，清光绪五年大灾之初的人口密度也远高于明洪武时期。就被《中国人口史》认为最为可靠的明洪武、清乾隆、清嘉庆人口数字而言，山西府级政区人口密度无一例外地呈现增长趋势。并且由北而南，人口密度渐高。其实，早在蒙元忽必烈至元年间（1264~1294），山西南部之平阳路已经属于“地狭人稠，食不足”①；至元惠宗至正十九年（1359），“河东一方，居民丛杂，仰有所事，俯有所育”②。如此，我们可以相信，大概明洪武二十四年平阳府 53.20 人 / 平方公里的人口密度可能已属濒临上限。换句话说，对明清山西而言，大概每平方公里 50 人就已经属于处于温饱边缘的人口密度。农业耕作条件优越的平阳府尚且如此，其余府州之困境可想而知。入清之后越往后，山西人口密度就越增加。这足以说明土地与人口之间的矛盾随着时间的推移而不断深化。并且以平阳府的情况衡之，这种深化肯定是影响到了人们的温饱。至于影响到了何种程度，我们可以紧接着再看一看彼时山西的土地垦殖率。

二 耕地面积与垦殖程度

关于明清山西土地之垦殖，前面特别述及垦山为田、放淤造田、省外耕垦等类型的垦殖活动，这些垦殖类型的发展，相比于河谷平原的垦殖或复垦

① （清）屠寄:《蒙兀儿史记》卷 94《郑鼎传》，北京市中国书店，1984，第 610 页。

② （元）钟迪:《河中府修城记》，乾隆《蒲州府志》卷 19《艺文》，《中国地方志集成·山西府县志辑》第 66 册，凤凰出版社，2005，第 412 页。

而言，更说明了彼时山西境内之土地可垦的余地渐渐变小，这种情况很早就已经出现，明清时期时代越晚则越盛。清光绪《山西通志》乃是明清山西最后一部省志，其中的观察一定程度上属于总结之言。清光绪《山西通志》在载述田赋时于开篇即言：

> 盖自卫所并入州县，而在官之田始悉散于民。自丁粮摊归地亩，而无田之民始尽免于役。经制既定，垦辟日勤，遂使大漠穷荒皆出租税，沿边列郡并息挽输，休养生息之盛古未有也。[①]

此段话不仅仅是在陈述一个清初以来的事实，所呈现的更是历史上渐积所至的一个结果。对于我们所主要谈论的明清这一时段而言，则意味着此期总的趋势是垦殖率在提升。

相比于还有几个可信的断面数据的人口数而言，明清山西的土地数字可谓无一是对真实耕地面积的反映。赵赟经过研究指出梁方仲乃是提出“纳税单位”的第一人。早在1935年，梁方仲就曾指出：“田地之数，实只代表纳税的垦田，并不是指实际的田地面积。这是历代都如此的。至于户口，亦是如此。”[②]何炳棣则更明确地指出：“鉴于南宋以降的中国和传统的英国的土地数字性质的相似，我从五十年代研究我国明清人口和种种相关因素时，即开始称明清的亩为‘纳税亩’，明清的土地数字为纳税单位。”[③]纵然，我们知道古代所谓土地数字是纳税单位而非耕地面积，但这些数字仍然是我们讨论相关问题时不得不利用的。赵赟就有条件地承认“纳税单位具有反映‘真实’耕地面积的一面”，就徽州府而言，“万历数据仍是经过层层折算后量的汇总，其‘真实’是从整体而言，还不是现代统计意义上的真实”。[④]针对清

① 光绪《山西通志》卷58《田赋略一》，中华书局，1990，第4215页。

② 转引自赵赟《苏皖地区土地利用及其驱动力机制（1500~1937）》，博士学位论文，复旦大学，2005，第20页。

③ 〔美〕何炳棣：《中国古今土地数字的考释和评价》，中国社会科学出版社，1988，第100页。

④ 赵赟：《纳税单位“真实”的一面——以徽州府土地数据考释为中心》，《安徽史学》2003年第5期。

光绪《山西通志》所载清代山西的田地数字，王社教亦认为："光绪《山西通志》中的土地数字不是完全通过实际丈量得来的，既包含有前代的折亩基数，又可能经过本朝土地丈量时变换折地干尺的计算，还可能存在着大量的隐漏田地，但可以肯定，它应是在以前的基础上通过报垦升科、清查隐漏和豁免荒地等加减得出的。在目前没有其他更为系统全面和准确真实数字的情况下，其价值是不可替代的。特别是在考虑到资料性质在时间上的前后同一性和空间上的区域相似性情况下，其土地数字的变动应该基本上可以反映清代山西各地土地垦殖的变化情况。"[①] 故而，目前为止，虽然学界公认册载田亩数字并非实际耕地面积，但并不否认这些册载数据所具有的价值，尤其是在据以讨论土地增减之趋势时。

明代，山西曾进行过一次清丈。张海瀛评价辛应乾主持的山西布政司（不含大同府）的清丈成绩时说："达到了预期目的，获得圆满成功。"张海瀛的此番评价所依据的是："为说明清丈实绩，首先需要对隆庆六年（1572）至万历十年（1582）间，山西布政司的地亩概况和夏秋粮征派情况作些考察。只有具体了解清丈前的各项数据，并同清丈后的数据加以比较，才能知道万历清丈的具体实绩。"并总结出清丈实绩的四个表现：解除了"无地纳粮"的重负、查出了"有地无粮"之欺隐地亩、新增地亩八万余顷、减轻了纳粮地亩的负担。[②] 张海瀛的评价是从增加纳税土地面积的角度，而并非从反映真实耕地面积的角度而言的。如果以反映真实耕地面积为目标，那么明万历初年进行的此次清丈并不算成功。

因为，尽管明万历清丈新增地亩八万余顷，但由于原额观念作祟，万历清丈的最后数据依然不是真实的耕地数字。据李裕民研究，"今次该县申报，隆庆二年已经均丈，地不失额，题准免丈"的太原府繁峙县"旧管地2788 顷 33 亩，隆庆二年（1568）丈量地为 8119 顷 74 亩，比原有地多出了三倍，耐人寻味的是税粮几乎没有增加"，并且又说："如果拿万历《山西丈

---

① 王社教：《清代山西的田地数字及其变动》，《中国农史》2007 年第 1 期。

② 张海瀛：《张居正改革与山西万历清丈研究》，山西人民出版社，1993，第 214、218~221 页。

地简明文册》和万历《繁峙县志》所载对照，又可以看到新的问题，文册中载隆庆六年繁峙地亩为2796顷27亩7分，竟与隆庆二年丈量数完全不同，而与丈量前的地亩及税粮基本相同，也就是说姓杨的知县并没有如实上报丈量的地亩。据此可知，杨知县清查土地的目的，不在于通过清查实数扩大征税额，而是把原来的征税额均摊到实际地亩上，使各户负担更合理些。为此，他不能据实上报清查实数，如据实上报，国家就会加征税额，百姓就会增加负担，导致民不聊生。"①张青瑶经过研究后亦认为："山西万历清丈期间，并不是所有州县都进行土地丈量，即便部分州县清丈，也是以维护原额，均平赋税为目的，并不上报真实丈量结果，而是核为旧额填报于丈地简明文册。"②

总而言之，即便清丈有实绩的明万历清丈，其所得田地数字依然难逃"册载数据"的窠臼。明清时期的山西并无能符合实际耕地面积的籍载数字，但从反映土地增减趋势的目的而言、从讨论土地垦殖率总体趋势的角度而言，这些数字还是有用的、值得参照的数据。

故而，我们拣出明成化《山西通志》卷6《田赋》中明洪武二十四年的田地数字，张海瀛所整理的明万历《山西丈地简明文册》中万历十年（1582）的田亩数字，清嘉庆《大清一统志》卷135~160所载清嘉庆二十五年（1820）田地数字，以及清光绪《山西通志》卷58~65《田赋略》所载"乾隆初年""光绪五年"的原额田地数字，逐县累加成府州田地数。需要说明的是，清光绪《山西通志》所载亩数为清乾隆初年的数字，显然不能贸然就据此计算人均耕地数，故我们将清乾隆初年定为清乾隆元年（1736），因为清光绪《山西通志》记载的实际上是田地原额，从原额的角度上而言，清乾隆初年与清乾隆元年的数据当无差别。明清1亩=0.9216市亩=614.4平方米③，在比较

① 李裕民：《新发现的万历〈繁峙县志〉研究》，《明史研究》第2辑，黄山书社，1992，第179~183页。

② 张青瑶：《环境与社会：清代晋北地区土地利用及其驱动机制研究》，陕西人民出版社，2021，第123页。

③ 吴慧：《中国历代粮食亩产研究》，农业出版社，1985，第236页。

府州辖域面积与册载田地亩数之间的比例时，具体换算标准依此。据此，制成表 2–5。

表 2–5 明清山西分府州册载田地亩数及垦殖率

单位：亩，%

府、直隶州	洪武二十四年		万历十年		乾隆元年		嘉庆二十五年		光绪五年	
	田地	垦殖率	田地	垦殖率	田地	垦殖率	田地	垦殖率	田地	垦殖率
太原府	5039398.99	17.06	5676026.52	19.21	5968191.44（5968194.47）	20.20	5957255.90	20.17	5890244.81（5890448.58）	19.94
平阳府	5398520.79	24.28	5391135.18	24.26	4898037.24（4898164.24）	22.04	4898137.20	22.04	4679569.38（4776683.56）	21.05
蒲州府	3102171.77	48.28	3114348.19	48.47	3465988.00（3465976.75）	53.94	3461643.30	53.87	3403514.03（3403514.13）	52.97
潞安府	4161013.93	28.49	4235933.29	29.00	3798969.75	26.01	3798969.70	26.01	3789272.33	25.94
汾州府	3380918.85	14.58	4827775.20	20.83	5109621.43 (5109621.47)	22.04	5109405.40	22.04	5097339.23（5097339.37）	21.99
泽州府	3180449.38	20.62	3103669.31	20.12	2796022.28	18.13	2795931.20	18.13	2729804（2729703.99）	17.70
大同府	1875095	7.18	3153979	12.08	5065510.64 (5135376.17)	19.40	5128218.60	19.64	4812258.69（4882093.68）	18.43
宁武府	—	—	—	—	1666997.81 (1666816.13)	16.23	1666997.80	16.23	1571186.13（1571019.13）	15.30
朔平府	346589.70	2.72	—	—	2850130.73 (2851033.12)	22.39	2683704	21.08	2521152（2521994.38）	19.80
平定直隶州	917900.30	6.24	1107252.27	7.52	1063760.65	7.23	1063894.90	7.23	1063894.98	7.23
忻州直隶州	1232199.55	12.54	1426788.85	14.52	1558448.90	15.86	1547326.40	15.75	1542612.62（1542612.63）	15.70
代州直隶州	1572182.56	9.45	1708453.59	10.27	2216477.46	13.33	2108111.50	12.67	2107409.28（2107553.86）	12.67
保德直隶州	57342.25	1.39	81127.42	1.97	97740.01	2.38	94740	2.30	94740.01	2.30
霍州直隶州	865172.86	19.41	828479.26	18.58	893209.98	20.04	893209.90	20.04	867058.95	19.45
解州直隶州	2644115.90	37.69	2643216.26	37.67	2338436.61	33.33	2337217.90	33.31	2332963.93（2333011.93）	33.25
绛州直隶州	3529517.40	39.20	3433939.92	38.14	3428793.22 (3428793.23)	38.08	3428793.20	38.08	3422562.48（3422562.49）	38.02

续表

府、直隶州	洪武二十四年		万历十年		乾隆元年		嘉庆二十五年		光绪五年	
	田地	垦殖率	田地	垦殖率	田地	垦殖率	田地	垦殖率	田地	垦殖率
隰州直隶州	1051585	10.42	1028438.80	10.20	592861.04（592355.44）	5.88	592355.40	5.87	503249.04（502743.44）	4.99
沁州直隶州	1523098.10	16.87	1411974.59	15.64	1074790.79	11.91	1075460.50	11.91	1069065.53（1069038.53）	11.84
辽州直隶州	602688.35	6.29	1067845.85	11.14	885561.69	9.24	885561.60	9.24	819718.66（819718.76）	8.55
合计	40479960.68	15.88	44240383.50	17.35	49769549.67（49839749.14）	19.52	49526934.40	19.42	48317616.08（48485004.73）	18.95

说明：

1. 所有数据均四舍五入并保留两位小数。

2. 不加括号的数据表示的是原载逐县数据的累加数，加括号的数据表示的是原载府级数据，二者之间有时有所差异。

3. 明代潞州直隶州本州数字原载为“4165560 亩”，此数据几乎是潞州下辖各县份数据的 10 倍，可以肯定有误。成化《山西通志》载：洪武二十四年，潞安直隶州本州的数字为 41655 顷 60 亩，同时载成化八年，潞安直隶州本州的数字为 5711 顷 81 亩 2 分 3 厘，二者差异巨大，而其间潞安直隶州所辖区域并未有巨大变化，故猜测洪武二十四年数字有误。明嘉靖八年升潞安直隶州为潞安府的同时，置潞安府附郭县，名长治县。大抵，潞安直隶州本州与后来的长治县辖境相差不大。据康熙《长治县志》卷 2《田赋》所载：“田赋之在潞州者，洪武中官民地五千七百一十一顷八十一亩二分三厘。”康熙《长治县志》所载“洪武中”的数字与成化《山西通志》所载“成化八年”的数字一模一样，可能是方志纂修者亦察觉出洪武与成化数字悬殊而后采信成化数字，此处我们亦以成化《山西通志》所载“成化八年”数字为准。实际上，以成化八年的潞州本州数字与其他各县洪武二十四年数字相加后所得的“4161013.93 亩”，与成化《山西通志》原载潞州本州“4165560 亩”相差不大，故可推测成化《山西通志》潞州本州的数字实际上可能就是潞州直隶州本州及各下辖县的数字之总，纂志者可能误将潞州直隶州全州数字误记为潞州本州数字。

4. 万历十年大同府的数字中包含蔚州、广昌以及朔州、马邑的数字无法剥离，而朔州、马邑的数字正好是朔平府的数字，故万历朔平府数字空缺，万历大同府面积不包括蔚州、广昌，但土地数字却包括，导致计算出的垦殖率较不计入蔚州与广昌土地数字时为高。若将大同府面积与朔平府面积相加，在此基础上利用大同府土地数字算垦殖率，则仍然比不计入蔚州与广昌土地数字时略高。

资料来源：洪武二十四年数据采自成化《山西通志》；万历十年数据除采自张海瀛整理的明万历《山西丈地简明文册》外，大同府的数字采自《明武宗实录》；嘉庆二十五年数据采自嘉庆《大清一统志》；乾隆元年及光绪五年的数据采自光绪《山西通志》。

山西省丘陵多平地少，有“八分山丘两分田”的特点，据不精确量算，全省山地面积为 62488 平方公里，占全省面积 40%；丘陵为 62963 平方公里，占 40.3%；河谷盆地为 30815 平方公里，占 19.7%。[①] 由此观之，20% 应该是

① 张维邦主编《山西省经济地理》，新华出版社，1986，第 23~24 页。

山西垦殖率的上限。纵观明清时期，山西各府州的垦殖率逐渐逼近20%，说明山西之河谷盆地几乎开垦殆尽。而河谷地区又是人口最密集的地区，土地利用类型必定多种多样，不可能全都是耕地，所以周边丘陵、山地的垦殖率应该也在增加。而按照“两分田”的标准衡量，垦殖率告诉我们，鼎盛时期，山西已经无地可垦，出现垦山为田、放淤造田以及耕垦省外就是必然趋势。对于山西而言，垦殖率确乎已属于高到离谱，显然这样高的垦殖率下所耕种的土地仍是难以养活山西人口的。不过，这样的推论还需要更明确的统计，故接下来还需要对人均耕地及其基础上的粮食亩产、养活人口的最低耕地需求量进行一番考量。

三　粮食亩产的供应能力

上面所据之人口、田地数字虽都并非实际的数字，但一定程度上能够反映明代山西布政司、清代山西统部各府州人口与耕地之间的比例关系。就人口而言，洪武二十四年、嘉庆二十五年的人口数字是明清山西两个较为可信的人口断面数据。但就田地数字而言，由于受原额观念以及其他一些因素的影响，册载田亩数字不可避免地具有纳税单位的性质，从而离真正意义上的耕地面积相差甚远。不过，没有学者否认这些数据的价值，尤其在不追求耕地面积、人口数量的绝对值的前提下。从抽样调查的角度而言，文献中的数据无疑是一个样本，由此得出的人口及田亩变化趋势大抵是可信的。由是，为了更好地回答山西地土是否养活了当时的人口，根据上文的数据，我们进一步估测了当时的人均耕地，见表2–6。

表2–6　明清山西人均耕地数据

单位：亩

府、直隶州	人均耕地				
	明洪武二十四年	明万历十年	清乾隆元年	清嘉庆二十五年	清光绪五年
太原府	10.14	10.95	3.65	2.85	4.11
平阳府	7.42	10.81	4.35	3.5	6.10
蒲州府	10.91	16.75	4.76	2.47	6.32

续表

府、直隶州	人均耕地				
	明洪武二十四年	明万历十年	清乾隆元年	清嘉庆二十五年	清光绪五年
潞安府	6.24	11.15	5.65	4.04	4.46
汾州府	10.31	11.18	3.72	2.83	3.12
泽州府	6.7	4.91	4.34	3.11	4.13
大同府	16.62	33.21	7.82	6.7	4.78
宁武府	—	—	8.95	6.98	6.81
朔平府	24.8	—	6.37	5.06	13.05
平定直隶州	11.85	9.02	2.14	1.66	1.75
忻州直隶州	13.35	11.07	5.49	4.23	3.43
代州直隶州	15.5	19.16	5.55	4.11	4.77
保德直隶州	5.95	5.31	0.89	0.67	0.6
霍州直隶州	9.28	7.41	3.41	2.54	4.91
解州直隶州	9.34	11.80	4.33	2.92	7.98
绛州直隶州	9.82	9.51	5.90	3.37	6.92
隰州直隶州	11.89	34.22	5.91	4.42	6.03
沁州直隶州	10.99	7.03	5.63	4.03	5.69
辽州直隶州	9.66	20.51	5.86	4.16	6.34
历年均值	9.18	10.83	4.71	3.41	4.68

从明至清，整体上而言，人均耕地面积是在往少的趋势上发展着的。万历数据的倏忽增高，一方面与清丈确有实绩有关，另一方面与万历鼠疫人口损失有关。同样，光绪五年的人口数、光绪十年的土地数所构成的人均耕地表现为倏忽增高，则是丁戊奇荒的结果。而光绪时期的人均耕地数所显示的还可能是，即使损失了大量人口，其时的人均耕地依然与乾隆元年的数字不相上下，由此或许可以认为山西人地矛盾激化已经到了相当深的程度，很难通过一次大的人口损失来缓解，而是必须寻求另外的解决策略。进一步言之，上述人均耕地，明时可计为 10 亩，清时可计为 4 亩。以册载土地亩数最多的清乾隆元年之数，除以册载人口数最少的明万历十年之数，所得人均耕地也才 12.19 亩。问题便在于，人均 12.19 亩以及人均 10 亩或 4 亩的耕地数量意

味着什么呢？从数据本身所提供的信息能够看出，自明至清，人们养活自己的压力越来越大，这也符合文献中的定性描述。但我们仍然需要通过了解粮食亩产以及人的最低摄取热量与人均所需最低亩数，以真正评估明清山西土地养活人口的能力。

清人洪亮吉说：

> 今日之亩，约凶荒计之。岁不过出一石；今时之民，约老弱计之，日不过食一升。率计一岁一人之食，约得四亩。十口之家，即须四十亩矣。[①]

曲格平、李金昌说，“按当时（唐至元）生产力水平，必须使人均耕地保持在10亩以上，才能保证足够的口粮”，又说“即使按照农业生产水平提高后只需人均4亩耕地的水平算，清朝前期（1754年前后），中国人口就已经达到临界点了”。[②] 李心纯据“必须使人均耕地保持在10亩以上”之说，认为“洪武二十六年，山西户595444、口4072127，人均耕地为10.28亩，这一比例只能表明其时山西的人口与耕地，维持着极其脆弱的平衡”。[③] 张青瑶说：“传统社会人均4亩左右（3.68市亩）是维持个人生存的基本耕地数，是人口生存的饥寒界限。”[④] 此说法应该是根据清人洪亮吉所言“率计一岁一人之食，约得四亩”所得。根据以上言论所显示的数据，虽也能得出与史实出入不大的结论，但直接据以计算明清山西养活一口人所需要的田地亩数时，则显得有点简单。因此，在上述说法的基础上，我们另需深入山西明清这一具体时空场域中，以更细致地讨论彼时彼地养活一个人到底需要几亩耕地。

---

① （清）洪亮吉：《卷施阁文甲集》卷1《意言·生计篇》，《洪亮吉集》，中华书局，2001，第15页。

② 曲格平、李金昌：《中国人口与环境》，中国环境科学出版社，1992，第19~20、22页。

③ 李心纯：《黄河流域与绿色文明——明代山西河北的农业生态环境》，人民出版社，1999，第31页。

④ 张青瑶：《环境与社会：清代晋北地区土地利用及其驱动机制研究》，陕西人民出版社，2021，第174页。

山西北部，属于一年一熟区。明晚期，褚铁曾言：

边方山高地寒，早霜寡收，虽有百亩之田，亦不及腹里平地十亩之入，种地养马尚多逃窜，征银课饷势岂能行？[①]

可见，山西北部亩产一直不高。清顺治初年，宣大总督佟养量的奏疏中亦写道：

腹里肥膏，每亩收田二三石，所谓寸金寸土，边方土壤砂瘠，每亩地价不过三五钱，遇雨旸时若之际，收五斗者便称有年，则地利不若也。[②]

清康熙时，保德州人杨永芳则说：

州境山坡陡地，抑且暖迟霜早，一年一熟，犹有不能告成者，至窎远山谷，十年九荒，遇丰岁计亩所获，不过一二斗，稍歉则仅收籽粒耳，其去平原沃土不啻天渊。[③]

清乾隆《大同府志》载大同：

其农力作勤苦，然薄于粪壅，又多砂碛硗确，风高霜早，清明前后始种麦豆，五月种谷粟秫稷荞莜麦各种，丰岁亩不满斛，故日仅再食。[④]

① （明）褚铁：《条议茶马事宜疏》，（明）陈子龙选辑《明经世文编》卷386《褚司农文集》，中华书局，1962，第4183页。

② 顺治《云中郡志》卷4《食货志·赋役》，大同市地方志办公室，1988，第172页。

③ 康熙《保德州志》卷4《田赋》，《中国方志丛书·华北地方》第414号，成文出版社，1976，第228页。

④ 乾隆《大同府志》卷7《风土》，《中国地方志集成·山西府县志辑》第4册，凤凰出版社，2005，第131~132页。

清乾隆《应州续志》载应州：

土田皆沙瘠，兼之边地高寒，惟宜黍、稌、芦、菽、胡麻、穬麦数种，绝无稻粱嘉谷，春夏苦风旱，秋苦霜早，又或霖潦暴涨，恒患淹没，值有年所收亦亩以升斗计，终岁力作，止谋朝夕，罕有陈因备蓄者。[①]

清乾隆《广灵县志》载广灵县人：

其性恋土怀乡，不能牵车服贾，凡俯仰交际租税之费，皆取给于田，丰年每亩不过数斗。[②]

清光绪《天镇县志》载天镇县：

地土沙碛硗薄，寒独早，七月陨霜，农人往往清明前后种麦、豆，五月种谷、粟、秫、稷、油麦、荞麦，丰岁亩不满斗。[③]

民国《合河政纪》载兴县：莜麦，亩均收 2 斗；糜黍，山地亩均 1 斗、平地亩均 2~3 斗；春麦，亩均收 5 斗；谷，亩均收 3 斗；马铃薯，亩均收 500 斤。[④] 李三谋、曹建强亦曾梳理清代山西北部亩产，也就是 3~5 斗。[⑤] 所种粮

① 乾隆《应州续志》卷 1《方舆志 · 风俗》，《中国地方志集成 · 山西府县志辑》第 29 册，凤凰出版社，2005，第 426 页。

② 乾隆《广灵县志》卷 4《风土志 · 乡俗》，《中国地方志集成 · 山西府县志辑》第 8 册，凤凰出版社，2005，第 25 页。

③ 光绪《天镇县志》卷 4《风土记》，《中国地方志集成 · 山西府县志辑》第 5 册，凤凰出版社，2005，第 513 页。

④ 民国《合河政纪》“实业篇”，《中国方志丛书 · 华北地方》第 71 号，成文出版社，1968，第 128~129 页。

⑤ 李三谋、曹建强：《清代北方农地使用方式》，《农业考古》2001 年第 3 期。

食作物，大抵以麦谷为主，一年一熟，则亩产之平均值大约应该是春麦 5 斗、谷 3 斗。

山西中部的太原，种冬小麦，两年可三熟。太原县士人刘大鹏记载了清末民初其家种宿麦收获的情形。清光绪二十一年闰五月二十四日（1895 年 7 月 16 日）记：

> 吾乡正在获麦之时，余尝登场收获，但被冰雹打伤，每亩不过收三二斗麦。不然，每亩必获一石。吾乡一带，农家皆歉，即如余家耕种七八亩麦田，即少获三几石麦子，去半年余口粮。

同年七月初六日（1895 年 8 月 25 日）记：

> 余家贫穷，只有薄田十数亩，不足养十口之家，全仗父亲大人在外经营，母亲大人在内整理。

民国五年六月初二日（1916 年 7 月 1 日）记：

> 日来收麦处处登场……现在天旱，他处田多无苗，惟吾邑滂河水灌之田尚多……获麦一场，二亩三分田得麦二石四斗。[①]

由此可见，彼时宿麦应当是农家所主要依恃的粮食作物。

山西南部亦属于两年三熟区，西南部之蒲县：

> 蒲地之瘠尤甚，平川地十不能居一，而砂石相半，水发且多冲啮之患，其余梯冈为田，半属山坡峭岭，以中岁准之，上者每亩获不及石，

① 刘大鹏遗著，乔志强标注《退想斋日记》，北京师范大学出版社，2020，第 44、216 页。

下者及斗而止。[①]

蒲县再往南的万泉县：

万邑四面多山坡，无平原旷野，无水泉灌溉，其地硗确赤坟，丰年仅资事蓄，雨泽愆期则亩收一二斗，同室不免啼饥，民之不得不俭者势也。[②]

山西中部偏东之武乡县：

邑民专事耕农者十之七八，惟地乏水利，强半硗确，而区田换种诸法虽经官厅多方提倡，尚未通行，故每亩所获，丰岁上腴不过石余，其次或仅数斗。[③]

武乡县稍西南之沁源县：

我县农田收量首推县城附近各田，平均每亩一石有余，次则为二区郭道附近各村，平均每亩在一石上下，三区古寨附近各村平均每亩五六斗之谱。

种禾分为三季，在春季为豌扁豆、莜麦，在夏季为莜麦、马铃薯、玉蜀黍、高粱、谷、糜黍、杂豆、荞麦等，在秋季为宿麦，种期最延长者，惟莜麦，种有大小之别，收期有夏秋二秋之分，故我沁乏全荒之虞，即以此。[④]

---

① 乾隆《蒲县志》卷3《赋役志·田赋》，《中国地方志集成·山西府县志辑》第50册，凤凰出版社，2005，第439页。

② 民国《万泉县志》卷2《政治志·风俗》，《中国地方志集成·山西府县志辑》第70册，凤凰出版社，2005，第54页。

③ 民国《武乡县志》卷1《生业略》，《中国地方志集成·山西府县志辑》第41册，凤凰出版社，2005，第147页。

④ 民国《沁源县志》卷2《农田略》，《中国地方志集成·山西府县志辑》第40册，凤凰出版社，2005，第303页。

南部比之北部气候温煦，每亩产量因此略高于晋北，大抵亩收 1 石为常年之数。

根据 1934 年太原经济建设委员会经济统制处调查，彼时山西各粮食平均产量如表 2–7 所示。

表 2–7 民国时期山西省各粮食亩均产量

单位：石

类别	小麦	谷子	高粱	玉蜀黍	豆类	莜麦	黍子	大麦	糜子	荞麦	胡麻	稻子	芝麻	杂粮	总计
亩产	0.8	0.9	1.0	1.0	0.5	0.5	0.7	1.0	0.9	0.6	0.6	1.7	0.6	0.3	0.8

资料来源：造产救国社：《山西造产年鉴》，造产救国社印，1936，第 287~289 页。

郭松义经过研究后认为：“山西亩产，高的可达到 1 石多，一般 8~9 斗、5~6 斗，晋北高寒地区和其他山区，多数 3~4 斗，也有 1~2 斗的，但也不排斥有产量较高的田地。”① 对太原迤北的晋北而言，一年一熟，亩产为同一地块一年之产当无疑问。太原迤南则两年三熟，两年三熟的关键作物为冬小麦，如此，则所谓亩产可能就并非同一地块一年之产。但上引山西南部之史料统言亩产多少时，不知其是指年中一季之产还是一地一年之产。针对此一问题，吴慧经过研究后认为：明代北方的亩产麦总的来说以一石为常，夏麦秋粟合起来可以算作两石，无论是一年一获还是一年两获还是两年三获，亩产为两石是合适的，合今量为亩产三百斤，如种两季，则麦粟各为一百五十斤；清前期，北方麦粟亩产，在数字上仍与明代相近，还是麦粟（黍）复种亩产二石，粟、豆等单种也是亩产二石，北方种麦、粟、高粱、豆等，合起来平均亩产两石，折市制约为 303 斤 / 市亩。② 根据表 2–7，则计山西整体上一年亩产 2 季 ×0.8 石 =1.6 石应该是没有问题的。再据吴慧所言亩产两石折市制约为 303 斤 / 市亩计算，则明清山西田地所产大约可计为 242.4 斤 / 市亩，其中作物则以主粮作物麦粟各占一半计之。

一般而言，“人类如要得到较好的食物享受，必须每人占有耕地 10~15

① 郭松义：《清代北方旱作区的粮食生产》，《中国经济史研究》1995 年第 1 期。

② 吴慧：《中国历代粮食亩产研究》，农业出版社，1985，第 173、177~178 页。

亩，最少也得 6 亩。如果以每人每天消耗 3000 千卡热量，每人一年需 109.5 万千卡，以平均亩产 400 公斤粮食，每克粮食含 4.15 千卡能量计算，亩产能量是 166 万千卡，则每人只需 0.66 亩耕地。如再把种子和工业用粮的需要考虑在内，养活一个人的耕地面积还要大一些，需 1~1.5 亩”[①]。据此，则约 525 斤为养活人口的最低年粮食量，若以 242.4 斤 / 市亩为标准衡量，则人均大约需要 2 亩耕地，若计入粮税、种子等非口粮消耗，人均耕地则至少需要 4 亩，这与清人洪亮吉所论是相符合的。以上所言，仅就“粮食”而言，若再以小麦、小米准之，则会更加有说服力一些。

一般小米每百克的热量为 362 千卡，面粉每百克的热量约 350 千卡。[②] 按每天 3000 千卡计算，人需小米约 0.83 千克，人需面粉约 0.86 千克，则一年需要约 365 天 ×0.83 千克 / 天 =302.95 千克即 605.9 斤净小米，或者需要约 365 天 ×0.86 千克 / 天 =313.9 千克即 627.8 斤面粉。以 80% 的出米率或出粉率折算，则需原粮小米 757.375 斤或原粮小麦 784.75 斤。按亩产 242.4 斤 / 市亩算，则小米需人均约 3.12 市亩耕地，小麦需人均 3.24 市亩耕地。按明清 1 亩为今日 0.9126 市亩计，则折合成明清亩，小米需人均 3.42 亩，小麦需人均 3.55 亩，二者平均亦需人均约 3.49 亩耕地。如果考虑到每亩的留种量、缴纳粮食税，以及耕地中除种植粮食作物外，还种植经济作物等非粮食作物，则人均 4 亩的耕地面积只能使人们挣扎地生活。则清人洪亮吉所言“率计一岁一人之食，约得四亩”也是较为合理的。比较明、清两代山西人均耕地，明代似乎可以养活更多人口，至清代则处于温饱的边缘。所谓：

种山田数十亩，秋获幸遇丰年，仓箱皆满，必预计曰：完粮须粜若干，留种若干，某谷可食至明年几月，某谷有余可粜，某谷仅敷食，某

① 杨怀森主编《农业生态学》，农业出版社，1992，第 73 页。

② 中央卫生研究院营养学系编著《食物成分表》，商务印书馆，1954，第 3、5 页。

谷不足。妇女皆能核计，数米而炊，无敢浪费者。[①]

这大概不是五台县一地独有的情形。

也因此，山西南北诸州县常常不得不仰给县外或省外之粮食。清乾隆《宁武府志》即载：

四县（宁武、偏关、神池、五寨）之地，既瘠而少田，田多在山上，鲜灌溉之利，故农人岁耕所获盖少，大半仰食外谷，虽果蔬亦然。[②]

清乾隆《孝义县志》则载：

人多土瘠，虽丰岁亦不赡一邑之食，多藉外来商贩自延、榆、归化等处木筏装载，由黄河而下，至永宁之碛口，复陆运经宁乡至孝，商贩多止孝义、汾、介又自孝义买去，故岁藉补给，又获商人之利焉。[③]

清光绪《平定州志》载：

山西平定州等处山多田少，粒食恒艰，小民向赖陶冶器具输运直省易米以供朝夕，近闻直隶州县因米贵禁粜，此方百姓何以仰给！

平定山多田少，一岁所入，不足支半岁，率籴食于乐平、寿阳，乐平、寿阳之粟日行于境外，其所积固无几矣。以故市粜腾涌，常苦不足，

---

① 光绪《五台新志》卷2《风俗》，《中国地方志集成·山西府县志辑》第14册，凤凰出版社，2005，第81页。

② 乾隆《宁武府志》卷9《风俗》，《中国地方志集成·山西府县志辑》第11册，凤凰出版社，2005，第132~133页。

③ 乾隆《孝义县志》卷8《物产》，《中国地方志集成·山西府县志辑》第25册，凤凰出版社，2005，第504页。

又皆资乎天时，一旬不雨则立槁，乌可恃与？[①]

山西南部平阳早在元代就需仰给他乡：

平阳地狭人众，常乏食，元至元三年，总管郑鼎导汾水溉民田千余顷，开路河雕黄岭道以来天党之粟，建横涧故桥以便行旅，民德之。[②]

民国《新绛县志》之叙言亦载：

绛地非不宜农，而本地产收之粮，恒不敷本地居民之食，岁常仰给于绛以南之大平原。

一遇旱荒，盖藏素虚，饥馑立见，此晋南通例，而绛为津商采棉之埠，尤为显著。[③]

同样可能因为种棉而乏粮的是解县，民国《解县志》载：

近数十年种棉获利，人民以此为生业之大者。以全县三千余顷地计之，足种三分之一，平均收成可易三十余万金，得利诚厚。然妨害嘉谷，民无余粮，害在目前。既三分之一种棉，仅有二分种谷。六万余生灵，每年非三十余万石谷不能养。二千余顷地，丰收不过得谷三十余万石，仅足本年之用，一遇歉岁荒年，粮价腾贵，人少盖藏，何以谋生？是种

① 光绪《平定州志》卷5《食货》，《中国地方志集成·山西府县志辑》第21册，凤凰出版社，2005，第144~145页。

② 雍正《山西通志》卷30《水利二》，《中国地方志集成·省志辑·山西》第3册，凤凰出版社，2011，第584页。

③ 民国《新绛县志》叙，《中国地方志集成·山西府县志辑》第59册，凤凰出版社，2005，第378~379页。

棉终非完全无弊之策。①

而安介生曾这样说清朝时期的绛州，“可见，即使是在农业生产条件较为优越，开发程度相当高的地区，粮食供应严重不足的问题，依然困扰着当地百姓。既然农业生产无法有保障地解决生计问题，那么，只有经商贸易才是摆脱生存危机的首选方式”。② 于是乎，经商在山西蔚然成风，成为山西民人应对粮食不足的一种策略，但“丁戊奇荒”的惨剧证明这也只是权宜之计。经商以求得食粮，可以称为农业剩余劳动力向非农行业的转移，这种劳动力转移的策略也在山西人土关系变迁史上烙上了深深的印记。非农行业不只是商业，举凡能接纳农业剩余劳动力的行业，均是人口转移的方向。

第二节 劳动力向与土相关行业的转移

明清山西人与土地的关系已如上述，尽管不遗余力地寻找可以耕种的土地，不遗余力地保证在耕作制度上的投入，但最终的结果却还是粮食的供不应求，人口与耕地及产出之间的比例持续失衡。立足于土地的种植活动仍然不能满足粮食的自给自足的话，人们就应该将目光投向其他生产行业，以间接获取所需要的食粮。这里农业剩余劳动力主要来自不能承载更多劳动力的种植业，而不涉及种植业以外的其他农业部门。我们如此裁择，乃是因为种植业是直接体现人与土地关系的生产部门，而种植业以外的其他农业部门则离体现人与土地关系略远，与我们所要讨论的“以土为中心的历史”关联不大。相反，所谓的非农行业所指的则是非种植业、非林业、非渔业、非畜牧业，主要包括商业、手工业，这些行业均无法直接生产出可食用的产品。从能直接产出食品的种植业到不能直接产出食品的商业、手工业，这两者之间劳动力流出与流入的对比更能说明人土关系中人与土地关系的显著变化，故

① 民国《解县志》卷2《生业略》，《中国地方志集成·山西府县志辑》第58册，凤凰出版社，2005，第47页。

② 安介生：《山西移民史》，山西人民出版社，1999，第383页。

本研究将非农行业定为商业、手工业以见一斑。特别地，在手工业中又涉及人与土地之外的其他层面的人土关系变迁，而这些变化的源头就是人与土地关系的变化，故特别提出来以彰显我们的主旨。

关于农业剩余劳动力向非农行业的转移，安介生曾在人口外迁的视角下专门论述过清代山西的经商风尚，他说:“山西人经商的历史可谓源远流长，而山西商人真正名震全国，却是从明代开始”;“当时惟一能有效缓解人地关系及转移剩余劳动力的途径便是出外贸易经商”。[①] 缓解人地关系及转移种植业剩余劳动力的途径是商业，这里的商业不仅仅包括省外经商，也应该包括省内经商，尽管在实际的史料中有时不能清晰地对此进行分割，但本研究所说的经商与移民史视角下的经商却是有本质不同的。当然，能够缓解人地关系及转移剩余劳动力的途径不只是商业，还有省外的农垦、手工业，甚至还有一些服务业，总之在以粮食为主要能量来源的山西地区，除了种植业之外的所有其他行业均能缓解人地关系及转移剩余劳动力，只是在这里出于“以土为中心的历史”之论述旨趣的考虑，以及无法回避的明清山西商业史，故特别对商业、手工业加以分析。

一　舍本而逐末的生存逻辑

机械地秉持所谓的农本商末，实际上无益于解决明清山西民人所面临的粮食不足问题。清光绪《解州志》的编纂者曾说:

> 光绪间，会前工部侍郎阎敬铭主讲解梁书院，以拯灾余款，在雍豫购橡槲鲁桑诸种，为河东郡邑广兴地利，知州马丕瑶种桑数万株，布散乡间，刊散《蚕桑简易法》数千本，生斯土者，无趋末而荒正业，则旱潦庶几有备矣。[②]

① 安介生:《山西移民史》，山西人民出版社，1999，第 365 页。

② 光绪《解州志》卷 2《物产》，《中国地方志集成 · 山西府县志辑》第 56 册，凤凰出版社，2005，第 400 页。

在这里，山西南部解州“丁戊奇荒”之际民不足食、多被饿死被认为是“趋末而荒正业”的结果，于是乎为官者试图通过推广蚕桑之业以免旱潦之荒。蚕桑业并非直接生产粮食的产业，当时的为官者推广蚕桑能否达到捍旱潦以救荒年的目的先不予讨论，其农本商末的固执之论则深刻反映了那个时代观念与现实之间的冲突。实际的情况恰恰是，正是因为所谓正业之不足依恃，人们才多趋末业，而恰恰也是人多趋末业才使得山西之民得以暂时续命。

只不过，这种舍本逐末的生存逻辑是建立在土地不足基础上的空中楼阁，一遇冲击就会轰然倒塌。对此，清朝时人已有相当认识。例如，清康熙《绛州志》在述及绛州之风俗时，引明正德末所修旧志云：

> 城市之民，无寸田，多贸易，盈难而虚速。①

清乾隆《直隶绛州志》亦载：

> 绛古唐地，旧称土瘠民贫，迄今地狭土燥，民无可耕，俯仰无所资，迫而履险涉遐，负贩贸迁，以为谋生之计而已，形似富庶，其实家无担石之储，一遇荒歉，则相率而为沟瘠，崇祯间其明征也。②

清末太原士人刘大鹏于清光绪二十一年十二月初三日（1896 年 1 月 17 日）记曰：

> 顷闻商人言：吾乡一带银钱两缺，各行生意，率皆受困，不能周行，推其故，由于农家不足耳，天下大利归于农，农为天下根本，根本已衰，又何望梢末（生意是）之茂盛乎？③

① 康熙《绛州志》卷 1《地理・风俗》，清康熙九年（1670）刻本，第 22a 页。

② （清）马恕:《绛民疾苦记略》，乾隆《直隶绛州志》卷 17《艺文》，清乾隆三十年（1765）刻本，第 25a 页。

③ 刘大鹏遗著，乔志强标注《退想斋日记》，北京师范大学出版社，2020，第 50 页。

所谓“盈难而虚速”、“形似富庶”而“难抵荒歉”、“根本已衰”而梢末难支，此之谓也。

但是，即便是空中楼阁，也不得不饮鸩止渴。所以尽管有天然的肥沃黄土加持，但是由于降水、地势条件的限制，整体上山西的土地不是平壤肥沃者多而是坡地瘠薄者多，农业发展水平不可谓高。因此，迫于生存压力，山西从事商业者颇多，所谓：

> 晋俗以商贾为重，非弃本而逐末，土狭人满，田不足于耕也。太原、汾州所称饶沃之数大县，及关北之忻州，皆服贾于京畿、三江、两湖、岭表、东西北三口，致富在数千里或万余里外，不资地力。①

于是不得不轻去其乡，“明清时期山西地区移民运动最主要特征便是多次大规模向外迁移”，其中不乏农垦性质的迁移；与此同时，“300 年间，大约有 1300 多万山西人外出经商谋生，其中不少从此留居他乡，成为商业性移民”。② 从事商业成为风尚的史实作为表象，其实正体现了山西人地矛盾越发明显与激烈。

明沈思孝 (1542~1611) 作《晋录》，其中有言：

> 平阳、泽、潞豪商大贾甲天下，非数十万不称富。③

大约与沈思孝同时期的郭子章（1542~1618）也说：

> 潞城机杼斗巧，织作纯丽，衣天下；泽、蒲之间，辐辏杂厝，浮食

① 光绪《五台新志》卷 2《生计》，《中国地方志集成·山西府县志辑》第 14 册，凤凰出版社，2005，第 80 页。

② 安介生：《山西移民史》，山西人民出版社，1999，第 440~441 页。

③ （明）沈思孝：《晋录》，王云五主编《丛书集成初编》第 3143 册，商务印书馆，1936，第 3 页。

者多，民去本就末，放效侈靡，羞不相及。[①]

山西何以形成地域性商人群体并引人瞩目，学者所论原因甚多，其中不可否认的一条便是地狭人稠。明代官员张瀚（1510~1593）在《松窗梦语》中就说：

河以北为山西……自昔饶林竹纑旄玉石，今有鱼盐枣柿之利。所辖四郡，以太原为省会，而平阳为富饶，大同、潞安倚边寒薄。地狭人稠，俗尚勤俭，然多玩好事末。独蒲坂一州，富庶尤甚，商贾争趋。[②]

明万历时官至内阁首辅的张四维（1526~1585），其家乡为平阳府蒲州县，曾更明确地说：

吾蒲介在河曲，土狭而民夥，田不能以丁授，缘而取给于商。计坊郭之民，分土而耕蓄者，百室不能一焉。其挟轻赀、牵车牛走四方者，则十室而九。商之利倍农，用是反富视诸郡。[③]

明万历《沃史》引元时旧志载“重迁徙，服劳商贾”[④]，又说“曷怪人情怀土，而沃之轻去其乡也，轻去其乡而走利若鹜”[⑤]。明万历《汾州府志》亦载明万历三十四年（1606）任知府的赵乔年对汾州风俗的评价，其言曰：“汾州……民率逐于末作，走利如鹜。”[⑥] 言舍本逐末为趋利如鹜虽也正确，但

① （明）郭子章：《圣门人物志》序，《圣门人物志》，《四库全书存目丛书·史部》第98册，齐鲁书社，1996，第343页。

② （明）张瀚：《松窗梦语》卷4《商贾纪》，中华书局，1985，第82页。

③ （明）张四维：《海峰王公七十荣归序》，《张四维集·条麓堂集》卷21《序二》，上海古籍出版社，2018，第558页。

④ 万历《沃史》卷13《风俗考》，明万历四十年（1612）刊本，第2a页。

⑤ 万历《沃史》卷14《方产考》，明万历四十年（1612）刊本，第1b页。

⑥ （明）赵乔年：《风俗利弊说》，万历《汾州府志》卷2《地理类·风俗》，明万历三十七年（1599）刊本，第24a页。

将之定义为一种应对土地短缺的策略可能更显客观。

明万历《山西通志》言及所属府州风俗时，对是否事商有所记述，撰者引《太原图经》曰太原府“工商务实”，所属交城“农末相资”，寿阳“寡于贸易”，五台“务耕读而少贸易”，崞县“少经营”；曰平阳府“服劳商贾”，所属浮山“不事商贾”，曲沃“重迁徙，服商贾”，蒲县“界于峻山，不事商贾”，荣河“务农少商”，河津“农亩并无贸易”，安邑“近盐池，颇趋盐利”，芮城“男女多务耕织，市井少居商贾”，石楼“不事商贾，惟勤农亩”；曰潞安府所属屯留“节俭务农织，不事商贾”，平顺“勤于农桑，短于商贾”；曰汾州府所属汾阳“多商贾”，临县“勤于商贾”，灵石“不事浮末”；曰大同府“商旅辐辏”，所属广昌县“耕樵为业，亦事商贾”；引“一统志”曰沁州“专务耕读，少事商贾”。[①] 其中，事商情形各不相同，但总体趋势是，时代越往后经商之风越盛，尤其进入清代之后，经商之风大盛。或许有人会说这是史料的“幸存者偏差”造成的，但如果回顾一下入清之后山西的人口密度、垦殖率与人均占有耕地的情况，则会相信经商之风与农垦不能依恃以活命的相关性很大。

清雍正二年（1724）五月初九日山西学政刘於义奏称：

> 山右积习，重利之念甚于重名，子弟俊秀者多入贸易一途，其次宁为胥吏，至中材以下方使之读书应试，以故士风卑靡。

对此，雍正朱批道：

> 山右大约商贾居首，其次者犹肯力农，再次者谋入营伍，最下者方令读书，朕所悉知，习俗殊属可笑。[②]

山西重商的风气并不可笑，清代山西兴县人康基田对此解释说：

---

① 万历《山西通志》卷6《风俗》，明崇祯二年（1629）刻本，第1b~4a页。

② （清）刘於义奏，清世宗朱批《朱批刘於义奏折》，《雍正朱批谕旨》第47册，上海点石斋，1887，第54a~54b页。

> 太原迤南，多服贾远方，或数年不归，非自有余，逐什一也。盖其土之所有，不能给半岁之食，不得不贸迁有无，取给他乡。太原迤北，冈陵丘阜，硗薄难耕，乡民惟倚垦种上岭下坂，汗牛痛仆，仰天待命，无平田沃土之饶，无水泉灌溉之益，无舟车鱼米之利，兼拙于营运，终岁不出里门，甘食蔬粝，亦势使之然。[①]

人土关系不发生根本性转折，这种舍本逐末的生存策略就不会有所改观。清嘉庆七年（1802）所刻《重修河东会馆碑记》曰：

> 河东古唐虞畿甸，在昭代为股肱郡，表里山河，土满是患，服贾用养，以是遍于天下，而辇下尤最，会馆所由昉也。[②]

《光绪朝东华录》在清光绪四年（1878）十一月甲子条下记曰：

> 该省逐末者多，富商大贾之家，率皆男不知耕，女不知织。[③]

清光绪《平遥县志》则说：

> 晋之炭、铁、枣、酒及诸土产之物，车推舟载，日贩于秦。[④]

晚清张曾则在《归绥识略》中说：

> 晋省夙称富有，固风俗勤俭使然，然其谋生之精，实有他省所未易及者。

① （清）康基田编著《晋乘蒐略》卷2，山西古籍出版社，2006，第131页。

② （清）李发英：《重修河东会馆碑记（嘉庆七年）》，李华编《明清以来北京工商会馆碑刻选编》，文物出版社，1980，第69页。

③ （清）朱寿朋编，张静庐等校点《光绪朝东华录》第1册，中华书局，1958，第669页。

④ （清）佚名：《疏通粢粜文》，光绪《平遥县志》卷12《杂录志》，《中国地方志集成·山西府县志辑》第17册，凤凰出版社，2005，第372页。

《沃史》谓其邑土狭人满，每挟资走四方，所在流寓，虽山陬海澨皆有邑人。此风正不独曲沃一处。归化城界连蒙古部落，市廛之盛甲乎西北。“走口外”三字为吾乡人医贫良方，以故富者出其余赀，觅人出口代权子母。贫者互相汲引，同心协力，操赢居奇，以图厚利。日积月累，按股均分，不数年而贫者骤富矣。或以少年躬亲负贩，而桑榆晚景及身，已坐拥金珠。或以乃翁鞭逐马驼，而泉粟输将，厥子即贵膺民牧。计其享用之侈，兴发之速，微特畎亩耕种，沾体涂足者流，弗克望其肩背。即使咿唔终、世占毕穷年，倘以食报之丰约计之，彼此亦判同霄壤。[①]

如此足见，自明迄清，山西民人经商之盛。但须明确的是，商业是山西人补益农业之不足的生存策略，是一种生存上的权宜之计。

分区域言之，山西北部之大同县：“邑之懋迁者，太原、忻州之人固多，而邑民之为商者，亦不少。”[②] 怀仁县大概与大同县类似：“邑之懋迁者，关以南之人固多，而邑民之为商者亦不少。”[③] 而平定州入清“百余年来，休养生息，户口日繁，计地所出岁莫能给，力农之外多陶冶沙铁等器以自食，他若贾易于燕、赵、齐、鲁间者几十之五，近复习尚奢侈”[④]。盂县“农务耕作无暇日，其赀产不敷养赡者，往往服贾于远方，虽数千里不辞”[⑤]。左云县“地瘠民贫，岁乃一收，农家终岁勤动，即大有之年，一秋之收不敌南路之半季，故农隙以后，有往煤窑服苦者，亦有以养车运货营生者，小户则以驴牛

---

① （清）张曾:《归绥识略》卷 17《地部·市集》，绥远通志馆编纂《绥远通志稿》第 12 册“附册”，内蒙古人民出版社，2007，第 127 页。

② 道光《大同县志》卷 8《风土·风俗》，《中国地方志集成·山西府县志辑》第 5 册，凤凰出版社，2005，第 94~95 页。

③ 光绪《怀仁县新志》卷 4《风俗》，《中国地方志集成·山西府县志辑》第 6 册，凤凰出版社，2005，第 296 页。

④ 光绪《平定州志》卷 5《食货·风土》，《中国地方志集成·山西府县志辑》第 21 册，凤凰出版社，2005，第 168 页。

⑤ 光绪《盂县志》卷 6《地舆考·风俗》，清光绪七年（1881）刻本，第 1a 页。

驾车”；“左邑之民，牵车服贾于口外为两大宗，此外石木泥铁铜锡各工均皆列肆以居”；“本邑缸油布当粟店多系代州崞县寄民，而土著之民合伙贸易于邑城者甚少，大半皆往归化城开设生理，或寻人之铺以贸易，往往二三年不归，以致征粮之际或偕室以行或家无男丁，有司不能过而问焉。且有以贸易迁居，大半与蒙古人通交结，其利甚厚，故乐于去故乡而适他邑也”。[①] 五台县“幅员至六七百里，可耕之土不过十之二三。而服贾皆在本土，无外出者。资本既微，获利无几。合邑所称素封，在省南不过中户，亦止寥寥数家。此外皆资田土，无田者履险登山，石罅有片土，刨掘下种，冀收升斗，上下或至二三十里”[②]。

山西中部之太原府“生齿繁众，隶籍者五万二千户，侨居而末业者，不可胜数”[③]。榆次县“人操田作者十之六七，服贾者十之四三，其有田业者亦多喜为胥吏，给事公庭以为荣，常以岁中为会场，合百货而市易焉”[④]。清源县“乾隆间并县后，士风朴实，民性勤俭，但地薄差繁，本业不足资生，固牵车服贾贸易远方者恒多焉”[⑤]。邻近之徐沟县“农力于野，商营于市，在城在乡有人织纺，迩来竞尚奢靡矣”[⑥]。寿阳县“大率居民务本者众，故耕农之外，别无生理。近代以来，兼资纺织，而贸易于燕南塞北者亦居其半，故户有盖藏，偶逢灾歉，则邻境仓皇，而邑民安堵，勤俭之效可睹矣”[⑦]。介休县人张正任于清乾隆十六年（1751）撰《修石屯分水夹口记》曰：“余邑生齿既繁，非商贾生涯，即

① 光绪《左云县志》卷1《天文志・风俗》，《中国地方志集成・山西府县志辑》第10册，凤凰出版社，2005，第136~137页。

② 光绪《五台新志》卷2《生计》，《中国地方志集成・山西府县志辑》第14册，凤凰出版社，2005，第80页。

③ 雍正《山西通志》卷46《风俗》，《中国地方志集成・省志辑・山西》第4册，凤凰出版社，2011，第4页。

④ 乾隆《榆次县志》卷6《风俗》，清乾隆十三年（1748）刻本，第4b页。

⑤ 光绪《清源乡志》卷10《风俗》，《中国地方志集成・山西府县志辑》第3册，凤凰出版社，2005，第468页。

⑥ 光绪《补修徐沟县志》卷5《风俗》，《中国地方志集成・山西府县志辑》第3册，凤凰出版社，2005，第317页。

⑦ 光绪《寿阳县志》卷10《风土志・风俗》，《中国地方志集成・山西府县志辑》第22册，凤凰出版社，2005，第536页。

尽力于南亩。”[①] 太谷县“民多而田少，竭丰年之谷，不足供两月，故耕种之外，咸善谋生，跋涉数千里，率以为常，土俗殷富实由于此焉”[②]。明代太谷县风俗，前还“力田务本，勤俭不奢”，后即“农力于野，商贾勤贸易，无问城市乡村，无不织纺之家，迩来竞尚奢靡”。[③]

山西东南及西南部，高平县“四郊，东务农，西服贾，南尚角较，北安椎鲁，旧称勤俭，今渐侈靡”；沁水县“士勤诵读，女多纺织，力田服贾，邑无游民”。[④] 沁水县“民勤耕稼，务蚕桑，男多商贾，女多纺织，士勤诵读，贫者游四方，设皋比为生计”[⑤]。灵石县“虽地处冲途，而山田僻壤，夥于他境，故土物所出，视他境较寡焉。盖土俗淳朴，安于服田力穑者什之七，然近时，远服贾者正复不少，果能洗腆孝养，亦不害其心臧之谓也”[⑥]。曲沃县“重迁徙，服商贾”；“至于利之所在，趋之若骛，服贾而走四方者，踵相接焉，则固土狭人满，恒产不赡之所致也”。[⑦] 明万历《山西通志》卷6《风俗》载浮山“不事商贾”，但入清之后情况大变。同治《浮山县志》则载：“浮邑土瘠民贫，兼以人密地稀，田亩岁入仅资口食，一切国课交际均从地出，催科日扰，民不聊生，迨自明徂今，兵革偃息，盗贼藏匿，道路以通，商贾以兴，往来糊口于齐、鲁、燕、赵、宋、卫、中山间者，十之五六，人民渐有起色”[⑧]。光绪《直隶绛州志》引康熙《山东通志》云：“(绛

① （清）张正任：《修石屯分水夹口记》，嘉庆《介休县志》卷12《艺文》，《中国地方志集成·山西府县志辑》第24册，凤凰出版社，2005，第527页。

② 乾隆《太谷县志》卷3《风俗·附考》，《中国地方志集成·山西府县志辑》第19册，凤凰出版社，2005，第73页。

③ 光绪《太谷县志》卷3《风俗》，清光绪十二年（1886）刻本，第1b~2a页。

④ 雍正《泽州府志》卷11《风俗》，《中国地方志集成·山西府县志辑》第32册，凤凰出版社，2005，第77页。

⑤ 光绪《沁水县志》卷4《风俗》，《中国地方志集成·山西府县志辑》第6册，凤凰出版社，2005，第416页。

⑥ 嘉庆《灵石县志》卷3《食货志·物产》，《中国地方志集成·山西府县志辑》第20册，凤凰出版社，2005，第57页。

⑦ 乾隆《新修曲沃县志》卷23《风俗》，《中国地方志集成·山西府县志辑》第48册，凤凰出版社，2005，第121页。

⑧ 同治《浮山县志》卷27《风俗》，《中国地方志集成·山西府县志辑》第55册，凤凰出版社，2005，第193页。

州）城市之民，无寸田，多贸易，盈难而虚速。乡民务耕织，悬崖畸径苟可种，无闲旷，抱布贸易殆无虚时，土狭而瘠使然也。”[①] 河津县“县境水深土厚，俗尚勤朴，南原地广人稀，专事农亩，北乡地沃人稠，民以负戴供食”；“旧志载，邑鲜贸易，而今且商贾盈途，渐趋繁华，固缘生齿日夥，亦力持风教者所宜加之意也”。[②] 闻喜县“邑最富庶在清道光初，至咸同而富稍减矣，非富以农，富以商也。受外国通商之影响，资本家先少获利。然而男子十三四万，竭地力不足糊口，远服贾者二三万人，岁入赡家金四五十万，以与农民易粟麦，粮价适中，金融恒裕，交相维焉……今也，烟禁厉，交通稍便，粮价稍昂，农民始稍苏，然生业一致于力田，挹注之源穷，富庶之增缓，欲复昔日之盛，难矣”[③]。芮城县“当清咸同间人稠地狭，营商于外者甚多。光绪大祲以来，人口减少，土地广多，苟能肆力耕耘，自足度日生活”[④]。以上要言不烦，不仅仅是在说明明清山西商业之风尚，更意在强调，山西商业之从业者众与土地之不足依恃密切相关，土地不足依恃的问题不解决，商业便始终是一种被多数人选择的生存策略，所以至民国时虽晋商整体衰落，但经商在地方仍在继续。

就山西中南部而言，民国《太谷县志》载：“土瘠民贫，土沃民富，相因而至，理有固然。太谷土地硗瘠，人民耕种外，惟恃经商，迩来商业远逊于前，闾阎生计日形艰窘，欲图补救，首在振兴实业”；“太谷农工商各业在昔盛时，商业而外俱无足观”；“惟谷地向以田少民多之故，商于外者甚夥，中下之家，除少数薄有田产者得以耕凿外，余皆恃行商为生，涓涓滴滴为本地大宗来源。近数年来各省兵祸相寻无已，在外经商因失业而赋闲者所在皆是，

① 光绪《直隶绛州志》卷2《风俗》，《中国地方志集成·山西府县志辑》第59册，凤凰出版社，2005，第35页。

② 光绪《河津县志》卷2《风俗》，《中国地方志集成·山西府县志辑》第62册，凤凰出版社，2005，第39~40页。

③ 民国《闻喜县志》卷6《生业》，《中国地方志集成·山西府县志辑》第60册，凤凰出版社，2005，第402页。

④ 民国《芮城县志》卷5《生业略》，《中国地方志集成·山西府县志辑》第64册，凤凰出版社，2005，第81页。

来源顿竭，生计困难，此间阎所以日见贫乏也”。[①] 解县“前清盛时，有讲殖民政策，往洛南山一带，数十百家，开垦山田，颇获厚利。今问之，前业既隳，后人不复继续，间有出外营商者，亦惟陕西之同、朝，河南之巩、洛或有人焉”[②]。新绛县“绛人性质和平，故营商亦其所长。除在本地约占全县人十分之二外，尚有经商于陕西、甘肃、河南及北京各地而自成一团体者。如西北乡人多在陕、甘两省，其数约在千人上下，南乡人多在北京，东乡人多在河南，亦各数百人不等”[③]。沁源县“民国肇兴，生齿日繁，县人感农事之艰辛，地力之有限，对于工商之事业亦有注意及之者，斯亦环境逼迫、生活维艰有以使然也”[④]。并且，“沁源地阔山多，交通阻塞，所有工商业多系客民，本县间有为之者，亦系农家之副业，推其原因，由于薄田易得，本地务农即可生活，既不欲为人学徒，受人之约束，又不欲离故土，受旅外之愁苦。近年来，增加人口，生计较难，而业商者较前为多矣，环境逼迫，势使然也”[⑤]。而“沁源地广人稀，荒山极多，人民有薄田数亩，即安于故土，不欲旅外经商，使商业大权操之客民，吾沁经商者不过百分之二三，全县商号自清代至民国无甚增减”[⑥] 的记述更能说明，商业兴衰也与田土有无有很密切的关系。

二 接纳大量劳力的手工业

商业从来就有，明清时期只是山西人从事商业形成风尚的一个重要时期，

---

① 民国《太谷县志》卷4《生业》，《中国地方志集成·山西府县志辑》第19册，凤凰出版社，2005，第392~394页。

② 民国《解县志》卷2《生业略》，《中国地方志集成·山西府县志辑》第58册，凤凰出版社，2005，第48页。

③ 民国《新绛县志》卷3《生业略》，《中国地方志集成·山西府县志辑》第59册，凤凰出版社，2005，第442页。

④ 民国《沁源县志》卷2《工商略》，《中国地方志集成·山西府县志辑》第40册，凤凰出版社，2005，第308页。

⑤ 民国《沁源县志》卷2《风土略》，《中国地方志集成·山西府县志辑》第40册，凤凰出版社，2005，第313页。

⑥ 民国《沁源县志》卷2《工商略》，《中国地方志集成·山西府县志辑》第40册，凤凰出版社，2005，第309页。

而这与土狭人稠的人与土地关系有着显著的关联。土狭人稠不仅导致商业从业人员增多，也导致大量农业剩余劳动力转向手工业。谭其骧在论及山西在中国史上的地位时说："金元时代山西始终是华北地区经济最发达、人口很稠密的地区"，并说明清两代山西农业"不突出，邻近的平原地区赶上来了。这时山西好像不太重要了，但在工商业方面，山西的商人在明清两代是很出名的"，充分肯定了明清两代山西商业尤其票号业在全国的重要性。① 行龙也曾说："农业经济的衰败，使大量潜在的农业过剩人口被迫弃农而从商，工矿业的缓慢发展又不能吸收众多的过剩人口，这样，为了维持基本的生活条件，近代山西出现了众多的农业人口在农闲季节寻求种种副业的现象，全省各地，因地制宜，不一而足。"②

杨纯渊在研究山西经济史时曾论及明清山西的手工业，其言：明清时期，山西以煤铁为主的民间矿冶业超越官方矿冶业并得到了较快发展，煤铁等矿产运销市场逐渐扩大，纺织业居于全国中等水平，陶瓷琉璃业制作规模之大、分布之广、匠师之多均超迈前代、臻于鼎盛，酿酒业、制盐业、砂器制造、造纸业、酿醋业、皮革业等手工业都有所增长。③ 杨纯渊虽未直接言明这些"超迈前代""臻于鼎盛"的手工业是由于农业人口过剩、农业剩余劳动力转入，但不难猜测，前现代的手工业大多是劳动密集型产业，如此繁盛的劳动密集型产业自然是依托于大量剩余劳动力而存在与繁盛着的。换句话说，商业之外，加入手工业生产也成为明清山西民人应对土地所产不足食的生存策略。

山西南北各县均能因地制宜地从事相关产业。山西北部大同县、怀仁县、广灵县有石炭：

石炭，大同、怀仁西山中出者极多，惟广灵出煨炭，精腻细碎而无

① 谭其骧：《山西在国史上的地位——应山西史学会之邀在山西大学所作报告的记录》，《晋阳学刊》1981年第2期。

② 行龙：《山西近代人口问题初探》，《近代山西社会研究：走向田野与社会》，中国社会科学出版社，2018，第45~46页。

③ 杨纯渊：《山西历史经济地理述要》，山西人民出版社，1993，第351~378页。

烟，埋炉火日夜不灭。[①]

大同县：

东乡一带农人冬日多积粪，其地颇腴于他乡。其西乡一带农人冬日多贩煤，其田尤瘠于他乡。俗所谓东村买粪不贫，西村卖炭不富，可为务本者劝。[②]

可见，地瘠薄乃是贩卖石炭之由，而卖炭并不优于种地则反映出农人从事其他非农行业的不得已之心。

左云县“地瘠民贫”：

故农隙以后，有往煤窑服苦者，亦有以养车运货营生者，小户则以驴牛驾车。[③]

河曲县“地瘠民贫，力农终岁拮据，仅得一饱，若遇旱年，则枵腹而叹”，于是“河邑人耕商塞外”，又于是掏炭为生：

河曲近塞苦寒，而山产石炭，穴而入之谓之炭窑。窑口仅容人行，其中阔狭浅深则因人力为之，砍炭者持斧镢入窑，伐以猛力，铁石相击之声，日夜不绝，置炭于箩，负担伛偻而行，出诸窑外。窑初入甚浅，后乃渐深。极深可至数里，结伴而入，分坎而伐。日久则面目黧黑，见者呼为窑黑子，盖力作之苦未有甚于此者也。然近山者陆运有驴骡，近

① 乾隆《大同府志》卷7《风土》，《中国地方志集成·山西府县志辑》第4册，凤凰出版社，2005，第135页。

② 道光《大同县志》卷8《风土》，《中国地方志集成·山西府县志辑》第5册，凤凰出版社，2005，第94页。

③ 光绪《左云县志》卷1《天文志·风俗》，《中国地方志集成·山西府县志辑》第10册，凤凰出版社，2005，第136页。

河者水运有舟楫。价不昂，而利甚溥，日用所需，莫便于此。[①]

除了煤炭业外，定襄县炼碱：

碱，出定襄，土多斥卤，居人刮而炼之，既成锭，鬻贩四方，业者颇众，《元史》岁有碱课。[②]

天镇县亦熬盐碱：

南川多盐，县川多碱，悉煎土而成，村民以为专业，故县境诸村多有以灶名者。盐……远逊蒙盐之美，故近年业之者稀，仅敷南乡诸村食用而已。碱则随地有之，富商大贾为备器具，募工匠，遍设作房，岁所得不下百万斤，贩往京畿，每获重利，然商皆来自汾、太，县人无此重赀也。惟刮土淋卤，稍得工值，余润所及，差免冻馁。然不毛之地以之代耕，未必非天哀边民之穷，俾自食力，特为此无尽藏也。[③]

偏关县的农副产品加工亦引人注意：

胡麻油多贩运出境，是为本关大宗出息，其他羊毛、驼绒，或织为毡毯或为囊橐，亦本关物产之一，盖本关闲民大半以牧羊为职业，有自牧者，有为人牧者。[④]

---

① 同治《河曲县志》卷5《风俗类·食货》，《中国地方志集成·山西府县志辑》第16册，凤凰出版社，2005，第164、169页。

② 雍正《山西通志》卷47《物产》，《中国地方志集成·省志辑·山西》第4册，凤凰出版社，2011，第33页。

③ 光绪《天镇县志》卷4《风土记》，《中国地方志集成·山西府县志辑》第5册，凤凰出版社，2011，第514页。

④ 道光《偏关志》卷上《风土》，《中国地方志集成·山西府县志辑》第57册，凤凰出版社，2011，第492页。

各地基本上是因地制宜地开展相关手工业，只求“尽地力”。例如，保德州：

民贫鲜生理，耕种而外，或佃佣陕西贸易邻境间，沾体涂足，城中惟荷薪水，而妇女磨腐熬油，勤苦尤甚。①

宁武府：

宁武人邑居者，往往惰而拙于计，执工技者，或作为弓矢、马鞍，远之归化、绥远诸城，鬻艺于军营，或无地以耕，亦多去家，出佃塞外。②

应州“值有年，所收亦亩以升斗计，终岁力作止谋朝夕，罕有陈因储蓄者，虽其中不乏惰农，要亦限于地力居多”，故而“其糊口四方者，则画工最夥，凡归化城、张家口、杀虎口、和林格尔、托克托诸处及陕西之榆林、宁夏缘边一带蒙古居人尊崇释教，绘佛像、饰寺宇皆应州工人为之”。③

平定州等处因粒食维艰而尽可能开展诸种手工业，所谓：

平定土产以炭为最……土人每视山上石脉，即知炭之有无，有穿地至三四十丈者，其坚者，椎之难碎，燃之耐久，故平定皆有火炕。

铁产州北诸山中，居民冶铁为生，凡日用器具，远货他方，甚利便之。

砂产州北山中，砂色白，俗名干子，村民陶为器皿，货之他方，京师呼为砂吊子，即州产也。

平定山多土瘠，民劳俗朴，国朝百余年来休养生息，户口日繁，计

① 康熙《保德州志》卷3《风土・风尚》，《中国方志丛书・华北地方》第414号，成文出版社，1976，第194~195页。

② 乾隆《宁武府志》卷9《风俗》，《中国地方志集成・山西府县志辑》第11册，凤凰出版社，2005，第133页。

③ 乾隆《应州续志》卷1《方舆志・风俗》，《中国地方志集成・山西府县志辑》第29册，凤凰出版社，2005，第426页。

地所出莫能给，力农之外，多陶冶砂铁等器以自食。[①]

由于“明清以来，木炭渐乏，稍稍用石炭，初只都邑富人及食肆用之，农人仍然柴草，无用石炭者。至清末民生愈蕃，木植愈少，只禾麻草柴，不敷炊爨，于是农家亦用石炭，虽贫民不能离”。[②] 所以，煤炭储量丰富的山西，在明清时期亦已有大量劳动力从事于煤炭行业。清雍正《山西通志》即称：

山西府州惟石炭不甚缺，间有缺处，亦以樵山较易于凿窟，非因辽绝不可致，而后易之以薪也。[③]

山西中部地区煤炭从业者也不少，汾阳县自明时就开煤窑，明万历十九年（1591）刘衍畴“由峄县知县擢牧汾州，汾上地寒，恒苦旱，州人不解种木棉法，所需石炭取给于百里外，衍畴甫下车，讲求水利……购木棉籽种，散给民间，教之树植，捐俸于北山麓，开煤窑，闾阎便之，号刘公炭”[④]。入清之后，汾阳县之煤炭业更行发展，清嘉庆十四年（1809）三月汾阳县里民公立《永禁拉煤炭、蓝炭、木炭草斤碑》即载：

晋省天寒地瘠，生物鲜少，汾阳尤最。人稠地狭，岁之所入，不过秋麦谷豆，此外一切家常需要之物，皆从远省商贩而至，诸物腾贵甲天下。惟煤炭一项以炭代薪，日用称便。而产炭之地，出自孝义，在汾阳之南，冬末春初农闲之月，贫氓车运驴载，卖炭为生，远者三日一返，近者两日一返。阖邑赖以需用，固民生之至要者。[⑤]

---

① 光绪《平定州志》卷5《食货·风土》，《中国地方志集成·山西府县志辑》第21册，凤凰出版社，2005，第166~168页。

② 尚秉和：《历代社会风俗事物考》，上海书店出版社，1991，第339页。

③ 雍正《山西通志》卷47《物产》，《中国地方志集成·省志辑·山西》第4册，凤凰出版社，2011，第19页。

④ 咸丰《汾阳县志》卷4《名宦》，清咸丰元年（1851）刻本，第29a~29b页。

⑤ （清）佚名：《永禁拉煤炭、蓝炭、木炭草斤碑》，咸丰《汾阳县志》卷10《杂识》，清咸丰元年（1851）刻本，第39a~39b页。

另如，五台县：

农工稍暇，皆以驮炭为业。炭者，石炭也，似煤而有烟。县治东北之天和山，东南之窑头山，产炭最旺，炭窑计百十余处。山路崎岖盘折，高者至数十里，民皆驱驴骡往驮，无驴骡者，背负之。健者能负百余斤，夜半往、旁午归，一路鱼贯而行，望之如蚁。其炭供本境之外，旁溢于崞县、定襄、忻州。农民完课、授衣、婚丧、杂费，皆赖乎此。

太原以南，煤炭兼产，关北则有炭而无煤。五台南界产炭，山高路险，俗呼驮炭道。民间农隙，皆以驮炭为业。①

又如，襄垣县：

襄垣地处山陬，矿质颇厚，向以煤炭为大宗，旧日开采小煤窑不下五六十处，但纯用人力，起运维艰，近年来欧风东渐，新知日启，若道沟坪、梁山沟、灰堖等处，购置起重机器，起运甚捷，煤炭亦复良好，销售邻境各县，甚形畅旺。②

再如，翼城县：

煤炭为翼邑大宗出产，亦民生日用必需之品，近年行销浮山、曲沃、闻喜、绛县等处，颇形畅旺，故本地煤炭之价，突高数倍，惜采取用土法，不用机器，往往为水所占，以致天然美利，不能出地，可发一叹。③

① 光绪《五台新志》卷2《生计》，《中国地方志集成·山西府县志辑》第14册，凤凰出版社，2005，第80页。

② 民国《襄垣县志》卷2《物产略》，《中国地方志集成·山西府县志辑》第34册，凤凰出版社，2005，第141页。

③ 民国《翼城县志》卷8《物产·五金矿类》，民国十八年（1929）刻本，第21b~22a页。

明万历年（1573~1620）间，汾西县：

团柏山高土燥，十日不雨，苗且枯槁，但山多煤，居民驴驮担挑，易银于霍、洪度朝昏，天何尝不仁爱也。①

乡宁县北部：

此地饶煤，人悉以煤为业，亦多富积者，非此则煮石食耳。②

山西煤炭业的发达自不必言，林木不易得是明清山西煤炭业发达的一个主要原因，而林木不易得恐怕又与土地垦辟日勤有关。所以，煤炭业的发达与人和土地之间关系的变化有前后因果上的关联。当然，煤炭业不仅仅是人土关系变迁的果，也是人土关系变迁的诱因，前者已如上述，后者留待后文揭示。

煤炭业之外，另有更多种多样的手工业，如介休县：

介土弹丸，生殖有限，然五谷、六畜、蔬菜、瓜果亦足以裕民生、资日用，与他处无异。惟北乡芦苇，西南煤铁，辛武盐场，义棠铁器，师屯、磨沟、洪山等处磁器，则颇足为利，而东南一带，又多树枣。万历年间大旱，民赖以苟延。③

榆次县：

其民无畜牧杂扰之饶，以牛马服耕，多买之旁县，鸡豚列肆亦半从

① 光绪《汾西县志》卷4《名宦·毛炯》，《中国地方志集成·山西府县志辑》第44册，凤凰出版社，2005，第39页。

② （明）许维新：《巡视河东记》，雍正《平阳府志》卷36《艺文二·记》，《中国地方志集成·山西府县志辑》第45册，凤凰出版社，2005，第293~294页。

③ 康熙《介休县志》卷4《食货志·物产》，清康熙三十五年（1696）刻本，第35b~36a页。

外来，其无田者编柳织苇为器与席，或多树果莳瓜，岁资之为利，以供衣食租赋云。①

榆人家事纺织成布，至多以供衣服、租税之用。而专其业者，贩之四方，号榆次大布，旁给西北诸州县，其布虽织作未极精好，而宽于边幅，紧密能久，故人咸市之。②

乾隆《孝义县志》则提供了较全面的孝义县手工业面貌：

产煤颇盛，城西六十里外西北山中，多穿山为穴，深或数丈及数十丈。取者携灯鞠躬而入，背负以出。至大路，始以畜驮，坦途始能车载，约东南可鬻至百里内，西北可鬻至二百里内，藉以为生者甚众。然业此者，口食之外，所余亦无几何。酒之名色甚多，皆以米粮为之。其羊羔儿名重海内，然美而无益也。铁出城西八十里外之郭家掌诸村，掏沙取之，所产无几，止彼处数十里，村民鼓铸器皿。近城则多用外来之铁。城东南之土皆有盐，而工多获少，故皆买食平遥之盐，无有煎煮。惟城内居民取近地旷土熬之，条香椿、榆树皮和以水捺为长条如线，物贱而货远，有卖至陕西者。石灰产六壁头诸村，居民房屋，多止用砖，以煤贱费省故耳。铁器、木器、瓦器皆本地能制，尽粗甚，无佳者。苇席亦有鬻邻邑，他如蓖麻子榨油名大麻油，毛毡、豆粉、青靛，每不足用，蜂蜜、黄蜡则所产甚微。男、妇皆能纺织，所制棉布鬻于西北州县外，而棉花则出真定诸处，经平遥东来，南行灵、隰，则自孝义转贩黄绢，亦以外来之丝织绢，明时孝义有解部黄绢，今业此者一二家耳。

民业勤苦谋食，无他奇技淫巧。除农圃外，则负薪掏煤，赶骡脚。

① 同治《榆次县志》卷7《风俗》，《中国地方志集成·山西府县志辑》第16册，凤凰出版社，2005，第414页。

② 同治《榆次县志》卷15《物产》，《中国地方志集成·山西府县志辑》第16册，凤凰出版社，2005，第513页。

大抵夏秋力南亩，春冬地冻，则入深山砍木掏煤。或受值代人赶骡马、骆驼负载远省，其能者则受值为人簿记收掌，间有一二开设书铺，亦尽守株待兔，绝少深计。机械，妇女能纺织，百工虽有而不精良。①

河津县：

县境水深土厚，俗尚勤朴，南原地广人稀，专事农亩，北乡地沃人稠，民以负戴供食，因陋就简，犹有古风。②

蔬果花木之属及河汾之所出，陶冶之所成，惟邑产特佳或他邑所少者，志之。③

闻喜县：

业农者十之九，为佃户佃工者有焉，有兼营工商业者，有于农隙熬土碱、制柿酒者，有驱骡马服盐车者，而皆以耕种为本业。④

山西东南部煤、铁、绸为主要手工业门类，顺治《潞安府志》载周再勋曰：

上党居万山之中，商贾罕至，且土瘠民贫，所产无几。其奔走什一者，独铁与绸耳。铁行炼石铸山贷于不涸之府，寡所呼取，近也稍稍驿骚也。至于绸，在昔殷盛时，其登机鸣杼者奚啻数千家，彼时物力全盛，海内殷富，贡篚互市外，舟车辐辏者转输于直省，流行于外夷，号称利

① 乾隆《孝义县志·物产民俗》卷1《物产、民俗》，《中国地方志集成·山西府县志辑》第25册，凤凰出版社，2005，第505~507页。

② 嘉庆《河津县志》卷2《风俗》，清嘉庆十九年（1814）刊本，第1a页。

③ 嘉庆《河津县志》卷2《物产》，清嘉庆十九年（1814）刊本，第2b页。

④ 民国《闻喜县志》卷6《生业》，《中国地方志集成·山西府县志辑》第60册，凤凰出版社，2005，第402页。

薮，其机则九千余张……明末尚有二千余张，至国朝止存三百有奇。①

泽州府：

其输市中州者，惟铁与煤，日不绝于途。②

阳城县之情况亦颇具代表性：

县地皆山，自前世已有矿穴，采铅锡铁，故旧制岁贡铅铁有常数。至石灰，户代薪爨，价贱而用多，为利溥矣。县境诸山出硫磺，往时民多私采，虽禁以严法，终不可止。后以硫磺为军中火攻要需，归于官办。③

铁，近县二十里山皆出矿，设炉熔造，冶人甚夥，又有铸为器者，外贩不绝。

石炭，户代薪爨，价贱而用多……深山之炊仍藉樵采。④

总而言之，随着人口的持续增加，有限的土地已经无法养活增长的人口，除了开垦省内宽乡旷土之外，更多的是省内人口大量外迁经商或农垦，以及大量农业人口转业至其他非农行业。人口的这种空间上及行业间的流动，无疑增加了山西人的生存之机，也促使了农业之外商业、手工业的蓬勃发展。只是，失去土地充分支撑的农业、商业、手工业的经济格局中仍酝酿着深重的危机，只等待一个不可抗拒的外力入侵，看似繁荣的经济系统便会轰然崩塌。像商业

① 顺治《潞安府志》卷1《地理四·气候物产》，清顺治十七年（1660）刻本，第75a~75b页。

② 雍正《泽州府志》卷12《物产》，《中国地方志集成·山西府县志辑》第32册，凤凰出版社，2005，第80页。

③ 乾隆《阳城县志》卷4《物产》，《中国地方志集成·山西府县志辑》第38册，凤凰出版社，2005，第52页。

④ 同治《阳城县志》卷5《物产》，《中国地方志集成·山西府县志辑》第38册，凤凰出版社，2005，第265页。

一样，手工业接纳了大量农业剩余劳动力。据民国《襄垣县志》所统计的1922年数据，彼时襄垣“为农者百分之五十，为工者百分之十五，为商者百分之二十”[①]。襄垣县之农、工、商从业者数量上的此种比例关系应该具有一定的代表意义。如此，则工商业相加养活人口的能力不可小觑。在众多能养活人口的手工业中，有一些是直接以土为原料的，虽然并不一定有多少从业人口，但这却十分契合我们“以土为中心的历史”这一主旨，故下面特别拣选取土为用的砖瓦陶烧造之手工业活动进行专门说明，以彰显我们的研究旨趣。

三 砖瓦陶烧造与民人生计

清嘉庆十九年（1814）任大同知县的刘斯裕曾说：

> 我国家承平以来，驻要郡，设重镇，文员武职，恪守乃位，亲贤乐利，上下恬然，盖数百余年于兹矣。城郭犹是，井疆如故，而万家烟火，庐舍参差，有不能不资于陶瓦砖埴之用，而窑户张福等遂得肆行己意，因利乘便，辄于郡外白碑窊地段挖坯烧砖，妄为开掘，日侵月削，水溢火燃，而因以伤残其地脉者，所关非浅鲜矣。[②]

可见，一方面，砖瓦陶乃是人们维持日常生活所不可缺少的物品，因此遂能形成一种专门性的取用土体抟土成坯、烧坯成砖瓦陶的劳动密集型的手工业，为一部分农业剩余劳动力提供就业机会与生存之机；另一方面，这种劳动密集型的砖瓦陶烧造业虽能养活部分人口，但依靠土体资源为原料的资源依赖型的行业特点，在风水龙脉信仰十分浓厚的传统山西黄土高原之场景中，常常引起风水龙脉信仰者与龙脉保护者的诸多不满，从而导致本研究后面所要论述的物质与精神之间的冲突得以发生。关于明清山西高原上的砖瓦

① 民国《襄垣县志》卷2《生业略》，《中国地方志集成·山西府县志辑》第34册，凤凰出版社，2005，第136页。

② （清）刘斯裕：《禁白碑窊开窑记》，道光《大同县志》卷19《艺文上》，《中国地方志集成·山西府县志辑》第5册，凤凰出版社，2005，第330~331页。

陶烧造业，我们将于本节加以说明，而关于砖瓦陶烧造业与风水龙脉信仰之间的关联则留待后文再述。

明清时期成化、嘉靖、万历、康熙、雍正、光绪诸部山西省志中的物产部分，以及民国时期日本东亚同文会所编山西省志之工业部分，均不曾过多提及砖瓦陶的烧造，这说明从通省的视角观之，砖瓦陶算不上什么引人讶异的出产或行业。但砖瓦陶的烧造却是确确实实存在着的，这从各府州县志中可见一斑。雍正《朔州志》载其货属有“瓦器”。[①] 乾隆《大同府志》载“陶埴合砂土为之，制极粗陋”[②]。乾隆《崞县志》载其物产之货类有“砖、瓦”。[③] 乾隆《介休县志》载物产中杂产有“砖、瓦”。[④] 乾隆《孝义县志》载其货财有“瓦、砖、瓦器”，并言“居民房屋多止用砖，以煤贱费省故耳”，“铁器、木器、瓦器皆本地能制，尽粗甚，无佳者”。[⑤] 乾隆《武乡县志》载：“工，木金陶土各匠色亦有时以其职效能于人，然钝拙者多，不善作奇技淫巧，即间作亦无所用之，特营耒耜、制厦屋，日用器具粗足供应而已，终岁所获匠赀亦最廉，往往口众家常苦不给。”[⑥] 光绪《寿阳县志》载其物产之货属言：“沙器，出石门村，砖瓦则所在皆有。”[⑦] 光绪《交城县志》载其物产有“瓦器”。[⑧]

---

① 雍正《朔州志》卷7《赋役志·物产》，《中国地方志集成·山西府县志辑》第10册，凤凰出版社，2005，第373页。

② 乾隆《大同府志》卷7《风土》，《中国地方志集成·山西府县志辑》第4册，凤凰出版社，2005，第132页。

③ 乾隆《崞县志》卷5《物产》，《中国地方志集成·山西府县志辑》第14册，凤凰出版社，2005，第231页。

④ 乾隆《介休县志》卷4《风俗·物产附》，《中国地方志集成·山西府县志辑》第24册，凤凰出版社，2005，第69页。

⑤ 乾隆《孝义县志·物产民俗》卷1《物产》，《中国地方志集成·山西府县志辑》第25册，凤凰出版社，2005，第505页。

⑥ 乾隆《武乡县志》卷2《风俗》，《中国地方志集成·山西府县志辑》第41册，凤凰出版社，2005，第42页。

⑦ 光绪《寿阳县志》卷10《风土志·物产》，《中国地方志集成·山西府县志辑》第22册，凤凰出版社，2005，第541页。

⑧ 光绪《交城县志》卷6《赋役门·风俗附物产》，《中国地方志集成·山西府县志辑》第25册，凤凰出版社，2005，第280页。

民国《沁源县志》载杂产类有“砖、瓦”。[①] 民国《昔阳县志》载物产之货属有“砖、瓦”。[②] 民国《平顺县志》：“工，在本地工作者，类皆木石陶铁油画，及打造铜锡银器之小营业。”[③] 民国《新绛县志》载其县民生业曰：“南苏村、下船头人之烧砖瓦”。[④] 民国《陵川县志》：“有业造砖瓦者，以有煤炭故。”[⑤] 由此可见，砖瓦陶确实是“所在皆有”而引不起记异不记常的方志编纂者特别重视的日常生活所需之器物，或者也因为大多数砖瓦陶是自给自足的而非可归入货属，故不入方志之物产中。例如，笔者在自己的家乡村落就随处可见烧造砖块的窑炉遗迹，这些窑炉多于新房址附近就地建设，烧砖用以建设自家砖窑，属于自给自足型而非市场导向型。

同时，因为砖瓦陶烧造行业是以土体资源为原材料的，所以其需要通过大量取用土体尤其是深厚土体得以运转，而深厚的土体在风水龙脉信仰浓厚的时代常常被认为是龙脉的载体，故在保护风水龙脉等文献中亦可见到有关砖瓦陶烧造的记述，这在我们收集的史料中有明显的反映，见表 2–8。

表 2–8 清代山西取土用以烧窑的事件举例

序号	时间与地点	取土之目的	史料出处
1	清乾隆三十六年榆社县城关东西北三隅县龙艮	县龙艮来城，东北隅一带只可培补，不可掘损。不准在该处烧窑取土	《禁止城关东西北三隅掘土碑》，光绪《榆社县志》卷 1《舆地志·城池》，《中国地方志集成·山西府县志辑》第 18 册，凤凰出版社，2005，第 501 页

① 民国《沁源县志》卷 5《物产表》，《中国地方志集成·山西府县志辑》第 40 册，凤凰出版社，2005，第 419 页。

② 民国《昔阳县志》卷 2《农政·物产》，《中国地方志集成·山西府县志辑》第 18 册，凤凰出版社，2005，第 43 页。

③ 民国《平顺县志》卷 3《生业略》，《中国地方志集成·山西府县志辑》第 42 册，凤凰出版社，2005，第 37 页。

④ 民国《新绛县志》卷 3《生业略》，《中国地方志集成·山西府县志辑》第 59 册，凤凰出版社，2005，第 441 页。

⑤ 民国《陵川县志》卷 3《生业略》，《中国方志丛书·华北地方》第 406 号，成文出版社，1976，第 132 页。

续表

序号	时间与地点	取土之目的	史料出处
2	清乾隆五十五年灵石县东翠峰山麓地脉	民有利重赀者，弃其地于陶人，阜者穴，隆者日洼，居民虑亡其唇寒其齿也。 陶者穴之，实泄地脉	（清）虞奕绥:《灵石县禁陶令》《灵石县翠峰山文星阁请立条约记》，嘉庆《灵石县志》卷 11《艺文志》，《中国地方志集成·山西府县志辑》第 20 册，凤凰出版社，2005，第 183 页
3	清乾隆年间阳曲县东关一带龙脉	砖瓦窑，在东关黑土港，取土合范造砖瓦吻兽等器，入窑以火烧之。东关一带正龙砂融结之所，由前明迄我朝康熙间，并无举火窑座。嗣后关民贪卖土之利，开窑于此，未及百年，冈阜削为平陇。省会青龙之首，日日以火焦灼，其贻害于风水者，不独在东关也	道光《阳曲县志》卷 11《工书》，《中国地方志集成·山西府县志辑》第 2 册，凤凰出版社，2005，第 313 页
4	清嘉庆五年沁水县城来脉	地皆沃土，抟埴者多取资于此。岁月既久，侵削渐深，余地湮微，不绝如线，识者虑焉。	（清）徐品山:《重修县城来脉记》，光绪《沁水县志》卷 11《艺文上·记》《中国地方志集成·山西府县志辑》第 6 册，凤凰出版社，2005，第 564 页
5	清嘉庆十九年至二十五年间大同县城外白碑窊地段	万家烟火，庐舍参差，有不能不资于陶瓦砖埴之用，而窑户张福等遂得肆行己意，因利乘便，辄于郡外白碑窊地段挖坏烧砖，妄为开掘，日侵月削，水溢火燃，而因以伤残其地脉者，所关非浅鲜矣	（清）刘斯裕:《禁白碑窊开窑记》，道光《大同县志》卷 19《艺文上》，《中国地方志集成·山西府县志辑》第 5 册，凤凰出版社，2005，第 330~331 页
6	清道光二十八年盂县城外西南地土	开设瓦窑，历有年所，相其形势，适为龙脉之过峡	光绪《盂县志》卷 7《建置考上·城池》，《中国地方志集成·山西府县志辑》第 22 册，凤凰出版社，2005，第 76 页
7	清同治九年屯留县南门外土脉	耕田、筑室、举火之家胥于斯乎取土，而坡益损脉益坏	（清）郭从矩:《修道碑记》，光绪《屯留县志》卷 6《艺文》，《中国地方志集成·山西府县志辑》第 43 册，凤凰出版社，2005，第 496 页

如果考虑到有而不载的情况，则实际的砖瓦陶烧造之例当不止上述所列，1937 年出版的《中国实业志·山西省》对于彼时山西的砖瓦业亦有记述，时间上距清代尚属不远，所言当有参考意义，其中载：

砖瓦为建筑上之必需品，在晋省中制造，于秦汉以前，已称繁盛。惟晋民守旧，世世相传，迄今仍沿用土窑。利用新式轮窑及机器以制砖者，仅太原市西北窑厂一家而已。现查晋省土窑之分布，随地域之不同，各有盛衰。晋南河东道属，原为晋省富庶区域，居民房屋，大部瓦顶砖壁；晋北大同附近，久为晋边通商要地；晋中太原一带，乃系省会人聚之处，檐牙栉毗，皆为瓦房砖楼，故土窑事业，于此为盛。晋西及晋东南沿黄河各县，居室住屋虽半数用瓦用砖，但连年受天灾影响，断垣颓壁，无资修建，土窑营业，殊觉萧条不振。至若晋东，山多地少，除城市中建屋用砖外，普通平民，多数掘穴相处，土窑之制砖制瓦，用数较少。近二十年来，正太铁路沿线诸地，瓦房稍见增加，砖窑座数，渐有见增之动态。现晋省一百零五县中，有土窑之县凡八十九，土窑共三百六十一家。

晋省土窑之集中地点，在城区附近占多数，在繁盛村镇者次之。

晋省新式窑厂一家，土窑三百六十家，资本方面，除大宁、繁峙、应县土窑未详外，计共十八万九千一百八十元，工人共二千六百六十二名。①

据《中国实业志·山西省》的统计，彼时全省砖瓦业在区域上的分布见表 2-9，共涉及 90 个市县的砖瓦窑，其中 89 市县为土窑，1 市县为新窑，均产砖亦产瓦。

可见，砖瓦窑作为山西民众谋生的一种手段，在山西各处均有存在。由此我们大概可以猜测，专门取用土体的砖瓦陶烧造业必定与风水龙脉信仰存在着比我们上面所呈现的更广泛的冲突。而数量如此多的砖瓦窑的存在，也反映出彼时风水龙脉信仰实际上面临相当大的挑战，且在冲突中不能占据优势的同时，或许还随着生计窘境的加深而逐渐被削弱。实际上，从“工人共二千六百六十二名”的描述中，我们大致可以推测，即使一名工人养活一家五口，彼时的山西砖瓦窑也大概只能养活 13310 人，这对于山西全省人口而言确实是极少数。换句话说，砖瓦窑作为无数种非农行业中的一种，就全省而言，其养活人口的能力可以忽略不计，但作为一种应对粮食不足之经济困

① 实业部国际贸易局:《中国实业志·山西省》第 6 编，实业部国际贸易局，1937，第 593~602 页。

表 2-9 《中国实业志・山西省》所载山西诸县砖瓦窑家数

单位：家

市县名	家数	市县名	家数	市县名	家数	市县名	家数	市县名	家数
太原	1	方山	1	武乡	6	猗氏	11	大同	13
阳曲	7	中阳	1	昔阳	2	解县	4	浑源	7
晋城	7	长治	3	盂县	6	安邑	7	灵邱	2
新绛	4	长子	7	临汾	4	夏县	3	天镇	3
榆次	2	屯留	7	襄陵	4	平陆	4	朔县	7
祁县	6	襄垣	5	洪洞	7	芮城	5	左云	5
清源	4	潞城	15	浮山	6	河津	3	平鲁	2
交城	5	黎城	2	汾城	2	闻喜	3	宁武	3
文水	1	壶关	7	安泽	2	稷山	3	神池	2
岢岚	1	平顺	2	曲沃	4	绛县	2	五寨	3
岚县	3	阳城	6	翼城	4	垣曲	7	忻县	7
兴县	2	陵川	2	吉县	3	霍县	1	静乐	1
汾阳	5	沁水	1	乡宁	2	赵城	1	代县	5
介休	2	辽县	2	永济	3	汾西	4	繁峙	9
孝义	4	和顺	3	临晋	7	隰县	7	崞县	7
临县	4	榆社	2	虞乡	2	大宁	1	保德	2
石楼	1	沁县	1	荣河	2	永和	1	河曲	3
离石	3	沁源	4	万泉	5	蒲县	4	应县	6

境的生存策略，却具有类型学上的意义而不应被忽视。

不管是清代的地方志还是民国的有关志书，其对于砖瓦窑的记载，一个共同的标准乃是专门化，不是专门化的烧砖瓦窑则无法或难于统计。专业化及商品化的砖瓦陶烧造业毫无疑问是山西砖瓦陶烧造业的组成部分，但其实应该还有更多的砖瓦窑属于自给自足型的产业，未能在志书中得到明确的体现。若将这部分自给自足的砖瓦窑计算在内，则其规模还应更大一些。从补益生计的角度而言，从事专门化的砖瓦陶生产无疑可以作为一种专门的生计策略，而自给自足的砖瓦陶烧造则是从减少购砖瓦之支出的角度补益生计的策略，二者本质上是一样的。换句话说，尽管直到民国，专门化的砖瓦窑并没有养活多么可观的山西人口，但我们不能否认这部分工人的加入与土地短缺有关。甚至，没有被详细计入的自给自足式的砖瓦陶烧造，依然是以种植业为主业的民人对主业所产不足支撑生活的一种应对策略。

第三章

土材与建筑：窑洞与城墙的华丽变身

地球基岩之上那层薄薄的疏松物质，除了能够生长陆地植物供给人们的衣食之外，亦可另作他用，作为建筑材料就是那层土体对于人类最为重要的用途之一。经典作家说："全部人类历史的第一个前提无疑是有生命的个人的存在"，"一切人类生存的第一个前提，也就是一切历史的第一个前提，这个前提是：人们为了能够'创造历史'，必须能够生活。但是为了生活，首先就需要吃喝住穿以及其他一些东西"。[①]"住"被赋予与"吃""喝""穿"同样的地位，它们难有轻重主次之别，都是人类历史、人类生存的前提。在黄土高原山西地区，窑洞作为主要的民居形式之一，护卫着人们的生命。人们栖居其中，不惧风雨寒暑，不惧虎豹豺狼，从而得以繁衍生息。与窑洞同类，城墙是另一种土工建筑，其目的亦是护卫人之生命。无论窑洞还是城墙，土都是其核心材料，所以它们又有"土窑"与"土城"之称。土虽然是一种取用便利、耗费颇低的建材，但其本身亦有着不可消除的缺陷，即遇水易湿陷、易崩塌。所以，围绕着用土与治土，在建筑物这一层面上，人们书写了一部"以土为中心的历史"，土窑到砖窑与土城到砖城的华丽变身就是这一历史过程最主要的线索。

---

① 《马克思恩格斯选集》第1卷，人民出版社，2012，第146、158页。

第一节　从土窑到砖窑的变迁

黄土的坚硬质地与湿陷特性共同书写了人们利用黄土又治理黄土流失的历史。体现在窑洞式居所中，就是人们适应性利用自然环境当中的条件，构建出可供避风雨、御寒暑的土窑洞这一居住形式，并为了应对土质本身的一些环境缺陷而积累了一些防护策略，从而形塑了窑洞在历史过程中的面貌及其变化。虽然我们能够理解并接受那些从优秀民俗角度对土窑洞给予无限赞美的声音，但是我们不得不同时指出一些赤裸裸的真实，即：土窑洞是特定的时空条件下，特定的人群为求得生存之机而做出的不得已之选择。人们选择土窑洞进行居住是适应性利用自然的结果，所以也必须忍受自然环境本身的缺陷。当人们无须忍受土窑洞的缺陷就能够获得生存之机的时候，土窑洞这一居住形式必然要被替换或废弃。这构成了黄土窑洞变迁的内在机制。虽然有人在怀念黄土窑洞的冬暖夏凉与诟病砖混房屋的冬冷夏热，但决定居所形式变迁的从来不是居所本身具有多少优点，而是人们忍受居所逼仄、昏暗、潮湿、脏乱、易塌等缺点的耐心。所以，我们不应先在地、先验地认为土窑洞是民俗精粹，而应试图在历史之流中，复原土窑洞在人们眼中的真实形象，以及土窑洞变迁的原因。

一　土窑产生的诸种条件

第四纪以来，黄土在山西下伏古地形上的堆积为之后土窑的形成与演变提供了十分重要的物质基础。理论上，有黄土堆积的地方即是土窑可以布局的地方。被誉为“黄土之父”的刘东生等人曾绘制山西黄土分布图，从其所绘图中可以看出，山西大部分是黄土覆盖的区域。[①]“黄土分布面积占全省总面积 70% 左右”，也因此“使用期龄达数百年的黄土洞室在山西中部、南部广泛分布”，而在 20 世纪 80 年代，“在山西居住窑洞的人口约占全省总人

① 刘东生、王挺梅、王克鲁、文启忠:《山西、陕西黄土分布图》,《科学记录》1958 年第 5 期。

口 20% 以上”，“在具有广阔黄土资源的山西，黄土洞室多依黄土塬边、梁翼、山麓台沿等地带”，“利用天然的黄土资源就地建造”[①]。换句话说，堆积的黄土不仅为黄土高原山西地区的人们提供了土地，还提供了建材。“山西土瘠民贫，村落细民多不能屋宇，乃就高地凿土为窑以居之，夏凉冬温，颇利于贫家。《孟子》所谓‘上者为营窟’，《汉书》所谓‘瓯脱’是也。”[②]“山西地处黄土高原，黄土质地坚硬，开挖洞穴不易倒塌，再加木材较少，所以自古以来，窑洞就成为人们居住生活的一种重要形式”[③]。窑洞的远古形态当渊源于模仿天然洞穴而成的洞穴式居所，尤其黄土高原深厚的黄土层为早期人类掏挖洞穴提供了得天独厚的条件。山西石楼县等遗址中曾发现距今五六千年的横穴遗迹，其平面呈方圆形、入口处小、室中央有灶，被誉为三晋窑洞“始祖”。[④]

在侯继尧等撰著的《窑洞民居》一书中，对于窑洞民居产生的自然条件、历史沿革、分布与类型、建筑艺术、施工与构造、节能与节地、窑洞技术改造等问题都进行了较为详细的论述。[⑤]而在上引王学法《山西黄土窑洞建筑分区图初步设想》中，亦对黄土洞室所具有的“一保持三节约”之突出优点，以及施工条件简单、造价低廉等优点与采光差、相对潮湿等缺点进行了说明。田毅《山西传统民居地理研究》亦对窑洞民居进行了研究。[⑥]要之，已有的研究对于土窑产生的诸种自然的、人文的条件之认识已经较为成熟，下文在内容上并无多少新的增补，只是换个角度解释那些条件。可以说，土窑是山西地区人们适应环境的结果，或说是环境囿限的结果、不得已而为之的结果。之所以说是不得已而为之，是因为从生命中心主义的角度而言，没有一个生命愿意忍受差劣的生存环境，而土窑本身所具有的逼仄、昏暗、潮湿的

---

① 王学法：《山西黄土窑洞建筑分区图初步设想》，山西省勘察院，1984，第 4、7 页。

② （清）顾炎武：《天下郡国利病书·山西备录》，华东师范大学古籍研究所整理《顾炎武全集》第 14 册，上海古籍出版社，2011，第 1825 页。

③ 乔志强：《近世山西民居特色》，《文史知识》1989 年第 12 期。

④ 周学鹰、李思洋编著《中国古代建筑史纲要（上）》，南京大学出版社，2020，第 62 页。

⑤ 侯继尧、任致远、周培南、李传泽：《窑洞民居》，中国建筑工业出版社，2017。

⑥ 田毅：《山西传统民居地理研究》，博士学位论文，陕西师范大学，2017。

特性，肯定不是一个个体生命所期望的最终结果，这也是居住形式一直以来各有不同的原因之一。黄土高原以土地为生的农民，基于建筑成本、农业生活和慕古避乱的考量，选择了窑洞这一居住形式，这与城镇居民的居住形式迥然有别。随着相关环境局限条件的变化，黄土窑洞不可避免地会最终走向消亡。

首先，囿于建筑成本。有关建筑成本的问题，在方志资料中有所体现，但凡述及黄土窑洞建筑的费用问题时，大多认为黄土窑洞建筑节省费用。相比于采用木料、砖料、瓦料的建筑而言，穿土为窑的工序最为简单，因此也更为省费。

河曲县“居民造屋，凡墙壁皆以砖石，上覆以瓦，梁柱窗栈而外，无用竹木者，土石价省于木，故作室者木工少而土石之工多”。土石之费省于木瓦之费，故河曲县居民优先选择土石作屋，所谓：“河邑乡村依山而处，穴土为窑，亦有砌石成者，《诗》所谓陶复陶穴是也。窑居者夏不畏暑，冬不畏寒，凡窑屋有火炕地炉，爇炭炉中，火气穿土炕而过，有烟洞引之，达于户外。炉之妙，不扇而风、不呼而吸，灶则前后二炉相通，前炉爨而后炉炊，便于日用，然宜用炭火，若柴火则其势立烬，不能炊矣”，且“河邑山童无木，而炭窑最多，天生一方人则一方之地利足以养之”。[①] 住房用砖、用石、用土，皆属于就地取材，比用木为屋稍省费用，而这也左右着黄土窑洞的存续。

石楼县的居住形式，清雍正五年（1727）任石楼县知县的袁学谟有精辟的总结，其云：

> 其土地则高壤焦燥，红砂硗瘠，非有阡陌之膏腴也；其庐舍则鹊巢鸟穴，坏坑破窑，非有垣瓦之整饰也。[②]

---

① 同治《河曲县志》卷5《风俗类·民俗》，《中国地方志集成·山西府县志辑》第16册，凤凰出版社，2005，第165页。

② （清）袁学谟：《详无隐垦地亩文》，雍正《石楼县志》卷6《艺文·详文》，《中国地方志集成·山西府县志辑》第26册，凤凰出版社，2005，第632页。

石楼县地土贫瘠，人民亦不甚富裕。庐舍之制，只以土窑为居，坏坑破窑，也并没有垣墙、瓦顶等修饰，而这无疑要归咎于贫苦。所以，实际上，当前所谓的黄土窑洞民俗，在历史时期，是与贫穷相关的，不是固执己见的现代人眼中的优秀文化遗产。这也显示出，进入历史情境理解历史的必要性。

孝义县，“居民房屋多止用砖，以煤贱费省故耳”；“西乡半穴土而居，他或砌砖如窑状，不则朴斫数椽蔽，风雨而已，惟富室大家窑房之外，复构瓦房，窑房上或更为楼，亦绝少雕镂彩绘”。[①] 孝义县的窑洞中，有土窑，有砖窑。用土抟成土坯，然后用煤炭烧成砖，再砌成砖窑，这是对土窑容易坍塌、损坏的一种应对，而且土窑内部一般需要横亘大梁作为支撑，而砖窑则不需要，或许正是由于煤炭的开采，烧砖之费用渐省，砖窑逐渐在农村中替代了土窑。“若僻小之村，则每牖户破落，多半穴土而居，其人尤极疲劳，衣粗食粝，终岁之计，惟赖给于数亩硗瘠之地，故耗散易而生聚为难。”[②] 孝义县作砖窑、作土窑也是考虑到建筑成本，而砖窑对土窑具有建设性治理的作用，这留待后文专述。

隰州，“隰之民所居之室在地中，所耕之田在天上，无水可溉，有石难锄”，可谓生存艰难，“居民皆穿土为窑，工费甚省，久者可支百年，有曲折而入，如层楼复室者，每过一村，自远视之，短垣疏牖，高下数层，缝裳捆屦，历历可指，坡之高者路峭而窄，老翁驱犊，少妇汲水，登降甚捷，殊不以为苦。平地亦多叠砖为窑，山木难购，且窑中夏凉冬暖也”[③]。穿土为窑，颇省费用与工力，有时也叠砖为窑，大多是由于山木难购，并且购木费用昂贵，当然窑洞冬暖夏凉亦是开挖窑洞的原因。

又如沁源县：

---

① 乾隆《孝义县志·物产民俗》卷1《物产、民俗》，《中国地方志集成·山西府县志辑》第25册，凤凰出版社，2005，第505、507页。

② 乾隆《孝义县志·里甲村庄》卷2《村庄》，《中国地方志集成·山西府县志辑》第25册，凤凰出版社，2005，第476页。

③ 康熙《隰州志》卷13《田赋》、卷14《风俗》，《中国地方志集成·山西府县志辑》第33册，凤凰出版社，2005，第189、196页。

本县木料不缺，所住房舍率多构木为之，三区有以砖砌窑房或穴土为窑而栖止者，壮丽虽不胜通都大邑，而地高僻静，空气新鲜，适合于卫生。按本县各村房屋盛建于清乾隆嘉道时代，咸同光绪时绝少，民国以来人口加多，增筑房舍首推一区，次为二区，又次为三区，全县约计增筑三百余所。[①]

木料不缺少的情况下，木屋尚为较多人的选择，这在一定程度上证明，木料耗费尚可接受的情况下，居民会选择构木为屋，而不是穿土为窑。这进一步说明了穿土为窑的不得已性，以及沁源县三区穿土为窑确实是出于降低建筑成本的考量。

永和县，“永之地土多在高原，永之住宅多系窑穴”[②]，这说明黄土窑洞建筑的环境适应性。除此外，工费甚省亦是一方面。例如：

民居皆穿土瑶（窑），工费甚省，久者可支百年，有曲折而入如层楼复室者，每过一村，自远视之，短垣疏牖，高下数层，缝裳捆屦，历历可指，坡之高者路峭而窄，老翁驱犊，少妇汲水，登降甚捷，殊不以为苦，遇平地亦多垒石或砖为窑，山木难购，且窑中夏凉冬暖也。[③]

此句总结似系抄自康熙《隰州志》，永和与隰州交壤，建设窑洞当有着同样的初衷，虽是抄袭，亦是一定现实的表征。

再如闻喜县：

① 民国《沁源县志》卷2《风土略》，《中国地方志集成·山西府县志辑》第40册，凤凰出版社，2005，第313页。

② 民国《永和县志》卷2《田赋志》，《中国地方志集成·山西府县志辑》第47册，凤凰出版社，2005，第30页。

③ 民国《永和县志》卷5《礼俗略》，《中国地方志集成·山西府县志辑》第47册，凤凰出版社，2005，第72页。

村依土崖者，窟室为多，东北二原又有所谓下跌院子者，掘地为大方坑，四面挖窑居人，于院隅掘干井以沉水，以坡上达平地，各村有多土墼，所砌之窑固而耐久，亦足见古时木材贵而人工贱也。村皆有堡，十九不居人，因山者多内有井、有碾、有窨室，大抵唐宋前所筑。又恒有延长数里之土窟，今皆废圮，亦昔人避乱之一法也。①

木材贵，人工贱，此为实言。黄土窑洞的建造只需要付出苦力与时间而已。

再如沁州：

村镇于沁眇乎微哉，大者仅百余家，小者或十数家而止，而且地室陶穴，鲜有屋庐，以视汾潞诸聚落檐楹栉比、城堡坚完、户口繁夥、盈千满万者，其相去奚啻什佰也。②

此段关于沁州黄土窑洞建筑的资料，并未直接言明建筑成本的问题，但实际上经过作者与汾潞诸聚落的贫富对比，让我们发现，窑洞是贫穷的表征，而檐楹栉比的房屋是富庶的表征，而这无疑暗示了窑洞费省的实际情况。

其次，便于农业生活。农业生活以土地为核心，日常的农田作业有一定的往返半径。理论上而言，以一天为单位，人们农田劳作花费在路上的时间必须尽可能地少，如果往返时间过长，就挤占了农作的时间，进而影响到基本的农业生产。基于此，在农田边上或者距离农田不远处，穿土挖窑以居住就成为顺其自然的选择。

---

① 民国《闻喜县志》卷 9《礼俗》，《中国地方志集成 · 山西府县志辑》第 60 册，凤凰出版社，2005，第 410 页。

② 乾隆《沁州志》卷 1《建置沿革》，《中国地方志集成 · 山西府县志辑》第 39 册，凤凰出版社，2005，第 32 页。

左云县“村居野处，便于务农”，“村疃不敌腹里之一镇，且凿土成窑，曲木为牖”[①]，左云县乡村居处野外，当然是为了便于农作。而乡居野处的农民，凿土成窑既可节省费用，又是充分利用地土环境的结果。当然，不一定务农就必须住黄土窑洞，只是黄土窑洞是一定社会、时代、技术条件下从事农业的民人的最优选择。类似的例子在山西其他地区亦同样存在。

河曲县紧邻蒙地，在清朝蒙地逐渐垦殖的背景下，邻近山西的部分蒙地属于山西口外诸厅，其农垦移民亦受山西的管辖。河曲县之外的蒙地：

> 其地半属平冈，山不甚峻，牌内土窑居多，间有房屋，不过数家，不成村庄，惟十里长滩商民云集，市镇较大，牌外伙盘尽系土窑，民人种地者安设牛犋，类皆棚厂，所种之地由贝子放出，止纳蒙租。[②]

在蒙地以种田为生的民人，为着种地的便利，大多于邻近田地处，择地开挖黄土窑洞，以便农业，从这种意义上说，窑洞是与农业生计相配套的居住形式。反之，随着交通工具的进步与集约农业的出现，与农村生活相配套的黄土窑洞这样的居住形式不可避免地会衰亡或变迁。类似的情况可能在晋北较为普遍，大同府：

> 至边外种地农民兼事畜牧，春来冬去，若候雁，然率非土著，多穴土为室，以蔽风雨，近则渐成井邑矣。[③]

神池县亦有黄土窑洞，诗文显示，农田与窑洞上下相连。清代神池县廪

---

① 光绪《左云县志》卷2《地理志·乡村》，《中国地方志集成·山西府县志辑》第10册，凤凰出版社，2005，第141页。

② 同治《河曲县志》卷3《疆域类·蒙古地界》，《中国地方志集成·山西府县志辑》第16册，凤凰出版社，2005，第56页。

③ 乾隆《大同府志》卷7《风土》，《中国地方志集成·山西府县志辑》第4册，凤凰出版社，2005，第132页。

生宫士式曾撰有《神池风土绝句》，其中一绝句述及穿土为窑、窑田相连的风土，诗云："驱牛屋上种田齐，田下窊窑作洞底；莫过黄农今不见，犹留穴处古黔黎。"[①] 驱赶着牛在屋上种田，田地之下穴窑为洞以居，这明确证实了土窑与农田耕作活动的搭配性事实。黄土窑洞这样的居住形式，一般与农田相连，是为了便于农作生活的。直到现在，山西的许多村庄，黄土窑洞的房顶之上、院落之下，甚至左右都与农田相连，这也证实了黄土窑洞的居住形式与农业耕作具有极高的匹配度。可能黄土窑洞的开凿，不仅仅是人们适应黄土环境的结果，亦是农民为了便于农田耕作而设法建造的结果，它与农业生活高度匹配。

石楼县，"是邑也，居则土窟"，"乡民居土穴，城市架木为厅、砖砌为窑"。[②] 这里明确地说明了，乡民居住多为土窑，而在城市里，房屋则多为木构或砖构。这表明，一方面，乡村比城市更有穿土为窑的黄土地势条件；另一方面，乡村与城市不同的生计模式导致民人对于居住形式有不同的要求。

临县：

> 城中旧多缙绅，市井商贾亦半衣长服，住屋多系瓦房，在乡村则窑房为多，傍山窟土，平地用砖石砌成，营窟陶穴，古风犹存，间有建筑厅房者，只备晏会积储而已。[③]

此处亦明言城中多瓦房，乡村的山地多黄土窑洞，平地则以砖石砌成砖窑。城市与乡村在居住形式上的不同，的确受到地形地势的影响，也会受到贫富程度的影响，因为即便是在农村也有砖窑与土窑的区别。一定程度上，

① 光绪《神池县志》卷10《艺文·诗》，《中国地方志集成·山西府县志辑》第17册，凤凰出版社，2005，第466页。

② 雍正《石楼县志》卷2《赋役》、卷3《风俗节序》，《中国地方志集成·山西府县志辑》第26册，凤凰出版社，2005，第500、546页。

③ 民国《临县志》卷13《风土略·礼俗》，《中国地方志集成·山西府县志辑》第31册，凤凰出版社，2005，第444页。

傍山窟土，是乡村之建筑风格，傍山窟土肯定也便利了农事活动，“县境多山少原，而民尽山居……盖山僻之区业农为本，凡有可耕之地，随在营窟而居，以便耕凿而谋衣食，故所谓十家村者居多数，通邑足百户者，除城镇而外不过数村而已”[①]。并且，“县境村落依山而居者为多，百户之村寥寥无几。又居民多以农为业，但有可耕之地，随在营窟而居，终岁勤劳，仅免冻馁。所谓地瘠民贫，良不诬也”[②]。由此，我们不难猜测，傍山窟土除了地势的原因外，离农田较近亦是重要原因。

武乡县地方志中对黄土窑洞亦有描写，其言为：“构木为屋，穴土为窑，栖止各有定所，所营大都坚固完好，其宏敞壮丽虽远逊于通都大邑，然以山高地僻，绝少湫隘嚣尘之弊，乡民多不知注意卫生，而自与卫生无碍。”[③]而窑洞与农作的联系，明崇祯七年（1634）任武乡县知县的程世能《武乡县记》言之甚明：

既佃山以田，且穴山以居，有垣有户，有层窗，有窈窕窔奥，叩之一块土也。亦有营窟于半岩者，望之杳杳若古洞，洞前路仅容足，人行山腰，蟹侧接手。[④]

而在蒲县，崔旭《后山口占》诗亦云：

两壁立千仞，一涧曲百折。宛转踏石入，有如鼠穿穴。摄衣陟高坡，两三土洞列。低窥势欲塌，将入心胆裂。土田高下开，塍亩无分别。不

① 民国《临县志》卷6《区所谱》，《中国地方志集成·山西府县志辑》第31册，凤凰出版社，2005，第399页。

② 民国《临县志》卷8《疆域略·区所》，《中国地方志集成·山西府县志辑》第31册，凤凰出版社，2005，第408页。

③ 民国《武乡县志》卷1《生业略》，《中国地方志集成·山西府县志辑》第41册，凤凰出版社，2005，第147页。

④ 乾隆《沁州志》卷10《艺文》，《中国地方志集成·山西府县志辑》第39册，凤凰出版社，2005，第305页。

见阡陌通，那复邻里悦。桃源尚有人，此境真孤绝。①

土田高下开，土洞也是依山势排列，一眼望去，土洞与农田相差不远。农人们能开辟农田，就同时能够穿土为窑。实际上，垦辟草莱与构筑土窑，本质上都是对土壤的粗加工，所用的工具亦大同小异。

隰州民人建筑黄土窑洞，既是出于工费较省的初衷，又是出于便利农作的需求。农民与土窑、农田的搭配，是一个较为合理的生态链搭配。清代嘉兴进士高孝本作《隰州秋怀》，共四首，其第四首描绘了一幅窑洞与农田相映成趣的农村生活画卷：

山乡别是一风光，一带荒窑百尺冈。败絮早缝防雨雪，短垣亟补护牛羊。收禾原上村翁担，洗菜溪头少妇筐。每向茅檐看作苦，侏儒饱食几回肠。②

诗文描述的是山野村庄的景象，依势而建筑的黄土窑洞，一层又一层，而在土窑附近的原上，便是等待收割的谷物。黄土窑洞与农田浑然一体，构成了独特的农作风光。

灵石县的黄土窑洞亦被著录于诗文中，清沈荃有《过仁义驿》诗：

层岭郁岧峣，盘纡望转劳。云垂大壑暗，雪积乱峰高。畎亩依垄坂，人家半穴陶。駪駪行役者，未敢学卢敖。

农田与土窑交相辉映的乡村风光被记录下来，而这是农业生活的重要特点。而这在永宁州亦有所体现，州志载：

---

① 光绪《蒲县续志·艺文续·诗》，《中国地方志集成·山西府县志辑》第50册，凤凰出版社，2005，第585页。

② 康熙《隰州志》卷24《艺文》，《中国地方志集成·山西府县志辑》第33册，凤凰出版社，2005，第268页。

聚居于乡而为村，或数十家，或五七家，量其土地，审其原隰，构巢穿穴而处，以便播种，以便收刈，人与地相宜，地与粮相隶，犹有则壤遗意。[①]

这句史料更为明确地说明了开凿黄土窑洞穴居的作用之一，那便是便于农业耕作。换句话说，黄土窑洞与农田的搭配，是山西农人生计体系不可缺少的一部分，而这部分体现着人们与自然和谐相处的生存智慧。

最后，慕古以及避乱。上古有陶唐氏之神话传说，《诗经·大雅·绵》有古公亶父“陶复陶穴”之句，因此土屋窑洞被文人赋予超现实的浪漫主义色彩。当他们论及黄土窑洞时，会以“上古遗风”这样的慕古之语赞美之。虽然这样的论述是基于古代文化氛围和史学观念的，但确实有必要予以一定程度的辨析，以使有关论述被更为深刻地认识。当然，相比于避乱，慕古尚不能被称为土窑诞生的条件，而只能说是土窑所处的社会氛围。举例如下。

河曲县：

河邑乡村依山而处，穴土为窑，亦有砌石成者，《诗》所谓“陶复陶穴”是也。[②]

临县：

城中旧多缙绅，市井商贾亦半衣长服，住屋多系瓦房。在乡村则窑房为多，傍山窟土，平地用砖石砌成，营窟陶穴，古风犹存，间有建筑

① 康熙《永宁州志》卷2《建置志·乡村》，《中国地方志集成·山西府县志辑》第25册，凤凰出版社，2005，第41页。

② 同治《河曲县志》卷5《风俗类·民俗》，《中国地方志集成·山西府县志辑》第16册，凤凰出版社，2005，第165页。

厅房者，只备晏会积储而已。[①]

乡宁县：

> 自城镇之外，其民率穴居野处，有太古之风焉。[②]

偏关县：

> 惟关城民居颇壮观瞻，大半仿官署而为之，盖工料廉而经营易也。其他村落人家则皆穴居土屋，犹有上古之遗风焉。[③]

又如沁州。明万历三十年（1602）任沁州知州的俞毅夫言及沁州黄土窑洞之居住风俗，曰“州治多崇冈复岭，漳沁分流，潺湲南下，居者穴土而宁，行者沿流而策”[④]，并言，“说者谓穴居饭糗，有陶唐氏之遗风”[⑤]。

诸种论述中都有慕古的倾向，这种世界观完全是超现实主义的，是具有浪漫主义色彩的，并非客观之言，甚至一定程度上全然不顾农人也是活生生的人，而非礼义道德的傀儡。重新审视这些言语，不是为了以今责古，而是对这些当时人的美化之语进行重新观察。从环境史的逻辑来看，没有什么羡慕上古遗风，有的只是因地制宜地生存而已。清乾隆《兴县志》载：“城无万金之产，

① 民国《临县志》卷 13《风土略·礼俗》，《中国地方志集成·山西府县志辑》第 31 册，凤凰出版社，2005，第 444 页。

② 乾隆《乡宁县志》卷 3《城镇》，《中国地方志集成·山西府县志辑》第 57 册，凤凰出版社，2005，第 21 页。

③ 道光《偏关志》卷上《风土》，《中国地方志集成·山西府县志辑》第 57 册，凤凰出版社，2005，第 493 页。

④ 乾隆《沁州志》卷 1《形胜》，《中国地方志集成·山西府县志辑》第 39 册，凤凰出版社，2005，第 33~34 页。

⑤ 乾隆《沁州志》卷 8《风俗》，《中国地方志集成·山西府县志辑》第 39 册，凤凰出版社，2005，第 259 页。

乡无百家之村，营窟陶穴，以糠核荼芑为常食。”[①] 对此民国时期兴县县长石荣暲便评论说：“暲每到乡村访问民间疾苦，食则糠秕，住则土窑，有令人不忍目睹者，曾拟有补救计划，按年推行，其成绩如何未能逆料，亦聊尽吾责而已。”[②] 地方志记述辽州相关情形时，亦有言“《舆图考》云：辽阳山川险峻，地少平夷，商贾不通，民多穴居，以糠蕤为盖藏，缙绅之家日用亦不离是”[③]。所谓的“住则土窑”与“食则糠秕”是同等的，没有人会以“食则糠秕”作为上古遗风的表现，则美化“住则土窑”的现象为上古遗风，只不过是文人墨客不食人间烟火的夸夸其谈而已。住土窑不是追慕上古遗风，而是不得已适应环境的结果。黄土窑洞有很多令人难以忍受的缺点，因为生计而忍受之，就是所谓的不得已而为之。

与追慕古风相比，因为避乱而凿居黄土窑洞，更是不得已中的不得已。平定州的黄土窑洞群落正是为避乱而建，明朝白孕彩有《东沟》诗，其诗云：

> 夹涧三百家，远望如空谷。陶复复陶穴，秸篱代版筑。出没妙不测，乌止于谁屋。往者避盗贼，又曰聚属族。过涧背铁山，美利倍种谷。公刘昔好货，取鍜非今独。货殖传程卓，末富亦可逐。[④]

又如闻喜县：

> 村皆有堡，十九不居人，因山者多内有井、有碾、有窨室，大抵唐宋前所筑。又恒有延长数里之土窟，今皆废圮，亦昔人避乱之一法也。[⑤]

① 乾隆《兴县志》卷7《风俗》，《中国地方志集成·山西府县志辑》第23册，凤凰出版社，2005，第33页。

② 民国《合河政纪》之“实业篇”，《中国方志丛书·华北地方》第71号，成文出版社，1968，第119页。

③ 雍正《辽州志》卷5《风俗》，《中国地方志集成·山西府县志辑》第18册，凤凰出版社，2005，第188页。

④ 光绪《平定州志》卷13《艺文中·诗》，《中国地方志集成·山西府县志辑》第21册，凤凰出版社，2005，第450页。

⑤ 民国《闻喜县志》卷9《礼俗》，《中国地方志集成·山西府县志辑》第60册，凤凰出版社，2005，第410页。

住在黄土窑洞是不得已而为之，因此必然随着时代的变迁而有所变化，随着人们逐渐富裕而有所改观，随着人们对农业生活依赖性的降低或者交通效率的提升而有所变化，也当然会随着建材制造技术变迁而发生改变。翼城县住宅的变迁就是一个缩影，“东山住宅旧多砖石之窑孔，而今富家新造住屋亦多修瓦盖之庐厦。平川住屋旧系瓦房，而今亦有用砖石卷窑，或改造洋式门楼者，其室门窗户或作圈门式，或作扇面式，学校公地大都皆然”[①]。此言虽非直言黄土窑洞的变迁，但类比观之，黄土窑洞的变迁也大抵遵从此言所述的变迁规律。

二　土窑的缺陷及其治理

窑洞有土窑与砖窑之分，按照“环境应对”的逻辑，显然可以说后者是前者演替的结果之一。土窑是农人适应黄土环境以降低建筑花费、便利农业生活的产物，但简单的适应性利用自然往往不足依赖，土窑虽然有诸多优点，但同时农人必须忍受其昏暗潮湿、通风不畅与崩塌湿陷的缺陷。如果说在没有电灯的时代，在煤油灯、蜡烛、柴火的昏暗中使得人们不会十分在意土屋本身的昏暗缺点，那么土屋容易遭受风霜雨雪侵蚀而塌损这一缺点，肯定是当时的人们难以忍受却不得不忍受的。环境应对是适应性地利用自然和建设性地治理环境的统一，在适应性地利用自然不足依恃时，人们就必须进一步采取建设性治理环境的策略，以保证以生命存续为目的的环境应对过程顺利进行。对于土窑，人们常常依据洞穴开挖方向的不同，将其划分为地坑式、靠崖式两种类型。但其实从建设性治理土窑表面黄土流失的角度而言，土窑还可以有其他的分类方式，即根据治理的程度将黄土窑洞予以分类。

首先，素面朝天的土洞。毫无疑问，穿土为窑以居住是原始时期穴居方式经过长期演变的结果。随着居住需求的增长，主动开挖洞穴以居住显得尤为迫切和必要，黄土窑洞大概就是这样应运而生并传承至今的。“不过需要强

① 民国《翼城县志》卷16《礼俗》，《中国方志丛书·华北地方》第417号，成文出版社，1976，第504~505页。

调的是，窑洞的问世，与黄土高原上黄土之特性有直接的关系。黄土高原黄土覆被深厚，土质疏松，沟崖纵横，便于开掘。”[①] 正是在这样的黄土环境条件下，黄土窑洞这一建筑形式在黄土高原上遍地开花，或是靠崖而凿称为靠崖窑，或是掘地而挖称为地坑窑，这两种类型的黄土窑洞在山西各地均有存在。相比于其他建筑，黄土窑洞建筑一般无须雕饰，费少工省，因此成为贫苦农家的主要居住形式。黄土窑洞通体均为土质，遇到流水极易被侵蚀而剥落。但根据环境应对的思路，适应性地利用自然比之于建设性地治理环境更为省力节费。直接开挖黄土窑洞，而后不加过多的处理修饰，这样的行为可归结为适应性地利用自然，而对黄土窑洞所做的防侵蚀处理、应对昏暗处理可归结为建设性地治理环境。[②] 基于此，显然黄土窑洞建筑中存在一种只是适应性地利用自然而成的不加防水处理的类型，这里称之为原始类型。

黄土窑洞需要防水的地方主要在窑脸，而需要防坍塌的地方主要在窑洞内部穹顶。在建筑之初，完全不加任何防水、防塌处理的黄土窑洞虽然存在，但必定不是普遍存在的。猜测较多的应该是稍加处理过的，并且可能最常用的是用木梁横在窑洞内部穹顶，或者用立木支撑门脸。本研究从《甘博摄影集》中查到一幅图片（见图 3-1），所显示的是 1917 年至 1919 年河南开封城边上的土坑窑洞，图片的右上角显示的应该是城墙，推测此窑洞挖掘在城墙边土丘一侧。仔细观察，此窑洞极为破败，径称为土坑亦不为过，屋顶覆盖茅草和草席来防雨、防晒或者防寒。这种类型的黄土窑洞极为原始和粗陋，应该不是历史时期人们居住形式的常态，但毕竟可以代表一种类型。本研究又在《近代中国分省人文地理影像采集与研究 · 陕西》中发现了一幅图片（见图 3-2），所显示的是 1944 年陕北的窑洞，与图 3-1 相比已经不是那么破败了，但仍然只有很简陋的装饰，窑洞外墙面除门框、窗框外的其他地方皆一任土状，参差不齐，可谓素面朝天，这样的窑洞形态应当比图 3-1 中的形态更为普遍。

---

① 朱士光、吴宏岐主编《黄河文化丛书 · 住行卷》，陕西人民出版社，2001，第 40 页。

② 针对黄土窑洞建筑，人们有很多防护措施，本节主要强调防护措施中的防侵蚀、坍塌措施，而这乃已有论述鲜少重点强调者。关于土窑洞的诸多防护措施，可参见薛麦喜主编《黄河文化丛书 · 民俗卷》，陕西人民出版社，2001，第 278~281 页。

可能实际上在历史时期，在图 3–1 或图 3–2 所示窑洞的基础上，人们多多少少都会对窑洞简单地进行加固处理。一般土窑需要加固处理的乃是窑内顶部与窑洞门窗，图 3–2 中可隐约看到窑内支撑的木柱，应该是与窑内横梁搭配用以支撑窑顶的，但横梁图中看不见。与图 3–2 不同，图 3–3 则明确显示了窑洞内部窑顶确有横梁支撑。在图 3–3 中，门洞的窗户周围可见凸出于窑外的横梁之外端，则窑洞内部是经过木梁支撑处理的。除此之外，门框与窗框本身就起到了支撑门洞之作用，以防止门洞处悬空的土体受重力影响而坍塌。另外，图 3–3 所示的细节是，门框底部与门框上部距离窑脸平面的垂直距离不等，这说明此窑洞门脸并非完全垂直于地面的，而是呈现一个向内部倾斜的斜坡，而斜坡的设置则在一定程度上减缓了雨水对门脸的冲蚀。总之，在素面的窑洞上也并非毫无防护处理，具体而言：一种是于窑内顶部或窑洞出口用立木、横梁或木质门框、窗框予以支撑以防窑洞坍塌，另一种是将窑洞外墙切削成由底向上往内部倾斜的斜坡以减轻雨水对窑脸的侵蚀。

图 3–1　1917~1919 年河南开封土坑窑洞，采自〔美〕西德尼 · 戴维 · 甘博《甘博摄影集》卷 11，浙江人民美术出版社，2018，第 92 页

图 3-2　1944 年陕北窑洞，采自《近代中国分省人文地理影像采集与研究》编委会编《近代中国分省人文地理影像采集与研究 · 陕西》，山西人民出版社，2019，第 200 页

图 3-3　1944 年临汾窑洞，采自《近代中国分省人文地理影像采集与研究》编委会编《近代中国分省人文地理影像采集与研究 · 山西》，山西人民出版社，2019，第 264 页

图 3-4　1914 年陕北黄土高原上的窑洞，采自《近代中国分省人文地理影像采集与研究》编委会编《近代中国分省人文地理影像采集与研究·陕西》，山西人民出版社，2019，第 184 页

土窑开挖之初，我们认为图 3-1、图 3-2、图 3-3 所示的“素面朝天的土洞”当是土窑最初的形态。黄土高原层层叠叠、依山傍崖的土窑风貌（见图 3-4），一般情况下就是经过“穿土为窑”加“曲木为牗”而建成的居所，并没有更多的雕饰与处理。实际上，在历史的长河中，我们无法通过史料对土窑最初的形态做一确定无疑的判断，以上判断是基于人们“环境应对”之逻辑而做出的。黄土高原为当地居民提供了可以开凿窑洞的地理环境，只要勤动双手就可以开挖出用以遮风挡雨、防寒避兽的黄土窑洞，外加几块木料与简单切削外墙便可支撑窑洞并减缓雨水侵蚀。这样对自然环境的直接利用显然是最便利且成本最低的，所以最初出现的应该是素面而不加过多防护处理的粗糙黄土窑洞。但土质窑洞终究是有易坍塌和被侵蚀的缺陷的，为求较为长久的居址或居所，近乎天然的黄土窑洞就必须被加以建设性的治理。

其次，砖石加固的窑洞。当社会面貌发生一定的变化时，黄土窑洞的面貌也会发生一定的改观。有学者总结到，“建国以来，由于社会经济的发展，靠崖窑的‘土气’又有不少减退。用砖石接口和修砌外表的靠崖窑越来越多，不加修饰的原始土洞，逐渐少见，门窗越来越大”[①]。社会经济的发展多少有些归因笼统，但这句话却旁证了黄土窑洞类型以及面貌的转换，或说是旁证了黄土窑洞发展历程中的转折之存在。原始的土洞逐渐受到人们一定程度的修饰，砖石巩固门脸、窗周，砖块直接砌筑窑脸；砖石的加入使得门窗也逐渐摆脱原始的矮小，逐渐宽大起来。进一步而言，这也是建材技术发展的结果。随着制砖技术的改进或者廉价人工的加入，制砖的成本逐渐降低而效率逐渐提升。相比于石块，砖块对于窑洞的改观更为重要，因为砖就是对土建设性治理的结果，也是人们对土这一物质的变形，是适应性利用自然和建设性治理环境的高度统一。黄土给人们带来了可凿窑洞的土质，却也同时带来了易坍塌和流失的缺陷，而幸好黄土又可以抟成砖坯烧造成较为结实耐久的砖块，所有的这一切均是依靠特定的黄土环境才得以运转的。

经过勘察图片及实物资料，本研究认为：建设性治理土窑的措施导致土窑至少可以分为三种面貌不同的类型。

第一，在门窗部位加以砖甃，保护窑洞关键的部位以及容易受外力侵蚀而损失的部位成为建设性治理环境最优先选择的一步。如图 3–5 所示，山西省晋城市高平市某村庄废弃的黄土窑洞，相比于门周未加砖甃的原始黄土窑洞而言，其门周先用砖甃一圈，再设置木质门框，装以木门，以护窑洞出口的周全。我们还可以看到，此黄土窑洞虽然已经被废弃掉，但是门框周围依然完好，显示了砖甃的优点。只是随着风霜雨雪的侵蚀，尤其是水流侵蚀，窑洞门脸周围的黄土坍塌过多，堆积于门前，几乎堵住了门口，而剥落的土质墙体仍然有进一步塌损的趋势。由此可见，若没有适当的建设性治理，黄土窑洞是难堪长久居住的。我们还可以从图中看出，整个黄土窑洞所用木料、砖料极为节省，这可能是出于省费的考虑。另有一个情况值得注意，即大多数黄土窑洞的门窗极为狭小，甚至是只见门而不见窗，有的甚至是门窗相连，设置如此窄小的门窗，推测是出于尽可能地减少窑洞塌损风险的考量。所以，才有上文引述的总结中所说的窑洞外观的改变。但是，在很长的历史时期，当砖这种建材尚

① 朱士光、吴宏岐主编《黄河文化丛书·住行卷》，陕西人民出版社，2001，第 45 页。

未被成本较低、效率较高地生产出来时，黄土窑洞依然只能用极少数量的砖、木、石加固，依然只能保有窄小的门窗，从而造成黄土窑洞内的昏暗，而这显然是与人们追求宽敞、明亮居住体验的愿望相背离的。即便有了一些治理措施，黄土窑洞也必然会在一定的机缘下被改造，甚至被遗弃。

图 3–5 山西省晋城市高平市某村庄废弃土窑洞，2020 年 5 月 18 日董嘉瑜拍摄并提供

第二，与图 3–5 所示高平市这一破败的黄土窑洞相比，图 3–6 所示山西省临汾市洪洞县某村的黄土窑洞，在砖甃方面更进了一步。此窑洞为一门两窗，为三孔窑洞，由门口进入，在左墙上凿隧洞通向左侧窑洞，在右墙上凿隧洞通向右侧的窑洞，并且在左右两侧窑洞的前方均开设了窗户，以增加采光。砖甃的部位为门周与窗周，门框、窗框皆为木构，砖甃的面积远超图 3–5 所示的窑洞。但二者相同的是，除了作为关键部位的门窗周围外，窑脸的其他部分均是黄土暴露在外。图 3–6 这样的实物与图 3–5 一样，显示的是一定条件下，人们对于黄土窑洞所能够进行的建设性治理的程度，而之所以被限制于此种程度，与砖材的昂贵和难得有密切的关系。

第三，在不得不居住黄土窑洞的前提下，图 3–5、图 3–6 所显示的那种砖甃防塌的方式肯定还会再向前进一步的。就如图 3–7 所示，虽然还是黄土窑洞，但是窑洞的窑脸部位，也就是整面墙体的下半部分，已然全部经过砖甃，甚至窑顶砖墙以上的部分黄土已经被整体切削，而向后凹进去，即便是下雨与塌损，黄土块也不会直接落到院落里的窑门前或者窑窗下，这种处理方式显然要远胜于图 3–5、图 3–6 所示的处理方式。图 3–7 所示的黄土窑洞是地坑院落，由南向北望去，院落内部周围一圈均为窑洞，是所谓的窑洞四合院。由北向南望去的窑洞，也就是院落南边的一排窑洞是全部由砖砌成的窑洞，称为“砖窑”或者“锢窑”，见图 3–8。据当地人称，图 3–7、图 3–8 所示窑洞院落为清道光十五年（1835）曹顺农民起义策源地遗址，这样的表述也被写进窑洞所在乡镇的新修方志《赵城镇志》中。[①] 如果此说不谬，那么此处窑洞至迟在

图 3–6 山西省临汾市洪洞县某村庄废弃土窑洞，2020 年 2 月 1 日笔者拍摄

① 王秋平主编《赵城镇志》，山西人民出版社，2014，第 277 页。

清道光十五年就已被掏掘构筑。无论如何，从这处废弃的窑洞院落残址中，我们仍然可以想见窑洞这一建筑形式在未被人们、未被时代遗弃之前所能达到的规模。显然，作为黄土窑洞，在保留窑洞内部显而易见的黄土底色的同时，人们能够对之进行的最大限度的建设性治理，只能止于图 3–7 所示的面貌了。换句话说，人们历经千年，对黄土窑洞的防塌损、防侵蚀治理，在图 3–7 中得到淋漓尽致的体现。当然，随着建材的更新换代与制造效率的提高，外墙可能会被贴满瓷砖，内部可能亦被多种装饰材料涂满。但这些修饰工作，只不过是图 3–7 基础上的量变而已，处理方式并没有本质上的改变。

最后，砖窑的普遍出现与推广。其实在所谓的“曹顺农民起义遗址”中，我们可以看到土窑与砖窑这两种类似但又有着明显区别的窑洞形式同处一个空间当中。后者可以看作对前者建设性治理的最终结果。土窑确实是不得已而为之的，对于黄土特性的利用与治理，一直伴随着山西社会对于住所的建设与改造。与直接利用黄土地势来穿凿窑洞相比，通过烧制黄土而造出砖块来砌筑窑洞，算是对土窑建筑较为彻底的建设性治理。可以说，从土窑到砖窑的发展是长期积累的结果，也是土窑发展的重要结局之一，但这样的结局却需要制砖效率提升、成本下降后才能实现。

砖窑又称“锢窑”，通体砖砌，而不是像土窑那样只在外墙体甃以砖块。但是从外形上看，砖窑又显然是土窑的翻版，只是建筑材料有所变换，使得窑洞的门窗可以开得更大，采光较之前大为改善，也不需要再忧虑黄土的坍塌与流失。砖窑只在房顶上叠加黄土，以添补券窑顶之间的凹下。除此之外，通体砖甃还免去了尘土飞扬的情况。图 3–9 所示为“曹顺农民起义遗址”窑洞四合院南边的外部，中间的门洞是整个院落的出口，而门洞的两侧是砖窑的后墙。从图片上可以清晰地看到顶部确实为砖券的窑洞，而根基部分用了较大的石块，这些石块可能就近取自河道或者河道遗迹。纵然砖窑已经是人们能够对土窑所做的最大限度的建设性治理，但是随着砖混结构房屋以及钢筋水泥平顶房的后来居上，砖窑最终也不可避免地被废弃，然后日渐凋零，最终无人问津，就像破败的土窑那样，像文物一样镶嵌在黄土高原上，默默地展露阅尽沧桑的面庞。

图 3-7　山西省临汾市洪洞县某村庄废弃窑洞，2019 年 2 月 7 日笔者拍摄

图 3-8　山西省临汾市洪洞县某村庄废弃窑洞，2019 年 2 月 7 日笔者拍摄

图 3-9 山西省临汾市洪洞县某村庄废弃窑洞，2019 年 2 月 7 日笔者拍摄

在砖窑的建筑过程中，不得不提及的是烧砖窑的建造与砖块的制造。烧砖技术的改进，或者说烧砖成本的降低，使土窑被砖甃以至于砖窑被建造成为可能。抟土为坯，烧坯成砖，其实就是对黄土物理特性的改造，为的就是满足人们对宽敞、明亮的居住环境孜孜不倦的追求。据笔者在山西省洪洞县某村庄的生活经历与实地勘察，基本上每建设一批砖窑，其旁必定会配备一座烧砖窑，甚至是每家在建砖窑之前均要开挖烧砖窑。之所以如此，不难想见，是出于节省建筑成本的考量。因地制宜，就地取材，平整地基所多余的黄土以及掏挖烧砖窑后取出的黄土，成为烧制砖块的原料，而自给自足式的就近烧造，节省了运输成本与购砖费用。整个过程尽可能地就近形成一条物料循环的链条，以节省人力、物力与财力。这样的选择，无疑可以称之为人们环境应对的过程，而环境应对当中必然夹杂着经济理性。

总之，砖窑可能一直都存在，至于是否在清代出现一波砖窑建设的高潮，这从山西地区留存的为数众多的建造于清代的著名的、恢宏的乔家大院、王家大院、渠家大院、常家庄园、师家大院等砖构建筑中大概可以一窥究竟。我们大抵可以猜测，山西地区建筑砖窑的高潮大约是在清代。因为没有更多直接的证据，实际上关于黄土窑洞的上述一系列转变，基本上均是基于实物遗存与一般规律的合理推测。但我们根据环境应对中适应性利用自然与建设性治理环境二者的递进关系，以及二者较为明确的成本付出之差异，还有人们总是具有经济理性的逻辑，推测出黄土窑洞建筑当有着如上所论述的演进过程。我们很难复原黄土窑洞发生诸多变化或转折的具体时间节点，如果非要复原，那我们只能通过对烧砖成本降低开始时间的证实，最终较为合理地推测出砖窑集中出现的时间，从而大致确定土窑与砖窑之间较为明显的转折时段。实际上，根据城墙包砖集中出现于明中期及稍后的史实，我们推测在明中期之后，尤其清代，制砖效率大大提升，为有关建筑活动提供了廉价的建材，最终导致建筑材质、外观发生了明显的变化。在山西地区出现的建材由土到砖的转变，无疑可以归结为经过几千年的积累，最后在明清之际发生了建筑材料的显著变化，我们暂且称之为“建材革命”。在此之后，还有另一次建材革命，即水泥的引入以及以水泥为核心的钢筋混凝土在建筑中的应用。正是由于水泥的引入，黄土高原一直以来的黄土窑洞和为弥缝黄土窑洞而出现的砖砌窑洞逐渐衰落。这种衰落的迹象，我们从农村中大量的废弃土窑和砖窑，以及如雨后春笋般出现的钢筋混凝土平顶房，这二者此消彼长的对比中可以看得一清二楚。当然，建材革命影响的范围，绝不止于人们须臾难离的房屋建筑。

三　砖窑的产生及其意义

窑洞作为民居形式，在黄土高原，支撑其存在的是黄土的堆积，以及由黄土转换而成的砖。由于黄土质地的差异，在以黄土作为建材构筑房屋时，是用土、用坯还是用砖，各地之间还是有很大差异的。在山西的西南部、汾河下游地区，黄土分布广泛，黄土厚度大、地层全，尤其中更新世的离石黄土，由于埋藏厚度大，质地致密，又具有类似混凝土骨料的钙质结核富存于其中，是建窑的理想地层，该区地貌形态以黄土台塬地貌为主，土质较好，民窑洞室跨度较大，且无衬砌和支撑。在山西的中部，包括太原、上党两大盆地，黄土台塬相对减少，黄土丘陵、黄土梁峁混合的地貌形态占据主要地位，从岩性上看，黄土的含沙量明显增多，民居中黄土洞室明显减少，而人工砌筑的土坯窑或石窑洞明显增多；局部地区马兰黄土含沙量较大，一般不宜建窑，建窑则需全部加撑，该区民窑跨度一般较省内西南部、汾河下游地区为小，洞室一般不加衬砌或支撑，但洞口一般加有抗蚀性较强的人工护面。山西北部、太行山区的黄土分布和黄土岩性与前两个分区不同：在山西省北部，黄土丘陵波状起伏，含沙量大，塑性较差，多不便直接挖掘天然洞室，因此，除局部地区分布有天然的跨度较小的洞室外，一般多利用黄土资源，做成土坯，再用土坯建造人工洞室，习惯上称为“土坯窑洞”，土坯窑洞一般跨度较小，另外，部分地区也分布着石砌洞室；而太行山区主要是石灰岩地貌，低山区有破碎的黄土丘陵，黄土分布一般较浅且零星，故一般不能利用天然黄土资源建造洞室，当地群众多依靠广泛分布的天然石料建造石窑洞。[①]

一般情况下，土质紧密、含沙量小的黄土堆积不易坍塌、湿陷，在其中掏挖的窑洞不需要过多地衬砌就可以居住使用，而含沙量大的土质一般不适宜掏挖窑洞，或需要在掏挖后进行一定程度的衬砌，或者抟土成坯垒砌成屋室，或烧坯成砖锢成砖窑。但是，土质再好，黄土本身遇水易崩塌、流失的特性不会消失，所以不管是在何区，在黄土层中掏挖而成的窑洞若不加衬砌，就有不能耐久、日久圮坏的问题，这一问题就像一把悬在人们头上的“达摩克利斯之剑”，随时都有可能落下。所以，无论何种质地的窑洞，衬砌都是必要的，尤其是在门窗、窑脸等容易遭受风雨雪侵蚀的部位。由此，土窑就更成为一种实在迫不得已的居所，对普通农人而言尤是。一开始，人们是为着护卫自身性命的目的而建造土穴窑洞，但当土穴窑洞因其潮湿、昏暗、塌陷的缺点而影响到人们生活的质量时，人与土窑的关系便会渐渐发生变迁。在传统时期，我们能看到的砖砌瓦房或砖砌窑洞等非土窑形式的居所，应该都可视为对土窑缺点应对的结果。这其中，颇值得注意的就是同以窑洞形式示人的砖砌窑洞。

按照人们应对环境的逻辑，在黄土环境中，利用黄土的特性，开凿横崖

---

① 王学法：《山西黄土窑洞建筑分区图初步设想》，山西省勘察院，1984，第18~34页。

窑或者地坑窑以居住，乃是人们适应性地利用自然条件的体现，也是应对环境过程中的首要选择。同时，伐木构房、凿石筑屋同样是人们适应性地利用自然条件的结果，这比通过建设性治理环境而生成新的住所更为便捷。而在传统建筑材料中，另有一类材料，却是人们因适应性利用自然不成，进一步选择建设性治理环境的结果，这即是抟土烧砖、烧瓦的活动。砖瓦作为建筑用材，在很早的时候就存在了，只是可能在明清时期才被普遍使用，或者说被民居普遍采用。在黄土窑洞的演变过程中，就山西地区的民居而言，除了少数靠山地区外，黄土窑洞外墙的防护主要是由砖块来完成的，石块也常被使用，但不如砖块便利。因为黄土大量堆积的地区，只有土山和少量的河卵石，缺乏石山也就难以开采山石以供建房筑屋使用。而随着人口增多，林地被垦辟以至于几无遗留，至清代森林的退化以及不均匀的林木资源分布，已经使得木料基本上被排除在普通民居建材选取之外。故而，在黄土窑洞需要加以防护、木石资源难以敷用的情况下，砖块逐渐成为人们可以选用的最为主要的建筑材料。明清时期砖材使用剧增的“建材革命”的影响一直持续到了20世纪后半叶，并一直发挥着使黄土窑洞逐渐消退的作用。

传统的房屋材质及外观在砖材利用增多这一“建材革命”的影响下，持续发生着变迁，如果不是近代以来再一次的“建材革命”的出现，恐怕券窑式建筑，尤其砖窑将成为当前我们最普遍的居住形式。但随着工业革命的来临，以及人们对于单位土地上居所量需求的增加，水泥被发明并被引入中国。清末洋务运动之际，在李鸿章支持下，唐廷枢在河北唐山开办了中国第一座水泥厂，当时被称为“唐山细绵土厂”。水泥及混凝土比之于传统的土、木、砖、石等建筑材料而言，具有极强的可塑性，并且比土、木、砖更为坚固、耐久。所以，尽管钢筋混凝土建筑有其他的缺陷，但相比于易塌陷、不明亮、较逼仄的窑洞式建筑而言，仍有革命性的优势。然而，如此优越的水泥并未能在清代和民国发挥巨大的作用。实际上，水泥及混凝土在中国大地，尤其山西地区或者山西的乡村地区发挥作用是在很晚的20世纪后半叶甚至更晚的时候了。水泥被发明出来，就意味着发生了一次真正意义上的“建材革命”，但是对于中国而言，此次“建材革命”产生影响却是很晚时候的事情了。就山西省临汾市洪洞县某些村庄而言，砖墙之上，加盖钢筋混凝土房顶的平顶式住房，直到20世纪末才大量涌现，并逐渐完成对土窑、砖窑的替代。所以对于中国而言，20世纪末才到来的第二次“建材革命”，使得人们建设性治理黄土窑洞的愿望加速度地实现。但问题还在于，人们适应性利用自然以求得生存机会的行为并不可能一直是一帆风顺的，而人们在前一阶段的基础上所进行的建设性治理环境的行动也不可能有最终的结束，因为水泥及钢筋混凝土可能有着人们暂时还无须应对，或者无法应对，或者说难以应对的其他缺陷。

对房屋的需求是人们“生命护卫系统”中不可缺少的一环，也是推动人们与自然不停互动的动力之一。人们与自然的互动不外乎对自然的适应性利用和建设性治理两个方面，而房屋的建造是窥探这一互动关系的一个切入点。黄土高原是地球上较为独特的自然环境单元，人类踏上这片独特的土地之初，就不得不为遮风挡雨、防寒保暖、远离野兽以护全性命而焦头烂额。幸好，黄土的质地为人们开凿窑洞提供了便利的条件。但是，自然环境不总是会提供现成的事物，黄土易受侵蚀而剥损、坍塌的缺陷始终是人们保证居所安全过程中不得不着重考虑的问题。因此，只要有机会，房屋绝对不可能一直保持在原始黄土窑洞的底色上，而是随着多种社会、自然环境的变迁而适时地发生着变化，第一次重要而明显的变迁无疑是土窑向砖窑的逐渐变迁，作为治理措施出现的砖瓦逐渐替代黄土，水泥又逐渐替代砖瓦，不只是为了增加居所的数量，也是为了增加居所的安全性。总之，对于性命安全的考虑，始终是房屋变迁的核心动力。至于那些转变的节点，只不过是积渐所至的结果而已。

所以，从较长的时间尺度上看，砖材的出现并不仅仅是建材上的变迁或革命那么简单，可以说它是人为了生命更好地存续，与黄土这一自然环境日积月累交往的一环。首先是坯，其次是砖，先后改变了黄土的物理性状，完成了一次又一次的物质变换，也在这一过程中改变着周遭的环境，潜移默化、积渐而来。如果说砖坯尚离纯粹的自然不远，那砖就纯粹是消灭自然的结果；如果说土窑是对自然的亲近，那砖窑就是对自然的疏离，钢筋水泥森林就是对自然的“背叛”。当然，我们不是超越生命本身的需求，用衰败论、破坏论叙事理解过往人与自然的交往，我们只是试图指出事情的本质。相比于土窑，砖窑的生成标志着人与自然关系的广度、深度、强度进入一个全新的阶段。有学者指出，人造物体量超越活生物量，表明“人类世”已经来临，而地球上人造物体的大部分就是建筑和道路。在我国建筑材料于20世纪50年代中期从砖过渡到混凝土、在20世纪60年代开始使用沥青铺设路面，均加速了人造物体量的增多。[①]砖的利用无疑也为“人类世”的到来贡献了一己之力。砖不仅是一种人造物，还是一种不易被自然降解的人造物，大量的物质变换留下的固体废弃物无疑是一种人们需要面对的环境问题。同时，砖既是人与自然交往的结果，又将推动人与自然关系的变化，最重要的是也成为一种人造的环境问题。

第二节　从土城到砖城的变化

明清时期山西州县城城墙在修筑的过程中，土城到砖城的变化是特别值得注意的现象。作为抵御其他人群或动物侵扰，以卫护人们生命财产安全的人造建筑，我们一直是在人的历史中对城墙进行描述的。但在环境史的视野下，从建材变迁的角度，土城到砖城的转变就不仅仅是社会内部的变动，更是人与自然关系演变的具体展现。“环境史研究除了系统地考察自然环境的历史面貌外，尤应注重以下方面”，其中之一便是要注重“生命护卫系统的历史——从人类安全的角度出发，考察历史上的疾病、灾害乃至战争的生态环境根源，考察它们如何影响人类社会文明的历史进程，人类如何应对来自环境中的各种自然的、人为的或人与自然交相作用所造成的灾祸”[②]。毫无疑问，城墙亦是构成人类“生命护卫系统”的重要一环。明清山西建造城墙的材料或土、或石、或砖，前二者直接采自自然，而后者是人们改变自然中原有材料的物理性状而变换出的。如果说，人们寻求自然界本就有的岩穴树洞以护卫性命属于适应性利用自然的行为的话，那么，使用生土夯筑城墙以设险就

---

① Emily Elhacham, Liad Ben-Uri, Jonathan Grozovski, et al., “Global human-made mass exceeds all living Biomass,” *Nature*, Vol 588, 17 December 2020, pp.442-444.

② 王利华：《浅议中国环境史学建构》，《历史研究》2010年第1期。

是建设性治理环境的行为，而抟土烧砖以包砌城墙则属于更进一步的建设性地治理环境的行为。同时，如果我们将直接使用生土看作人们适应性利用自然的活动的话，那么经过系列程序抟土烧砖就可看作人们建设性治理环境的活动。位于黄土高原的山西，黄土遍地皆有，土是取用最方便、成本最低廉的建筑材料，所以从一开始人们便是夯土为城以自保。即便到了明清时期，山西州县城城墙普遍包砌，其外表虽可饰以砖石，但其胎心仍然是夯土为之。自然环境在给人类提供了便利条件的同时，也设置了一些障碍。人们在享受黄土高原上生土取用方便、成本低廉之便利的同时，不得不面对黄土质地疏松遇外力易溃的缺陷。正是在应对来自人类社会内部的破坏力与来自外部自然环境的破坏力的过程中，人们所建筑的城墙遵循着从土城到砖城的变化，而这城墙变迁的历史毫无疑问是围绕着土的优缺点展开的。

一　冲突左右城墙的修筑

与土窑一样，城墙的修筑依赖于丰厚的黄土资源。但黄土能成为一种“资源”，乃是建立在人们需要且能利用的基础上的。如果人们不需要或不能利用，那在特定的时空中，这样的自然物也不能被称为“资源”。进入明代之后，最初人们修筑城墙以护卫性命的需求并不强烈，土进入山西明清城墙修筑的历史是需要前提条件的。在所有不得不修筑城墙的原因中，与蒙古部族的冲突不仅左右着明代的修城进程，也与清代的修城密切相关。与蒙古部族的战与和为明清山西州县城城墙修筑铺上了底色，而在建筑层面上与土的关联也就应运而生。

在明正统十四年（1449）“土木堡之变”震惊朝野之前，无论是明中央政府还是山西地方政府，在山西修筑州县城城墙的主观意愿并不强烈。像岚县城墙，“旧惟土筑，卑埤不称控制，且恃国初黎扫之威，王庭远遁，累叶晏然，城议遂搁弗讲”[①]。所以，近半数州县城只是继承前代旧城，而未曾重修。甚至仍有若干州县城尚未有城，如：兴县，“洪武二年降元兴州为县，直属太原

---

① （明）潘云祥：《重修岚县城垣记》，雍正《重修岚县志》卷 14《艺文》，清雍正八年（1730）刻本，第 23b~26a 页。

府，洪武八年十一月属岢岚州”①，但“古无城池，至景泰元年始筑土城”②；临县，“元至元五年己卯，州治南徙五十里于今治”③，亦“旧无城池，后因土木之变，景泰元年，知县刘本奉例始筑小城一座，建东南二门”④；洪洞，“隋徙今地，改洪洞云，相传旧无城。至明正统十有四年，始奉文创筑土城”⑤。如果说无城尚属客观延续并非主观意愿的话，那么有城但城损而迁延未修的情况，应更能说明明王朝建立之初在山西并无强烈的修城意愿，如：徐沟，“明宣德八年，金水河泛涨，夜半从东门入，庙宇民舍湮没倾颓，止有北门尚存，景泰三年，知县李维新督工修治”⑥；赵城，“唐麟德元年筑，楼被汾水浸塌。国朝正统十四年，知县何子聪移筑稍东”⑦；垣曲，“国朝洪武十八年山水泛涨，南湮为清水河，东西北三面仅存，壕皆平塞，正统十四年知县李哲修”⑧。常年不见烽警，生活宁谧，让人们觉得蒙古铁骑不足为虑，城墙偶有倾颓也并不急于补葺。

“累世晏然”之后，发生于明正统十四年的“土木堡之变”将举朝从山西无战事的美梦中惊醒，为了抵御来自蒙古铁蹄可能的蹂躏，山西迅速踏入城墙修筑的大潮之中，很多州县城不得不进行了进入明代之后的第一次修筑。这一前所未有的变故，使人们深刻认识到边方与腹里、土城与砖城的差异。一方面是山西大同府应州州民“因寇至，虑土城碱卤不坚，惊窜山林”，另一方面则是山西大同府应州同知为散亡州民寻找“有砖城及有荒闲田地处所”令民暂居。⑨无独有偶，面对蒙古的侵扰，大同县、浑源州之乡民入城之后，“既无地可居又食不充腹，

① 郭红、靳润成:《中国行政区划通史·明代卷》，复旦大学出版社，2007，第65页。

② 万历《兴县志》卷上《城池》，明万历五年（1577）刻本，第4a页。

③ 民国《临县志》卷15《营建考·城池》，《中国地方志集成·山西府县志辑》第31册，凤凰出版社，2005，第455页。

④ 万历《汾州府志》卷3《建置志·城池》，明万历四十一年（1613）刻本，第9b页。

⑤ 万历《洪洞县志》卷1《舆地志·城池》，明万历十九年（1591）刻本，第11a页。

⑥ 康熙《徐沟县志》卷1《城垣》，《中国地方志集成·山西府县志辑》第3册，凤凰出版社，2005，第83页。

⑦ 万历《平阳府志》卷1《城池》，清顺治二年（1645）补刻本，第20a页。

⑧ 万历《平阳府志》卷1《城池》，清顺治二年（1645）补刻本，第28a页。

⑨ 《明英宗实录》卷185“正统十四年十一月丙申”，“中央研究院”历史语言研究所，1962，第3696~3697页。

俱告愿于腹里砖城避住就食，庶全性命”[①]。其实，仔细察之，砖城的吸引力远不及腹里的吸引力，此时人们尚认为腹里比边方更为安全，毕竟，蒙古铁骑尚未有过深入腹里的表现。可能因为是入明之后的第一次修筑，也可能是对腹里相对安全的认知，砖城相对于土城的优势最终并没有转换成景泰初年普遍包砌城墙的实际。“土木堡之变”后，虽然迅速掀起了州县城墙修筑的高潮，但大多数仍然只是在已有基础上进行土筑而非包砌。一定程度上，人们还是认为蒙古的侵扰只是暂时的、偶然的与不深入的，所以土筑城墙应该就足够了。但事实是，蒙古铁骑并没有像人们所希望的那样停止侵扰、停止深入。

宁武府密迩边陲，清乾隆十五年（1750）所刻《宁武府志》追溯本府修城历史时，说了这样一段话：

> 明既定天下，广斥边境，雁门以北皆为屯戍，兵民耕牧河套中。是时，宁武之地，外有藩屏，故虽处塞壖，而城守保筑之事盖少。其最始见者，惟宁化、偏头二所而已。自洪武二十六年，舍唐受降城之旧，而卫东胜，已失二面之险。至永乐初，又撤东胜以就延绥。于是，外险尽失，与敌近接。天顺六年，蒙古部入居套内。其后，边患频亟。偏头、宁武之间，时时突扰，以及于岢岚、五寨。当事者乃益议置兵设险以自固，由成化至万历，版锸日兴，城堡相望，所以计厄塞、御戎马、备攻围、谋保聚者众矣。今边延晏然，既为四县，多因其池隍之故而少所增廓。[②]

此段言论虽是针对宁武府而发，但也能与明代山西州县城墙修筑的整体趋势大体吻合。这段话深刻表明，与蒙古的冲突成为明代山西州县城墙是否修筑的唯一重要影响因素。

明嘉靖年间，蒙古势甚猖獗，明嘉靖二十一年（1542），蒙古铁骑第一

① 《明英宗实录》卷 192“景泰元年五月壬戌”，“中央研究院”历史语言研究所，1962，第 4012~4013 页。

② 乾隆《宁武府志》卷 3《城池》，《中国地方志集成 · 山西府县志辑》第 11 册，凤凰出版社，2005，第 55 页。

次长驱南下，深入腹地。所谓：

> 丑虏入寇，盖自六月十七日由大同地方长驱而来，二十三日越雁门直趋太原，兵无一御之者。虏遂南下沁、汾、潞安所属襄垣、长子等州县，是月十二日复回太原，由忻、崞、代州移营而北，至十八日始从雁门故道遁去，千里深入逾月始遁。[①]

这样创历史的冲击，给时人留下了深刻的印象。蒙古骑兵的这次长驱南下被认为是“自来留连内境未有若是之久”，蒙古史无前例地如入无人之境，带给明朝廷以强烈的心理冲击。

> 虏自去年六月十八日进边，至七月二十二日始出，自来留连内境未有若是之久，其所残破卫所十余，州县三十有八，西至河溢，东掠平定、沁、辽，南入潞安、平阳之境，纵横不啻千里，自来蹂躏地方未有若是之广。杀掳男女十余万人，抢劫马牛畜产财物器械至不可胜纪，至不可害之惨未有若是之甚。[②]

蒙古铁骑前所未有地踏入了山西南部之潞安与平阳境，人们突然意识到，即使远离蒙部的山西南部也无法置身事外。令人猝不及防的是，蒙古铁骑深入腹里之事不止一次。

时隔不久，蒙古铁骑故技重施，于明隆庆元年（1567），又大举南扰，攻陷石州，为害更烈。时人评论道：“我太祖定中原，塞下益拓，盖自景泰议捐后，虏稍蚕食内地，至丁卯之变，则戎狄之祸极矣。”[③] 隆庆之祸比嘉靖时有

---

① 《明世宗实录》卷264“嘉靖二十一年七月甲戌”，“中央研究院”历史语言研究所，1962，第5245页。

② 《明世宗实录》卷271“嘉靖二十二年二月乙亥”，“中央研究院”历史语言研究所，1962，第5333页。

③ （明）范士德：《岚县新修砖城记》，雍正《重修岚县志》卷14《艺文》，清雍正八年（1730）刻本，第29a~32b页。

过之而无不及。事后，山西又掀起了新一轮的筑城高潮，所谓“隆庆初，石州逢变，阖省修浚城隍”[①]。山西南部修城的心路历程，明朝内阁首辅张四维在襄陵县《新包砖城记》中有深度描写，其云：

> 襄陵在河东为壮邑，河东地险，塞北有太原、云中为之外障，入皇朝二百年余，民不见烽警，故城池、甲仗所以为御侮计者，率散弛不理，列城尽然，不独襄陵也。去岁丁卯，边吏不戒，河东大震，民四顾惶惶，莫适保聚，监司乃下檄诸郡邑，筑浚城池，督促旁午。[②]

深居南部腹里的山西官民可能不会想到，外有九边重镇，太原、云中为外障，蒙古铁骑居然也能两次千里突入。有鉴于此，修城之举遂此起彼伏。

从正统到嘉靖、隆庆，北虏逐渐由起初的侵扰山西北部，继而深入山西南部如入无人之境。与这一趋势相伴，即使是山西南部的诸州县，亦不得不对城墙进行修筑，由此导致山西境内无不修城墙之州县。隆庆议和虽解除了“北虏”之威胁，但时人并不清楚这种和平能持续多久。所以，在宣大总督王崇古条陈的“边计八事”中，起首一条就是“修险隘，谓当乘虏纳款之际，缮完城隍墩堡”[③]。和议虽成，但不得不未雨绸缪，修城浚隍以为不虞之保障。因此，款贡后，“采天下之议，著为八事，而修城池之条裒然称首”[④]。

虽然暂时消除了蒙古铁骑的威胁，但一朝被蛇咬，十年怕井绳，蒙古骑兵的两次千里深入，使人们认识到山西之地没有一处是安全的，于是全然没有了明初疏于城防的情况，而变成了积极备患。当时人们普遍的心路历程如

① 乾隆《长治县志》卷4《城池》，《中国地方志集成·山西府县志辑》第28册，凤凰出版社，2005，第420页。

② （明）张四维：《新包砖城记》，雍正《襄陵县志》卷24《艺文》，清雍正十年（1732）刻本，第56a~57b页。

③ 《明穆宗实录》卷64“隆庆五年十二月乙未”，“中央研究院”历史语言研究所，1962，第1532页。

④ （明）孙允谐：《朔州修城濠碑》，顺治《云中郡志》卷13《艺文志·碑记》，清顺治九年（1652）刻本，第57b~59a页。

时人所言：

> 隆庆朝，俺答款塞归命，请为外藩，岁入贡市，罢烽燧之警，亦既数载矣。顷用言官议，彻桑土，戒衣袽，图为久安长治之策。大修边备，缮饬塞垣，六鳌壁仞，万雉云连，绵亘数千里。若近塞城堡，欲及闲暇时，一劳而贻之永逸。[①]

正是这样的心路历程，主导了隆庆议和之后的筑城高潮。隆庆末至万历初年，山西各州县乘和平之机，大修城墙，明中叶之后山西筑城高潮的形成即源于此。

与蒙古部落的和平相处对于山西州县城城墙修筑的影响不只是在明代，拉长了时段来看，纵然清代山西各州县有着相同或不同的出发点，但整体观之，除了明代所遗留的城墙遗产导致清代无须大修特修之外，清代山西各州县城墙修筑不如明代高频的一个最主要的原因恐怕是，清代没有继承明代的明蒙冲突，而是与蒙古部族建立了良好的关系。所以可以这样说，明清时期腹里与蒙古的和平相处不仅导致了万历初年山西修城高潮的到来，同时也造成了清代山西各州县城墙修筑远不如明代频繁的事实，清代山西各州县的修城趋势因此与明初的修城趋势有些相似。入清之后，“承平百有余年以来，自通邑大都至于荒陬海聚，无变容动色之虑萌于其心，鸡鸣犬吠之警接于耳目”[②]。清朝不再像明朝那样，面临来自北边的威胁。与蒙古部族的和平相处使得山西没有了持续的外患，在继承了明代对州县城墙的大规模修筑、包砌的基础上，清代山西包砌城墙的州县数有所下降，至少不那么集中。从宏观层面而言，与蒙古的和战关系无疑成为明清山西各州县城墙修筑趋势形成的重要原因。

当然，与蒙古的关系虽然是明清山西各州县修筑城墙的底色，但也并不是唯一影响因素。除了来自蒙古部族的这一外部的破坏力外，明正德五年

① （明）高自治:《新修五寨砖城碑》，乾隆《宁武府志》卷 12《艺文》，《中国地方志集成·山西府县志辑》第 11 册，凤凰出版社，2005，第 179 页。

② 乾隆《平定州志》卷 2《城池》，清乾隆三十四年（1769）刻本，第 27a~28b 页。

（1510）进入山西的刘六、刘七的起义军，嘉靖三年（1524）潞城县青羊山陈卿起义，崇祯年间（1628~1644）此起彼伏的农民起义，清顺治五年（1648）开始的姜瓖之变，清咸丰至同治年间（1851~1874）的太平军、捻军及回民起义等来自社会内部的其他破坏力，亦多多少少促成了明清山西部分州县城墙的修筑，只不过相比于与蒙古的战和关系而言影响零散而不系统。同时，虽不彰但不能不提及的是，除了来自人类社会的破坏力之外，来自自然的破坏力也是促成城墙修筑的一种因素。一直以来，人们除了防备同类蹂躏之外，还需防备兽类侵袭。所以，当静乐县于明万历三十二年（1604）补筑了城墙缺损之后，"野兽始不入城"[①]。而保德州则因城墙倾颓过甚，"狼夜入城"后，便于清康熙六年（1667）、康熙二十四年（1685），相继修完城墙倾塌之处。[②]和顺县于清康熙八年（1669）重修了县城，除是因为"土城，非砖城也。风雨易剥，冰雹易酥，二三更历而不修，必致土崩垣塌"外，还因为"虎狼充斥，黄昏漏下即踯躅于三门，觅犬豕以饱其吞噬"[③]。

实际上，古人所言"设险守国""重门待暴"早已很好地诠释了建置城墙的根本缘由。来自人类社会的破坏力与来自自然的破坏力一道，为城墙的创建、补修、毁灭提供了缘由，是破坏力的大小左右了城墙的存续命运。明清时期，来自人类社会的破坏力自始至终地伴随着山西州县城墙的修筑，城墙的包砌正是在这类破坏力的迫使下才逐渐普遍化的。正是在诸多破坏力之中，城墙这一人造建筑物才被创造了出来，用以保卫人们珍贵的生命与赖以活命的财产。

二 土城的缺陷及其治理

进入明代之后，直到景泰初年，山西大部分州县城还是土筑城墙。由于是以土筑就或以土为核心建材的，所以城墙必然会遭受自然力（如地震洪

① 康熙《静乐县志》卷3《建置志·城池》，清康熙三十九年（1700）刻本，第1b~4a页。

② 康熙《保德州志》卷1《因革·城垣》，清康熙五十三年（1714）刻本，第6b~8b页。

③ （清）邓宪璋:《修和顺县城碑记》，康熙《和顺县志·信集·艺文》，孙永胜、马海军主编《和顺县志》，商务印书馆，2015，第91~92页。

水、风霜雨雪、草莱苔藓等）的摧毁与侵蚀。只不过与蒙古铁骑的破坏力不同，这里的破坏力主要破坏的是城墙，尤其是土城，而非人的生命财产。当然，地震虽也伤残人之性命与毁坏人之财产，但其并非修筑城墙可防备。总之，黄土高原的自然给予了人们创造城墙的材料的同时，也带来了材料本身具有的环境缺陷。所以，在剔除了人类社会内部的破坏力外，自然力的摧毁与侵蚀对城墙造成的破坏是另一类促进城墙不停被修补、包砌的因素。清代一则关于黎城县修城缘由的追述碑记较为综合地揭示了来自自然的诸种破坏力。清道光十九年（1839）初冬至道光二十六年（1846）仲夏，黎城县重修了县城城墙，其中“四周新垒砖垛一千七百四十九座”。在追述修城缘由时，时人说：

> 自李侯于乾隆乙酉（1765）领帑兴修以后，岚山骤雨，涨没虹桥，风洞狂飙，屋飞鸳瓦。夏暑则云蒸雾湿，冬寒则雪冱冰凝。岁久月深，星移物换，棘刺谁剪，草根孰芟，暗穴雄狐，明穿硕鼠。加以道光庚寅（1830）四月二十一日坤时至乾时地震不止，益就倾颓。①

骤雨、洪泛、狂风、云雾、冰雪、草棘、狐鼠、地震，加之岁月，成为明蒙冲突、盗匪贼众、民众起义之外人们“日遇而不察”的那些对城墙造成破坏的自然力。疏松的黄土最忌惮的，也即对土垣来说最致命的，恰恰就是这些微而不著但潜移默化、积渐所致的自然力。在过往的史料中，关于土垣易摧、不足依恃的言论俯拾即是。

兴县于明嘉靖三十四年（1555）夏起至次年冬讫，砖砌全城，东西南三面皆坚固。② 在追溯包砌之由时，有人说道：

---

① （清）佚名：《知县陈金鉴修城碑记》，民国《黎城县志》卷2《营建考》，刘书友主编《黎城旧志五种》，北京图书馆出版社，1996，第356~357页。

② 乾隆《太原府志》卷6《城池》，安捷主编《太原府志集全》，山西人民出版社，2005，第662页。

考先故未有城池，景泰中始筑土墉……嘉靖己亥，邑子张云鹏氏尚之以砖，而卑狭不固。至乙卯同官王逵氏以状上之当涂，时昌邑双石葛公寔以兵事备抚于兹，阅之蹙然奥咻曰：今小民昏垫，城墉陋卑，不维莫当降水，而黠虏恣横，窥伺兴、临，是曷能为保障哉？①

平遥县于明嘉靖四十二年（1563）二月至嘉靖四十三年（1564）二月间修城，“大城量补其敝，女墙悉易以砖”，其缘由则是：

平遥固有城，顾历年寖久，城多圮剥。且女墙旧皆土筑，易摧而难守。②

忻州于明万历十四年（1586）四月至万历二十六年（1598）十月重修州城，石基八尺，余继登追溯修城之前史时说：

忻州……地势平旷，无河山为之关阂，虏阑入，凭城为守，城仅筑土为之，易于隤坏，至嘉靖之季，虏无岁不内讧，忻父老子弟时苦蹂躏，萧然不支矣。议者屡欲甓以砖石，而蒿目疮痍之民不任吏役，又官无见缗，议辄寝。③

洪洞县，“隆庆元年，邑绅晋朝臣以土垣易摧，难资保卫，慨然仗义疏财，纠集邑绅韩廷伟等协谋兴修，土易以砖，基砌以石”④。但实际修筑的时候，在修土城还是砖城上有过讨论与抉择，《重修洪洞邑城记》载：

① 佚名：《兴县增修城垣记》，万历《兴县志》卷下《艺文》，明万历五年刻本，第5b~6b页。

② （明）霍冀：《张侯修城碑记》，康熙《平遥县志》卷7上《艺文志》，清康熙四十六年刻本，第59b~62a页。

③ （明）余继登：《重修州城记》，乾隆《忻州志》卷5《艺文·记》，《中国地方志集成·山西府县志辑》第12册，凤凰出版社，2005，第145页。

④ 民国《洪洞县志》卷8《建置志·城池》，《中国地方志集成·山西府县志辑》第51册，凤凰出版社，2005，第109~110页。

隆庆丁卯，虏寇岢岚路，入陷石州，远迩震怖。说者谓石城不险，于是洪洞诸大夫谋增土垣……朝臣独奋然曰：土增新旧不相能，淫雨必溃，且虏狡而易攻，盍砖之为长固计？邑人浅谋者以虑始为难，吝财者以广费为惜，群议沸然……独朝臣曰：此非吾身家事，邑人千百年利也，持议益坚……于是增土砌垣。①

应州于明隆庆六年（1572）春三月至明万历元年（1573）秋九月修州城，“砻石为址，石厚数尺，累甓为墉，甓周数匝”，言修城之缘由时亦称：

顾城土墉，土疏而常溃，缓急不足恃……先皇帝临御之四年……单于归我叛人，款阙乞贡塞上，若将去兵，督府王公言于上，请得该边城之不治者，稍予公费，令加甓甃，期以三年告成，报可。②

广灵县入明后即是土城，历二百余年至明万历二年（1574）才得以包砌城墙，其包砌之由史载甚详：

万历二年，兵部侍郎吴兑因大阅，行县登城，以边邑土垣非保障长策，疏请发内帑修包，知县乔密董役，石基砖甃，凡门及瓮城二、敌楼四，悉坚丽。③

沁源县于明万历七年（1579）包砌城垣，寻其缘由，乃：

万历七年，知县靳贤因阴雨塌毁，不时劳民，申请于院道，包之以

① （明）高文荐：《重修洪洞邑城记》，乾隆《平阳府志》卷36《艺文》，清乾隆元年（1736）刻本，第68a~71a页。

② （明）王家屏：《新修应州城记》，顺治《云中郡志》卷13《艺文志·碑记》，清顺治九年（1652）刻本，第52a~54b页。

③ 顺治《云中郡志》卷3《建置志·城池》，清顺治九年（1652）刻本，第7a~7b页。

砖，连砖垛高三丈九尺，基厚三丈五尺，顶阔一丈六尺。[①]

高平县于明万历二十六年（1598）秋至万历二十八年（1600）砖甃城垣，高平县《砖甃城垣记》这样记述修城缘由：

> 旧土城，每岁有风凌雨剥之损，民庶篑版筑之劳，无已时也。抚台魏公、按台涂公共图为地方百世计，议用砖石包砌城垣……议定……俱报可。[②]

太平县于明崇祯四年（1631）甃城，包砌之由乃是：

> 崇祯四年，知县魏公韩以流寇入境，至城下者三，土墙低薄不足恃，采石为基，通甃以砖，自雉而下，计高四十一尺，上广三十尺不等，围长一千四百步有奇。[③]

和顺县于清康熙八年（1669）四月至七月修城，察其修城之由：

> 无如其为土城，非砖城也。风雨易剥，冰雹易酥，二三更历而不修，必致土崩垣塌，安保奸宄不缒越哉？余……巡阅城垣……岁久失修，其倾圮之状，殆有不可胜言者……倘至夏秋间霪雨连绵，酥剥几尽，其为费滋多，亟宜力为修葺，无容少缓。[④]

---

① 康熙《山西直隶沁州志》卷3《建置考·城池》，沁县史志办公室编辑整理《沁州志》，山西古籍出版社，2003，第35页。

② （明）郭东：《砖甃城垣记》，乾隆《高平县志》卷20《艺文》，《中国地方志集成·山西府县志辑》第36册，凤凰出版社，2005，第256~257页。

③ 雍正《太平县志》卷2《营筑志·城池》，清雍正三年（1725）补刻本，第1a~5a页。

④ （清）邓宪璋：《修和顺县城碑记》，康熙《和顺县志·信集·艺文》，孙永胜、马海军主编《和顺县志》，商务印书馆，2015，第91~92页。

荣河县则由于大河东侵，屡遭河患，城墙修不胜修，而于1920年迁县治于北乡冯村。但即便迁徙了县治，县城也频遭雨洪冲蚀，不得不包砌城垣，事曰：

> 特城上女墙均系土筑，似不坚巩……十二年夏大雨，城东坡水暴下，陡涨衍溢，城壕水满，南城门楼及周围雉墙多圮，十六年秋，知事郭象蒙邀集邑绅重议修葺，于四面城墙内各筑土坡二，南门雉堞及墙面均砌以砖，俾德永固。①

甚至明万历二十五年（1597）静乐县知县王近愚认为："近边城堡若岢岚、岚县、宁化所、忻州、定襄俱已砖包，止有本县独是土城，且极为卑薄，是静乐无险也。"② 土城在明景泰初乃是近半数州县修城的首选，此时静乐县之土城被目为"无险"，可见土城之缺陷可能早已为时人所识。总而言之，无论明、清还是民国，土城之易溃不坚都是山西守土之官不得不面对的非常棘手的环境缺陷。因为土垣有着上述缺陷，所以随着时间的深入，明清山西诸州县的修城方式慢慢由土筑转向包砌。

山西"至清末，共辖9府、10直隶州、12厅、6州，85县"③，不计口外12厅，则至清末时，山西共计有10座直隶州城、6座散州城以及包括附郭城在内的85座县城。我们采用回溯的方式，追溯了这101座州县城墙在明清时期的包砌情况④，以对明清时山西各州县治理土城缺陷的历程有一斑之窥。

---

① 民国《荣河县志》卷3《考三·城池》，《中国地方志集成·山西府县志辑》第69册，凤凰出版社，2005，第153~154页。

② （明）王近愚：《修城疏略》，康熙《静乐县志》卷9《艺文》，清康熙三十九年（1700）刻本，第15a~17a页。

③ 傅林祥、林涓、任玉雪、王卫东：《中国行政区划通史·清代卷》，复旦大学出版社，2013，第219页。

④ 所言包砌，乃就主城而言，不涉及关厢城，有关关厢城的修筑，可参见郝平《明蒙军事冲突背景下山西关厢城修筑运动考论》，《史林》2013年第6期。同时，为避免混乱，论述时我们只使用清末的州县名称，时代的变化因此被体现在内容而非名称上。

朱元璋在驱逐元朝势力而据有山西之后，特别注意备边。一方面，“以陕西、山西、河南诸处城池久不修浚，士马久不简阅，屯田之兵亦多逋逃，恐武备渐致废弛”，而命人“往理”①。另一方面，在山西北部大同之东、西设立诸多卫所，“皆筑城置兵屯守”②。从整个山西州县城城墙包砌的情况来看，洪武年间（1368~1398）还是比较重视城防建设的，尤其在密迩边陲的山西北部地区。从洪武三年（1370）开始至洪武三十一年（1398）止，山西明确有包砌行为的共计 10 座州县城，具体如表 3–1 所示。其中，朔州、大同、代州、岢岚州、阳高、天镇 6 城属于近边重地，长治、永济、阳曲、凤台彼时为府州治所城。

表 3–1　明洪武年间（1368~1398）山西州县城墙包砌情况

州县	包砌情况	资料出处
朔州	洪武三年，砖券四门；洪武二十年，用砖包砌	顺治《云中郡志》卷 3《建置志・城池》
长治	洪武三年，以砖包砌四门	弘治《潞州志》卷 1《城郭志》
永济	洪武四年重筑，用砖裹墚	乾隆《蒲州府志》卷 4《城池》
大同	洪武五年，以砖外包	正德《大同府志》卷 2《城池》
代州	洪武六年，周砖之	万历《代州志书》卷 1《舆地志・城池》
岢岚州	洪武七年，外包以砖	万历《太原府志》卷 5《城池》
阳曲	洪武九年，外包以砖	万历《太原府志》卷 5《城池》
凤台	洪武十四年，甃以砖	万历《泽州志》卷 9《兵防志・城池》
阳高	阳和城，洪武三十一年砖建	王士琦:《三云筹俎考》卷 3《险隘考》
天镇	天城城，洪武三十一年砖设	王士琦:《三云筹俎考》卷 3《险隘考》

此后至明季，山西包砌城墙的州县数总体呈现增多的趋势。根据我们看到的文献，明崇祯十五年（1642），山西南部平阳府之曲沃县“砖甃北门城”③，大概可看作明代山西州县城城墙的最后一次包砌。在包砌城墙的过程

① 《明太祖实录》卷 217“洪武二十五年三月癸未”，“中央研究院”历史语言研究所，1962，第 3187 页。

② 《明太祖实录》卷 225“洪武二十六年二月辛巳”，“中央研究院”历史语言研究所，1962，第 3295 页。

③ 康熙《曲沃县志》卷 6《城池》，清康熙四十五年（1706）刻本，第 1a~2b 页。

中，各州县在包砌部位、包砌规模等方面存在差异。根据历史文献，在考虑了那些差异的基础上，我们从是否包砌城门、城顶及马道、女墙或雉堞、月城及瓮城、主城城垣的角度，统计了明建文至崇祯间各朝包砌城墙州县数的变化，其中包砌次数为0次的时段未列入表中，具体如表3–2所示。

表3–2 明建文至崇祯（1399~1644）山西包砌城墙州县城数及其变化

单位：处

时段	州县城					
	部位不明	城门	城顶及马道	女墙或雉堞	月城及瓮城	主城城垣
永乐	1					
宣德		1				
景泰	1	1				1
成化	1	1				
弘治		1		1		1
正德		2		5		
嘉靖	2	3		20	1	6
隆庆	2	2	1	15		10
万历	9	4	7	9	3	22
崇祯		3		2	1	15

由表3–2可以看出，自嘉靖至崇祯，山西州县城墙包砌比前期为多，剔除其中因同时段包砌不同部位而重复的州县城后，嘉靖、隆庆、万历、崇祯时包砌城墙的州县数分别为30、28、43、20处。其中尤值得注意的是，明正统十四年（1449）“土木堡之变”及之后的景泰年间（1450~1456）之前，山西州县城中有的州县城并无城池，或者承继前代而无一次修缮。所以，正统末与景泰初的城墙修筑多为土筑而非砖包，呈现在表3–2中就是景泰年间包砌城墙的州县数寥寥。另需特别注意的是，进入嘉靖之后，至万历时期，包砌城墙的州县数陡增，崇祯时期虽比嘉靖、隆庆、万历为少，但数量亦较前

期为多。仔细观察会进一步发现，包砌女墙或雉堞、包砌主城墙垣的州县数分别呈现由多到少与由少到多的过程。可见，从景泰年间的土筑为多，到嘉靖年间的包砌女墙或雉堞为多，到万历年间的包砌主城城垣为多，山西州县城墙的包砌遵循着从无到有、由土到砖、从局部包砌到整体包砌的修筑过程。

经过有明一代的包砌，根据我们看到的文献，在清末的那 101 座州县城中，除浮山、虞乡、石楼、盂县、安邑、平陆、永和、榆社、霍州等 9 座州县城可能没有包砌城墙外，其余 92 座州县城都不同程度地对城墙进行了包砌。在暂未发现包砌城墙信息的 9 座州县城中，虞乡因是清雍正八年（1730）才设县，故无明代城墙包砌信息也理所当然。其余 8 座州县城中，有关浮山、永和的直接或间接的史料均难以确证其城墙是否包砌，而其他 6 座州县城均有史料可以佐证其城墙在明代包砌的可能性不高。雍正《石楼县志》卷 1《城池》明言石楼为“土城一座”，光绪《盂县志》卷 7《建置考·城池》形容盂县城为“盂县土城”，乾隆《解州安邑县志》卷 3《城池》明言安邑城墙“四面犹然土障”，光绪《平陆县续志》卷上《营建类·城池》明言至咸丰二年（1852）平陆县乃“垣以土，雉堞以砖”，光绪《榆社县志》卷 1《舆地志·城池》明言榆社县乃“土城两座”，康熙《霍州志》卷 1《地舆志·城池》则谓霍州曰：“霍之为城，虽历代经久，而属土垣。”总之，清代鼎革之后，接受的是明代山西州县城墙普遍包砌的遗产，不管需不需要与愿不愿意，对城墙的补葺都成为清王朝及山西地方官民无法忽视的一项任务。

进入清代后，山西虽继承了明代丰厚的州县城墙遗产，却没有继承明代那样持续的外患，因此无论是在实际上还是在记载上，对于州县城墙的修筑都不太重视。所以相比于明代而言，清代山西包砌城墙的州县数有明显减少的趋势，具体情况如表 3–3 所示。

表 3–3 所示清代 8 朝包砌城墙数较明代大减，剔除其中因同时段包砌不同部位而重复的州县城后，分别为 8 处、7 处、5 处、19 处、5 处、4 处、7 处、5 处。除了乾隆朝畸高外，其他各朝包砌城墙州县城数不多且相互之间的差异不是十分明显。在明代的基础上，除了补葺部分已包而后倾颓的墙垣外，对于前明尚未来得及包砌的州县城，清代进行了包砌。浮山县就于清雍正七年（1729）砖

甃四门，对南北两瓮城胥易以砖。[①]安邑县则于乾隆二十五年（1760）孟秋至二十七年（1762）仲夏，“甃砖者瓮城、墙顶、女墙、戍楼”[②]。平陆县则是咸丰元年（1851）三月至二年（1852）八月，“垣以土，雉堞以砖”[③]。虞乡县虽后设于清雍正八年（1730），并在设县时仍筑土城，但也于乾隆十三年（1748）始砖砌其雉堞[④]，此后可能未再进行包砌，因为直到光绪《虞乡县志》卷2《建置志·城池》时仍明言虞乡县“县城土身砖堞”。除此之外，暂时未有明确的史料显示石楼、盂县、永和、榆社、霍州在入清之后进行过包砌。

表 3–3 清代山西包砌城墙州县城数及其变化

单位：处

时段	州县城					
	部位不明	城门	城顶及马道	女墙或雉堞	月城及瓮城	主城城垣
顺治		1		1	2	4
康熙		2		1		5
雍正		1				4
乾隆	2	3		5	1	13
道光	1			1		3
咸丰				2		2
同治		1	1	3	1	2
光绪		1	1	1		4

总体而言，经过明清两代前后相继的努力，清末时山西的101座州县城均有各自的城墙，其中绝大多数州县城墙均进行了不同程度的包砌。明清山西州县城墙的修筑或包砌并非一蹴而就的，而是一个循序渐进、层累叠加的过程，

① （清）钱标：《浮山修城记》，乾隆《浮山县志》卷37《艺文》，清乾隆十年（1745）刻本，第48a~49a页。

② （清）杨国翰：《重修安邑县城记》，乾隆《解州安邑县志》卷14《艺文》，《中国地方志集成·山西府县志辑》第58册，凤凰出版社，2005，第385~386页。

③ 光绪《平陆县续志》卷上《营建类·城池》，《中国地方志集成·山西府县志辑》第64册，凤凰出版社，2005，第465页。

④ 乾隆《虞乡县志》卷2《建置志·城池》，清乾隆五十五年（1790）刻本，第10a~10b页。

是从无到有、从少到多、从局部到整体演进的结果。经过无数官民前赴后继的努力，明清两代一定程度上完成了对土城缺陷的补葺或治理，但问题远没有被完全解决。后来随着来自人类社会内部的破坏力远超城墙护卫能力时代的到来，城墙大多最终被拆毁，而仅存的一些古城仍将一直面临易溃的苦恼。

三 城墙包砌的原因辨析

无论是来自人类社会内部还是来自外部自然环境的破坏力，均能促成城墙的修筑或者包砌。对此，上文已有较多论述。不过，一些政策性的定修制度通常也被纳入城墙修筑的原因当中，这就是清代乾隆朝修筑或包砌城墙州县城数畸高的原因之一。实际上，进入清代，没有了确定性的外患顾虑，山西各州县城墙的修筑在失去了最重要的动力之后，反而笼统的以资保障、以壮观瞻、未雨绸缪、以防万一的需求大增，这成为推动入清之后山西各州县修筑城墙的主要动力。如果进一步观察，会发现城墙的易颓易圮影响着人们资保障、壮观瞻的预期。所以，对于清代城墙修筑的原因，不能仅仅停留在政策制度层面进行解读。以乾隆朝畸高的包砌州县城数为例，其背后正是城墙“日侵月削”在起作用。

清代，乾隆朝包砌城墙的州县数最高，直接原因乃是乾隆帝对于修城之事的重视。乾隆二十八年（1763），乾隆帝上谕云：

> 城垣为地方保障之资，自应一律完固以资捍卫，第地方官吏往往视为具文，或任其坍塌不问，日久因循，或修葺有名无实，徒靡帑项，皆所不免，着各省督抚嗣后饬令该管道府，将所属城垣细加查勘，如稍有坍卸，即随时修补，按例保固，仍于每年岁底将通省城垣是否完固之处，照奏报民谷数之例缮折汇奏一次，钦此。①

乾隆皇帝保固城墙以资保障的谕令在山西州县城墙包砌的记录中也有体

① （清）和其衷：《奏报晋省城垣现在查办情形折》，《宫中档乾隆朝奏折》第20辑，台北故宫博物院，1982，第135页。

现。譬如，乾隆十二年（1747）《重修解州城垣记》云：

圣天子御极之八年，轸念承平日久，直省府县城垣或有堕损，令封疆大吏勘验题请发帑缮修，于时晋抚宪酌请山西城垣之宜修者，而解与焉。①

次如，临县于乾隆三十一年（1766）春至次年九月重修城垣，述及修城缘由时说：

皇上御宇之三十年，诏天下有司相视城垣，圮者修之，残缺者补之，毋习故常，徒侈靡费，毋事苟简，徒饰外观，黜浮崇实，以为一劳永逸计……晋省之以城工请者，凡十有八州县，而临与焉。②

再如，长治县于乾隆三十一年五月至次年二月重修城垣，究其缘由，知县冯埏道：

我皇上御极之三十年，念各省城垣岁久不无颓圮，命封疆大臣董正群吏，弗惜重帑，以次缮完。③

又如，平定州于乾隆三十年（1765）八月至乾隆三十二年（1767）七月重修城垣，究其原因，知县陶易如是说：

我皇上御极之三十年，大化翔洽，薄海内外，罔不渐被，乃特诏天下郡县城郭间有倾圮者，各令所司分年修葺。平定……上城……下城……明

① （清）韩桐：《重修解州城垣记》，乾隆《解州全志·本州》卷16《艺文》，清乾隆二十九年（1764）刻本，第6a~7b页。

② （清）丁宗懋：《临县修城碑记》，乾隆《汾州府志》卷32《艺文》，《中国地方志集成·山西府县志辑》第27册，凤凰出版社，2005，第503~504页。

③ （清）冯埏：《潞郡浚濠碑记》，乾隆《潞安府志》卷35《艺文续》，《中国地方志集成·山西府县志辑》第31册，凤凰出版社，2005，第168页。

嘉、隆、崇祯三朝曾修之，惟更代不一，成败相循，迄今一百有三十年矣。乾隆甲申秋九月，易奉简命来牧兹土，周视城郭，见颓堞败堑，蔓草迷离，旧估新增徒存文册。①

乾隆朝的岁修制度直接推动了山西州县城墙修筑的进行。如果深究的话，很显然，“岁久无不颓圮”才是根源。只不过有的皇帝和官员稍微重视，有的则不太重视。更进一步而言，明清特定时空下，人与土所固有的相处模式才是更基底性的影响因素。

实际上，水流对黄土的侵蚀，比之于其他原因，更能解释城墙从土城到砖城的转变。除了水流之外，研究者也试图寻找其他原因，以解释城墙从土到砖华丽变身的动向。于是，火器的普遍使用或威力的提升与制砖业或制砖技术的进步推动了城墙的包砌就成为研究者热衷于表达的观点。以《中国古代建筑技术史》为代表，长期以来，火药、火器的使用被认为是城墙包砌的原因。②同时，以张驭寰为代表，众多学者认为，制砖技术及制砖业的发达是明代城墙普遍包砖的原因。③前者可称为“武器发展说”，后者可称为“砖业

① （清）陶易：《重修平定州城记》，乾隆《平定州志》卷7《艺文志》，清乾隆三十四年（1769）刻本，第30a~32a页。

② 中国科学院自然科学史研究所编《中国古代建筑技术史》，科学出版社，1985，第253~260页。中国科学院自然科学史研究所编《中国古代建筑技术史》，中国建筑工业出版社，2016，第434页。杭侃：《中国古代城墙的用砖问题》，《文物季刊》1998年第1期。中国军事史编写组编《中国历代军事工程》，解放军出版社，2004，第291页。王贵祥：《明代建城运动概说》，王贵祥主编《中国建筑史论汇刊》第1辑，清华大学出版社，2009，第143页。贾亭立：《中国古代城墙包砖》，《南方建筑》2010年第6期。

③ 张驭寰：《我国古代建筑材料的发展及其成就》，《建筑历史与理论》第1辑，中国建筑学会建筑史学分会，1980，第187页。张驭寰：《中国城池史》，百花文艺出版社，2002，第580页。张驭寰：《中国城池史》，中国友谊出版公司，2009，第357页。张驭寰：《中国城池史》，中国友谊出版公司，2015，第357页。陈绍棣：《关于明代建筑发展的若干社会原因》，《中国古代史论丛》第9辑，福建人民出版社，1985，第236~238页。刘叙杰：《中国古代城墙》，赵所生、顾砚耕主编《中国城墙》，江苏教育出版社，2000，第21页。湛轩业、傅善忠、梁家琪：《中华砖瓦史话》，中国建材工业出版社，2005，第364页。孟祥晓：《明清卫河流域州县城易土为砖现象探析》，《历史教学》（下半月刊）2021年第7期。

发展说”。对于这两种说法，有学者提出质疑。薛樵风认为南宋部分砖石城墙的建造或与火器使用有关，但唐宋以来尤其明代，砖石城墙增多可能与火器关系不大。① 吴闻达等认为“以往学界认为明代城砖烧造技术有所进步，恐怕这种进步带来的成本降低还是相对有限的”②。从明清山西包砖的史实当中，我们难以发现支撑“武器发展说”与“砖业发展说”这两个观点的史料。相反，一些零散的史料证明，明清山西城墙的包砌与火器的普遍使用、砖业的显著进步无关。因为没有史料表明，造成明清山西各州县城墙修筑的蒙古铁骑在南扰的过程中使用了火器攻城。同时，也没有史料表明，山西的制砖业得到了何种程度的突飞猛进。当然，我们证伪或证实以上观点的依据目前来看也不是十分充分，不过仍可提供出来以供商榷。

对于炮的攻击能力与土城或砖城防守能力的对比，史料给出了一些线索。

明崇祯九年（1636）至次年，河津县知县李士焜始甃城垣以砖，提及甃城缘由，称自崇祯三年（1630）以来，连骑来犯，而河津县城垣却“土圮沙崩”，所谓：

> 城系土阜，一经震炮，颓然土崩，即敌楼且无所托足矣。况郭公碑文原惓惓以砖石包砌为后来者劝，然则一日为百年之计，一劳为永逸之图，此时尚可待乎？③

显然，河津县知县李士焜已经见识到面对“震炮”，土垣实际上并无招架之力。但同时，也有史料表明，即便是砖城，对于炮击的防御效果也并不理想。

明万历三十年（1602），保德州城已是“下石上甃”，但至清顺治六年（1649）姜瓖之变后，清军攻围保德州城：

---

① 薛樵风：《明代城市砖石城墙修筑的时空过程》，《云南大学学报》（社会科学版）2017 年第 6 期。

② 吴闻达、季宇：《明初城墙包砖问题试析》，《故宫博物院院刊》2021 年第 3 期。

③ （明）李士焜：《河津县包砌砖城记》，康熙《河津县志》卷 7《艺文》，清康熙十一年（1672）刻本，第 28a~30a 页。

迨王旅以恢疆至，坐困七浃月，恚城之坚而难堕也，炮辟西南面殆尽。[①]

无独有偶，在明万历二年（1574）浑源州城已甃已甓，瓮城、月城等“俱基砌以石，墙甃以甎，卫城有垣，卫垣有壕，嵬然巨镇也”，但至清顺治六年（1649）：

姜逆煽乱，窃据云中，胁从郡邑，王师征伐不庭，炮击城陷，焚毁西门楼、东北角楼、北面铺舍五处，城崩陨甚多，前守郎公永清始葺补完备焉。[②]

从史料当中，相比于惧怕炮的威力，我们看到更多的是城墙惧怕“日侵月削”。同时，零散史料表明，蒙古南侵乃掘墙而入，以掳掠而非攻城拔地为目的，所谓铁骑深入千里，逾月乃遁。且直到清人入关，攻围山西州县城池时，即便有炮加持，也屡有伺城垣缺口或登攀云梯而入者。例如，明嘉靖二十一年（1542），蒙古铁骑长驱南下，“千里深入，逾月始遁”[③]，“纵横不啻千里”，其目的在于掳掠，所谓“杀掳男女十余万人，抢劫马牛畜产财物器械至不可胜纪”，往往“饱载而归”。[④] 而明隆庆元年（1567），蒙古骑兵攻陷石州城后，“留壁石州，间出精骑抄掠交汾等处，山西骚动”[⑤]，“大掠孝义、介休、平遥、文水、交城、太谷、隰州间，所

① （清）姜宗吕:《修城西南面记》，康熙《保德州志》卷 11《艺文中》，清康熙五十三年（1714）刻本，第 4a~5a 页。

② 顺治《浑源州志》卷上《封建志 · 城池》，《中国地方志集成 · 山西府县志辑》第 7 册，凤凰出版社，2005，第 164 页。

③ 《明世宗实录》卷 264“嘉靖二十一年七月甲戌”，“中央研究院”历史语言研究所，1962，第 5245 页。

④ 《明世宗实录》卷 271“嘉靖二十二年二月乙亥”，“中央研究院”历史语言研究所，1962，第 5333 页。

⑤ 《明穆宗实录》卷 12“隆庆元年九月乙亥”，“中央研究院”历史语言研究所，1962，第 342 页。

杀掳男妇以数万计，刍粮头畜无算，所过萧然一空，死者相藉”[①]。而当明嘉靖二十八年（1549）八月蒙古骑兵南扰之时，乃是“复由松树坡掘墙而入”，“乘夜拆墙乘虚而入”[②]。可见，从史料中看，蒙古骑兵可能并未使用火器。

后来清军入关，从明军手中习得了使用火器，并且以攻城拔地为目的。虽也常有炮攻事，如攻围应州城东南隅之石家村堡时，“上亲往阅之，令汉军固山额真石廷柱以炮攻之，坏其城垛，竖二云梯……克之”[③]。但史也载：“攻灵丘县，从城垣倾圮处奋击，正黄旗先登克之”；“攻王家庄，掘其城，正黄旗复先登克之”；“至崞县，于城圮处攻入克之”；“又至万全左卫城，造挨牌进攻，八旗四面奋击，正红旗竖梯先登拔之”。[④] 由山西的史实大抵可以推测，彼时火器的使用远未十分普遍。明代山西各州县包砌城垣的高潮，并非蒙古骑兵对于火器的普遍使用迫使的。进入清代之后，除了清初入关攻掠与围剿姜瓖时使用火炮攻城可能引发人们对土城与砖城防御力差异的认知外，很长时间内的城墙修砌好像与火器并无密切的因果关系。

“砖业发展说”是另一个试图解释土筑城墙何以一变而为砖砌城墙的说法。明初不少州县城已经进行了包砌，说明此时砖业的发展程度就足以支撑山西州县城墙的包砌，并不是等到明嘉靖、隆庆、万历时期砖业才突然发展起来，导致了山西州县城普遍包砌城墙。即使在解释明代比前代州县城城墙包砌更多这个现象上，“砖业发展说”也不具有非常令人信服的说服力。因为，“关于中国古代地方城市城墙的断代性研究已经揭示出从宋代至明代中

① 《明穆宗实录》卷17“隆庆二年二月癸亥”，“中央研究院”历史语言研究所，1962，第463页。

② 《明世宗实录》卷351“嘉靖二十八年八月辛酉”，“中央研究院”历史语言研究所，1962，第6353~6354页。

③ 《清太宗文皇帝实录》卷19“天聪八年甲戌八月初二日乙卯”，《清实录》第2册，中华书局，1985，第255页。

④ 《清太宗文皇帝实录》卷20“天聪八年甲戌闰八月初七日庚寅”，《清实录》第2册，中华书局，1985，第261~262页。

叶是中国古代不重视地方城市城墙修筑的时期”[①]。不重视修城的前代自然没有包砌城墙的需求，即使到了明初，山西修筑州县城墙的意愿也并不强烈，直到不得不重视修城的时代到来，城墙包砌才得以普遍进行。所以与其说是砖业的发展导致了城墙包砌，不如说是重视城墙修筑的时代造就了被包砌的城墙。

同时，有史料表明，万历时期包砌城墙州县城数倏忽增长，恰与隆庆和议之后宽松的社会环境有关，而与砖业无关。在述及应州何以至明隆庆六年（1572）才甃砌城垣时，《新修应州城记》如是说：

> 嗟乎！州城之当甓久矣，历百数十年未有首其事者，非独其赀不足，敌骑驰突，卒若风雨，即覆一篑，犹惧不终，安能乘三年之间缓滞而规更始，赖社稷神灵、夷夏辑睦、疆事稍纾。[②]

由“当甓久矣”可见，“甓”并不是时人关注的焦点或棘手的问题，“赀不足”“敌骑驰突”“惧不终”“夷夏辑睦”“疆事稍纾”才是应州城不能更早时候即被包砌的原因。实际上，包砌城墙对于许多州县而言乃是很大的工程，经费的筹措、时间的宽平应该是比砖业的发展更重要的影响城墙包砌的因素。需要筹措不少经费才能对城墙进行包砌的事实恰恰表明，砖业发展不足导致包砌成本过高。例如，徐沟县，“万历五年，知县吴三省奉文，令太原、榆次、太谷、清源四县协济砖灰包修……自五年起，七年秋完工”[③]。从“协济砖灰”一语可见，砖业的发展绝没有到能推动山西州县城普遍包砌城墙的程度。只不过通过一定的努力，包砌城墙也不是遥不可及的梦想。

---

① 成一农：《宋、元以及明代前中期城市城墙政策的演变及其原因》，〔日〕中村圭尔、辛德勇编《中日古代城市研究》，中国社会科学出版社，2004，第145~183页。成一农：《中国古代地方城市形态研究现状评述》，《中国史研究》2010年第1期。

② （明）王家屏：《新修应州城记》，顺治《云中郡志》卷13《艺文志·碑记》，清顺治九年（1652）刻本，第52a~54b页。

③ 康熙《徐沟县志》卷1《城垣》，《中国地方志集成·山西府县志辑》第3册，凤凰出版社，2005，第83页。

砖业的发展虽不是推动明清城墙包砌的主要因素，但一定为明清包括城墙包砌材料在内的建材由土到砖的转变奠定了良好的基础。例如，清乾隆《孝义县志》载："居民房屋多止用砖，以煤贱费省故耳。"[①] 民国《陵川县志》载："本地出煤，有业挖煤者"，"有业造砖瓦者，以有煤炭故"。[②] 足见，砖瓦业的发展与煤炭的开采及使用有很大的关系。而同治《河曲县志》载："居民造屋，凡墙壁皆以砖石，上覆以瓦，梁柱窗栈而外，无用竹木者，土石价省于木，故作室者木工少而土石之工多"；"河邑山童无木，而炭窑最多，天生一方人则一方之地利足以养之。岁聿云暮，百虫号寒，拥炉者当念高厚生成之德也"。[③] 河曲县"凡墙壁皆以砖石""土石价省"除与"山童无木"有关外，"炭窑最多"估计也是其中十分重要的原因。以上史料能够表明，煤炭业基础上的砖瓦业发展为人们解决土材之不足恃问题提供了更加便捷的条件。

所以，在一些包砌城墙的史料中，购炭烧坯的内容常常出现。明隆庆六年（1572）至万历元年（1573）间，马邑县砖修城墙城砖的来源即是自给自足，所谓：

> 城之基奠之以石，共用石条四千五百丈，石之上积之以砖，共用砖三百五十六万四千个，联砖石而一之者灰也，共用灰一万八千四十五石，造砖石而成之者夫也，共用军民夫匠七百余名……石炭所以炼坯也，共用工价银二千五十三两二钱。[④]

又，明朝隆庆二年（1568）洪洞县议作砖城时：

---

① 乾隆《孝义县志·物产民俗》卷1《物产》，《中国地方志集成·山西府县志辑》第25册，凤凰出版社，2005，第505页。

② 民国《陵川县志》卷3《生业略》，《中国方志丛书·华北地方》第406号，成文出版社，1976，第131~132页。

③ 同治《河曲县志》卷5《风俗类·民俗》，《中国地方志集成·山西府县志辑》第16册，凤凰出版社，2005，第164页。

④ （明）张克忠：《修马邑县城记》，民国《马邑县志》卷3《艺文上·记传》，《中国地方志集成·山西府县志辑》第10册，凤凰出版社，2005，第66页。

开砖窑百余座，易山炭万余车，烧造如式，城砖几千万。[①]

除了自备石炭烧造砖块外，购砖包砌城墙似乎更能说明砖业发展对建材转变的影响。例如，平遥县明万历三年（1575）三月至次年八月修城即是“易砖于陶冶，作壁四切”[②]；蒲县“崇祯年间，知县张启谟因流寇扰乱，土城难以保守，申详道府砍伐翠屏山松柏变价购砖包砌”[③]；万泉县顺治十八年（1661）鸠工修城，时任知县“乃出其积俸，合荐绅士庶之所捐输，市瓦甓、征灰材，爰始鸠工，大兴厥役”[④]。与购置砖块包砌城墙相对应，史料显示明清时期山西的商品化砖业也有一定发展，这在前文第二章第二节第三目“砖瓦陶烧造与民人生计”中有所述及，此不赘言。要之，山西城墙包砖、民居砖化可能与山西林木资源的减少导致的木材昂贵，以及山西煤炭资源的开采导致的煤炭价格低廉有很大的因果关系。

但如果追根究底，我们发现，城墙从土城到砖城的转变，实质上是人与自然相处过程的必然之变。马克思、恩格斯曾说：“全部人类历史的第一个前提无疑是有生命的个人的存在”，“一切人类生存的第一个前提，也就是一切历史的第一个前提，这个前提就是：人们为了能够‘创造历史’，必须能够生活。但是为了生活，首先就需要吃喝住穿以及其他一些东西”。[⑤]“其他一些东西”虽然纷繁复杂，但“护卫人命”肯定是其题中应有之义。人类不仅要面对危险的同类，还要面对凶猛的野兽，不仅要面对突如其来的灾难，还要面对隐秘的疾疫，因此人们不得不努力构筑有效的、安全的、坚实的、完备

① （明）刘应时：《砖城记》，民国《洪洞县志》卷15《艺文志》，《中国地方志集成·山西府县志辑》第51册，凤凰出版社，2005，第349~350页。

② （明）梁明翰：《孟侯新甃砖城记》，光绪《平遥县志》卷11《艺文志上》，《中国地方志集成·山西府县志辑》第17册，凤凰出版社，2005，第287~288页。

③ 康熙《蒲县新志》卷1《方舆志·城池》，清康熙十二年（1673）刻本，第6a~7a页。

④ （清）郑章：《万泉县修城记》，民国《万泉县志》卷6《艺文志》，《中国地方志集成·山西府县志辑》第70册，凤凰出版社，2005，第140页。

⑤ 《马克思恩格斯选集》第1卷，人民出版社，2012，第146、158页。

的“生命护卫系统”，以护卫自己的生命安全以及保有支撑生命存续的财产，“城池系统”就是这样的系统，是人类“生命护卫系统”的有机组成部分，其中城墙又是其最重要的构件。既然一切人类历史的第一个前提是人命，那作为人类历史一部分的城墙修筑，自然也就可以从护卫人命的角度进行解读。同时，如果我们承认，一定程度上，适应性利用自然与建设性治理环境就是人与自然关系的全部内容的话，我们对于“自然环境并不总是能够如人们所愿，适应性地利用自然的成本虽低，但有时候却不足依赖，于是不得不进一步选择成本较大的建设性地治理环境”[①]就不会难以理解。所以，当面对来自危险的同类之可能的蹂躏时，依“天险”而非“设险”就是人们护卫自身性命的最初选择。例如，明代平定州民遇警就想避居山林，所谓：

山西大同府应州同知孟敬奏，本州民先因寇至，虑土城碱卤不坚，惊窜山林。[②]

景泰庚午，讹传有警，迫甚，民心惕焉罔措，初欲逃匿山林岩穴，卒依是城保其无虞。[③]

逃匿于山林岩穴就是人们适应性利用自然的表现，而本无险而设险卫民的城墙修筑则是建设性治理环境的表现，明清时期山西诸州县均设城卫民就是这一逻辑作用的结果。在筑城的过程中，用什么样的材料筑城，实际上又是另一种人与自然相处的过程。土是自然环境要素之一，夯土筑城被证明可以达到卫民的效果之后，人们便在建筑城墙的过程中，与土发生了较为独特的关联。在能达到目的的前提下，适应性利用自然总是被优先选择的策略，

① 韩强强：《环境史视野与清代陕南山地农垦》，《中国社会经济史研究》2020年第1期。

② 《明英宗实录》卷185“正统十四年十一月丙申”，“中央研究院”历史语言研究所，1962，第3697页。

③ （明）白思明：《重修上城记》，乾隆《平定州志》卷6《艺文志》，清乾隆三十四年（1769）刻本，第32b~34a页。

而建设性治理环境总是迫不得已的转变。所以当有了修城卫民的需要之后，山西大部分州县首先选择了土筑城墙，而非直接予以包砖。土自始至终都是城墙这一建筑体中最主要的元素，无论土城、土身砖垛还是砖城。当人们用土这一自然原有材料构筑了他们的"生命护卫系统"之后，同样将自然材料固有的缺陷带了进来，这就是无论夯筑得多么坚实，土遇水还是会溃散，而这无疑将损害土城护卫生命的效果。于是随着问题的逐渐突出，对于土城的改造或治理就不得不进行，而对土城进行的包砌就是建设性治理环境的过程。对土城缺陷的弥缝有很多方法，在明清时期最理想的方法就是土胎砖包以及频繁补葺。所以，呈现在明清山西州县城墙修筑历史脉络中的是，城墙从土城到土城砖垛再到砖城的一般演变过程。人们对自然环境的应对是循着阶梯缓慢进入更深一层的，人们无法也不可能跳过适应性利用自然而直接进入建设性治理环境的阶段。所以，如果在"土木堡之变"后，蒙古铁骑从未深入山西腹里的话，即便土城有种种缺点，人们也不会对其进行治理，就像进入清代后人们逐渐疏于包砌城垣一样。"土木堡之变"后的实际情形是，在筑城方面如果一直处于适应性利用自然的阶段的话，可能性命都难以保证，所以人们不得不选择成本更高的建设性治理环境，即抟土烧砖、以砖包城，即使费时耗财也在所不惜，最后便成就了明清山西诸州县普遍包砌城墙的事实。只不过，砖城虽比土城耐久，但在岁月的侵蚀之下，砖城的缺陷也会暴露，就如应州城墙一样：

> 应居雁门之外，地既斥卤，土复善溃，偶遇霪雨，颓塌屡告，甃以瓴甋，碱气浸淫，旋多剥落，是论保固城垣于应地，实有非关以内所可例者，惟随时留心补葺，毋惜小而误大，则固金汤而巩塞垣，卫国卫民之道庶交有济焉耳。①

① 乾隆《应州续志》卷2《建置志·城池》，《中国地方志集成·山西府县志辑》第29册，凤凰出版社，2005，第431页。

依靠天险并非绝对安全的选择，修建土城也无法百年长固，即使甃砌砖城也难以希图一劳永逸。自然给人们提供生存条件的同时，也给人们设置了障碍，人们只有在适应性利用自然与建设性治理环境的螺旋中才能繁衍生息。在城墙还能抵挡破坏力的时候，人们创造了一座座足壮观瞻的人工建筑。可当破坏力已经大到城墙都无法阻挡的时候，城墙的使命也就完成了。所以古人赖以卫护性命的州县城墙在新的时代到来之后终被废弃甚至被一座座推倒。有形的城墙被推倒了，但无形的城墙被竖立了起来，人们护卫身家性命的系统依然存在。只不过，人们无须再忍受土垣易摧、砖城难固的环境缺陷。或者说，推倒砖城、忘记砖城也是一种建设性治理“砖城难以永固之环境”的生存策略。

第四章
土路与交通：对土路缺陷的持续治理

交通道路是陆地生态系统中最为重要的人工构筑物之一，人们在地球陆地的表面布下了一张巨大的网，这张广袤无垠的网为能量的流动、信息的传递提供了便利，人类生态系统因此得以安然无恙地持续运行，人类的命运也就得以在这颗星球上持续流转。人们生存于陆地之上，向一个地方走去，就形成了交通道路。正如鲁迅所言："我想：希望是本无所谓有，无所谓无的。这正如地上的路；其实地上本没有路，走的人多了，也便成了路。"① 路不仅仅是路，也是人类的希望。作为一种人工构筑物，交通道路的物质基础都是自然环境提供的，同时也必须承受一些来自自然环境的困扰。

以往关于交通道路历史的研究成果，为数甚夥，但正像研究者所总结的："以往交通史或历史交通地理的研究多侧重于交通制度、交通路线与附属设施的考辨和交通网络的形成等方面，这对宏观角度复原历史时期交通的总体或区域性的面貌多有贡献，但交通与自然、人文等诸方面关系很多，如交通路线的选定、交通设施的修造都要考虑自然环境等因素，而且交通设施的管理、维护也会与交通路线、设施所在地方社会发生诸多关系。"② 这段话虽是针对

---

① 鲁迅:《呐喊·故乡》，人民文学出版社，1976，第 94 页。

② 程森:《生态、交通与县际纷争——以清代漳河草桥的修造为中心》,《清史研究》2010 年第 4 期。更多的交通史研究现状，另可参见蓝勇《近 70 年来中国历史交通地理研究的回顾与思考》,《中国历史地理论丛》2019 年第 3 辑。

十多年前的研究状况而言，但所论时至今日也仍能站得住脚。

在众多史学新视角中，环境史关注的恰是人与自然之间的复杂关系，追寻的是人们得以延绵不息的生生之道。在环境史的众多研究内容中，有一项是关于“生态－社会组织”的历史，生态－社会组织包括两方面内容，其一即是指“人类如何通过一定的观念、知识、制度和技术，将各种生态资源组织起来，构成自身生存条件的一部分”①，交通道路的历史似可以归入“生态－社会组织”之列。质言之，交通道路是人们在一定的自然环境基础上，根据特定的社会技术条件，而适应性利用天然形成的路、桥、河或建设性使用人为建造的路、桥、河，以保证支持生命、护卫生命的物质及精神等与生命生存、延续有关的一切资源的寻找、获取与积累的活动能够达成的客观物体。在本章中，我们关注土路的历史，从“环境应对”的角度，揭示土路所具有的缺陷，以及人们对土路缺陷的治理。

第一节　土路的类型及其缺陷

地球上之土层自生成之后并不作为土路而存在，但人们的交通道路却天然地以土为路。土路本质上乃是人类适应性地利用自然的结果。但是，对人类而言，适应性地利用自然的活动常常不足以依恃。自然在为人们提供生存条件的同时，也不可避免地夹带了一些障碍。自然环境虽是客观存在，但对人类来说可谓福祸相依、利害参半。就土路而言，迫使人们建设性治理土路以及推动土路自身历时变迁的直接动力，乃是土路经常性的飞尘、泥泞、塌陷等物理缺陷给人们交通往来带来的麻烦。本书所述及的土路，除一般意义上的土路之外，还包括土桥——一种被架空或隔水的土质桥路面。

一　作为特殊土路的土桥

在一般的桥梁分类中，至少应有“人为”与“天生”两种。在《地球科学

① 王利华：《浅议中国环境史学建构》，《历史研究》2010年第1期。

大辞典》中，本研究发现了“黄土桥”一词，所谓黄土桥是指“黄土陷穴发育区，两个陷穴之间，底部被地下水流串通，在陷穴崩坍、破坏以后，陷穴间顶层黄土的残存土体，其下有水流通道”；而黄土陷穴则“是由垂直节理发育的黄土层，在地表水和地下水的作用下，下部被水流蚀空，使表层黄土湿陷和塌陷而成的”。[①] 可见，黄土桥作为一种特殊的黄土地貌，极有可能为生存于黄土高原的人们所利用。但是，只有当黄土桥地貌被人们利用以通往来之后，其才可以归入桥梁类型中的“天生桥”之列。[②] 翻检史料，本研究确实发现了为数不少的“黄土桥”作为“天生桥”的例子，以及当天生桥受到损坏之后人为培修以使完固的例子。同时，本研究还从史料中发现在河流之上人为架设的一种被称为“土桥”的季节性桥梁。在谈及土桥这一桥梁类型时，山西古人曾言：“至于荒冈断岭，筑土以通行路，俗亦呼为桥，是桥之名，可施于水，又可施于陆矣。”[③] 这句话基本上道明了桥梁所能架设于其中的两种自然条件。

地方志中基本上都设有“津梁”或“桥梁”等类目，从这些类目中，我们发现了山西地区在元明清以至于民国时期存在过的为数甚多的土桥名目。根据方志资料的不完全统计，我们制作了山西土桥分布示例表（见表 4–1）。

表 4–1　山西土桥分布示例

府州	州县	土桥名目	出处
太原府	阳曲	汾河渡桥，冬春置土桥	乾隆《太原府志》卷 10《水利・津梁附》
	榆次	什贴土桥、坑东土桥、许曲土桥，长宁桥、东郝桥、中郝桥、西郝桥、郭村桥、修文桥、怀仁桥七桥皆用土木浮架，至冬而建，春融而撤	
	文水	商峡桥、徐村桥、大象桥、南仁桥、润济桥、通济桥、永济桥、普济桥八桥俱用土木，岁一修撤	

---

① 《地球科学大辞典》编委会编《地球科学大辞典・基础学科卷》，地质出版社，2006，第 342 页。

② 当然土桥并非黄土高原的特有地貌，而是还广泛存在于其他地区，具体案例可见舒成强、何政伟、张斌等《元谋干热河谷侵蚀区土桥发育特征与演化过程》，《热带地理》2014 年第 3 期。

③ （清）阎升亮：《烟竹村重修天佑桥碑记（嘉庆十年）》，史景怡主编《三晋石刻大全・晋中市寿阳县卷》，三晋出版社，2010，第 357 页。

续表

府州	州县	土桥名目	出处
忻州直隶州	忻州	牧马河涨落不时，每岁冬令水涸之际，搭造土桥	光绪《忻州志》卷15《关隘·桥梁附》
保德直隶州	保德州	保德桥，康熙二十七年州人募筑土桥	乾隆《保德州志》卷1《因革·津梁》
潞安府	壶关	东关壁村东旧有土桥，岁久倾圮，村人捐建石桥	（元）程秉直:《壶关东关壁村创建永济桥碑记》，乾隆《潞安府志》卷30《艺文续》
沁州直隶州	沁州	南门桥、北门桥，康熙四十八年，知州张兆麟改筑土桥；土桥，在故县镇东北面高岭，康熙四十三年筑	乾隆《沁州志》卷1《山川·桥梁》
	武乡	岭头桥，县东五十里两村间，烟火相望、阻绝深沟，旧有土桥，岁久倾废，乾隆三十六年合村众修	乾隆《武乡县志》卷1《山川·桥梁》
平阳府	曲沃	崖上石桥，县西南十五里崖上村北，先是邑人王之旦等创建土桥，乾隆十七年，邑人行有条等捐金，改修石桥十一孔	乾隆《新修曲沃县志》卷16《关隘·附桥梁》
	襄陵	九公桥，在县南北靳村西南、南靳村正北方，系二村公桥，创建于清乾隆十八年，原系土桥，由南靳村募资于民国三年，将南半段改建石桥，为汾西诸村南北必由之路，北段为土桥，夏月时见塌坏，行人多感不便；贾罕桥，石桥在正西，为附近诸村向汾东必由之路，原系土桥，光绪初年陈君登高，因此桥倾圮，仍以土资填修，难期永久，遂出钱数百千独力监修，改建石桥	民国《襄陵县新志》卷19《营建考·桥梁》
	浮山	冯村桥，在县南三十五里冯村村西，原属土桥，民国三年坍塌，由生员张锦书募捐改建石桥	民国《浮山县志》卷13《交通·桥梁》
汾阳府	孝义	中阳比屯村西有一古路，崇平塬之中，隔一深沟，先年修筑土桥，不意本年雨水损坏，合村佥议修葺，时乾隆二十二年	（清）佚名:《创作大路碑记》，张正明、科大卫、王勇红主编《明清山西碑刻资料选（续二）》，山西经济出版社，2009，第74页
霍州直隶州	灵石	南桥，增石为垛，积木成梁，约土属道	（清）虞奕绶:《灵石县重修南桥碑记》，道光《直隶霍州志》卷25《艺文中》

续表

府州	州县	土桥名目	出处
绛州直隶州	河津	嘉靖十一年，山水暴涨，北山通济道路因以绝，嘉靖三十五年知县高文学兴修，上为土桥通济南北，旁疏支渠溉田千顷	光绪《河津县志》卷2《山川·水利附》
	稷山	通济桥，在城西十里，旧名土桥，成化间知县张谅修改今名	同治《稷山县志》卷2《城池·桥梁附》
蒲州府	万泉	永利桥，在城西门外二十步许，唐时建土桥，明隆庆中李廷栋移建旧桥北，易之以石	民国《万泉县志》卷1《舆地志·山川·津梁附》、卷6《艺文志·（明）秦昂〈重修永利桥记〉》

清末之时，不包括口外诸厅，山西所辖行政区共有府级政区9府、10直隶州和县级政区6州、85县。[①] 表4–1统计的只是其中的5府、5直隶州下辖的3州、12县，并且也只是就方志资料所作的初步统计，碑刻资料中的土桥数据尚未完全统计在内。但是就已有的史料来看，土桥这一桥梁类型还是较为普遍地存在于历史时期山西各地的。甚至，当我们在翻检了相当数量的碑刻资料后发现，一直到21世纪还有为数不少的土桥被使用或被改造，仍然发挥着沟通往来的作用。从表4–1中我们还知道，万泉县城西门外有唐时所建的土桥。另外，在今襄汾县安李村东沟也坐落着一座“唐代土桥”，“土桥从西往东横跨三十二丈，高七丈有余，底宽三丈三尺，桥面宽一丈二尺，是一座罕见的跨度最大的单孔土桥，又是陶寺地域现存最古老的夯土桥”。[②] 由此可见，土桥是长期存在于历史时期山西各区的最普通不过的桥梁类型。人们享受它带来的便利，也承担它固有的缺陷。

相比于史料所呈现的较为丰富的信息，学界似乎在关于土桥的研究上集体失声，又或许在以往的研究者看来，土路或土桥的历史并没有那么显眼与重要。从能量流动与信息传递的角度而言，土路或土桥是人类过往历史中最

① 傅林祥、林涓、任玉雪、王卫东：《中国行政区划通史·清代卷》，复旦大学出版社，2013，第218~232页。

② 张秀彦：《安李“神桥”》，政协襄汾县文史资料委员会、襄汾县交通局编《襄汾文史资料》第14辑《交通专辑》，2007，第382~383页。

为重要的基础性事物之一。山西自北而南、由西至东，呈点状分布的土桥诉说着人们生生不息的故事。“在中国黄土地区，修筑有不少公路，当它通过嵝崄、跨越冲沟时，常采用类似于民间打土墙的工艺建造一种特殊的高填土路堤，其边坡较陡，填土夯实程度较高，路堤底部可视需要设置泄水结构物，这种路堤在当地俗称土桥。早在没有现代公路之前，民间已修建了不少土桥，有的土桥已经历了几百年，现仍完好。”[①] 具体而言，这里的土桥分为两种：

> 一种是穿过嵝崄，嵝崄是两条冲沟沟头相对的分水岭，没有水流，所以土桥经过这些地方时不用修涵洞。另一种是跨越冲沟的土桥，一般下面都要修涵洞，让雨水通过。个别可以不修涵洞：一种是上游汇水面积很小，气候干旱，雨水不多，雨后不久就会干涸；另一种是堵积成水库，土桥也就兼有水坝的作用。有的不修涵洞可以用渠道把水引入沟边的隧洞，像水库的泄洪隧道一样。[②]

换句话说，此处的黄土土桥有不修涵洞的土桥、不修涵洞但修隧洞引水外流的土桥，以及修涵洞的土桥三种表现形式，可目之为“两种三类”。[③] 黄土土桥的这三种类型，在清以降的山西地区均能找到案例。不修涵洞的土桥，如寿阳县温家庄之龙陉道：

> 吾邑北乡有地名龙陉者，天生土陕，为崔家垴南抵温家庄山脉之颈咽，而前后诸村往复之所必由也。水厂乁以分流，土丿乀而迭圮。久之，

---

① 中国大百科全书出版社编辑部、中国大百科全书总编辑委员会《土木工程》编辑委员会编《中国大百科全书·土木工程》之“黄土地区筑路”词条，中国大百科全书出版社，1992，第245页。

② 孙建中、王兰民、门玉明等编著《黄土学·中篇·黄土岩土工程学》之“黄土土桥”一节，西安地图出版社，2013，第305页。

③ 此处的“黄土土桥”基本等同于一般所称之“土桥”，但本研究发现“黄土土桥”只是土桥的一种类型，只等同于土桥中的“陆土桥”类型。因而，在本研究的语境中，“黄土土桥”等同于“陆土桥”。关于土桥的类型划分，详见下文之论述。

桥同独木，马足难容；藕只连丝，蛇行幸免……于是备畚挶，峙桢干，鸠工兴筑，计高八丈余，长十丈余，而厚则下约六丈余，上减四之三。①

不修涵洞但修隧洞引水外流的土桥，如榆次县之什贴镇土桥——神龙桥：

神龙桥，在什贴镇之北，即旧志所谓土桥也。为三省孔道，始建年月无考，咸丰同治间屡加修筑。光绪三年，岁大祲，转运赈粮，轮蹄昼夜不绝，兼之积潦冲刷，桥脊土仅余三五尺，势极危险，本镇举人杜道周等募赀重修，傍旧址筑新桥一座，高十丈有奇，长如之，阔半之，旁开水洞四十余丈，上筑围墙五十余堵，屹然耸峙，行者称便。②

修涵洞的土桥，如万泉县永利桥。此桥虽已“易之以石”，“两旁各帮砖石”，但：

厥后山水冲刷，水洞嵯牙高悬，将三四丈，桥上南北剥落，辙外即下临无地，令人瞬眙不能行，乃以宣统元年秋季，从桥南累土上筑宽与旧桥等，下砌石条为洞，直贯新旧，冬月成，明年土解，新筑崩数丈，旋即补葺完全，上建长墙，人不知为桥上行也。③

黄土土桥有有涵洞和无涵洞的区别，即便设置了涵洞，也是给予短时降雨水流以下泄之通道，而并不可与架设于常流水之上的桥相比。因为黄土土桥之下并无常流水甚至是无涵洞，为了论述上的方便，本研究暂且称此类土桥为“陆土桥”。相较而言，那些设于常流水之上的土桥，本研究则暂且称

① （清）要守绪：《补修龙陉道记（光绪七年）》，史景怡主编《三晋石刻大全·晋中市寿阳县卷》，三晋出版社，2010，第702页。

② 光绪《榆次县续志》卷1《建置·桥梁》，《中国地方志集成·山西府县志辑》第16册，凤凰出版社，2005，第535页。

③ 民国《万泉县志》卷1《舆地志·山川·津梁附》，《中国地方志集成·山西府县志辑》第70册，凤凰出版社，2005，第20页。

之为“河土桥”。换句话说，可以根据史料所呈现的情况，将土桥分成“陆土桥”与“河土桥”两种类型。如果说“陆土桥”尚可以理解的话，那在我们通常的认知里，水土本是不相容的，又怎么会有“河土桥”呢？如果“河土桥”果真可以成立的话，那么，究竟何为“河土桥”呢？史料给了我们答案。

所谓“河土桥”，乃是指“用土木浮架”，或说“架以木，覆土于上”，而且“冬建夏拆，岁以为常”的桥梁。此类土桥在清以降山西方志及碑刻资料中多可得见。

例如，阳曲县之汾河渡桥：

> 一在振武门外，一在城西南，通太原县等路，夏秋置船济之，冬春置土桥。①

又如，榆次县洞涡水上的长宁桥等七桥：

> 皆用土木浮架，至冬而建，春融而撤。②

再如，文水县商峡桥等八桥：

> 俱用土木，岁一修撤。③

以及忻州牧马河上之桥：

---

① 乾隆《太原府志》卷10《水利·津梁附》，《中国地方志集成·山西府县志辑》第1册，凤凰出版社，2005，第109页。

② 乾隆《太原府志》卷10《水利·津梁附》，《中国地方志集成·山西府县志辑》第1册，凤凰出版社，2005，第110页。

③ 乾隆《太原府志》卷10《水利·津梁附》，《中国地方志集成·山西府县志辑》第1册，凤凰出版社，2005，第111页。

牧马河涨落不时，每当春夏之交，大雨时行，山水陡涨，则河水漫溢无常，恒有冲决之患，然地当孔道，因此行旅往往阻隔，建造桥梁又难施以人力，故每岁冬令水涸之际，搭造土桥。[①]

还有灵石县静升村之桥：

前此数十年来，每冬架以木，覆土于上，权济过客，似甚便也。而夏则水涨桥没，望洋者叹，不得不作临河之返，是要道竟成阻道矣。[②]

外加清乾隆五十四年（1789）任灵石县知县的虞奕绥所修之南桥：

增石为垛，积木成梁，约土属道，不需时而竣厥事……若夫易木而石，以垂永久，是余有待之志也。[③]

由上述几则史料可见，“河土桥”乃是权宜之计，是特殊地理环境下，“建造桥梁又难施以人力”的结果。难施人力，但人们还必须借道往还，以提高能量流动、信息传递的效率，所以不得不于冬季水浅凝冰之时，用土木为之，或浮架（绝水为梁）、或垛砌（木梁土面）。当然，这些一时权宜而作的“河土桥”，最终会被人们在一劳永逸之愿的促使下“易木而石，以垂永久”，从而消逝在历史长河之中。总而言之，“河土桥”之所以能以“土”为名，主要是因为其具有黄土桥面的特点。与真正的木桥相比，“河土桥”虽也以木为建材，但其临时性色彩更为浓厚，因而得以与一般之木桥区别开来。

无论“陆土桥”还是“河土桥”，均是作为生命体的人们在组织资源、传

① 光绪《忻州志》卷15《关隘·桥梁附》，《中国地方志集成·山西府县志辑》第12册，凤凰出版社，2005，第261页。

② （清）王维藩：《静升村建桥碑记（乾隆三十年）》，杨洪主编《三晋石刻大全·晋中市灵石县卷》，三晋出版社，2010，第162页。

③ （清）虞奕绥：《灵石县重修南桥碑记》，道光《直隶霍州志》卷25《艺文中》，《中国地方志集成·山西府县志辑》第54册，凤凰出版社，2005，第399页。

递信息以达到生存之根本目的的前提下，对一定自然环境的因应。环境史以生命支持系统、生命护卫系统、生态认知系统以及生态－社会组织为研究对象，其中，生态－社会组织包括两方面内容，其一即是指“人类如何通过一定的观念、知识、制度和技术，将各种生态资源组织起来，构成自身生存条件的一部分”[①]。细细想来，交通道路的设置乃是人类通过一定的技术建造的，以组织生存资源为直接目的，以保持生存为最终目的的人与自然相关联的过程。“陆土桥”与“河土桥”的修建，均是基于特定的自然环境与人们的特定需求而进行的。那么，土桥到底经过了怎样的修建过程，才得以构成人们自身生存条件的一部分呢？下面我们将根据史料所呈现的信息，先揭示土桥能够存续的自然环境基础，然后再复原土桥被社会组织修建的过程。

二　土桥的修建及其缺陷

首先，“陆土桥”一定是在特定的地貌、降水条件下，叠加了人们之需求与技术的产物。如孝义县中阳镇比屯村之土桥：

> 兹中阳比屯村西有一古路，其路通西，无远弗届，崇平塬之中，隔一深沟，先年修筑土桥，不意本年雨水损坏，驾牛车者临桥而叹，任负载者至桥而悲。[②]

再如，武乡县：

> 岭头桥，在县东五十里韩壁、东田两村间，相距八里许，烟火相望，阻绝深沟，旧有土桥，岁久倾废，行人迂径越岭，道且倍。[③]

---

① 王利华:《浅议中国环境史学建构》,《历史研究》2010 年第 1 期。

② （清）佚名:《创作大路碑记（乾隆二十二年）》，张正明、科大卫、王勇红主编《明清山西碑刻资料选（续二）》，山西经济出版社，2009，第 74 页。

③ 乾隆《武乡县志》卷 1《山川 · 桥梁》,《中国地方志集成 · 山西府县志辑》第 41 册，凤凰出版社，2005，第 20 页。

山西高原土层深厚、沟壑纵横，深沟阻绝了人们的往来交通，“迂径越岭”势必多走路程、降低效率，因此土桥成为人们往来必备的人为交通构筑物。但是，仅仅黄土深厚与沟壑纵横并不能使“陆土桥”成为遗存至今的桥梁类型，还必须考虑到黄土高原的降水。众所周知，黄土高原地区降水较少，且多集中于夏季。虽然黄土质地松散、遇水易崩解，但整体降水较少、夏季暴雨的气候条件，加之土层深厚的地质基础，土桥还是有一定的持久性的。即便时有山洪泛滥，相比于木材，黄土也随地可以取用，修补亦较为便利。因而，“陆土桥”才能成为黄土高原地区引以为典型的桥梁类型。如果换作多雨的南方，“陆土桥”可能无法满足实用性并在一个较长的时段内保持完好不颓。

其次，“河土桥”也一定与山西高原降水季节性变化基础上的河流径流量的季节性特征相辅相成。前引忻州牧马河上土桥的修建即是一则典型的案例。

山西降水冬春少、夏秋多的气候特点，使得地区河流径流量呈现鲜明的季节性，夏季“河水漫溢无常，恒有冲决之患”，往往阻隔行旅，为人们交通有无设置了障碍。一般的石桥、木桥又难以为功，所以只得依靠船只或浮桥。可是一旦进入冬季，河水径流量骤降，浮桥、船只亦难施其力，反而为“绝水为梁”提供了可能的条件，搭土木为桥成为需逾越河堑的人们冬季交通往来的重要策略。也正是因为河流的季节性，“河土桥”具有明显的“冬建夏拆”的特点。并且，正是因为必须“岁一修撤”，注定了“河土桥”的修建只能以“权济过客”而不能以坚固持久为直接目的。也因此，取用廉价的土作为桥面的主要建材就成为必然之举。相比之下，河流径流量常年稳定的地区，人们可以选择以船为渡或以浮桥为渡，也可以选择搭建木桥或石桥沟通往来，无须搭建临时性的“河土桥”来“权济过客”。

正是在特定的自然环境条件下，诞生了土桥这样的交通道路。因应不同的自然环境面貌，在既满足需要又不至于收不抵支的前提下，人们在经济理性的支配下选择构筑季节性土桥或常设性土桥。除了水流侵蚀而成的黄土桥地貌常常被作为天生桥来使用外，“河土桥”与“陆土桥”都是人们在自然基础上人为建造的结果。建造桥梁，乃是为了保证“生态－社会组织”之桥梁交通系统能够为人们的生存持续提供所需要的条件。在明晰了山西高原土桥产生的自然环境条件之后，紧接着我们需要谈论的便是土桥的建造过程。土桥建造过程中涉及的修建人、经费来源、土桥维护等问题，是深入了解土桥与社会关系时不容忽视的问题。

前文已经提及，黄土高原上存在一种典型的地貌，即黄土桥。这种天然形成的黄土桥，可能经常被居处其周围有交通需求的人们作为沟通往来的桥梁来使用。这样的例子，前文也有述及，即寿阳县温家庄之龙陉道。

这种天然形成的黄土桥地貌，在被人们利用之后，就可归入所谓“天生桥”之列。如此，从“环境应对”的角度而言，直接利用黄土桥就可谓人们适应性利用自然解决交通困局的过程，寿阳县之龙陉道初期作为交通道路表现的就是这一过程。但是，随着“天生土狭”“久之，桥同独木，马足难容，藕只连丝，蛇行幸免”，人们适应性利用自然的活动难以继续发挥实用性，于是不得不进一步选择建设性治理环境的策略，“于是备畚挶，峙桢干，鸠工兴筑”，天生桥一变而为人工桥，适可满足交通往来之需求。一次适应与一次改造，或说“适应性利用自然”与“建设性治理环境”即是“环境应对”的应有之义。也恰如古人之言：

> 且夫冈峦起伏，厥有蜂腰鹤膝之区；雨水横冲，渐成绝港断硎之险。此殆势有必至，理有固然也。而所使山无断而不续，道有开而常通者，则惟人力是资耳。①

当然，在沟壑纵横的黄土高原之上，并非总能有黄土桥可作为天生桥来利用。所以，人们常常无法也不能只依恃“适应性利用自然”的环节来满足自身的交通往还需求，而是必须更进一步进入“建设性治理环境”的阶段，通过付出更多的人力而使山无断、道常通。从史料提供的信息来看，除了天

① （清）要守绪:《补修龙陉道记（光绪七年）》，史景怡主编《三晋石刻大全·晋中市寿阳县卷》，三晋出版社，2010，第702页。

生土狭不足依恃之后进行的补葺活动之外，直接跨沟壑从无到有地填土筑土桥的活动也为例不少。

例如，前揭孝义县中阳镇比屯村村西之土桥。

再如，曲沃县：

崖上石桥，县西南十五里崖上村北，先是邑人王之旦等创建土桥，旧有碑记。乾隆十七年，邑人行有条等捐金，改修石桥十一孔，邑人刘朴有记。①

又如，榆次县：

下黄彩村之西南，旧有土桥，要路也。始修于明正德五年，再修于万历二十三年，变崎岖为坦平，易狭隘为宽阔，利益行人，由来久矣。第以代远年湮，难免骞崩。苟非有继者起而复修之，何以永久勿坏乎？②

就像适应性利用自然不能一劳永逸、不能长久依赖一样，人们建设性治理环境后获得的通行于沟壑间的能力，也并不是一劳永逸和可以长久无损的。

同“陆土桥”类似，“河土桥”对于黄土高原人们的日常生活亦至关重要。河流给人们之生存提供了资源的同时，也为人们组织资源设置了障碍。就交通而言，船只和浮桥是人们巧妙地利用河流的力量以便利交通的适应性工具和设施，但在黄土高原河流径流季节性不稳定的自然环境下，船只和浮桥只能在河流径流充沛的夏季起作用，到冬季时人们适应性利用河流以便交通往来的活动就失效了。于是，人们便不得不制定新的策略以应对环境的变

① 乾隆《新修曲沃县志》卷16《关隘·附桥梁》，《中国地方志集成·山西府县志辑》第48册，凤凰出版社，2005，第88页。

② （清）李光晨：《重修充阔桥碑记（咸丰十一年）》，王琳玉主编《三晋石刻大全·晋中市榆次区卷》，三晋出版社，2012，第314页。

化，在河上修建土桥就是这样的应对策略之一。当然，选择修建“河土桥”这一策略，除了因为河流季节变化巨大，以及彼时的人力难施之外，经费有限可能也是重要原因。

例如，前引灵石县虞奕绥修县南桥时，“增石为垛，积木成梁，约土属道，不需时而竣厥事”，并且说“若夫易木而石，以垂永久，是余有待之志也”，又言“今之速成，冀后之君子时修葺焉”。[①] 其中“不需时而竣厥事”和“今之速成”的说法显然暴露了修建土桥的可用经费不多的事实，而将“易木而石”作为“有待之志”以及“冀后之君子时修葺焉”无疑更佐证了经费不足与图速成功这样的事实。又如，清康熙三十九年（1700）任沁州知州的张兆麟所修南北门之吊桥，乃为护城河上之桥，护城河并不作为交通航道，因而于康熙四十八年（1709）“改筑土桥”。[②] 此例亦说明，土桥建造成本低廉是自然条件之外，人们选择筑土为桥的重要原因。

不管出于何种自然的或人文的原因，土桥作为一种可交通往来的人工构筑物，即便不能一劳永逸，总可解燃眉之急，于是历史时期山西的人们对土桥的修建不遗余力。“河土桥”与“陆土桥”的修建，二者都是人们“环境应对”的具体举措。既然如此，那人们究竟是以何种社会组织应对环境的呢？为了回答此问题，我们根据有关资料，制成了包含“修建发起者”与“经费来源”两项内容的“山西土桥修建情况示例表”（见表4–2）。

表4–2　山西土桥修建情况示例

修建时间及地点	修建发起者	经费来源	出处
正德五年榆次县东南四十里下黄彩村西涧壑	里人赵恭、赵相会同乡村纠首、灵峰寺僧人海通	踵门化缘	（明）孙玙:《下黄彩重修土桥碑》，民国《榆次县志》卷13《艺文考·金石》

① （清）虞奕绥:《灵石县重修南桥碑记》，道光《直隶霍州志》卷25《艺文中》，《中国地方志集成·山西府县志辑》第54册，凤凰出版社，2005，第399~400页。

② 乾隆《沁州志》卷1《山川·桥梁》，《中国地方志集成·山西府县志辑》第39册，凤凰出版社，2005，第41页。

续表

修建时间及地点	修建发起者	经费来源	出处
嘉靖三年万泉县西门外西涧	知县王大节、僚佐暨乡耆	费出于官、力假于民	（明）秦昂:《重修永利桥记》，民国《万泉县志》卷6《艺文志》
康熙二十七年保德州南门外保德桥	保德州州人	州人募集	乾隆《保德州志》卷1《因革·津梁》
康熙四十三年沁州故县镇东北面高岭	生员吴瓛、贡生吴时忠倡捐，生员高惟、高僧祥曛督筑	倡捐	乾隆《沁州志》卷1《山川·桥梁》
乾隆二十二年孝义中阳比屯村西古路	纠首、住持僧人、合村人等	本村随心捐赀	（清）佚名:《创作大路碑记》，杜红涛主编《三晋石刻大全·吕梁市孝义市卷（上）》，三晋出版社，2012，第167页
乾隆三十六年武乡县东五十里韩壁、东田两村间	邑人魏伦倡、合村众修	邑人魏伦捐赀并倡	乾隆《武乡县志》卷1《山川·桥梁》
嘉庆七年寿阳县烟竹村	村众	募集资金、出贷生息	（清）阎升亮:《烟竹村重修天佑桥碑记》，史景怡主编《三晋石刻大全·晋中市寿阳县卷》，三晋出版社，2010，第357页
咸丰年前后忻州牧马河上	忻州知州	捐款及捐款之生息、敛费于附近村庄、城巡更查夜经费项下拨付	光绪《忻州志》卷15《关隘·桥梁附》
咸丰九年寿阳县东墕沟村中	合村公议	合村捐资、布施	（清）佚名:《东墕沟重修土桥碑记》，史景怡主编《三晋石刻大全·晋中市寿阳县卷》，三晋出版社，2010，第595页
咸丰十一年榆次县下黄彩村之西南	村中纠首、村众	邻近诸村捐赀、各商号施银、募化	（清）李光晨:《重修充阔桥碑记》，王琳玉主编《三晋石刻大全·晋中市榆次区卷》，三晋出版社，2012，第314页

续表

修建时间及地点	修建发起者	经费来源	出处
光绪七年寿阳县北乡崔家垴、温家庄之间	温家庄村人李文成、会茶纠首	李文成鬻田捐金并倡捐，个人或商号捐银	（清）要守绪:《补修龙陉道记》，史景怡主编《三晋石刻大全·晋中市寿阳县卷》，三晋出版社，2010，第702页
1913年寿阳县北烟竹村良烟坡	纠首、村人	本村及周边各村人施舍银钱	（清）弓晋桐:《北烟竹村重修太平桥募缘碑记》，史景怡主编《三晋石刻大全·晋中市寿阳县卷》，三晋出版社，2010，第784页
2005年浮山县北桥头村	村人李红星与村人合谋	村人李红星多方筹措	姚锦玉:《北桥头村修桥记事碑（二〇〇六）》，张金科、姚锦玉、邢爱勤主编《三晋石刻大全·临汾市浮山县卷》，三晋出版社，2012，第541页
2008年浮山县大刑头村村南	村人王青亮、全体村民	村人王青亮出资	佚名:《重修土桥功德碑（二〇〇八）》，张金科、姚锦玉、邢爱勤主编《三晋石刻大全·临汾市浮山县卷》，三晋出版社，2012，第565页

由表4–2所示信息我们不难发现，首先，就土桥的修建者而言，州县政府之知县、知州和村社组织之纠首、精英及村人均尽力修建土桥，保证交通之畅通。从国家治理的角度而言，在修建土桥以弥缝环境缺陷、保证交通畅通方面，史料显示出官方权力的鞭长莫及，以及村社自治的土壤深厚。实际上，“用土木浮驾，至冬而建，春融而撤，先王除道成梁之政犹可想见”[①]即是

① 同治《榆次县志》卷1《山川·桥梁衢路附》，《中国地方志集成·山西府县志辑》第16册，凤凰出版社，2005，第329页。

说，成梁除道首先乃是王政。而“修理桥梁道路，则亦有司者之责也”[①]，以及“所虑者，新桥虽固而旧桥嵯牙数丈者仍未及补塞，是尤邑之官绅所当注意者也”[②]，即是说成梁除道又是官绅之责。而“合村公议”即是说修桥铺路的主体亦有村民人等。在修建土桥一事上，官绅与村人各自发挥着自身的作用，各自张扬着权力的触角，国家治理与地方自治之间充满着张力，环境缺陷正是在这种张力中得到人们的弥缝。在承认官民互补的前提下，我们不得不承认可能正是官方权力的无暇顾及迫使民间权力的自觉扩张。因为，明时虽已将“修理桥梁著为令典”，但“有司往往视为末务，甚至山水倾没，戕及吾民，付之无可奈何”[③]。民间自发修缮桥梁是地方自觉的结果，亦是官方无力的表现，而这更体现出官民互补在桥梁修建上的作用。

其次，就土桥的修建经费而言，其主要来源于官方拨款和地方筹措，地方筹措又可细分为本村精英捐款、本村筹集、邻村襄助等，捐资的主体有个人、村众、商号等。总体而言，官方拨款具有一定的制度性，具有一定的可依靠性。而捐资大多属于“随心捐赀”，相比之下因无制度性保障而颇难依恃。官方护持的那些“岁一修撤”的土桥一般在经费上具有经常性，如前述忻州牧马河上的土桥修建经费：

约费三百余缗，向有捐款，千缗可得生息百二十缗，不敷两桥之用，旧例于附近村庄，敛费以济不足，司事者间有不能自洁，因是兴讼。咸丰年间因经费不足，废弛十余年。前知州戈济荣，于在城巡更查夜经费项下，岁拨二百缗协济两桥之用，从此得免摊派之累，胥皆称便。夫地

① （清）黄有恒：《新修石路记》，乾隆《高平县志》卷22《艺文》，《中国地方志集成·山西府县志辑》第36册，凤凰出版社，2005，第295页。

② 民国《万泉县志》卷1《舆地志·山川·津梁附》，《中国地方志集成·山西府县志辑》第70册，凤凰出版社，2005，第20页。

③ （明）秦昂：《重修永利桥记》，民国《万泉县志》卷6《艺文志》，《中国地方志集成·山西府县志辑》第70册，凤凰出版社，2005，第131页。

方义举，经始未尝不善，第日久，经理非人，则弊窦百出，转为民累。[①]

民间自发的那些捐资修建的土桥一般在经费来源上具有偶然性，如寿阳县烟竹村之天佑桥之重修：

> 余乡之有天佑桥也，其修筑之年，命名之由，具载前碑，但当日因修筑不坚，随而倾圮。村众以道途所系，不可阻塞，即欲重修。奈手无资斧，不敢举动，托人向塞外募致数十金，计此事所费不赀，亦不克卒工。迟之又久，村众设法取所募之金，权子母而出贷之，十余年间，度可以兴工，乃召埴人具器用，向断桥之南以立基，崖之深倍于桥北，不于北而于南，取得阳也。[②]

初次捐资之数不敷使用，故不得不出贷生息以累积经费，以至于十数年间只能任土桥倾圮而无可奈何，这充分显示出偶然性经费来源下土桥修建的窘境。

整体而言，土桥修建的责任者并不明确，基本上是"谁通行谁修建"。修建土桥的经费来源也颇为多样，除了官方护持下的土桥可能经费来源稳定、修缮及时之外，民间自发修建的土桥之经费来源具有偶然性，修缮多难及时。这种制度性与偶然性、官方性与民间性正好在面对环境缺陷时可以互补，甚至直到21世纪，这种面对环境缺陷时双轨并行的应对策略仍然未曾根本改变。可是不管怎样，国家与地方、官方与民间、本村与邻村、个人与团体的协同、互补才是中国人成功有效地应对环境之缺陷以保障自身生存并绵延至今的必要条件。面对一定的环境缺陷，官、绅、民依靠官府拨款、民间捐资得来的经费，利用一定的土桥修建技术，建成了暂可为用的土桥，为自身之生存与绵延提供一定的条件。可是，就清以降山西土桥建修的历史而言，土

---

① 光绪《忻州志》卷15《关隘·桥梁附》，《中国地方志集成·山西府县志辑》第12册，凤凰出版社，2005，第261页。

② （清）阎升亮：《烟竹村重修天佑桥碑记（嘉庆十年）》，史景怡主编《三晋石刻大全·晋中市寿阳县卷》，三晋出版社，2010，第357页。

桥总是不能一劳永逸地解决沟壑与河流阻绝交通的问题。换句话说，土桥本身亦有一定的缺陷留待人们无止境地弥缝。

众所周知，土并非经久耐用的建材，其廉价之优势与易溃之缺点并存，人们选择土桥这一桥梁类型是一定历史条件与环境条件下的无奈之举。“河土桥”“岁一修撤”的特征注定了人们不会选择经久耐用且价格稍昂的其他建材，尤其不会放弃几乎不付出任何钱财就能筑土以为桥面的机会。“岁一修撤”是基于一定环境条件下的技术选择，选择了本就价格低廉的土木作为建桥之材料。也正因为如此，“河土桥”不可能坚固而持久。而“陆土桥”中，无论是天生而成的黄土桥，还是人工夯筑而成的黄土桥，其核心的材料均是黄土。黄土质地疏松，遇水极易崩解，即便北方降雨较少，土桥的崩塌也只是时间问题。土桥天然的易被侵蚀性成为蠹蚀土桥功用的元凶，也决定了土桥最终被取代的历史结局。

三　一般土路存在的问题

交通道路是地球生命之网至关重要的构成部分，不管于人类还是于其他生命体而言均是如此。根据上文所述，我们知道，“土桥”是有一个特定的范畴的，不是所有能通行的桥梁或路面都可称为土桥。但是，土路却难以有一个特定的范畴，严格来讲，土桥只不过是一种特殊的土路，而所有以土为表面的地面只要有人行走都可称为路。所以，本部分所讨论的土路，乃是指剔除了“土桥”之外的所有拥有土质路面的交通道路。

地球上的土层生成之后并不作为土路而存在，但人们却天然地以土基为路，从交通道路是人类与自然发生关联的一个具体界面的角度而言，土路本质上乃是人类适应性地利用自然的结果。但是，对人类而言，适应性地利用自然的活动常常不足以依恃。之所以如此，乃是因为环境缺陷天然地存在着。就土路而言，迫使人们建设性治理土路以及推动土路自身历时变迁的直接动力，乃是土路经常性的飞尘、泥泞、塌陷的环境缺陷给人们交通往来带来的麻烦。

首先，土路之上，常常飞尘滚滚，人们行走其上，也常常苦不堪言。

笔者查阅了若干方志、碑刻资料之后，有一些主观感受，即很少看到民国之前人们抱怨土路飞尘为患并予以治理的记载。进一步言之，文献中关于土路飞尘的记载频率较有关土路泥泞、塌陷的记载频率为低。究其原因，利用土路的目的是交通往还，土路的泥泞与塌陷直接限制、阻断了人们的交通，而飞尘却只是带来了不好的交通体验，不会影响土路交通往还功能的发挥。只是随着时代的变换，人们的环境观念发生了变化，土路之飞尘才真正成为人们不得不进行治理的交通环境缺陷。

黄沙滚滚的自然环境虽然久有记载，也确实十分恼人，但针对交通土路飞尘的描写可能并没有那么触目惊心。清宣统二年（1910）冯济川纂成《山西乡土志》，在“气候”一节写道：“风则西北风居多，而北府更甚，冬春之际，扬沙飞石，行路苦焉。”[①] 在日本东亚同文会所编，1920 年刊行的《山西省志》有关交通路线的记述中，亦可以看到对黄尘滚滚的自然环境的描写：

> 应州……附近一带系干旱耕地，树木稀少，黄尘滚滚，降雨极少，为大陆性气候。

此处“黄尘滚滚”是对自然环境的描写，显然也是对交通环境的描写。另外，还有两处专门对土路飞尘之苦的描写：

> 绥远与和林格尔之间，黄沙遍地，一遇大风，（所拟张绥铁路第二方案的）线路即有被风沙掩没的危险。

从朔平至归化城，中间有一段路“通过沙不脑右方，行十华里至达杨盖板”，此段路是宽 9 米左右的沙泥路：

> 道路两侧是大片农田，再向东南走约一华里，有一滩河，注入黄河，

---

① （清）冯济川纂，任根珠点校《山西乡土志》，山西省地方志编纂委员会编《山西旧志二种》，中华书局，2006，第 19~20 页。

> 至此已是农田尽头，前面变成茫茫无际的草地。土质为砂土，天晴有风则黄尘蔽天，阴天下雨则满路泥泞，行人深以为苦。[①]

此处虽记述有“行人深以为苦”之语，但恐怕更多的是苦于土路之雨后泥泞而并非晴日飞尘。整体言之，“山西全省为冲积层的黄土所覆盖。由于黄土透水性极差，而且不含水分，所以干旱数日则表土干燥而飞扬”[②]。

进入21世纪之后，土路之飞尘已成为令人难以忍受的环境缺陷，人们的有关感受被修路碑刻记载了下来。例如，临汾古县高庄至连庄的村路：

> 故已有之，然坡陡弯厉，满径蓬蒿，逢晴飞沙莽莽，目不及丈余，始雨青泥盘盘，足莫能寸步，路人苦不堪言。[③]

临汾洪洞垣上村：

> 垣上村地处青龙山下丘陵地带，亘古以来赖一条土路而外通。出入之艰，通行之苦，成为垣上父老的心头病痛，刮风尘蔽日，下雨泥漫地，交通运输崎岖坎坷，集体经济瓶颈制约，人际交流、百业贸易皆视路况而却步，望泥尘而生畏，村民士人及在外工作的有识之士无不扼腕而叹。[④]

又临汾洪洞杜戍村：

---

① 日本东亚同文会编《中国分省全志》卷17《山西省志》，山西省地方志编纂委员会编《山西旧志二种》，孙耀、西樵译，中华书局，2006，第267、310、406页。

② 日本东亚同文会编《中国分省全志》卷17《山西省志》，山西省地方志编纂委员会编《山西旧志二种》，孙耀、西樵译，中华书局，2006，第444页。

③ 佚名：《路志碑（二〇〇六年）》，曹廷元主编《三晋石刻大全·临汾市古县卷》，三晋出版社，2012，第310页。

④ 佚名：《油路工程碑记（二〇〇四年）》，汪学文主编《三晋石刻大全·临汾市洪洞县卷》下册，三晋出版社，2009，第883页。

道路坑凹不平，晴日飞尘染天，雨天积水浅浆，行人艰难，车辆受阻。[①]

运城盐湖区李村：

历史以来，吾村巷道坑洼不平，雨天泥泞，晴天尘扬，村民行路难，致富更难。[②]

又运城盐湖区石沟南村修通往镇政府的道路：

推五道岭、填六道沟，路基初成，但油路未通，路面坑坑凹凹，旱时尘土飞扬，雨天一路泥泞，在外人员有家难归，在村之人有事难出，路成为村经济发展、社会和谐、精神文明乃至青年男女正常婚嫁的一大障碍。[③]

这几则案例均明示，土路之扬尘已然成为当今人们不得不主动治理的环境缺陷。

飞尘从自然现象真正成为环境问题并非始自21世纪，但从长时段而言，从古代至现代对于土路飞尘的感受确乎有着明显的变迁，这从古代修路碑记中鲜少提及土路扬尘而当代修路碑记较多提及中可以窥见一斑。至于飞尘何时因何而成为真正的环境问题，则并非三言两语所能论述清楚，本研究一时难以论述清楚，故暂时搁置而不论。

其次，路以土为基，土遇水溶释，雨后难免泥泞，行人车辆常感“苦”“难”。

万泉县西门外之西涧上本有名“永利桥”的土桥，土桥倾颓之后民人只得由沟底小径交通往来，颇受土路泥泞之苦，所谓：

---

① 佚名：《修村路碑记（二〇〇五年）》，汪学文主编《三晋石刻大全·临汾市洪洞县卷》下册，三晋出版社，2009，第891页。

② 佚名：《知青路碑记（二〇〇四年）》，张培莲主编《三晋石刻大全·运城市盐湖区卷》，三晋出版社，2010，第515页。

③ 李平：《石沟南村修油路记（二〇〇七年）》，张培莲主编《三晋石刻大全·运城市盐湖区卷》，三晋出版社，2010，第532页。

> 有西涧者，广十数丈，深十余寻，曩有土桥，正德间山水侵啮，遂至倾颓，邑人往来由小径上下，以达于县，遇阴雨辄褰裳濡足，鱼贯而进，民以为病。①

“遇阴雨辄褰裳濡足”描绘的乃是古人面对泥泞的窘状，“民以为病”表现的则是人们无法忍耐之感受，这些常常被交通史研究者忽略不论。类似的案例比比皆是。

泽州县东四义村有清乾隆十三年（1748）修路碑，其中有云“吾乡城北之路，为南北之所通行者也。但其路正属一乡入脉之行龙，不可以使车马之践踏，而且天雨连绵之时，泥泞渍渐，行走甚难”②。又泽州县高都村清乾隆三十九年（1774）修路碑记亦载“高都南桥，南故通衢也，地势沮洳，每夏秋淫潦，行人苦之”③。

高平县清乾隆二十年（1755）至二十八年（1763）修路有记，云：“自清化达于高平界牌岭，石砌鳞次，称康庄焉。由界牌至乔村驿，计五里许，两旁皆高堎，洼其中而为道，每当夏秋之交，阴雨连绵，诸水下汇于道，沮洳泥泞，没及马腹，旅人病焉。”④又高平县侯庄村清乾隆四十年（1775）修村路记，云：“吾村东郊之路，潦则行人苦泥。”⑤

霍州宋庄村清乾隆二十七年（1762）曾修桥，其碑记言：“其村南坡底或下或上，平时已苦于行，每当夏秋逢雨水，泥泞尤甚，徒行及牵牛马过者，

---

① （明）秦昂：《重修永利桥》，民国《万泉县志》卷6《艺文志》，《中国地方志集成·山西府县志辑》第70册，凤凰出版社，2005，第131页。

② （清）翁谨柏：《东四义城北修路碑（乾隆十三年）》，王丽主编《三晋石刻大全·晋城市泽州县卷》上册，三晋出版社，2012，第384页。

③ （清）张壮图：《修路碑记（乾隆三十九年）》，王丽主编《三晋石刻大全·晋城市泽州县卷》上册，三晋出版社，2012，第443页。

④ （清）黄有恒：《新修石路记》，同治《高平县志》卷8《艺文四》，《中国地方志集成·山西府县志辑》第36册，凤凰出版社，2005，第509页。

⑤ （清）常僖：《侯庄村修路壁记（乾隆四十年）》，《高平金石志》编纂委员会编《高平金石志》，中华书局，2004，第594页。

咨嗟叹息，交啧啧于跋涉之倍艰，必建桥乃可便往来，□人议者久之。”[①]

晋城城区钟家庄关帝庙前有清道光四年（1824）修路碑，碑载：“今吾乡庙前土路为一村水法所经，每当祀神之日，天或霖雨，而既零人，即举步而多艰，其所望于修葺也，盖亦有年矣。”[②] 又晋城城区南石店村有清道光十八年（1838）修路碑，记曰：“北阁前之路乃通河道，每逢大雨，河涨水落，淤泥甚深，不但有碍行人，且车辆往来□□损伤者有之。”[③]

及至民国，沁水县修辟县城至端氏的大车路，修路碑记亦对土路泥泞给人们带来的不便言之甚明，其言：

> 总核全路工程，除河滩外，修辟宽平车路，施治之难，有如此者。昔月每逢雪雨泥泞之际，马坠崖、人跌仆，行者咸有戒心，然则平治又乌容缓乎？……睹今日之康庄洞达，直不知前此之崎岖险阻矣。[④]

平顺县石城镇石城村有1927年的修路碑，载：“此村前街一道，自古土泥，一阵微雨，往来泥泞而不前。”[⑤] 又平顺县虹梯关乡虹霓村一则勒石时间未详的修路碑，记曰：

> 尝观虹霓村，南有水晶坡，东有五里屾。原系东西之大道，尤为往来之要冲。兹因水晶坡每逢阴雨连绵，侵水经流，石□□泞，淤泥满途。凡来往行人过客至此，莫不踯躅咨嗟，是□□者常见其涂体沾足，自□

---

① （清）刘峨：《宋庄村修庙建桥碑记（乾隆三十二年）》，段新莲主编《三晋石刻大全·临汾市霍州市卷》，三晋出版社，2014，第134页。

② （清）唐贡：《修路碑记（道光四年）》，杨晓波、李永红主编《三晋石刻大全·晋城市城区卷》，三晋出版社，2012，第279页。

③ （清）佚名：《南石店修路碑记（道光十八年）》，杨晓波、李永红主编《三晋石刻大全·晋城市城区卷》，三晋出版社，2012，第290页。

④ 麻席珍：《沁水县修辟县城至端氏大车路碑记（民国十二年）》，贾志军主编《沁水碑刻蒐编》，山西人民出版社，2008，第260页。

⑤ 张时敏：《修村中路碑记（民国十六年）》，申树森主编《三晋石刻大全·长治市平顺县卷（续）》，三晋出版社，2016，第372页。

懈怠之处也。[①]

榆次通往太谷的道路“经过之处是所谓的太原平原，宽二至四米，基本平坦。沿道左右两侧数十华里间田亩开阔，一望无际……土质为黄土，遇雨一片泥泞，大车往往深陷泥中，没及车轴，行路十分困难”；山西阳曲通往陕西延川的道路“可分为平原地段和山岭地段。自太原府（阳曲）经太原县、交城县、文水县至汾阳县，全长二百三十华里，途经汾河流域平原，路旁田亩相连……属于平原地段，道路起伏曲折较少，宽约三四米，大车畅通无阻。但和北方其他地区一样，土质属于黄土，雨后道路泥泞，往往没及车轴”。[②]

即便是到了21世纪，土路泥泞仍然是人们不得不忍耐的最恼人的环境问题之一。除了前揭临汾市古县高庄至连庄的村路，以及临汾市洪洞县垣上村、杜戍村之村路外，另有更多道路雨雪后的泥泞之状，令行于其上的人们印象深刻。

例如，霍州市师庄乡靳安村，“村南此路，是我村通往外界之要道，然每逢雨雪，道路泥泞，村民长以为憾”[③]。

又如，浮山县大邢村，“我村之南，原鸿沟横断，天堑忧目，村民面沟而居，望县城而不能径趋，通车马只得迂回。为改变现状，全体村民战天斗地，填沟筑桥，历时数载，坦途初具。然土桥较低，通行尚嫌不便，泥土桥面，遇雨尤觉难行”[④]。

抱怨土路泥泞的史料比比皆是，治理土路泥泞的史料亦比比皆是。不用说明清之前，即便从明清开始直到21世纪，土路泥泞都是

---

① 佚名:《补修道路碑记（勒石时间不详）》，申树森主编《三晋石刻大全·长治市平顺县卷（续）》，三晋出版社，2016，第414页。

② 日本东亚同文会编《中国分省全志》卷17《山西省志》，山西省地方志编纂委员会编《山西旧志二种》，孙耀、西樵译，中华书局，2006，第338、379页。

③ 佚名:《碑记（二〇〇六年）》，段新莲主编《三晋石刻大全·临汾市霍州市卷》，三晋出版社，2014，第498页。

④ 佚名:《重修土桥功德碑（二〇〇八年）》，张金科、姚锦玉、邢爱勤主编《三晋石刻大全·临汾市浮山县卷》，三晋出版社，2012，第565页。

人们不得不忍受的交通往来之阻碍。以山西地区为观察场域，我们发现土路泥泞的确是人们不得不面对的日常性环境问题。史料中充斥着“病”“苦”“艰”“畏”“难”“叹”“憾”“阻”等表达无奈、困顿的字眼，这已足见一直以来土路之泥泞的环境缺陷带给人们的困扰。

最后，黄土质地疏松，遇水流冲刷易崩解和湿陷，这导致土路常常断陷。

万泉县明万历年间（1573~1620）曾重修鸦儿沟官路，县西门外永安桥“迤西有鸦儿沟，势自南来，口联官路，北壁立而下，深有两寻，暴流冲陷，路断若截”①。此官路当是因为临崖，才被洪水冲断。

石楼县南关官路，“康熙元年夏五月，大雨阴连数十余日……高原激为湍，平畛流为川……县境迤南而东城内外诸水皆汇于其处，汹涌莫遏，因以决焉，袤延九丈余，高约五十三尺，窈若深谷，行者往来、居者贸易，皆于是辍”②。“因以决焉”当指官道被水冲断，而呈现“袤延九丈余，高约五十三尺”的“深谷”。

交城县城外之官道，“城东西为秦晋孔道，积久低洼，雨下，官路为壑，行人苦之”③。而沁水县龙港镇国华村清乾隆三十一年（1766）修治衢道碑记载：“本乡南大道有泥坑者三，营盘旁为最，西阁外铺房东次之，余为营盘道。积虑已久，乾隆甲申，始行铺砌。”④所谓泥坑有三，应该极有可能如交城县城外官道一样，雨下为壑，没有填补，遂成为凹陷之坑。

阳城县郭峪村有修坡碑记，亦言“东坡之路，当两河之冲，惊涛澎湃，频甃而频坍焉”⑤，即是说寨坡路遭河水冲断。又阳城县北留镇谢庄村之修路

① （明）李养质：《重修永安、永利二桥暨鸦儿沟口官路记》，民国《万泉县志》卷7《艺文志》，《中国地方志集成·山西府县志辑》第70册，凤凰出版社，2005，第163页。

② （清）丁其誉：《重修南关官路记》，雍正《石楼县志》卷4《艺文·路记》，《中国地方志集成·山西府县志辑》第26册，凤凰出版社，2005，第577页。

③ （清）丁世醇：《邑侯赵公筑堤分水平路种柳记》，光绪《交城县志》卷9上《艺文门·国朝文》，《中国地方志集成·山西府县志辑》第25册，凤凰出版社，2005，第368页。

④ （清）张宗彝：《合镇公议条规碑（乾隆三十一年）》，车国梁主编《三晋石刻大全·晋城市沁水县卷》，三晋出版社，2012，第226页。

⑤ （清）韩纪元：《重修寨坡路记（道光十九年）》，卫伟林主编《三晋石刻大全·晋城市阳城县卷》，三晋出版社，2012，第414页。

碑，记曰："旧有山神庙，日久颓坏，村南场坡渐沦倾侧，非有人焉出而持其后，则颓坏者日益甚，倾侧者日益深，何以妥神灵而通往来乎？"[①] 此处所谓"渐沦倾侧"当即是指坡路遭雨以至于断陷。

灵石县夏门村清光绪二十五年（1899）修路碑记，载："舍村东旧有河□道□条，上达石峡，下接汾流。斯道也，东西南北向往来之通衢，又通南□别途□。先年屡经修理，资金无算，历年久远，补修无数，未尝外图募焉。兹于光绪十六年秋汾水暴涨，冲塌道堰，几及断行，工程甚巨，村人无力整修。"[②] 此处村道位于汾河之侧，属于临河道路被河水冲塌阻断行人之例。

沁水县嘉峰镇长畛村枣洼沟宣统元年（1909）曾修路桥，"长畛村之北有地名曰枣洼沟，两峰相峙，若遇若迎，冲成小涧，时涸时隐。前有道路为南北□□□□由，每遭甚雨，以多冲塌，历年久远，将断绝之虞，不为早图，何以善后？"[③] 及至民国，沁水县修辟了县城至端氏的大车路，其修路碑记的最后写道："此外尤紧要者，岁修工程绝不可缓。每年旧历二八月间，应责成沿路各村按段修理，一遇大雨冲刷，或平时某处坍塌，亦应立时修补，如是方能保持永久不坏。"[④] 这则"岁修则例"所显示的"一遇大雨冲刷，或平时某处坍塌"即是说土路中断的情形，如不及时修理，则难免阻断行旅往还交通。

山西黄土高原地域辽阔，土路随处俱有，有临崖、临河与不临崖、不临河之别，有坡路与平路之别，但均不能避免断陷的宿命。断陷有时严重，有时轻微，但终归给人们的交通往来设置了障碍。土路之断陷同土路之泥泞、飞尘一样，因阻碍了人们的交通往来而受到人们一定程度的治理。

---

① （清）张奇修：《重修山神庙暨修场坡路碑（咸丰元年）》，卫伟林主编《三晋石刻大全·晋城市阳城县卷》，三晋出版社，2012，第433页。

② （清）梁希曾：《夏门村修路碑记（光绪二十五年）》，杨洪主编《三晋石刻大全·晋中市灵石县卷》，三晋出版社，2010，第559页。

③ （清）佚名：《创修长畛枣洼沟路桥碑记（宣统元年）》，张正明、科大卫、王勇红主编《明清山西碑刻资料选（续一）》，山西古籍出版社，2007，第170页。

④ 麻席珍：《沁水县修辟县城至端氏大车路碑记（民国十二年）》，贾志军主编《沁水碑刻蒐编》，山西人民出版社，2008，第261页。

第二节　道路的硬化及其历程

黄土本身的环境特性或说物理性状既给人们带来了便利，又给人们带来了苦恼。无论是土桥这一特殊的土路，还是一般而言的土路，均免不了挟带黄土本身所具有的一切缺点，即遇水湿陷、遇风飞尘。虽然我们不得不承认是疯狂的西北风馈赠了我们赖以生存的家园，但当真正切身体会过风起扬尘塞口鼻之后，我们不会思忆起遥远的地质年代里西北风那无私付出的恩情。虽然我们不得不承认是雨水滋润了我们赖以为生的农田，但当真正切身体会过鞋沾泥泞抬脚重千钧的痛苦之后，我们不会想起雨水温情脉脉、润物细无声的奉献。古人面对土质路面时的痛苦万分，虽时空远隔，我们也不会全然无了解之同情。所以，一直以来，从古人以至于今人，前赴后继地持续进行着对土质路面缺陷的治理，而治理的目的除了消除风尘扑面与泥泞裹足之外，更本底的，乃是提高能量流动与信息传递的效率，以获得更多生存之机。“裹足不前”这个成语恰到好处地形容了人们行走于土路之上的情状，只有治理好了土路的缺陷，人们才能大步流星地迈向光明的未来，这或许就是“要想富先修路，道路通百业兴”的生态学意义。

一　土质桥路的结局

在一定的自然环境与社会条件下，人们选择了土桥作为交通的道路。也就是说，在特定的地域和时代中，土桥是人们的最佳选择，我们不能苛责古人。但这并不代表土桥的环境缺陷不存在，也并不代表人们环境应对的终结。因为，土桥本身易损坏的特性与人们对交通持久的需求之间存在着矛盾。这一矛盾注定土桥会随着社会条件的变化而发生着变迁。

“河土桥”的临时性决定了其在使用期间不会被治理，相比之下，“陆土桥”的持久性决定其在使用期间会被治理。从古至今，人们都在为抵御黄土流失而努力着。明时榆次县下黄彩村修建土桥时乃是“自沟底密栽杨柳，实土坚筑之”来应对土桥易受侵蚀的缺陷。[①] 而当今浮山县则有“水泥铺装路面”“护坡桥头种草植木”[②] 之策，又有“（桥）南侧五十余米长坡，上下有框架结构护之，北砌十余米青石，核心浇钢筋混凝土以固之”[③] 之举，还有“将土桥增高四米，并辅以水泥桥面，使土桥平整坚固，靓丽壮观”[④] 之措。历经时代变迁，“陆土桥”在传统的或现代的技术、材料之下变换着外观，而以“高填土路基”的本质实体留存了下来，并未完全消失，这确实拜黄土高原丰富的黄土资源、沟壑纵横的地貌以及整体上降水偏少的自然环境所赐。

除了以修饰的手段应对“陆土桥”的环境缺陷之外，更为彻底的应对策略是淘汰“陆土桥”。例如，万泉县西门外横跨西涧之土桥永利桥被石桥替代：“有西涧者，广十数丈，深十余寻，曩有土桥，正德间山水侵啮，遂至倾颓，邑人往来由小径上下，以达于县，遇阴雨辄褰裳濡足，鱼贯而进，民以为病。嘉靖纪元，大尹王公来知是县，目击其弊，以民情未孚，兼以委任纷沓，越明年政治通融，乃谋于僚佐暨乡耆，意欲修葺，或曰构以木，或曰以土筑之，公独谓土木易至倾坏，乃规画料价，征工僦功，采石于孤山之麓，以营建焉……厥工告成，宛若垂虹饮涧，遂至改观。”[⑤] 当然土桥被淘汰的实例有很多，只是根据残留的史料，我们无法准确分辨出被替代的是“陆土桥”还是“河土桥”。如曲沃县西南十五里崖上村北的崖上石桥，“先是邑人王之旦等创建土桥，旧有碑记。乾隆十七年，邑人行有条等捐金，改修石

① （明）孙玙：《下黄彩重修土桥碑》，民国《榆次县志》卷13《艺文考·金石》，1942年石印本，第29a页。

② 姚锦玉：《北桥头村修桥记事碑（二〇〇六年）》，张金科、姚锦玉、邢爱勤主编《三晋石刻大全·临汾市浮山县卷》，三晋出版社，2012，第541页。

③ 陕绍宁、李学文：《连心桥修复记（二〇〇七年）》，张金科、姚锦玉、邢爱勤主编《三晋石刻大全·临汾市浮山县卷》，三晋出版社，2012，第563页。

④ 佚名：《重修土桥功德碑（二〇〇八年）》，张金科、姚锦玉、邢爱勤主编《三晋石刻大全·临汾市浮山县卷》，三晋出版社，2012，第563页。

⑤ （明）秦昂：《重修永利桥记》，民国《万泉县志》卷6《艺文志》，《中国地方志集成·山西府县志辑》第70册，凤凰出版社，2005，第131页。

桥十一孔，邑人刘朴有记”[①]。又如壶关县，“普通桥，即卜通桥，在修善村，嘉庆二十五年，村人王枢等倡众重修，易土为砖，较旧宽敞，往来行旅人甚便之”，以及“神掌桥，在马驹村，嘉庆二十五年易土为石，上建文昌阁三间”。[②]东关壁村“村东旧有土桥，岁久颓圮，本村杨玘等捐建石桥，高阔五仞，经始于至正辛卯春，落成于是年夏，凡费一千缗，于是蹄驰轮载，咸适其便，里人忻忻焉”[③]。浮山县南三十五里冯村村西的冯村桥，“原属土桥，民国三年坍塌，由生员张锦书募捐，改建石桥”。[④]襄陵县南北靳村西南南靳村正北方系二村公桥的九公桥，“创建于清乾隆十八年，原系土桥，由南靳村募资于民国三年，将南半段改建石桥，为汾西诸村南北必由之路，北段为土桥，夏月时见塌坏，行人多感不便”[⑤]。

“河土桥”虽然不值得被修理，但并非不需要被替换，上引无法分辨的土桥中或许就有“河土桥”被替换的例子，我们不惮其烦，再列举数例以见一斑。襄陵县“贾罕桥，石桥，在正西为附近诸村向汾东必由之路，原系土桥，光绪初年，陈君登高，因此桥倾圮，仍以土资填修，难期永久，遂出钱数百千，独力监修，改建石桥，清宣统元年东南角被水冲坏，全桥几毁，其孙焕文复捐资修补，以继其美”[⑥]。灵石县静升村之桥，“前此数十年来，每冬架以木，覆土于上，权济过客，似甚便也。而夏则水涨桥没，望洋者叹，不

① 乾隆《新修曲沃县志》卷16《关隘·附桥梁》，《中国地方志集成·山西府县志辑》第48册，凤凰出版社，2005，第88页。我们不能确定此“崖上石桥”是“陆土桥”还是“河土桥”，但据其“十一孔”之多，及“崖上”之名推测，极有可能是“陆土桥”。

② 道光《壶关县志》卷3《建置志·桥梁》，《中国地方志集成·山西府县志辑》第35册，凤凰出版社，2005，第52页。

③ （元）程秉直:《东关壁村创建永济桥碑记》，道光《壶关县志》卷9《艺文志上》，《中国地方志集成·山西府县志辑》第35册，凤凰出版社，2005，第125~126页。

④ 民国《浮山县志》卷13《交通·桥梁》，《中国地方志集成·山西府县志辑》第56册，凤凰出版社，2005，第97页。

⑤ 民国《襄陵县新志》卷19《营建考·桥梁》，《中国地方志集成·山西府县志辑》第50册，凤凰出版社，2005，第190页。

⑥ 民国《襄陵县新志》卷19《营建考·桥梁》，《中国地方志集成·山西府县志辑》第50册，凤凰出版社，2005，第189~190页。

得不作临河之返，是要道竟成阻道矣。余因目击行人苦状，久欲砌桥以石，俾均便夏冬。乃估工计料，需费颇繁，非借众擎莫举。于是过我同人，备述情形以告，同人好言复乐施，皆慨出囊中之物以济斯举，使余初志克遂，洵哉一大快事也。桥始于乾隆二十九年四月十三日兴工，是年九月十六日告竣”[①]。灵石县之南桥，虽然“增石为垛，积木成梁，约土属道，不需时而竣厥事”，但知县虞奕绶依然写道“若夫易木而石，以垂永久，是余有待之志也。今余将去此，恐桥久仍废，故备述向者之不便，今之速成，冀后之君子时修葺焉，且成余有待之志，是则斯民之幸而亦地灵之效也”[②]。本身“河土桥”之设基本上是因为特定自然环境下“建造桥梁又难施以人力”，这与“陆土桥”还能略为持久形成鲜明对比。“河土桥”本身的临时性与人们追求一劳永逸之间的矛盾，推动着“河土桥”的命运走向，所以更多时候“河土桥”的最终结局是被直接淘汰。这也就是为何如今还能见到“陆土桥”的遗存而难觅“河土桥”遗存的原因。

土桥只不过是众多人与自然互动界面中的一个点，“环境应对”所包含的适应性利用自然与建设性治理环境是人与自然互动的具体体现，人们围绕着土桥的活动符合这一理论设定。环境史探寻的是生命的意义，具体而言，是以“生命支持系统”“生命护卫系统”“生态认知系统”“生态－社会组织”为具体的研究对象，交通道路可以归入“生态－社会组织”之中。以清以降黄土高原之山西地区土桥的历史变迁为案例，我们发现，人们本着生存与延续生命的目的，一直为出行而努力。一方面，在黄土沟壑区适应性地利用黄土桥这一黄土地貌作为天生桥以交通往还，而在黄土桥这一天生桥无法满足人们交通需要的时候，人们以自然为师，效仿黄土桥地貌，在黄土沟壑区以低投入的夯筑技术大量建设有孔或无孔的“陆土桥”以满足交通往还的需要，并同时忍受着土质桥梁被山洪突然冲塌或被时雨逐渐消蚀的环境缺陷，而在

① （清）王维藩：《静升村建桥碑记（乾隆三十年）》，杨洪主编《三晋石刻大全·晋中市灵石县卷》，三晋出版社，2010，第162页。

② （清）虞奕绶：《灵石县重修南桥碑记》，道光《直隶霍州志》卷25《艺文中》，《中国地方志集成·山西府县志辑》第54册，凤凰出版社，2005，第399~400页。

经济条件与自然条件允许的情况下，适时地对其进行治理、维护或者替换。另一方面，在河谷地区常年有一定径流量且夏季河水更为丰沛的地区，自然环境通过河流为人们的交通往还提供舟船之便的同时还设置了障碍，在技术条件有限的传统时期，人们选择了投入较少、拆卸便利又能在一定程度上满足交通需求的“河土桥”作为桥接两岸的交通道路，但主观上的权宜之策与客观上土木易损的环境缺陷与人们希图获得坚固持久的交通道路的目的之间的矛盾始终存在。虽然建设“河土桥”的时候人们已经完成了无法适应性利用自然基础上的建设性治理环境，但这一轮的环境应对显然并没有彻底摆脱环境缺陷，因而“河土桥”要么被替代、要么被淘汰，而所谓淘汰的办法则是人们所选择的新的建设性治理环境的举措。

尽管从土桥的角度而言，目前人们的环境应对取得了一定成效，但这并非最终的结局。自然在提供人们生存条件的同时，必然会给人们设置一定的限制；反过来，自然给人们设置一定的限制的同时，必然又给人们提供一定的解除限制的条件。换个角度，从人的视角来看，人们只能是在适应与改造自然的路程中不断与自然环境互动前行，而不可能一劳永逸。总之，推动人们生命延续的力量，恰恰是环境条件与缺陷下人们与自然无止境的互动，而不是什么一劳永逸的社会技术条件。

二　一般土路的硬化

土路有着尘土飞扬、泥泞难行、断陷不通等固有的环境缺陷，针对这些问题，人们往往采取一定的措施予以治理。至少在清代以及民国时期，土路上飞扬的尘土算不上是人们必须予以治理的环境缺陷，只是在本研究查阅到的 21 世纪的修路文献中，土路尘土飞扬的缺点才成为人们硬化路面的原因之一。相比之下，土路泥泞难行的环境缺陷，从一开始便是人们经常引以为苦、引以为病的问题。实际上，人们针对土路泥泞难行所采取的诸种硬化路面的治理措施，常常也在一定程度上缓解了土路尘土飞扬的问题。山西境内的土路多为黄土基质，黄土土质疏松，遇到水易于崩解，所以那些临崖、临河的土路，那些平地土路、坡地土路，在遭遇水流之后就常常会塌陷，轻微者障碍行旅，严重者阻绝交通。最后，人们有时候又要跨越冲沟或浅流，沟底或河床的泥泞常常也会限制或阻绝交通，这时人们往往架桥以渡。根据不同的地理环境下土路的缺陷，人们常常会有针对性地予以治理之，以下详细论述。

首先，对于土路尘土飞扬的治理。至少在本研究查阅的方志和碑刻资料中，清代或者民国时期的相关土路资料中，土路的扬尘问题并未引起人们的过度关注。并且在能查看到的清代以及民国治理土路环境缺陷的方志及碑刻史料中，几乎无一例是由于难以忍耐土路飞尘之患而进行治理的。只是在21世纪的硬化土路路面的修路碑文中，我们看到了人们治理土路飞尘的一般措施。

古县石壁乡高庄至连庄的村级公路，“逢晴飞沙莽莽，目不及丈余，始雨青泥盘盘，足莫能寸步，路人苦不堪言”，人们的应对措施乃是“砂石筑之，路基六米，油面三点五米，油厚三厘米”，即建设所谓的柏油马路。用柏油路面替代了黄土路面，这就同时解决了土路飞尘与泥泞的问题。①

洪洞县万安镇垣上村之村路，“亘古以来赖一条土路而外通”，“刮风尘蔽日”，“望尘泥而生畏”，人们遂在时机成熟之时，“发起油路大会战”，贯通了“全长四点八公里的通村油路及村中水泥路”，“自此垣上村告别了泥尘路，告别了出入苦”。② 飞尘与泥泞同时被治理，治理的措施是更换路面材质，由黄土路一变而为柏油路、水泥路，有效缓解了土路的飞尘滚滚与泥泞不堪。同样，洪洞县辛村乡杜戍村“道路坑凹不平，晴日飞尘染天，雨天积水浅浆，行人艰难，车辆受阻”，而“挖土拉料、夯实路基”之后，“继而压路油化”，“两千米油路纵贯东西，横穿南北，路边水泥排水渠一并配套竣工，往通各巷间之路口均有混凝土盖板相接”，不但泥泞得到治理，飞尘也顺便得以解决。③

---

① 佚名：《路志碑（二〇〇六年）》，曹廷元主编《三晋石刻大全・临汾市古县卷》，三晋出版社，2012，第310页。

② 佚名：《油路工程碑记（二〇〇四年）》，汪学文主编《三晋石刻大全・临汾市洪洞县卷》下册，三晋出版社，2009，第883页。

③ 佚名：《修村路碑记（二〇〇五年）》，汪学文主编《三晋石刻大全・临汾市洪洞县卷》下册，三晋出版社，2009，第891页。

运城市盐湖区北相镇李村，“历史以来，吾村巷道坑洼不平，雨天泥泞，晴天尘扬，村民行路难”，因而“硬化巷道”，“奋战百余日，七公里水泥道路高标准竣工”，水泥路的铺设同样解决了李村的土路泥泞与飞尘之苦。[①] 又是盐湖区，三路里镇石沟南村，虽然先前已经在村委会领导下，“推五道岭、填六道沟，路基初成”，“但油路未通，路面坑坑凹凹，旱时尘土飞扬，雨天一路泥泞”，飞尘与泥泞之患均由“油路未通”所引起，之后村里便“修成长六公里、宽五米的柏油路”，谓“通油路圆了村民百年梦，通油路开天辟地第一回”[②]。在阅读了史不绝书的泥泞之苦后，本研究认为圆“百年梦”、“开天辟地”之语绝非夸张之词，而确确实实是对人们治理土路环境缺陷之后振奋心情的真实写照。

尽管有几则资料能够说明人们对飞尘进行了治理，但是我们不得不强调的是，飞尘的治理是与泥泞的治理一同进行的，所采取的治理措施完全相同。或者可以这样说，治理飞尘只是治理泥泞的顺便之举，主要是通过铺设柏油路和水泥路来实现的。实际上，从本质上说，铺设柏油路和水泥路均属于道路硬化，历史时期人们针对土路的泥泞与塌陷的治理方法本质上也是硬化，只不过不同时代所用的建筑材料不同而已。

其次，对土路泥泞的治理。其实从古至今治理土路泥泞之问题的策略均是予以硬化，只是现今是通过铺设柏油路和水泥路来实现，而传统时期却是通过绕避、铺石、铺砂等手段实现的。

另辟蹊径以避淖。本研究屡次指出，土路是人们适应性利用自然以满足交通需求的结果，但是土路往往雨后泥泞阻碍行旅通行，因此人们不得不对泥泞予以一定程度的治理。本研究还屡次指明，适应性利用自然与建设性治理环境相比，二者的成本投入是有差别的，前者几乎无须成本投入，而后者却“劳民伤财”。因而，当一条经常通行的道路雨后常常泥泞到不能忍耐时，

① 佚名:《知青路碑记（二〇〇四年）》，张培莲主编《三晋石刻大全・运城市盐湖区卷》，三晋出版社，2010，第 515~516 页。

② 李平:《石沟南村修油路记（二〇〇七年）》，张培莲主编《三晋石刻大全・运城市盐湖区卷》，三晋出版社，2010，第 532 页。

人们首先想到的是通过另辟蹊径的方式避开泥泞。

霍州州城“南门外，冲居孔道，侧界长流。午羽北来，遥通幽燕之地；庚邮南递，径达秦蜀之邦……乃者渠溜溃冲，汾河浸灌，矢直变为弓曲，纡而且窊……别无假道之方，泥拥岸头，尤碍宵征之客……念千里百里劳劳者，恒苦冲泥；看上田下田彧彧者，何堪取径……工始于辛亥夷则，事蒇以壬子夹钟，岸内土填深逾两笏，堤旁石砌长拓百寻，靡泉布六百余缗，重重整饬，计水洼九十多丈，一一坦平”[①]。此处描述的南关之路，乃是临河土路，其为患当然是由于其土路之本质，但治理之措施优先考虑的却是“假道之方”。如果可假道他方，可能就不会重新修葺，可见“假道”乃是一种特殊的应对土路泥泞或者塌陷的策略。只不过霍州之南关之路无法借道他处，只得填土砌石，乃是一般性应对土路塌陷的措施。

另一则史料则更加证明，另辟蹊径避淖的确是一种常用的应对土路泥泞的策略。高平县“由界牌至乔村驿，计五里许，两旁皆高坡，洼其中而为道，每当夏秋之交，阴雨连绵，诸水下汇于道，沮洳泥泞，没及马腹，旅人病之。即欲效昔人避淖，苦无旁径可假”，由此可知，如果有旁径可避泥淖，则不会费力修理，但是并无旁径可寻，于是不得不砌石，“寺僧湛法，见余往来其间，徘徊周览，知余欲奠之于平也，为请于余，捐金以为之倡，且祈余言以为劝，余欣然从其请，出篋中节省廉俸所有者以畀之，邑中绅士祁君辇一闻其风，皆乐为赞襄，共醵金若干，鸠匠辇石，克日举行，不阅月而告竣。凡向之滑者、溜者、甚淖而溽者，悉已如砥知矢”[②]。

实际上另辟之土路与原本之土路一样，不能直接归为人为交通构筑物，但从人与自然互动的角度而言，显然另辟土路是对原本土路之泥泞进行建设性治理的结果。只是，相比于铺石而言，避淖是成本投入较低的治理措施。因而我们可以理解，不到万不得已，铺石硬化路面是不会跳过另辟蹊径避淖

① （清）董醇之：《南关修路碑记》，光绪《续刻直隶霍州志》卷下《艺文》，《中国地方志集成·山西府县志辑》第 54 册，凤凰出版社，2005，第 505~506 页。

② （清）黄有恒：《新修石路记》，乾隆《高平县志》卷 22《艺文》，《中国地方志集成·山西府县志辑》第 36 册，凤凰出版社，2005，第 295 页。

而为人们所采用的。另辟蹊径避淖与依靠原本的土路一样，终究会遇到土路泥泞的环境问题，因而也就比硬化路面更不足为恃。尽管这些避淖措施成本低廉，不用劳民伤财，但却常常与人们交通之需求产生矛盾。因而，铺石等硬化路面、路基的建设性治理环境的措施就不得不被应用。

辇石铺路治泥泞。将土路路面用石块铺砌本质上是通过硬化路面解决土路雨后泥泞的问题，除了石块之外，砂石、瓦砾等亦是传统时期硬化土路时所能使用的建筑材料。土路有城市街道与乡村街道之分，兹分别予以论述。

城市街道一般都会甃以石。新绛县，“邑城有石街，由来久矣。自光绪戊子，经前知州钱荣增醵资兴修，上下数十年，石齿参差，坑坎芜秽，遇雨则泥潦淤积，车马行人均感不便。民国辛酉夏，前知事徐昭俭集资重修，历十有二月，厥功告竣，共需工料费洋七千九百一十二元八角三分，绅界认捐三千九百五十五元六角八分三厘，商界认捐三千九百五十六元六角”①。从此资料中，我们知道新绛县之街道至少前后两次铺石。因为即便已经将土路铺以石，日久仍然“坑坎芜秽，遇雨则泥潦淤积”，更不用说本来就是土路了。无独有偶，太平县城内之街道亦是三番五次铺石防泥泞，“雍正三年，知县刘崇元捐赀购石修葺街道，岁久欹侧坎深，至不可行。道光四年重修城内南北关，伐石运灰，纵横以度，计分段鳞次排砌，一律劚土铺石，内外坦平，居民铺户分认其费，力众故易举也”②。又如临汾县城内街道，1930 年“警备司令杨澄源修筑马路，并开东门月城，交通益便，惟镇署右偏自瞭望楼起，地势骤低，愈趋愈下，每逢夏秋，雨水直冲西门，有碍行旅，乾隆间赵绅性贞倡修，以石砌路，顺势折而西南，至城墙下开洞引水出，年久沿路铺石损失，以致雨水横冲，淤泥壅门，不便往来，此一缺点须加修理”③。临汾城内街道

① 民国《新绛县志》卷 8《营建考》，《中国地方志集成・山西府县志辑》第 59 册，凤凰出版社，2005，第 593~594 页。

② 道光《太平县志》卷 2《建置志・街巷》，《中国地方志集成・山西府县志辑》第 52 册，凤凰出版社，2005，第 281 页。

③ 民国《临汾县志》卷 1《城郭考》，《中国地方志集成・山西府县志辑》第 46 册，凤凰出版社，2005，第 295 页。

有一段虽于乾隆年间已经得到修砌，但至民国年间，铺路之石有所损失，又遭雨水侵袭，泥泞不便往来，因而志书修撰者在志书中留下了待后人修治泥泞土路的期望。再如安泽县，“安泽石砌成街，历年久远，倾陷不平，清雍正八年四月，知县邹汝谦、训导李瑗、典史张国相捐金倡修，士民以次乐输，石砌成街，自南城外至北关，共修一百五十五丈，自东门至正街，自古楼至学巷，共修六十五丈，宽八尺，城门底俱用石条铺平，开治水道，增修水门，自是而街道坦平矣”①；至民国年间，“府前石铺旧路，残缺洼下，往来多感不便，其他沿街各巷，亦凸凹坎陷，以及厕溷错杂，有碍卫生。民国壬申……由宅门以迄府前，自西徂东，石铺马路三十余丈，又塈茨丹雘不事华饰，以求整洁，其大街僻巷亦一律修治完竣，以期道路清洁，适于卫生，不阅两月而厥功告成，并未劳民之力，伤民之财”②。又有交城县城内东西大道，“城东西为秦晋孔道，积久低洼，雨下，官路为壑，行人苦之”，邑侯“乃浚濠深一丈，取濠中土以筑道，运石为桥，使水可南北通行，不致冲决，道傍自昔种柳，惜所种者少，岁大歉则多啖树皮，披枝伤根，终于无树。侯则相土宜，民则绵亘四十里夹道植柳数千株”③。交城县城内道路经久低洼，形同沟壑，泥泞不堪，因此搭设石桥以通往来而避泥淖，但植柳树却并非为消除飞尘，而是遵循“古者列树以表道”之古训。④徐沟县县衙官道“先是土渠，且底下一值大雨，行人泥泞，每每苦之，万历四十年，知县王敷学捐俸置砖，自东巷口直抵察院门，俱用砖修砌，迄今遇雨，官民便之”⑤。城市街道有官府随时

① 民国《重修安泽县志》卷3《建置志·街道》，《中国地方志集成·山西府县志辑》第43册，凤凰出版社，2005，第65页。

② 民国《重修安泽县志》卷3《建置志·城郭》，《中国地方志集成·山西府县志辑》第43册，凤凰出版社，2005，第60页。

③ （清）丁世醇:《邑侯赵公筑堤分水平路种柳记》，光绪《交城县志》卷9上《艺文门·国朝文》，《中国地方志集成·山西府县志辑》第25册，凤凰出版社，2005，第368页。

④ “古者列树以表道，旁有夹沟以通水潦，是以官路两旁必多种树，记里数，荫行人，法甚善也”，见道光《阳曲县志》》卷11《工书·官树》，《中国地方志集成·山西府县志辑》第2册，凤凰出版社，2005，第313页。

⑤ 康熙《徐沟县志》卷1《建置·道路》，《中国地方志集成·山西府县志辑》第3册，凤凰出版社，2005，第80页。

修葺，相比乡野土路而言，其硬化程度无疑更高。但从以上城市街道频繁甃石的史实中，不难知道，人们即便以铺石之策治理土路之泥泞问题，却仍然难以毕其功于一役，而这种无止境的人与自然之互动正是生命存续的主旋律。

乡村街道偶有铺石。在广大的乡村，土路有坡路、沟路、平路，一般相比于坡路和沟路，平路的泥泞尚能为人们所忍受，而坡路、沟路雨后泥泞过甚，常常无法通行，故较多得到治理。洪洞县城南门外聚瑞桥南之坡路，“桥南地势洿下，阴雨泥泞，往来未便，雍正八年，志十衮襄衷镇子常复增筑长坡，北连石桥，南越要截、广利两渠，旁砌、上墁俱用巨石，长五百余尺，宽二丈有奇，高低随地势不等，大小五洞。坡之东偏又有小石坡，北出达于河滩，以便东南乡居民往来”[①]。此处即是坡路，如若不用石砌，雨后泥泞难行，上行下行均甚难，实在影响交通往还。武乡县数里之外的王家塔之坡路，“其路当南北之冲，数十村入城胥由是坡为陟降，盖疲堉也实孔道尔。每当阴雨连绵，硗狭浸滑，上者拮据，下者目眩。若夫层冰积雪，马拥蓝关，人嗟履薄，更不胜其苦”，显然土坡路之泥泞最为要害，于是不得不予以修理，“道光己亥，都人士亢材兴役，城村协力，实属创举，前坡兼及坡下之沟渠，后坡并及棘树岭之北坡，无不土石相揉，畚锸并施，陡者削之，洼者筑之，畏泥则嵌石，望峻则凿险，迤逦而逼仄者拓之使宽，奥衍而曲盘者刷之使直，流可注泉，沙亦齐岸，人力巧而天工错，越今年告成，昔懔陂陀今如坦途矣”[②]。高平县庄上村之河沟路，原系涉河沟而过，颇受泥淖之苦，乾隆年间村民张隆德于是修前后河路，“盖庄上村之民，依山为居，前后皆有河。前河自东注于村之西，居民所取饮也，旧有井，芜塞不治，汲水浣衣，男女趾相错，雨潦大至，尤淖烂难行，君叠石为途，堰石为梁”[③]。兴

① 雍正《平阳府志》卷6《关津》，《中国地方志集成·山西府县志辑》第44册，凤凰出版社，2005，第200页。

② （清）佚名:《路记》，民国《武乡县志》卷4《艺文》，《中国地方志集成·山西府县志辑》第41册，凤凰出版社，2005，第284页。

③ （清）佚名:《庄上村修前后河路记》，光绪《续高平县志》卷15《艺文》，《中国地方志集成·山西府县志辑》第36册，凤凰出版社，2005，第684~685页。

县东关稍门外之河沟路，原本行旅往来皆涉河沟而过，颇苦泥泞难行，民国时期乃架设石桥避沟底之泥泞。“东关稍门外有沟一道，泥泞深陷，有碍行旅，由县署筹款修建石桥一座，题曰‘渡心桥’，计费银五十八元五角三分九厘，民国八年六月开工，八月告成。”[①] 保德州城郭西南外的惠民井桥之设亦是为避河沟之泥泞，“郭西南有井甘洌，顾其难尤甚焉。间以溪谷缘木而进，雨集蹉跌，泥泞没胫，至不得升。夫人非水不生活，而其难如此，长民者不可不为之所也。至正德己巳，太守王公始来，闻之慨然以为己责，越明年，政通人和，乃督工砻石为桥，逾时而成，长八丈，广一丈九尺，崇一丈八尺”[②]。

另有一些不知是坡路、沟路还是平路，但无一例外均是铺石条或垫瓦砾以为治理泥泞之策略。泽州府“州城东界牌岭，俗名红胶泥路者，逼仄险阻，天雨泥泞，跬步难行，人畜往来，常遭蹶仆，至不能保，谋欲修之而未果，乃遗命嘱其长君山左盐运使司参政简庵公代成之。康熙四十七年，甫举事而简庵公殁，公时留都候补，闻兄讣，遽返营其丧毕，遂踵而成之……乃出直，募力伐石于山，纡者划之使直，狭者增之使阔，其间有倍价贳人之地而避险以就安者，绵亘六十余里之险途，一旦而成康庄矣”[③]。阳城县，“阳城官道：县境在山中，岭坂峻阻，车舆不至，行者常苦其道路之艰。在东者崎岖尤甚，累代劳于修治。顺治十六年，知县陈国珍帅邑民重修。康熙初侍郎卫贞复修其西道，而其东道则兵马司田时茂葺之，甃以方石，始平坦无忧泥淖”[④]。官道比一般的乡野村道更受当政者重视，因此此阳城官道累代修治，入清以后，亦曾多次修筑，必须甃之以石，方能“平坦无忧泥淖”。有时候也铺砌瓦砾硬化土路，襄陵县“邑南至东柴十里，其地淤下，每值霖潦，竟成汇泽，往

① 民国《合河政纪》，《中国方志丛书·华北地方》第71号，成文出版社，1968，第59页。

② （明）张瑜：《修建惠民井桥并八蜡庙记》，乾隆《保德州志》卷11《艺文中》，《中国地方志集成·山西府县志辑》第15册，凤凰出版社，2005，第624页。

③ （清）佟国珑：《秋木王氏城东修路记》，雍正《泽州府志》卷45《艺文志·文》，《中国地方志集成·山西府县志辑》第32册，凤凰出版社，2005，第520页。

④ 乾隆《阳城县志》卷2《山川·津梁》，《中国地方志集成·山西府县志辑》第38册，凤凰出版社，2005，第35~36页。

来行人实病之，公轸念于中久矣。会邑中绅士以修筑请，公即倡输劝募，择练达者董其役，道之两旁甃以灰石，运城中地震瓦砾填其间，历数月而工竣，未尝迫民以力役而急公趋事不谋而合”，而“今修筑之后，道路不混于草莽，行旅无忧于泥淖，是襄邑之休美足验王政之醇备也”。①

填砌土石平塌陷。临河、临崖之路常常倾塌，低洼之路常常湿陷。万泉县西门迤西之鸦儿沟“势自南来，口联官路，北壁立而下，深有两寻，暴流冲陷，路断若截”，故“于鸦儿沟口，土实其虚，石砌其底，宽阔睚目，往往称快，经始于万历辛丑秋七月，落成于次年夏五月，捐俸赀而库贮不取，雇值夫而里甲不动”。② 此处官路当为临崖土路，所谓“土实其虚”乃是用土填充缺陷之处，“石砌其底”乃是用石培筑崖壁以固崖上官路，实际上并未易土路为石路。另有，平陆县之茅津渡在县东二十里，“地当水陆之冲”，“该镇大禹庙官路北面必经深沟，入夏以来被暴雨冲塌入沟，不能行走”，“其崩坏之处，约长十余丈，均当行水冲要所在，非用石块灰斤砌筑不足以资捍御”，明言非砌石不可为功。③ 再有石楼县南关官路，“康熙元年夏五月，大雨阴连数十余日，城郭颓、屋室坏，上下罕宁宇，横流之极，泛滥涨溢，高原激为湍，平畛流为川，浩荡若江河而不知其所止，三晋皆一，石楼为甚，其县境迤南而东城之内外诸水皆汇于其处，汹涌莫遏，因以决焉，袤延九丈余，高约五十三尺，窈若深谷，行者往来，居者贸易，皆于是辍”，路遭雨水冲断，“窈若深谷”，阻绝交通，滞留行旅，不得不填筑之，于是“乃运乃筑，厥道遂平，忧虑路径基址匪石不坚，日躬诣城西之野，率诸左右，皆负石，营将亦督其兵卒，争趋恐后，小者大者充斥于道路，大赖之。其西水口围以砖、

① （清）翟维藩:《襄陵城南修筑道路茶庵记》，民国《襄陵县新志》卷 24《艺文》，《中国地方志集成·山西府县志辑》第 50 册，凤凰出版社，2005，第 312~313 页。

② （明）李养质:《重修永安、永利二桥暨鸦儿沟口官路记》，民国《万泉县志》卷 7《艺文志》，《中国地方志集成·山西府县志辑》第 70 册，凤凰出版社，2005，第 163 页。

③ （清）余正酉:《重修大禹庙官道记》，光绪《平陆县续志》卷下《艺文》，《中国地方志集成·山西府县志辑》第 64 册，凤凰出版社，2005，第 526 页。

涂以灰，完密坚壮，有加于旧”。[①] 石楼此断陷之路，乃是基筑以石、水口甃以砖而成，经过硬化之后，“厥道遂平”。

三　土路变迁的意涵

土路之飞尘、泥泞、断陷是土路的环境缺陷，这些环境缺陷一定程度上阻碍了人们的交通往来，实际上也降低了人们组织生存资源的效率，这意味着人们适应性利用自然行动的失败，因此不得不施行建设性治理环境的策略。在诸多建设性治理环境的策略中，有一种虽然与适应性利用自然极其相似，但实际上已经属于建设性治理环境之策，这就是另辟蹊径以避开泥淖的行为。除了另辟蹊径这一躲避土路泥泞问题的行动外，更多针对土路环境缺陷问题进行的是主动性的治理行动。具体而言，遇飞尘则硬化路面，遇泥泞则铺石或铺柏油路、水泥路硬化以及搭石桥以渡泥泞之沟壑，遇断陷则填石筑土。总之，使路面硬化、使坑洼平坦、使塌陷巩固乃是治理土路诸种缺陷的最好方法。

土路是人们与土体互动的一个界面，而人与土互动是人与自然互动的一个界面。人们不能脱离自然而存在，只能或是适应性利用自然为自己创造存续的条件，或是建设性治理环境为自己创造存续的条件。交通道路是人们为着生存的目的而选择或构筑的用于组织生存资源的条件，人们不能脱离交通道路而生存。交通道路中最为普遍的乃是土路，其中还包括为数不少的土桥。土质路面本身存在很多限制人们交通往还的缺陷，这是自然环境所固有的缺陷。人们行走于土路之上，常常为飞尘滚滚、泥泞不堪与坍塌断绝而苦恼，因而常常通过硬化路面或加固路基的形式予以应对。在具体的硬化过程中，或用石条铺设，或用瓦砾填筑，或架桥避淖，或铺设柏油路、水泥路，变动的不是硬化这一本质措施，只是硬化的材料或方式。从古至今，硬化路面总是治理土路环境缺陷的唯一办法。

---

① （清）丁其誉:《重修南关官路记》，雍正《石楼县志》卷4《艺文·路记》，《中国地方志集成·山西府县志辑》第26册，凤凰出版社，2005，第577页。

实际上，就山西而言，人们能够最大限度地免除土路之缺陷，是很晚的事情。“直到2000年底，全省仍有254个乡镇不通油路、18289个行政村不通油路，1945个行政村不通公路。广大农村地区尤其偏远山区、经济落后地区，几乎没有路，‘晴天一身土，雨天一身泥’是广大农民出行的真实写照。农村长期落后的局面、农产品长期滞销的无奈、农村资源长期得不到开发利用、抱着银碗讨饭吃的痛苦，以及东部地区改革开放的变化，使山西人民更感到路的重要，广大人民群众盼路、修路的愿望越来越迫切，‘要想富，先修路’成为全省人民的共识。”[①] 在经过了持续很多年的“村村通工程”之后，历史上被诟病的土路飞尘、泥泞问题才被彻底解决。土路之泥泞、飞尘并非人们对土路深恶痛绝的根本原因，修路以致富才是明确的真实想法，而更深层次地挖掘下去，会发现土路被治理实际上是因为其组织各种生态资源的效率已经无法满足人们日益提高的对生活品质的要求。

不管怎样，土路网络覆盖人所能至的任何地域，需要治理的土路的环境缺陷更是层出不穷。硬化之后的土路，虽然暂时免去了泥泞之问题，但天长日久，硬化后的土路还是会重返泥淖，再次影响人们的交通。所以无论怎样治理，从长时段来看，没有哪种应对之策会是一劳永逸的。我们必须承认并强调这一点，因为正是这一点，推动着土路的历史变迁。不过，与古代不同的是，现代科技的进步，新型建筑材料的发明，当生产能力、经济条件均改善之后，乘着政府“村村通”政策之东风，在地方精英人士的襄助之下，人们“走”出来的土路被最大范围、最大限度地予以硬化。不仅国道、省道、县道、乡道，也不仅城市内部的街道，乡村之间的村级公路也被铺设为柏油路或水泥路。

当然，因为土层覆盖在地球的表面，人们不能脱离土层而生存，因而无论何时，土路均不可能像“河土桥”一样走入历史，而只是像“陆土桥”一样，在外观上发生了变化，变得更易对抗水流的侵蚀。最后不得不强调的是，

① 山西省交通运输厅编《山西省村村通水泥（油）路工程建设志》，山西人民出版社，2012，第3页。

硬化土路的诸种措施也必然存在着固有的环境缺陷，不能历久如初即是缺陷之一，那些缺陷等待着人们新一轮的建设性治理。也正是延续生存目的上的对环境缺陷的无止境应对，持续推动着人们进行新一阶段建设性治理环境的活动。人们也正是在这种无止境地与自然互动的过程中延续着种族的生命，书写着作为生命体的意义。

有学者指出，人造物体超越活生物量，表明“人类世”已经来临，而地球上人造物体的大部分来自建筑和道路，建筑材料在 20 世纪 50 年代中期从砖过渡到混凝土、20 世纪 60 年代开始使用沥青铺设路面，均加速了人造物体量的增多。[①] 交通道路从土路到硬化路面的转变，为人造物体量的增加“贡献”了力量，而硬化路面在被废弃之后无疑会成为一种固体废弃物，一种自然无法降解的固体废弃物源源不断地产生，无疑是人们将来所要面对的棘手的环境问题。

---

① Emily Elhacham, Liad Ben-Uri, Jonathan Grozovski, et al., “Global human-made mass exceeds all living Biomass,” *Nature*, Vol 588, 17 December 2020, pp.442-444.

第五章
取土与信仰：物质与精神之间的冲突

人及其社会与土发生关联的界面既触及人们生活中的物质层面，也延展至人们生活中的精神层面。人们无论是耕地种粮、筑土奠居、举火烧砖、踏土行路，还是精神信仰，或直接或间接，均是围绕自身生命的延续而展开的。人们向自然环境索取生存所需要的一切物质资源，并用自身独特的主观意识形塑着自己所看、所听、所嗅、所感的世界，构建一个可称为“生态认知系统”的子系统，进而用所形成的“生态认知系统”指导自身利用自然环境中的那些条件，消除自然环境中的那些障碍。在科学革命之后，我们先民的有些意识、观念被打上了迷信的标签，风水龙脉信仰就是其中之一。回到历史场景之中，风水龙脉信仰不管被后来的人们认为是多么的虚幻，但在历史时期它就在人们的脑海里始终存留，并在物质世界留下了深深的印迹。黄土高原蜿蜒曲折、状若游龙的深厚土体与风水龙脉信仰相结合，形成了明清山西民人指导自己与土之间关系走向的特殊环境意识。对土质山脉的保护常常与土体的实用产生冲突，一个超现实而一个务实，既对立又统一。本质上而言，无论是风水信仰下禁止取土用土的行为，还是实用理性下主动取土用土的行为，应该都是对彼时有限的土地不能养活所有人口的社会经济窘境的应对。只不过历史证明，只有解放思想、实事求是才能解决温饱问题，试图用虚幻的风水龙脉信仰应对社会经济困境是徒然的。本章在前面各章论述的基础上，试图述说取土、用土与信仰之间既统一又对立的矛盾关系，以此表明在明清这样的前近代时段里，在生存危机的迫使下，山西地区社会内部所经历的虽不显著但真实存在的“蠢蠢欲动”，这种“蠢蠢欲动”应该可以说是中国社会内部自生的近代化的丝缕线索。

第一节 事关生计的取土用土活动

有关明清时期山西社会与土相关的史料中，除了前面几章所提及的荦荦大端的关于农事、窑洞、城墙、烧砖、土路等的资料外，另有一些“日用而不觉”的日常取土、用土的事项。初看之下，这些事项细微而不深刻，但数量还算不少。仔细思之，不正是那些“日用而不觉”“日遇而不察”“日理而不知”的微小事项支撑着人们的生存与生活吗？不正是经典作家所说的“为了生活，首先就需要吃喝住穿以及其他一些东西”中的那“其他一些东西”吗？生命不是只有波澜壮阔与烟波浩渺，还有隐于日常的涓滴细流与缕缕尘烟，接下来本节要论述的取土与用土活动，就是那些鸡零狗碎但并非毫无意义的日常。研究者应该重视并挖掘这些日常。明清山西社会围绕着这些日常的取土、用土活动产生了很多纠葛。

一 取土与用土的必然性

明清时期，山西民人的日常取土与用土有着特定的时代背景，取土与用土本质上是为着生命存续而进行的应对自然环境的活动，是人土关系十分丰富的面向当中的组成部分，并与其他人土关系有着或多或少、或直接或间接的关联。要之，所有历史的第一个前提无疑是有生命的个人的存在，而生命存在的诸多前提中，食物的摄入无疑是最重要的前提之一，所以日常的取土与用土也必然以此为前提。

作为必须定时摄入能量的生命体，能生长粮食作物的土地对人类而言尤为重要。相比于牧养牲畜，种植粮食作物是将太阳能转化为可食用物最经济、最高效的策略。王利华在论述中古时期北方地区畜牧业和种植业的消长时指出：

当地畜牧业重新走向衰退、农耕种植重新恢复绝对支配地位，虽然是由于众多因素的共同作用，其关键的原因仍在于人口的逐步恢复和进一步增长。

同一块土地，如以农耕种植和素食为主，就可以养活更多的人口；反之，如以畜牧业和肉食为主，并维持必需的热量摄取水平，则生活在这块土地上的人口数量必须大大减少。

由于农耕与畜牧的食物能量生产和人口供养能力存在如上悬殊差距，故在一定的地区范围内，只要具备必要的耕作技术和自然条件，扩大耕地、增加谷物生产乃是一种优先合理的选择，只有这样，才能满足由于人口增长而不断增长的食物能量需求。必须具备地广人稀这一前提条件的典型放牧业，由于食物能量生产与人口供养能力低下，在人口密度不断提高的情况下，必将逐渐退缩到那些不适合发展农耕种植的地区。①

上述文字基于能量转化的规律比较了种植业与畜牧业在同一地块上养活人口多寡的差异，但无疑也是在证明粮食作物种植的多少足称得上是人与土地数量关系的指示牌。明乎此，则明清时期山西以种植业为主的生计模式，关系的就不仅仅是人们何以为生或以何为生那样简单，而是有着更深层次的生态逻辑与经济理性。也就是说，明清时期的山西民人不得不主要通过在土地上种植农作物来维持生命的存续。

明清时期山西人与土地之间的关系所呈现的结果也恰恰是，在彼时的耕作制度条件及技术之下，已有的土地已经特别难以养活山西孳生的人口。而彼时所选择的种植业已经是转化太阳能、养活人口效率最高的生存策略了。既然种植业也不能养活更多的人口了，那就意味着农业剩余的人口必须转向其他非农行业以间接获取粮食。如此，农业剩余劳动力的增多，必然在农业之外引发其他行业或轻微、或剧烈的变化。在这一时期，不仅明清时期的山西商人名满天下，就连那些劳动密集型的手工业也得到蓬勃发展。作为明清

① 王利华：《中古时期北方地区畜牧业的变动》，《历史研究》2001 年第 4 期。

山西民人应对土地不足依恃的策略，商业与手工业的异常繁盛显然只是一种不得已的权宜之计。人多地少导致的涟漪逐渐扩大到更广的范围内，明清山西人不得不表现出异常的勤俭或节啬。如前文所揭清代山西兴县人康基田之言：

> 朱子以为唐、魏勤俭，土风使然，而实地本瘠寒，以人事补其不足耳。①

地力不足，于是以人事补之，所以，举凡一切可获利或有助于生计的活动，明清山西的民人无不为之，只为求得多一点的生存之机。正是在这样的背景下，明清山西社会与土相关联的界面更加丰富了，与土相关的手工业也得到了长足的发展，其中典型的当属砖瓦业。换句话说，人与土地之间的关系日渐向紧张的方向变化，这一变化就像一朵朵涟漪一样将其影响力传递至更远的角落，从而导致人土关系的其他层面发生了更多的改变，并进而引发社会整体向新的方向变迁。这样的历史变动之链条与图景，如前所述，或可称为“以土为中心的历史”。当然，与土相关的手工业只是取土、用土以为生计的一个较为引人瞩目的活动之一，很多事关生计的取土、用土活动称不上是一种独立的生计、称不上是所谓的产业，而只是一种日常的边缘性事务，是否真能起到补益生计的作用，恐怕当事人也并不十分明确。

一般情况下，取土、用土活动应不至于引起什么显而易见的后果。但是，在生计日蹙的大背景之下，逐渐增多的取土、用土活动就有可能像一枚石子被投入平静的湖面一样产生涟漪。像制坯烧砖业，虽然根据本研究第二章的测算，其规模可能并不是很大，养活的人口也并不能算多。但这一动向却表明一种趋势，即不管制坯烧砖这样的手工业，还是取土和泥、垫圈这样的琐细事务，虽然规模及影响力有大有小，但作为一种对农业的补充，无疑具有更深远的意义，说明农本的观念可能正在或已经被突破。

① （清）康基田编著《晋乘蒐略》卷2，山西古籍出版社，2006，第131页。

除了商业性质的取土用土活动外，我们根本无法估算那些日常的取土用土活动到底产出了多少效益，补充了多少生计，究竟多大程度上对人们生命的延续产生了意义。甚至于就连商业性质的制坯烧砖业养活人口的能力，可能在整个明清山西历史上或亦可忽略不计。但有一点比较明确，即取土、用土活动是明清时期山西社会中必然会发生的事项。不管这些事项多么微小，哪怕只是微弱的生计补充，其都具有类型学上的意义。取土、用土活动正是在生计日蹙的背景下才得以普遍化，并与人们的风水信仰产生越来越多的摩擦。

二　取土用土的具体表现

对于取土、用土最常见的用途，古人言之甚明，所谓“耕田、筑室、举火之家胥于斯乎取土，而坡益损脉益坏”[①]。耕田取土是为以土盖粪、沤粪，所谓“人贪起土，不顾风脉，大抵以粪土为重”[②]，以及“畜圈粪不加土沤，由圈运出不加土盖”的缺点[③]。筑室则因土可作为建材，或抟土成坯、烧坯成砖，或筑土为垣、和土为泥。例如，民国《解县志》说：“沟以蓄水，今无水而谓之土沟，居人修筑取土之处也。”[④]又如，民国《昔阳县志》载：“凿井便，不止得水，兼可取土，皆兴筑所必需，即不得水，决非两失也。”[⑤]举火则是指烧造砖瓦陶，所谓“万家烟火，庐舍参差，有不能不资于陶瓦砖埴之用”[⑥]。取土、用土之目的虽大有不同，但取土以沤肥料乃是为增加农田之单

① （清）郭从矩:《修道碑记》，光绪《屯留县志》卷6《艺文》，《中国地方志集成·山西府县志辑》第43册，凤凰出版社，2005，第496页。

② （清）陈升堂:《贾寨村禁土补煞重整社费碑记（嘉庆元年）》，车国梁主编《三晋石刻大全·晋城市沁水县卷》，三晋出版社，2012，第256页。

③ 民国《沁源县志》卷2《农田略》，《中国地方志集成·山西府县志辑》第40册，凤凰出版社，2005，第303页。

④ 民国《解县志》卷4《方言略》，《中国地方志集成·山西府县志辑》第58册，凤凰出版社，2005，第61页。

⑤ 民国《昔阳县志》卷2《建置志·公署》，《中国地方志集成·山西府县志辑》第18册，凤凰出版社，2005，第19页。

⑥ （清）刘斯裕:《禁白碑窊开窑记》，道光《大同县志》卷19《艺文上》，《中国地方志集成·山西府县志辑》第5册，凤凰出版社，2005，第330~331页。

位面积产量，取土举火烧制砖瓦陶则可通过交换获得购粮等的日常需用之资，或用于自给而省下购砖瓦陶之费以购粮，都是民众对土地所产粮食不足依靠的反应。尤其烧砖瓦窑作为多以谋利为目的的生计，成为日常取土之外最受保护龙脉者反对的取土、用土活动，前文第二章对此已有叙述。

除了专门的砖瓦业之外，另有一些虽称不上“行业”“产业”的取土、用土行为也事关生计，这在本研究收集的史料中亦有反映，具体情形见表 5–1。

表 5–1 清代山西各地取土用土事件举例

序号	时间与地点	取土用土情况	史料出处
1	清顺治十六年阳城县城西北冈来脉	居民取土，渐致陊剥	光绪《山西通志》卷 25《府州厅县考三》，中华书局，1990，第 2262 页
2	清乾隆二十一年陵川县某镇北府君庙旁土峰及其前后左右	数年来取土渐空	（清）佚名：《捐修土峰小引》，王立新主编《三晋石刻大全·晋城市陵川县卷》，三晋出版社，2013，第 132 页
3	清乾隆二十一年高平县某村寨右西北角之结脉	竟被村中无知男妇掘取烧土，日久用多，显则大伤行路，微则有损命脉，公禁取土	（清）王履鳌：《补修合村命脉重筑东顶石台碑记》，常书铭主编《三晋石刻大全·晋城市高平市卷》上册，三晋出版社，2011，第 348 页
4	清嘉庆元年沁水县贾寨村东南至西北之来脉	历年来，人贪起土，不顾风脉，大抵以粪土为重	（清）陈升堂：《贾寨村禁土补煞重整社费碑记》，车国梁主编《三晋石刻大全·晋城市沁水县卷》，三晋出版社，2012，第 256 页
5	清嘉庆十九年屯留县常珍村西北、正西地脉之土	吾乡地脉发于西北，宜栽培不宜倾覆。自禁之后，如有私起二处之土被人捉获者，昼罚钱、砖一千，夜罚钱一千、砖二千	（清）李蓴：《常珍村禁赌博碑记》，冯贵兴、徐松林主编《三晋石刻大全·长治市屯留县卷》，三晋出版社，2012，第 57 页
6	清嘉庆二十年屯留县某村西北来龙结穴	村中起土，贻害不浅，为此立禁：村西北系来龙，东南系结穴，此两处之土，为此立禁。即本人之土场，亦不得载取，犯之入社受罚	（清）佚名：《禁赌碑文》，冯贵兴、徐松林主编《三晋石刻大全·长治市屯留县卷》，三晋出版社，2012，第 58 页

续表

序号	时间与地点	取土用土之情况	史料出处
7	清嘉庆二十三年高平县璩庄村村西大庙戏楼后土岭及东阁底土地坡泊池南西岭一带	取土损坏村脉	（清）佚名:《高平县正堂禁事碑》，常书铭主编《三晋石刻大全·晋城市高平市卷》（上），三晋出版社，2011，第506页
8	清道光八年陵川县魏家岭村南红土岭系一村来脉主山东西界内	禁止家户，不许掘坑、伐土、借地、殡丘	（清）杨相武:《魏家岭村阖社碑记》，王立新主编《三晋石刻大全·晋城市陵川县卷》，三晋出版社，2013，第222页
9	清道光十八年沁水县某村寨前左右地土、村之护砂	村众因系公地，皆来取土，历年已久，日形缺陷，不知村前龙砂之聚散，关乎村内人物之盛衰，是明取一篑之土虽微，暗贻百家之祸非浅	（清）佚名:《禁止寨内取土碑记》，车国梁主编《三晋石刻大全·晋城市沁水县卷》，三晋出版社，2012，第343页
10	清道光二十年高平县某村五峰山顶及所施地界内	五峰并峙，各长青松，丸丸持秀，不但有益于资吉，谡谡传声，尤能发祥于本土。因而合社公议，永禁五峰之顶与所施地界，即境内沙土亦不得乱起。境内沙土永不许乱起	（清）李芳春:《重整五峰山条规永禁碑》，常书铭主编《三晋石刻大全·晋城市高平市卷》（上），三晋出版社，2011，第593页
11	清道光二十三年高平县下马游村玉皇庙附件百步之内	永远不许在百步之内穿煤矿、土窑，设立禁碑，四统为记，贴白之日，矿、窑同止。止窑添宝，地脉宝而灵机生焉	（清）张秉德:《下马游村禁止在玉皇庙附近开窑盗树碑记》，《高平金石志》编纂委员会编《高平金石志》，中华书局，2004，第702页
12	清道光二十五年陵川县积善村东之凤凰山与北之虸蚄岭	是二山者，风水攸关，宜护持而不宜毁伤也。明万历年以来，屡损风脉。若虸蚄岭起土，旧有禁约，今将四至注明……四至以内不许取土	（清）佚名:《永禁凤凰山穿窑虸蚄岭取土碑记》，王立新主编《三晋石刻大全·晋城市陵川县卷》，三晋出版社，2013，第253页
13	清同治十一年陵川县某村北岭一冈	系来龙正脉，堪舆家所谓元武垂头，虽走路践踏亦所不可，况起土打窑尤宜切禁。不许起土	（清）佚名:《禁土碑》，王立新主编《三晋石刻大全·晋城市陵川县卷》，三晋出版社，2013，第287页

续表

序号	时间与地点	取土用土之情况	史料出处
14	清同治十二年陵川县神眼岭村	大社公议，永禁不许起土，违者议罚	（清）佚名：《神眼岭村禁约碑》，王立新主编《三晋石刻大全·晋城市陵川县卷》，三晋出版社，2013，第291页
15	1921年沁水县蒲泓村风脉攸关之桥沟、枣坡、羊壳沟处	桥沟、枣坡、羊壳沟于风脉尤关，不准起土，违者罚大洋拾元，违抗者公禀	佚名：《蒲泓村公约碑》，车国梁主编《三晋石刻大全·晋城市沁水县卷》，三晋出版社，2012，第437页
16	1933年沁水县兴峪村各处土崖	村中老幼图便利，各处取土，致损来龙之筋	樊国杰：《兴峪村护堤禁取土碑记》，车国梁主编《三晋石刻大全·晋城市沁水县卷》，三晋出版社，2012，第457页

表5–1所示取土、用土行为并未言明最后的用途，但土作为一种物质资源，虽有时并非直接用于维持生命的存续，但毫无疑问的是，如果不涉及生计的维持，人们不会在风水信仰浓厚的氛围之中，去刻意毁伤生存地的龙脉。就像砖瓦业一样，日常的取土、用土行为对于生计的补益意义，从整个明清山西民众之生存策略的角度而言，应该没有那么显而易见的效果。但取土、用土作为土地短缺、粮不足食的背景下补益生计的策略，其意义与影响是类型学层面的，这不因其规模与效益不著而大打折扣。取土与用土对于地方社会、民间信仰的影响是潜移默化的，就像能击穿石头的水滴，也像能溃千里之堤的蚁穴，所谓“积渐所至”。① 虽然取土、用土在整个山西地区人们的生计体系中作用有限，但这仍然引起了出于种种原因而保护土体者的关注。

的确，取土为用常常引起“是可忍孰不可忍”的评论，取土的边界一直延伸到本不应取土的地界，除了所谓龙脉外，取土之人有时连冢墓也不放过，这种取用土体边界逐渐包括本不宜利用的地界的现象，一方面确实表明有些人利欲熏心，另一方面应该也表明生计日蹙的紧张状况加剧了。取土、用土

① 《汉书》载：“安者非一日而安也，危者非一日而危也，皆以积渐然，不可不察也。”见《汉书》卷48《贾谊列传》，中华书局，1964，第2253页。

的现实需求同一些不那么迫切与立竿见影的精神寄托、道德情感之间的冲突加深了。就如同荒旱之际的卖儿鬻女、骨肉相食、易子而食等极端现象一样，表明灾难的深重、生计的艰难。清乾隆《大同府志》载有天镇县《永禁义冢挖土碑记》这样一则碑文，其辞曰：

> 天邑土瘠而多碱，地荒不治，城外西北隅有高阜焉，其土色黄而质润，可以资垣墉，涂塈茨，而义冢于兹是设。邑中无赖子争逐利焉，于是弃骸如林，白骨成丘，土人习而安之，恬弗怪也。余闻而骇甚，曰：人之无良一至此乎？是可忍孰不可忍。亟令掩埋无少缓。但其中杂马牛骨甚夥，有僧人善鉴择者，令分别去取，凿深坎聚而瘗之。其未经发掘者，率多旁见侧出，累累然如犬牙之交错，乃筑土墙以蔽翼之。署友高君翔汉、介休张生延文董其事，事竣，请于藩宪朱、府宪吴给示严禁，有盗义冢土者，罚无赦，勒石于西城外大路旁，以垂永戒，浇风顿息。按《明史》，闯贼破大同，将入京，曾驻兵天城，民遭屠戮殆尽。呜呼！此冢中残骨所自来欤！今斯民幸生圣世，中外一家，休养生息，惟此残骨忍听其委诸荒郊，不获庇一抔之土欤？闻曩者岁比不登，民多困苦，自余辛卯秋承乏兹邑以来，雨旸时若，岁获屡丰，洪范五福六极之征，如响之应声，不爽铢黍。呜呼！此非善气致祥之一验乎？我邑人士其敬念之毋忽。①

可见，由于义冢之地土质上佳，可用于“资垣墉，涂塈茨”，故引得争逐利源者不顾道德约束而取土、用土，致使尸体骸骨裸露有伤风化，土人却对此习以为常、心安理得。但是，土人不以为不安的态度恰恰表明，利益或说生计需求对道德约束产生了强烈的冲击，铤而走险中往往蕴藏着迫不得已的苦楚。

---

① （清）钱文梓：《永禁义冢挖土碑记》，乾隆《大同府志》卷28《艺文》，《中国地方志集成·山西府县志辑》第4册，凤凰出版社，2005，第576页。

不顾风脉、不顾坟茔，取土、用土屡禁而不止，除了表明世风日下外，更应该思考的是所谓世风究竟缘何而来？毫无疑问的是，世风的形成本质上还是与地域养活人口的能力有关系。清代山西兴县人康基田曾有十分精辟的概括：

> 朱子以为唐、魏勤俭，土风使然，而实地本瘠寒，以人事补其不足耳。太原迤南，多服贾远方，或数年不归，非自有余，逐什一也。盖其土之所有，不能给半岁之食，不得不贸迁有无，取给他乡。太原迤北，冈陵丘阜，硗薄难耕，乡民惟倚垦种上岭下坂，汗牛痛仆，仰天待命，无平田沃土之饶，无水泉灌溉之益，无舟车鱼米之利，兼拙于营运，终岁不出里门，甘食蔬粝，亦势使之然。而或厌其嗜利，或病其节啬，皆未深悉西人之苦，原其不得已之初心也。①

则所谓风俗、风气本源于粮食是否足食，所谓“仓廪实而知礼节，衣食足而知荣辱”是也。如果天镇县粮食足食，则可能没有那么多人会冒大不韪，公然取土于义冢，并且还让当地之人习以为常。如此，则表明，人们的取土、用土所能得到的物质利益与信仰风水龙脉所能得到的精神寄托，以及保护义冢所能体现的道德情感之间必然出现强烈的撕扯。就风水龙脉信仰而言，彼时已经受到十分引人注意的来自取土、用土活动的挑战。

第二节　山西社会的风水龙脉信仰

在黄土覆盖的山西，蜿蜒曲折、回环如龙的土体在风水龙脉信仰的氛围之中被赋予了龙脉的角色，于是物质之土与精神之土便在同一时空中重叠，物质性利用与精神性利用之间也产生了极大的冲突，一取一护之间的张力无疑隐藏着社会变迁的能量。一般情况下，在看到这一类史实时，研究者常常

---

① （清）康基田编著《晋乘蒐略》卷2，山西古籍出版社，2006，第131页。

会带着批判的立场，认为风水、龙脉乃是迷信的、迂腐的、守旧的。其实，这样的立场无疑是后知后觉的，是穿越了时代的过度苛责之论。风水龙脉信仰这一传统时期的文化应该被置于当时的历史场景中予以观察、进行解读，而不能以今论古、苛责古人。

地质时代的构造运动奠定了山西地区下伏古地形的地势起伏面貌，自更新世以来基于下伏古地形，并在风力搬运堆积作用之下，山西之黄土地层逐渐形成，而黄土堆积及其遭受的侵蚀，最终发育出山西地区绵延无断的典型黄土地貌。具体言之，更新世的黄土堆积遍布全省，主要堆积区在吕梁山以西的离石一带以南，称午城黄土，该期保存下来的黄土在晋东南一带称“R红土”；中更新世的黄土堆积保存至今，不仅遍及全省，厚度也最大，可达200米，称离石黄土；晚更新世的黄土堆积范围也遍及全省，厚10米左右。① 所以，山西全省面积中，山地和丘陵面积占比达80%以上，平原面积不足20%，全省除少数地方基岩裸露外，大部分地方覆盖着10~30米厚的黄土。② 黄土堆积在自然侵蚀与人为加速侵蚀之作用下，逐渐演化发育出“沟谷众多、地面破碎”的以“塬”“梁”“峁”为主体的黄土地貌景观，这种地貌常常状若游龙。正是在土质山脉纵横交错的地貌环境中，山西民众维持着他们的生计、形成着他们的信仰。

“风水起源于先秦，形成于汉晋，成熟于唐宋，到明清则风靡各地，成为影响社会各阶层的行为的一个重要思想。”③ 在如此浓厚的风水龙脉信仰氛围中，因土地关乎当地风水龙脉而禁启土与补土脉的事件，在许多省份都曾发生过。明代风水术士徐善述在《修学后作杭川课》中说福建上杭县：“城北来龙之地，岂可伤戕，禁穿井，禁取土，斯为妙也”，并在“城北来龙之地”后自注曰“第一要着”。④ 清代安徽宣城县人钟声作《宁郡龙脉纪事》曰：

---

① 山西省地图编纂委员会编制《山西省历史地图集》，中国地图出版社，2000，第88页。

② 山西省地图编纂委员会编制《山西省历史地图集》，中国地图出版社，2000，第6页。

③ 倪根金:《明清护林碑研究》,《中国农史》1995年第4期。

④ （明）徐善述:《修学后作杭川课》，康熙《上杭县志》卷10《艺文下》，清康熙二十六年（1687）刻本，第2a页。

风水之说岂真不足凭乎！康熙五十七年太守佟二楼公允绅士之请，填补南门外一带沿河土脉。土脉一醒，未久即有入翰林者，有发解者，有联捷南宫者，有一岁成三进士者，有位陟臬司大中丞者，可知居官得贤守令关心地脉，挽回气数，于地方功非小补。①

湖北恩施清乾隆四十五年（1780）孟冬刻立的《团堡武圣宫禁告碑》亦载："禁告，合场以及乡村众位施主：窃闻团凸寺实通场乡村之祖山。先年取石运土，佛主不安，以致鸡不鸣辰，犬不守舍"，于是"合场以及乡村公议：四围不许搬石取土，后日若有私窃，佛主鉴察，男盗女娼。特告"。② 河南鹤壁清嘉庆二年（1797）正月刻立有《禁止启土开窑碑记》，中载："东头村前河后岭"，"岭之气脉迤逦"，"势若虬龙，固宜培而不宜覆也。频年以来，本村居民多于岭下启土窑灰烬之用，或于岭后开设煤厂，以至于风脉攸碍。夫贪目前之利，不顾数世之安，便一祀之松，致合村之害，大小得失，显然众明"，于是"与乡邻约，自兹勒石后，勿得启土，勿得开窑"，因禁而不止，后又于清同治九年（1870）闰十月十五日复刻碑再禁开窑启土。③ 就山西而言，我们翻检文献，得清时期人们保护土质龙脉之文献数十条之多，从中可知相关事件发生地遍及山西南北各地，也足见风水龙脉信仰在清代山西社会当中应是十分风靡且深入人心的。

一　风水龙脉信仰的存续

与一般目不识丁且需为生计奔波劳苦的普通民众不同，接受过教育的士人、官僚等读书群体，即便是在普遍粮不足食的氛围中，一般也不需要为挣得粮食而忍受取土、用土之劳苦，且对于风水之学尤其龙脉信仰是发自内心

---

① （清）钟声：《宁郡龙脉纪事》，光绪《宣城县志》卷30《艺文》，《中国地方志集成·安徽府县志辑》第45册，江苏古籍出版社，1998，第723页。

② （清）佚名：《团堡武圣宫禁告碑》，王晓宁编著《恩施自治州碑刻大观》，新华出版社，2004，第119页。

③ （清）佚名：《禁止启土开窑碑记》，吴晓煜编纂《中国煤炭史志资料钩沉》，煤炭工业出版社，2002，第297~298页。

的服膺，或至少心存敬畏。为了明确保护龙脉发起者的身份以及保护策略，我们从前文所列表 2–8 与表 5–1 中的 23 则保护龙脉的事件中，提取出保护的发起者与保护措施，根据表 2–8 与表 5–1 中文献出现的先后顺序制成相对应的表 5–2。

表 5–2　清代山西保护龙脉的发起者及保护策略举例

序号	保护发起者	保护策略	序号	保护发起者	保护策略
1	邑侯叶廷推	立碑示禁，如有违者，禀官究治	13	合社同乡总约	刻石立禁
2	市民、士人告请，知县虞奕绶从之	颁禁陶令，并书之于石	14	璩庄村社首请示，高平县知县从之	刻知县禁令于碑石
3	道光《阳曲县志》修撰者	阐明砖瓦窑实贻害于风水，附识于志书中，以俟采择	15	社首、合社	勒条约于石以禁之
4	知县徐品山	鸠工补修	16	合村、合社	刻禁约于碑石以示永久
5	诸绅士咸请禁止，知县刘斯裕从之	毁其窑，培其缺，复其旧，并书禁令于碑石以垂不朽、俾无后患	17	社首、合社	重整社规条约，并勒于石
6	绅民拟议，邑令李鸿畴嘉之	填塞瓦窑，勒石示禁	18	合社	订立条规禁约并勒于石
7	诸先生告请，摄篆彭述斋从之	改道修坡，培补龙脉	19	积善村合社	勒禁约于石以垂不朽
8	知县陈国珍	修补、刻石垂戒	20	乡保社首	勒禁约于碑石
9	府君庙住持	补葺土峰，勒石示禁	21	社首、大社	勒禁令于石
10	三社社首	公禁取土，兴工补修，勒石示后	22	合社众议，又奉遵县长批示	订立规则，勒罚项办法于碑石
11	司社事者、社首	竖碑严禁起土，打煞培补风脉，勒石以垂永久	23	三社执事人	培补河堤并勒禁约于石兼记事与示后
12	社首	刻禁约于碑石			

基本上，董其事者无非社首、乡保、住持、绅士、知县等有知识有文化且能掌握话语权的食利者或潜在食利者，而所谓“合社”或“合村”本质上

也是执事者所董理、聚集。保护龙脉所能采取的措施除了少数能以工程措施培补缺损之龙脉而外，更多的是几句刻于碑石的借了知县权威或合社名义的条约禁令。这些龙脉保护者积极采取措施保护土脉，不仅仅是因为其时有着浓厚的风水龙脉信仰之社会氛围，亦与彼时的社会经济状况密切相关。

一方面，信者认为风水龙脉之好坏与社会之方方面面的好坏成一种正向关联，所谓“其应如响”。

清初山西沁水县嘉峰镇窦庄村人张道湜，于顺治六年（1649）中进士，其曾多次补修沁水县城来脉，就是因为他认为“山川融结，风俗淳庞，民崇俭朴而力农桑，士习弦诵而重廉耻；官斯土者廉明正直，多以上考超迁；至科目之盛，甲于冀南”，因此也将明末流寇之乱与清初科举空榜归因于土脉受损，并进而发现来脉过峡处，“为雨水冲塌，止余一线”，且落脉被“水啮为沟”，被“居人履为捷径”，而“地与城画然中断”，这亦是城中父老所认为的“辍科所由始也”。张道湜即对缺损之来脉进行了修补，随后便收到了科第榜上有名的回应，而这次“应验”又为之后知县赵福曜与徐品山的补修提供了缘由。[①]

同样，屯留县城南坡路亦为县之来脉，地方士人认为城南来脉因为“驿递之往来，轮蹄之蹴踏”使得“路日坦，气日涣”，最终导致“官斯土者之迟滞，居斯土者之贫困，与夫青年绩学皓首穷经而不得振翼一蜚者，从未若比年以来甚也”，且“耕田、筑室、举火之家胥于斯乎取土，而坡益损脉益坏，官民之交困者亦视昔为益甚”。[②] 因此屯留县城南门被移至东南，原南坡被予以补修。

又如，河津县土脉之完损与科第之兴衰二者“其应如响”，光绪《河津县志》载：

---

① （清）张道湜：《补修县城来脉记》，光绪《沁水县志》卷11《艺文上·记》，《中国地方志集成·山西府县志辑》第6册，凤凰出版社，2005，第556页。（清）徐品山：《重修县城来脉记》，光绪《沁水县志》卷11《艺文上·记》，《中国地方志集成·山西府县志辑》第6册，凤凰出版社，2005，第564页。

② （清）郭从矩：《修道碑记》，光绪《屯留县志》卷6《艺文》，《中国地方志集成·山西府县志辑》第43册，凤凰出版社，2005，第496页。

三郎沟在县城西北，风水攸关，农辟斜径，文风日替。乾隆间县令黄鹤龄断径，自此每逢大比，榜不空发，后复辟之，而科第遂绝。嘉庆十八年癸酉，县令沈千鉴开新衢于藤花沟，农喜便捷，旧径遂塞，是科即有登贤书者，其应如响。①

总之，土脉关乎地方文运者甚巨，不可不察。

除了与地方文运之间“其应如响”之外，土脉完损与风俗淳漓、人口多寡、家族繁弱、经济盛萧等也“其应如响”。其实，张道湜对保护土脉之缘由总结得较为全面，其言：

县城一邑之纲领，征应不止科目，而科目其显著者。冀自今伊始，宦于斯者，皆龚、黄、卓、鲁之选；产于斯者，守唐风蟋蟀之遗；力田者庆篝车，服贾者富财贿，人敦礼让，户习诗书，科甲人文，继轨前贤，方驾近哲，庶不负官师再造残疆之雅意乎。②

其后，踵继张道湜重修沁水县城来脉的知县徐品山，亦曾言：

况县城为四乡纲纪，其来龙结穴，即户口之增损，利源之厚薄，文运之盛衰，胥系焉。脱令阙然中绝，其害更有不可胜言者。③

类似张道湜和徐品山上述之言的记载还有很多。灵石县城“东壁近负山麓，自翠峰山至龙旺头为城之屏卫，地脉实由之以兴，丽斯土者，咸视此为

① 光绪《河津县志》卷2《山川·道路附》，《中国地方志集成·山西府县志辑》第62册，凤凰出版社，2005，第35页。

② （清）张道湜：《补修县城来脉记》，光绪《沁水县志》卷11《艺文上·记》，《中国地方志集成·山西府县志辑》第6册，凤凰出版社，2005，第556页。

③ （清）徐品山：《重修县城来脉记》，光绪《沁水县志》卷11《艺文上·记》，《中国地方志集成·山西府县志辑》第6册，凤凰出版社，2005，第564页。

安危矣"[①]。沁水县贾寨村禁土补煞的碑文中说"地脉灵而人乃杰"，"风脉一补，居民其有幸矣"。[②]沁水县长畛村禁止寨内取土的碑文中说"村前龙砂之聚散，关乎村内人物之盛衰，是明取一箦之土虽微，暗贻百家之祸非浅"[③]。寿阳县常氏"建茔于村东北之河东地，祖龙自白鹿寺山蜿蜒而来，峰环水抱，脉秀砂明，以故人丁繁庶，氏族殷实，迄今称巨族焉"[④]。阳城县郭谷镇封禁煤窑的理由为"郭谷一镇，向来人多殷实，户有盖藏。自卫、张二姓功凿口以来，迄今十数年间，日见消乏，总由地脉伤损"[⑤]。

另一方面，最根底的，保护龙脉既是对彼时日行下滑的社会经济状况的反映，亦是应对社会经济之困窘状况的一种策略。从应对生存困境这一角度而言，取土、用土与保护龙脉就是统一而非对立的，只不过策略不同、效果迥异而已。

风水龙脉事关社会的方方面面，其中最为那些读书人所关心的，无疑是文风与科第。清雍正二年（1724）五月初九日山西学政刘於义奏称："山右积习，重利之念甚于重名，子弟俊秀者多入贸易一途，其次宁为胥吏，至中材以下方使之读书应试。"对此雍正朱批道："山右大约商贾居首，其次者犹肯力农，再次者谋入营伍，最下者方令读书，朕所悉知，习俗殊属可笑。"[⑥]山西重商的风气并不可笑，清中期山西兴县人康基田对此解释说："太原迤南，多服贾远方，或数年不归，非自有余，逐什一也。盖其土之所有，不能给半岁之食，不得不

① （清）虞奕绶：《灵石县禁陶令》，嘉庆《灵石县志》卷11《艺文志》，《中国地方志集成·山西府县志辑》第20册，凤凰出版社，2005，第182页。

② （清）陈升堂：《贾寨村禁土补煞重整社费碑记（嘉庆元年）》，车国梁主编《三晋石刻大全·晋城市沁水县卷》，三晋出版社，2012，第256页。

③ （清）佚名：《禁止寨内取土碑记（道光十八年）》，车国梁主编《三晋石刻大全·晋城市沁水县卷》，三晋出版社，2012，第343页。

④ （清）宋光禄：《常氏公修祖茔护砂石陇碑记（光绪十三年）》，史景怡主编《三晋石刻大全·晋中市寿阳县卷》，三晋出版社，2010，第714页。

⑤ （清）佚名：《封窑碑记（乾隆二十九年）》，卫伟林主编《三晋石刻大全·晋城市阳城县卷》，三晋出版社，2012，第304页。

⑥ （清）刘於义奏，清世宗朱批《朱批刘於义奏折》，《雍正朱批谕旨》第47册"雍正二年五月初九日"，上海点石斋，1887，第54a~54b页。

贸迁有无，取给他乡。”[①] 土狭人满、经商成风的背景之下，直到民国，山西一般民众都不优先选择读书。山西南部解县人，中华人民共和国成立之后曾任中共山西省委书记、省人民政府主席、省军区司令员兼政治委员的程子华回忆其求学经历时写道：“高小毕业后，家里人还是劝我说：不要再上学了，学做买卖几年就可以赚钱养家”，但其最后还是于 1922 年秋天考入了太原国民师范学校。[②] 如此，则上述各处人不习诗书、科第多空榜就是无可厚非、理所当然的了，也正是风水学说所谓地不灵人不杰。在风水龙脉信仰者眼中，应对文风不盛、科第惨淡、人物乏出的策略当然是立即禁止破坏风水龙脉的行为，甚或采取工程措施培补风水龙脉，以使得龙脉完好如初。

由于经商成风，各地风俗渐渐舍本逐末、轻去其乡、奢侈成风、户无盖藏，与力农敦本、安土重迁、民崇俭朴、户有盖藏全然相反，于是乎有文化且掌握地方话语权的读书人试图通过保护龙脉来进行应对。针对外人常说山西人生性趋利，清代山西兴县人康基田曾辩解道：“而或厌其嗜利，或病其节啬，皆未深悉西人之苦，原其不得已之初心也。”[③] 所谓嗜利恰是土狭人稠、耕不足食的不得已之策。前文引安介生之语“山西人经商的历史可谓源远流长，而山西商人真正名震全国，却是从明代开始”“当时惟一能有效缓解人地关系及转移剩余劳动力的途径便是出外贸易经商”“明清时期山西地区移民运动最主要特征便是多次大规模向外迁移”“300 年间，大约有 1300 多万山西人外出经商谋生，其中不少从此留居他乡，成为商业性移民”则表明山西人经商成风的同时还轻去其乡。经商风盛，就难免风俗渐渐奢侈，明沈思孝作《晋录》，其中有言：“平阳、泽、潞豪商大贾甲天下，非数十万不称富。”[④] 大约与沈思孝同时期的郭子章则说：“潞城机杼斗巧，织作纯丽，衣天下；泽、蒲之间，辐辏杂厝，浮食者多，民去本就末，放效侈靡，羞不相及。”[⑤] 殷俊

① （清）康基田编著《晋乘蒐略》卷 2，山西古籍出版社，2006，第 131 页。

② 程子华：《程子华回忆录》，解放军出版社，1987，第 2~3 页。

③ （清）康基田编著《晋乘蒐略》卷 2，山西古籍出版社，2006，第 131 页。

④ （明）沈思孝：《晋录》，王云五主编《丛书集成初编》第 3143 册，商务印书馆，1936，第 3 页。

⑤ （明）郭子章：《圣门人物志》序，《圣门人物志》，《四库全书存目丛书・史部》第 98 册，齐鲁书社，1996，第 343 页。

玲经过研究后认为，清代晋中奢靡之风弥漫于日常生活之中，这一风尚的形成是商人直接导引的结果，并又进一步驱引更多的人步入商途，使得奢靡之风继续并愈演愈烈。[①] 经商是对土地产粮不足食的应对，但其本身却并不直接产出粮食，所以在本地粮不足本地之食的彼时，粮食更多的是仰给于市场的。即所谓："国家升平日久，生齿益繁，地力既竭，盖藏难裕，自乾嘉时已不免仰给邻省，所恃人以商贾为本计，挟赀贸迁，无远弗届"[②]；"晋省地瘠民贫，素无盖藏，即遇丰收，不敷一年之食"[③]。民国《解县志》亦载当地"丰收不过得谷三十余万石，仅足本年之用，一遇歉岁荒年，粮价腾贵，人少盖藏，何以谋生？"[④] 这也就无怪乎作为解县人的程子华之家人会劝其学做买卖而非继续读书。

总而言之，由于人土关系过于紧张，人们不得不向外迁移、从事商业，于是常常舍农本而逐末业，故被认为有失本心；不重迁徙而轻去其乡，故户口日有所损；人多经商而非读书，故科第不盛且竞相奢靡。这种种令风水龙脉信仰保护者忧心忡忡的社会经济现象统统暴露了出来，于是乎他们不得不以护持风水、保护龙脉的策略应对之、解决之。相比之下，普通民众面临的生存危机乃是十分迫切且显而易见的，而风水龙脉救护社会危机的效果却极不显著且实际上也不会有用，故"有识者"们的龙脉保护行为常常效果不彰。

首先，多次补修行为暗示了一劳永逸期望的落空。沁水县补修土脉的行动从清康熙十一年（1672）就开始了，可至清康熙三十六年（1697），"曩所补苴，颓敝甚于旧"，于是又行补修，"所修筑仍前二处"，期待"虽为费不赀，庶称一劳永逸"。[⑤] 由于水流侵蚀、人为踩踏与取土，至清嘉庆元年

---

① 殷俊玲：《清代晋中奢靡之风述论》，《清史研究》2005 年第 1 期。

② 光绪《山西通志》卷 82《荒政记》，中华书局，1990，第 5639 页。

③ 光绪《山西通志》卷 82《荒政记》，中华书局，1990，第 5625~5626、5632 页。

④ 民国《解县志》卷 2《生业略》，《中国地方志集成 · 山西府县志辑》第 58 册，凤凰出版社，2005，第 47 页。

⑤ （清）张道湜：《补修县城来脉记》，光绪《沁水县志》卷 11《艺文上 · 记》，《中国地方志集成 · 山西府县志辑》第 6 册，凤凰出版社，2005，第 556 页。

（1796）徐品山任沁水知县时，前所修筑之处“岁月既久，侵削渐深，余地湮微，不绝如线，识者虑焉”，于是在地方绅士的促动下，知县徐品山又进行了重修。[①] 无独有偶，河津县保护土脉的行动亦较为反复：

> 三郎沟在县城西北，风水攸关，农辟斜径，文风日替。乾隆间县令黄鹤龄断径，自此每逢大比，榜不空发，后复辟之，而科第遂绝。嘉庆十八年癸酉，县令沈千鉴开新衢于藤花沟，农喜便捷，旧径遂塞，是科即有登贤书者，其应如响。[②]

受人力与自然力的扰动，土脉不可能一直完好无损，相比之下，倒是缺损的时间更长一些。

其次，多次在同地刻石立禁也暗示了对取土行为永行禁止愿望的落空。勒石于清道光二十五年（1845），现存于陵川县西河底镇积善村遇真观内的《永禁凤凰山穿窑蚜蛎岭取土碑记》就是踵继旧约而刻立的：

> 至若蚜蛎岭起土，旧有禁约，今将四至注明，东至麻沟路，西至枣园胡同，北至后垛地，南至庙后路，四至以内不许取土。[③]

又勒石于清同治十一年（1872），现存于陵川县附城镇后山村玉皇庙内的《禁土碑》亦是踵继前约而刻立的：

> 我村北岭一冈，由马鞍发源，绕凤山而过，蜿蜒起伏，联络十有余

① （清）徐品山：《重修县城来脉记》，光绪《沁水县志》卷11《艺文上·记》，《中国地方志集成·山西府县志辑》第6册，凤凰出版社，2005，第564页。

② 光绪《河津县志》卷2《山川·道路附》，《中国地方志集成·山西府县志辑》第62册，凤凰出版社，2005，第35页。

③ （清）佚名：《永禁凤凰山穿窑蚜蛎岭取土碑记（道光二十五年）》，王立新主编《三晋石刻大全·晋城市陵川县卷》，三晋出版社，2013，第253页。

> 里，其后岭一支，原系来龙正脉，堪舆家所谓元（玄）武垂头，虽走路践踏亦所不可，况起土打窑尤宜切禁。其东西龙虎二砂，犹关紧要，只可补助，不可损毁。古人已于岭上立有碑记，但代远年湮，字迹磨灭，不甚分明，诚恐有误于事，故重立碑记以便观览，永为禁止。[①]

这两则禁约显示，即使刻禁约于颇具耐久性的碑石之上，取土之事也未能彻底禁绝，龙脉未能一直完好。

历史上这种体现于日常生活之中的屡禁不止，恰恰说明民众取土、用土行为对风水龙脉信仰的冲击是细微的、经常性的、极具挑战性的。并且毫无疑问的是，随着生存危机的逐渐加深或长时间得不到有效缓解，想象当中风水龙脉具有护持社会之能效的假说就越发引起更多的怀疑与不信任。清代山西浓厚的风水龙脉信仰在粒食之民日常取土、用土的冲击之下定会朝不保夕，地方社会信仰格局因此发生改变也就不足为奇。

二 信仰与实用间的矛盾

上文已经较为清楚地指明，无论是从人均耕地面积、农田水利兴修还是土壤肥力保持方面，清代山西所面临的都是非常棘手的问题，即如论者所言：

> 尽管晋商是明清山西社会最可称道的历史现象，但那个时代，山西毕竟还是一个自然经济占主导地位的农业社会。在土狭人稠田不足耕的生产力条件下，农业劳动生产率的提高空间十分有限，民人终岁耕耘劳作，能够满足基本的生产生活所需已属不易，更何况（遭遇）天灾人祸。[②]

总体言之，明清山西的这种农业经济上的困境，以及在此经济困境基础上的社会困境，在所收集的与龙脉保护相关的碑刻中有较为集中的

① （清）佚名：《禁土碑（同治十一年）》，王立新主编《三晋石刻大全·晋城市陵川县卷》，三晋出版社，2013，第 287 页。

② 行龙：《山西何以失去曾经的重要地位》，《前进》2011 年第 1 期。

体现。例如：

> 学博程君精青乌术，询今昔盛衰之由，以补修龙脉为刻不容缓之事，赵侯深伟其论，捐清俸赞其成。[①]

> 故老所称山形起伏之机，验诸邑中兴衰之故，有历历不爽者。[②]

> 耕田、筑室、举火之家胥于斯乎取土，而坡益损脉益坏，官民之交困者亦视昔为益甚。[③]

地方之昔兴今衰、官民之交相困顿等社会经济困境成为清代山西社会不得不面对的问题。而在此时，作为已下沉为地方社会一般性知识的龙脉理论，在地方社会面对诸种社会经济危局的时候，就变成部分人士一种信手拈来的应对策略、纾困武器或说救世良方。就像晚清大变局中，中国所面临的乃是存亡之际传统观念及知识技术体系与新式观念及知识技术体系之间的取舍，冲突与纠结弥漫于中国社会的各个层面，而不只是停留在国家战略政策等非常宏观的层面上。清代山西取土、用土与风水龙脉信仰、一般道德情感之间的冲突就是这一大变局的微观反映。从更本质的角度而言，回到历史现场而不是以后知后觉者的立场观之，则取土、用土的纾解生计困境之策略与通过维护风水、保护龙脉或求诸内心的道德自省以脱困于变局的策略并无孰优孰劣之分，只不过二者一个是付诸实际行动而另一个是付诸跪拜祝祷。后来的事实证明，解放思想、转变观念对于保证生计、保存性命有着无可替代的重

① （清）张道湜:《补修县城来脉记》，光绪《沁水县志》卷11《艺文上・记》，《中国地方志集成・山西府县志辑》第6册，凤凰出版社，2005，第556~557页。

② （清）徐品山:《重修县城来脉记》，光绪《沁水县志》卷11《艺文上・记》，《中国地方志集成・山西府县志辑》第6册，凤凰出版社，2005，第564页。又见《高平金石志》编纂委员会编《高平金石志》，中华书局，2004，第246页。

③ （清）郭从矩:《修道碑记》，光绪《屯留县志》卷6《艺文》，《中国地方志集成・山西府县志辑》第43册，凤凰出版社，2005，第496页。

要性，但也并非完全没有问题，也并非没有引起另一些让人忧虑的问题。

饱满而富有热情的风水龙脉信仰所遭遇的恰恰是粮不足食的窘状。本研究第二章已经述说了明清山西粮食不足的窘迫状况。要之，早在金元明时代，山西南部就已人稠地狭而常常陷入人不足食的窘迫境地。入清之后，山西普通民众食无所出的境遇更加窘迫了，其最重要的表现就是粮食常常需要仰赖省外接济。

粮食困境之下种种困境随之而来，清代山西护持龙脉的风水信仰者所关注的文风日替、户口日损、风俗日坏、社会凋敝等情状，无一不是因粮食不足食而起。当然，清代山西仍然是以农业为主的经济体系，在面对人地矛盾不断加剧、季风气候降雨不时、农田水利难以兴修、土壤肥力艰于保持的社会经济困境时，不同的人群依据不同的知识或者经验选择了不同的应对之策。在龙脉理论已经下沉为一种一般性知识和信仰的背景下，一部分地方人士可能将文风衰颓、官民交困等一系列危机或不幸全都归结于村脉、城脉等地域龙脉的损伤，因此采取工程措施、禁约措施等方式践行龙脉理论，希冀以这种知识解决当下的各种危机。同时，同样浸润于浓厚的龙脉理论之中，普通民众比地方领袖因为更迫切感受到生活的不易，所以更可能在实用理性的主导下突破龙脉理论这样的思想桎梏，转而以更实际的陶窑业、煤炭业等手工业作为生计选择，从而直接或间接损伤了土脉并冲击了已深入社会底层的龙脉理论。地方领袖保护土脉、普通民众损坏土脉，其实二者的最终目的是一样的，都是想要解决当时的社会经济困境。只不过历史证明，社会经济危机的最终解决，是靠民众的农业移民与行业转移来实现的，而不是靠龙脉理论及其社会实践达成的。我们大可以认为：“从来就没有什么救世主，也不靠神仙皇帝”；“要创造人类的幸福，全靠我们自己”“让思想冲破牢笼”。只有冲破思想牢笼、发挥主观能动性才能创造幸福。

清代山西的案例还说明，中国龙脉理论从来都不只是精英人物的书面创造，而是自上而下又自下而上互动的结果。宏观地理与微观地理都是中国龙脉理论最重要的依托，“王朝”“皇权”以及“民间”“日用”都是中国龙脉理论最重要的特征。中国龙脉理论从来也不可能是因为若干精英的阐发就能形成的，不谈论民间的龙脉理论及其实践则完整的中国龙脉理论也无从谈起。“学术的演进不能代表普通观念的更新，龙脉论仍然流行于一般社会”[①]，甚至有时还被作为优秀的文化遗产加以宣传。纵然我们不能苛责古人的知识或信仰，但历史证明，恰恰是龙脉理论及其实践阻碍了民众的自救。龙脉理论实践过程中的效用不佳以及部分冲突，实际上是人地矛盾基础上生计日蹙的具体表现，是明清生存危机在地方社会激荡起的涟漪。民间的这种日常生活中的冲突蕴藏着革命的种子，传统与近代的冲突逐渐积累，历史的变革不是倏忽来临而是积渐所致的。在保护龙脉与挖断土脉的活动中，地方社会内部其实已经孕育着变革的力量，孕育着突破龙脉理论等传统思想束缚的力量。普通民众真正获得最终的幸福，恰恰是在冲破了重重思想束缚之后。

龙脉理论或说风水信仰，在古代的某些时候确实如有的学者所论，客观上有利于资源保护、环境保护。可是，这些言论恰恰忽略了一个最大的问题，即活命的问题。在社会经济危机逐渐加重的背景下，普通民众活命都成为问题的时候，资源的保护或环境的保护实际上是没有任何意义的。近代以来的中国人突破重重思想枷锁，才最终一雪百年前任人宰割的丧权辱国之耻，在经济上快速腾飞而离饥荒国度越来越远。即便今日我们因为种种原因深陷生态破坏等环境问题之中，也应以现代的知识、技术、观念、制度等来予以解决，而不是怀思古之幽情，重戴思想枷锁以求保护资源、美化环境。古人以龙脉理论作为救世良方是不得已而为之的选择，是知识水平限制下的积极解决危机的行为，与普通民众出于实用理性观念进行的生计选择，都是那个时代的必然产物。但是，经过现代科学技术熏陶的今人，如果再想着以传统时期的龙脉理论作为救世良方的话，那就不能说是不得已的选择，而只能说是缘木求鱼。不过，技术仍只是人们求生的工具而已，不受约束的技术仍然会威胁人们的生存，因此就像清代山西取土、用土尚有风水龙脉信仰予以约束，今日社会所拥有的更先进的技术也应该受到某些更先进的观念、制度的约束，否则确实将会使路越走越窄，而我们也将日渐陷入新一轮的窘境。

---

① 段志强：《经学、政治与堪舆：中国龙脉理论的形成》，《历史研究》2021 年第 2 期。

结语

以土为中心的历史

在以往关于中国历史的研究中，人与人之间的社会关系史被充分关注，而人及其社会与自然环境之间的关系史则常处于边缘。在这样的研究氛围中，土这一自然环境要素与人及其社会之间的关系史因此未被充分重视。但是，由于受一直以来民以食为天、以农为本的思想观念以及重农抑商的政策的影响，历史研究者对农业进行了深入而细致的研究，其中或多或少涉及人及其社会与土地或土壤之间的关系。只不过，以往关于人与土地或土壤之间关系史的研究是在农业经济史、农业技术史的脉络中展开的，土地制度、土壤改良、农田水肥、土地利用等是学界关注的主要议题。土似乎只是劳动的对象，而并非一个人不可须臾离之的自然环境要素，这些研究或可称为“以土地为中心”。但是，随着自然环境对于人及其社会之重要性的认识不断普及，土作为一种自然环境要素而非农业劳动对象的意义理应被研究者充分发掘，从而达到从“以土地为中心”向“以土为中心”的拓展与深化。

众所周知，一切历史的前提乃是有生命的个人的存在。人类诞生于地球生态系统中，与其周遭的自然环境相依存而达到自身生命的延续。具体而言，有生命的个人无法离开支撑生命的食物、庇护生命的场所、链接生命的交通以及慰藉生命的信仰，也就离不开能生长作物、提供建材、奠基交通、寄托信仰的地表之疏松土层。虽然农业史、建筑史、交通史、思想史等学科都或多或少对与“土”相关的内容有所关涉，但由于是分别从自身的学科本位出发的，所以仍然难以形成系统的关于人与土的关系史。本研究基于前人的研究成果，试图拼接一幅能称之为“以土为中心”的历史画卷。当然，人及其社会与土这一自然环境要素之间产生的关联极其复杂，并非前文所述几项内容能够概括，本研究只是挑选了几个相对而言还比较丰满的事项予以呈现。距今 240 万年前开始的黄土堆积，为明清时期山西地区民人的生存提供了不可多得的土体基础，人们须臾难离的食、住、行、想均须基于脚下的黄土层而形成与存在。

自然界中有自养生物，但人并不是自养生物，不能自己合成有机物，而是必须以外源有机物为食，从而获得机体所需要的能量。民以食为天，人类食物之种类十分丰富，而只有植物食料才能更多地使人及其社会与土发生关联。在本研究所关注的时空范围内，人们所依恃的乃是植物食料而非动物食料，除了气候等因素外，这是由于同等面积的土地上产出的植物比动物能养活更多的生命。黄土所具有的天然肥力为陆生植物的生长提供了基础条件，在此基础上农业于旧石器时代萌芽并在新石器时代形成与发展，进而在之后的历史进程中发挥了独特的作用，所以人类历史首先是“以土地为中心”的历史。

明清时期的山西民人，在已有但相对固化、进步微小、难有质变的耕作制度的支撑下，逐渐拓展着耕地的边界，通过深垦谷地、围填河湖、改良盐碱、垦辟山地、引淤造田、耕垦省外等措施不断拓展可以耕种的土地面积。与此同时，面对降雨极不稳定的东亚季风气候的控制，为了稳定与提升单位面积产量，明清山西民人对灌溉水源的发掘与开发亦由引泉、引河之较容易与高效益而进入引洪、凿井之不容易与低效益的境地。而且，明清山西民人还不得不忍受频繁来袭的大灾小荒、十年九旱，以及所耕垦之土地难以养活所孳生之人口的窘迫与无奈。为缓解明清时期省内尖锐的人地矛盾，农业剩余劳动力遂大量外溢，或是政策性移民垦荒，或是自发性流移辗转，或是商业性移民外出，或是行业间人力转移。通过种种应对策略，明清山西社会遂捉襟见肘地在饥荒频仍中度过了将近 600 年的时光，其间诞生了享誉寰宇的晋商群体，也发生了耸人听闻的清光绪初年的“丁戊奇荒”。要之，明清山西民人所掌握的农业知识及技术已经无法纾解人地矛盾十分尖锐的困局，晋商的分崩离析与“丁戊奇荒”的劫难乃是人地矛盾难以修复的最好注解。换句话说，晋商的繁荣与旱灾的惨烈更像是一面照妖镜，照出了明清山西社会所面临的真实困境。因为有困境，所以社会必然发生变革，而推动明清山西社会发生系列变革的因素中必定有土地的身影。

除了土地或土壤之外，土还在其他层面显示出了明清山西的变化。土支撑了人们的“食”，也同样支撑了人们的“住”，“食”“住”同样是历史得以不息的前提，“生命支撑系统”的历史之外，“生命护卫系统”的历史亦不可不谈。

积渐所至的深厚黄土不仅为陆地植物，特别是农作物之生长提供了条件，而且为人们构筑居所、夯砌城垣准备了丰富的建筑材料。人们穿凿深厚紧密的黄土以作地坑窑或横崖窑，挖取深厚易塑的黄土以夯土为垣、筑土为城。但同时，伴随着黄土的诸种优势，人们也须与黄土脆弱的质地与结构共存。无论是窑洞之土还是城墙之土都无法避免土本身的一些缺陷，暴露于自然环境中的土体，受各类水流日侵月削之后极容易湿陷或崩塌。因而，黄土窑洞虽有冬暖夏凉、建造简单费少等优点，但亦有昏暗潮湿、易崩易塌等缺点。城垣虽有取材便利、颇为省费之优点，但也难敌雨水与河洪等水流的侵蚀。面对土体的这一环境缺陷，人们在使用土窑与土城垣时不得不采取一些应对措施。通过设立木柱横梁、门框窗棂以支撑窑顶与门洞，通过抟土成坯、烧坯为砖来砖甃以增强土窑抵抗风雨等外力侵蚀的能力，通过砖石包砌城基、城门、城墙、城顶、垛墙以增强城墙的防御功能并使城墙更能抗击自然力日积月累的侵蚀。正是在利用黄土之长与治理黄土之短的过程中，窑洞从土窑演替为砖窑继而被砖混房代替，城墙从土城演替为砖城直至最后因无防御能力而被拆毁。

明清时期是山西民居与城墙由土到砖发生明显转折的时段，其中缘由较为复杂。但毫无疑问的是，这些转变发生在历史积渐产生的尖锐人地矛盾中。或许是在林木资源日益匮乏的自然环境条件下，更多剩余劳动力的行业间转移为改造或建设民居、掏挖及运输煤炭、制坯与烧造砖瓦提供了诸多便利的条件，商人赚取了钱财之后大兴土木建造砖窑、劳动力剩余之后转向烧造砖瓦的行业造出更多砖块、劳动力转移至煤炭开采行业而为烧砖提供了廉价燃料。凡此种种，可能最终使得无论是城墙包砖还是民居用砖都较之前的时代更为便利，从而造成了建材由土到砖的转变。但同时不得不认清的是，砖材的产量增加与价格低廉只是催化剂，土窑到砖窑、土城到砖城转变的原动力乃是土本身的缺点，以及人们不得不对土进行治理的决心。人们不仅需要更多的房屋，而且需要在有限的土地上建造更多的房屋，并且需要更加坚固、宽敞、明亮而非逼仄、狭窄、易塌的房屋，这恐怕是土窑被替代、被抛却的根本逻辑。同时，在城墙尚能起到防御作用的情况下，人们虽苦不堪言但也一直勉力维持土城、砖城的巍然屹立，可当传统城墙防御能力相对而言大为减弱甚至消失的情况下，人们就再也无法忍受巨额的修固费用与频繁的兴工之苦，而将城墙送入了历史的坟墓。

由“食”“住”而“行”，“行”虽含义广泛，但交通道路无疑是其中最基础的部分。交通道路构成的网络，为人们的“食”“住”提供了条件。无论是去农田劳作、回住所休憩还是去其他地方办事，人们都要行走在交通道路之上。可以说，人只要产生空间上的移动，就与交通道路产生了关联。能量流动、物质循环、信息传递使生态系统连接成一个有机整体，人及其社会也与自然环境发生着能量流动、物质循环、信息传递，是这三者支撑着人及其社会的存续。无论是能量的流动还是物质的循环，抑或信息的传递，都离不开交通道路。本研究认为，交通道路是人们在一定的自然环境基础上，根据特定的社会技术条件，直接利用天然形成的路、桥、河或间接利用人工建造的路、桥、河，以保证一切资源的寻找、获取与积累的活动得以实现的人工构筑物。土路在漫长的历史过程中一直存在并发生着变迁，黄土高原以土为基、以土作材的交通道路及其治理的历史变迁常常得不到交通史、建筑史学者的关注。实际上，黄土高原地区天然形成的“黄土桥”就常常被用作沟通往来的桥梁。除天然土桥之外，人们又建设了“陆土桥”“河土桥”以交通往来。在“土桥”这一交通道路中，土作为建材被明清山西地区的人们普遍使用着。相比之下，除土桥之外的大量土路则并未经过专门的人工建筑，所谓“走的人多了，也便成了路”。无论是土桥还是土路，都无法摆脱黄土本身的物理缺陷，即无法摆脱黄土易塌陷、崩坏的缺陷。土桥会断、土路会坍，除此之外，土路在日晒后尘土飞扬、降水后泥泞不堪亦是人们难以忍受又不得不忍受的“环境问题”。正是因为土体的天然环境缺陷，随着时间的流逝，“河土桥”“陆土桥”均已消逝于历史深处。同时，土路也因为诸种环境缺陷而受到人们前赴后继的治理。硬化路面是人们治理土路最主要的策略，或是夯实，或是铺砖，或是嵌石，又或者铺设石子路、水泥路、柏油路。对交通道路的环境治理，其最终的目的无非是保证“能量流动”“物质循环”“信息传递”等支撑生命运转的活动能够畅通无阻。当然，土路的环境缺陷不可能被彻底治理，人及其社会与土路之间的恩怨情仇还将继续。

人与土之间的关联既包含物质层面的关联，又包括精神层面的关联。风水龙脉信仰与土壤知识同样是精神层面人与土产生关联的内容，即所谓“生态认知系统”。所不同者，土壤知识并不抽象，而风水龙脉信仰则完全空想。之所以在“以土为中心的历史”中讨论风水龙脉信仰这一主题，是因为不少史料表明，黄土高原山西地区连绵起伏的土质山脉，为明清时期山西地区人们的风水龙脉信仰提供了独特的物质载体。相较于上面提及的物质性利用，风水龙脉信仰对土的利用乃是适应性利用自然中的精神性利用，为了维持精神性利用的持续进行，明清山西地区的人们前赴后继地对土体进行着建设性治理。人们以连绵起伏的土质山脉作为龙脉的存在实体，寄托人丁兴旺、经济繁荣、科举昌盛、个人幸福等诸多美好的愿望。但是，既然是土质山脉，就无法摆脱黄土所具有的易湿陷、易崩塌的环境缺陷。因此，为了保证土山龙脉的完好无损进而使其功能得到正常发挥，人们便不得不采取修补土脉、禁止践踏、禁止取土等策略对土山龙脉的缺损进行建设性治理。纵然龙脉思想属于无中生有的人类想象，但在传统的思想水平、时代条件、社会背景下却实实在在影响了人们的行为，尽管种种建设性治理最终未能起到切实的作用，没能一劳永逸，但这不正是人与土之间的关系得以继续进行的动力吗？倘若人们对于土的环境缺陷能够一劳永逸地加以治理，那人们的前行便缺少了一份动力。风水龙脉信仰在传统时代虽然是空洞的，但其所体现的对土地保护的思想则毫不过时。龙脉信仰虽然在人们追求生存之机时被逐渐打破、丢弃与遗忘，为取土烧砖等一系列取土、用土行为消除障碍，但是，人类生存于天地之间，保护土体的思想不可丢失、保护土体的行动不可迟到。

以上对山西人土关系史实的复原与研究明确显示，人及其社会正是在“利用”到“治理”的螺旋循环中不断绵延生息的，人们试图突破自然的限制乃是人进化的目的和结果，我们无法抵挡人相对自然的离心运动趋势，但似乎可以尽量通过人类回归自然的方式减缓离心速度，保持人地和谐。与此同时，通过通盘考虑建筑材料从土坯到砖块再到钢筋、水泥与玻璃的变化，以及土基路面从疏松土质到砖石质、水泥质的硬化过程，我们会发现土壤本身的物质循环周期被人为拉长了，物质循环也变得更加困难了，土壤生成、再生成的途径一定程度上被阻塞了，从而土壤或说可耕地的安全不可避免地受到影响。换句话说，黄土被烧成砖瓦后土消失了，黄土被覆上水泥后土壤消失了，虽然土似乎是无穷无尽的，但土层消失、岩石裸露、毫无生机的景象并不是不可想象的。砖再回到土的循环是困难的，被覆以硬质材料的土壤再次露出也是困难的，所以我们又不得不加倍珍惜养育人类的土体或土壤资源。总而言之，无论从过去到未来，还是从物质到精神，围绕土展开的人类及其社会的发展是无穷尽的，“以土为中心的历史”也是未完待续的剧集。

附　录

明清山西州县城主城城墙包砌信息简表

州县	城墙包砌信息	出处
阳曲	洪武九年，外包以砖	万历《太原府志》卷5《城池》
太原	正德十四年，作陴以砖	嘉靖《太原县志》卷1《城池》
	旧砖垛土城，崇祯十四年，砖包	顺治《太原府志》卷1《城池》
	原之城三面俱甓，土缭其一，顺治五年缮完	金之俊:《部公保城记》，雍正《太原县志》卷13《艺文》
	同治六年，女墙低者砖砌之，欹者暂用垡；同治七年至光绪元年，北城外墙三十一丈包以砖，外城砖墙残缺者坚之	光绪《续太原县志》卷上《城垣》
榆次	城唯筑土为之，成化二十三年，始甃以砖石	乾隆《榆次县志》卷2《城池》
	嘉靖二十年，俺答入寇，撤土陴，悉易以砖	乾隆《榆次县志》卷2《城池》
	隆庆元年，重修城西面，悉加砖甃	乾隆《榆次县志》卷2《城池》
	民国四年，砖甃崩颓，爰甃砖筑土	民国《榆次县志》卷2《城郭》
太谷	其城延亘千七百丈许，俱土筑，且间有碱沙，几倾摧，万历三年至四年，奉文用砖包修，城基垒石，城上之道俱用砖砌	万历《太谷县志》卷1《舆地志·城池》；贾西土:《修太谷砖城记》，万历《太谷县志》卷9《艺文》
祁县	旧土城，万历五年始用砖甃	乾隆《祁县志》卷2《城池》
徐沟	旧惟土垣，嘉靖二十二年，城上女墙倾圮，并值嘉靖二十年、二十一年有边惊，因易以砖堞	康熙《徐沟县志》卷1《城垣》
	旧惟土垣，万历五年至七年，令太原、榆次、太谷、清源四县协济砖灰包修，其城基垒石，城上俱用砖砌堞道	康熙《徐沟县志》卷1《城垣》

续表

州县	城墙包砌信息	出处
交城	唐时徙县治，筑土城，嘉靖三十八年，撤土陴悉易以砖，共千有五百	康熙《交城县志》卷4《建置沿革·城池》
	隆庆四年，女墙一道，石垒三尺	康熙《交城县志》卷4《建置沿革·城池》
	崇祯十三年，周围俱包以砖石	康熙《交城县志》卷4《建置沿革·城池》
	城垣外砖内土，嘉庆间，城墙坍塌多处，报而未修，同治间，捻逆由吉州窜扰平阳，城多坍塌、守御为难，除报明坍塌各处外，其余城墙砖块半多臌裂，自应择其紧要者，先行开工，俾资修葺	吴诰纶:《详请修城稿》，光绪《交城县志》卷10《艺文》
文水	宋筑土城，万历五年，始砌砖石，乃为砖城	康熙《文水县志》卷2《地利志·城池》
岢岚州	洪武七年，外包以砖	万历《太原府志》卷5《城池》
岚县	隆庆三年，感石州之变，为女墙一千一百有奇，悉甃以瓦砖	雍正《重修岚县志》卷2《城垣》；潘云祥:《重修岢岚城垣记》，雍正《重修岚县志》卷14《艺文》
	万历六年至十年，砖包城垣	雍正《重修岚县志》卷2《城垣》
兴县	景泰元年始筑土墉，嘉靖十八年，尚之以砖，而卑狭不固，城墉陋卑，不维莫当降水，而黠虏恣横，窥伺兴临，难能为保障，于是，嘉靖三十四年至三十五年，砖砌东西南三面，皆坚固	《兴县增修城垣记》，万历《兴县志》卷下《艺文》；乾隆《太原府志》卷6《城池》
	隆庆二年，东西南三面虽尚以砖，但卑狭不固，北枕土山，有受敌之状，于是俱用大石巨砖包砌	万历《兴县志》卷上《城池》
	道光二年，霪雨倾盆，山河陡发，城东南隅被害尤烈，奉旨版筑，合土成砖，不数月而垣墉巩固，雉堞连绵	光绪《兴县续志》上卷《营筑》
	光绪二年，近北东城垣又以连日大雨，冲裂一缝，表里洞然，外间仍砌以砖，里墙用石筑成	光绪《兴县续志》上卷《营筑》
临汾	景泰初，外包以砖	万历《平阳府志》卷1《城池》
	咸丰三年，粤西贼窜山西、陷垣曲，八月初平阳戒严，谋防御，垒石陴，堞间置灰礶万余	窦文藻:《癸丑兵燹记》，民国《临汾县志续编》卷9《艺文》
	仡仡崇墉，广厚甲他邑，外则砖砌雉堞，内则土壅卧牛	民国《临汾县志》卷1《城郭考》

续表

州县	城墙包砌信息	出处
洪洞	土城，明正统十四年创筑土城，正德六年，流贼突入县境，贼既去，以旧城卑且倾坏，无以庇民，将改筑，适朝廷用廷臣议，令郡县筑城如众议，正德七年至十一年，女墙甃以砖	雍正《洪洞县志》卷1《舆地志·城池》；赵统:《重修洪洞邑城记》，雍正《平阳府志》卷36《艺文》
	砖城，隆庆元年九月望寇犯汾石，警报下传，时守圮城，虑隘难守，迨寇退，始谋增土垣，然土增新旧不相能，土垣易摧，霪雨必溃，难资保障，且虏狡而易攻，砖之为长固计，于是隆庆二年二月至十月增土砌垣，上砖墁二层，城向内亦甃女墙，周围易土以砖，基砌以石，砖石厚七尺	万历《洪洞县志》卷1《舆地志·城池》；高文荐:《重修洪洞邑城记》，雍正《平阳府志》卷36《艺文》；民国《洪洞县志》卷8《建置志·城池》；刘应时:《砖城记》，民国《洪洞县志》卷15《艺文志》
浮山	康熙十八年，移建于旧门之东约百步，自康熙三十四年改筑后，视前颇卑隘，加以风雨飘摇，日益倾圮，雍正七年，砖甃四门，南北两瓮城胥易以砖	雍正《平阳府志》卷7《城池》；乾隆《浮山县志》卷5《城池》；钱标:《浮山修城记》，乾隆《浮山县志》卷37《艺文》；
岳阳	万历四十四年，砖甃北门	民国《新修岳阳县志》卷3《建置·城郭》
	崇祯六年，石砌东城一角；崇祯九年，石包东城一面；顺治十二年，土筑北城一面	
	咸丰三年，石砌南城十五丈	
	光绪二十一年，石砌东城墙九丈、南北两角迤东城墙二十余丈、西北城墙六丈，补葺四面城垛口	
曲沃	隋徙治，始筑土城，正德六年，群盗窃发，掠城之西北而过，幸而未至，民于是咸思修葺，又城之雉堞旧饬以灰，旋剥，往往上官阅视，里甲办纳，不胜其烦，故于正德十一年，始易旧土雉堞以砖	嘉靖《曲沃县志》卷1《都鄙志·城池》；李浩:《重修旧城雉堞》，嘉靖《曲沃县志》卷4《文章志·碑记》
	嘉靖时第加外城，筑以土，甃以堞，修旋圮	乾隆《新修曲沃县志》卷7《城池》
	崇祯十五年，砖甃北门城	康熙《曲沃县志》卷6《城池》
翼城	正德十二年，砖石甃砌城堞、砌其四城门	嘉靖《翼城县志》卷1《建置志·县城》；民国《翼城县志》卷3《城邑》
	乾隆二十六年，奉文兴修，累砖合土，砌筑坚完	乾隆《翼城县志》卷6《城池》
	民国十四年秋，阎兼省长因时局不靖，按军事计划，电饬赶修城垣之缺，限两月完工，越月而城墙泥土砖石各工一律告竣	民国《翼城县志》卷3《城邑》

续表

州县	城墙包砌信息	出处
太平	嘉靖十四年秋，偶尔盗起，居民慌惧，差人严捕并专意修城，以求坚久，为居民力，于是陶砖于冶，运炭于山，易土堞以砖一千一百八十有奇	雍正《太平县志》卷2《营筑志·城池》；李钺:《太平县修城记》，乾隆《太平县志》卷10《艺文·记》
	自崇祯三年，流寇入境，焚掠诸村，至城下者三，土墙低薄不足恃，岁旧倾圮，上无可恃之险，而下有可乘之隙，崇祯四年，采石为基，甃以砖，自堞而下计高四十一尺	雍正《太平县志》卷2《营筑志·城池》
	乾隆四十年，秋雨兼旬，城东隅圮十二丈九尺，砌筑完固	道光《太平县志》卷2《建置志·城池》
襄陵	弘治十四年夏，值大雨，楼摧、门圮、墙颓，迨冬农隙，门墉砖表，城堞崩缺者皆为修筑	万历《平阳府志》卷1《城池》
	旧筑有土城，既卑且薄，不任防御，隆庆元年，边吏不戒，河东大震，民四顾惶惶，莫适保聚，且襄邑土湿易隤，隆庆二年，始为之陶砖而环甃之，石其址	张四维:《新包砖城记》，雍正《襄陵县志》卷24《艺文》
汾西	万历三十四年，增筑四门瓮城、女墙，门甃以砖	康熙《汾西县志》卷2《城池》
	旧以土筑，年久垛墙倾圮大半，西南一带更甚，为未雨绸缪计，道光二十五年，兴工，围以砖，道光二十七年成，崇墉仡仡，俨固金汤	公纪:《德公修城记》，光绪《汾西县志》卷8《艺文》
乡宁	万历十七年，西城久缘山水冲蚀陊陁，袚饬城根，甃以石，浚隍水西注、增以垛口	顺治《乡宁县志》卷1《舆地志·城池》
吉州	嘉靖初，以鄜贼猖獗，创建外城，东筑土城二百五十丈，西筑石城二百二十丈，民赖以安，嘉靖二十一年蒋暘知州事，后再增外城，计周四里，南临山涧，皆垒以大石	光绪《吉州全志》卷1《城池》；光绪《吉州全志》卷4《宦绩》
	乾隆三十二年，新建东石城三十四丈，加高并补修南石城长一百二十六丈，西石城长三十四丈，补修土城，自新建西石城接连起，由北自新建东石城接连止，共长二百一十二丈	光绪《吉州全志》卷1《城池》
	光绪二十六年，见城内外城墙颓塌，雉堞毁圮，有志重修，苦于无资，以工代赈，起工于光绪二十七年，补周围石城与城上女墙，东、南两墙以石块砌垒，西、北两面以土夯筑，墙顶遍增砖垛	光绪《吉州全志》卷1《城池》；《吉县志》，中国科学技术出版社，1992，第17页

续表

州县	城墙包砌信息	出处
永济	洪武四年重筑，用砖裹堞，城高三丈八尺，堞高七尺	乾隆《蒲州府志》卷4《城池》
	隆庆元年，复加砖甓	乾隆《蒲州府志》卷4《城池》
	顺治十八年，环阅之，其外颜砖壤倾损者若干，其内服土胎流泻者若干，康熙元年秋霖肆侵，倾颓益甚，乃于是年乘农隙兴工，至康熙二年底绩，新筑大城约八百五十余丈，新筑外城约六百七十余丈	侯康民:《重修蒲州城垣记》，光绪《永济县志》卷20《艺文》
临晋	隆庆二年，易堞以砖	光绪《续修临晋县志》卷1《城池》
	乾隆年间临晋土城包以砖，土城始变砖城	《临猗县志》，海潮出版社，1993，第284页
	同治二年，雉堞俱砌以砖，城垣巩固如新建然	光绪《续修临晋县志》卷1《城池》
	城巅平地尚为土质，水道亦然，久雨辄渗漏，光绪十五年，东门因之崩塌，阻碍交通，东门既复，垣顶暨四周水道均易以新砖，规制于是乎完善	民国《临晋县志》卷2《城邑考》
虞乡	雍正八年复设县，筑土城，乾隆十三年，始砖砌其雉堞	乾隆《虞乡县志》卷2《建置志·城池》
	县城土身砖堞	光绪《虞乡县志》卷2《建置志·城池》
猗氏	凭嵋麓为土城，隆庆二年，始修砖堞	雍正《猗氏县志》卷1《城池》
	城筑以土，昉于唐宋，明以来日久颓圮，乾隆三十一年，天子轸念民瘼，未雨绸缪，发帑金四万有奇，诏筑土胎，周围包以砖	同治《续猗氏县志》卷1《城池》
荣河	嘉靖三十四年，秦晋地大震，连郡败数十城，一时凶宄乘便剽劫，民汹汹莫必其命，则城池之守又惟此时为要，而大变所摧，基址仅存，因旧城基址建筑雉堞，俱易以砖	张四维:《重修荣河城碑记》，万历《平阳府志》卷9《艺文》；康熙《荣河县志》卷1《舆地志·城池》
	因大河东侵，屡遭河患，修不胜修，民国九年迁县治于北乡冯村，特城上女墙均系土筑，似不坚巩，十二年夏大雨，南城门楼及周围雉墙多圮，十六年，南门雉堞及墙面均砌以砖，俾得永固	民国《荣河县志》卷3《考三·城池》

续表

州县	城墙包砌信息	出处
万泉	隆庆元年秋，北众内掠，逾太原、石州以下城堡皆破，隆庆二年秋，烽火又急，上下戒严，民心汹汹，而新城较古城稍下就旷，无险可恃，于隆庆三年兴工重修古城，城高如旧制，堞甃以砖，加高五尺许，厚一丈有奇	乾隆《蒲州府志》卷4《城池》；贾仁元:《万泉县重修古城德政记》，乾隆《万泉县志》卷8《艺文》
	顺治十七年，见楼铺倾圮，墙堞崩颓，深以不诚为忧，顺治十八年孟冬，收获既稔，内外协和，爰始鸠工，敝坏者易之，堕废者作之，雉堞之砖悉以灰胶	郑章:《万泉县修城记》，乾隆《万泉县志》卷8《艺文》
长治	洪武三年，砖甃四门，各建小月城，犹属土城，最易崩颓	弘治《潞州志》卷1《城郭志》；乾隆《长治县志》卷4《城池》
	因陈卿起义，嘉靖七年，甃以砖石，四面兴役，三时告成，建成砖石城墙	乾隆《潞安府志》卷5《城池》；《长治市志》，海潮出版社，1995，第235页
	乾隆三十一年至三十二年，墙垣垛口倾颓，修四门瓮城并四外砖城，修城内土胎、垛口、海墁、马道	乾隆《潞安府志》卷5《城池》
长子	万历十六年，葺圮甃门	康熙《长子县志》卷2《地理志·城池》
	顺治六年，寇贼盘踞，大兵恢复，楼铺焚毁殆尽，顺治十一年，用砖包砌城门，又重券东门城楼一新	顺治《潞安府志》卷6《建置·城池》 康熙《长子县志》卷2《地理志·城池》
	乾隆二十七年，奉文借款修理，城垛用砖，垣墙仍土	乾隆《潞安府志》卷5《城池》；乾隆《长子县志》卷3《城池》
屯留	北门临绛水，成化九年、十年水大，冲败北隅，民失所防，成化七年至十三年知县李仑、王绅相继补筑，稍为完固，北门移向东百步许，与东西南门俱用砖石包砌	弘治《潞州志》卷7《屯留县志·城郭志》
	崇祯十四年，砖砌东、西、北三面；顺治二年，砖砌南面	康熙《屯留县志》卷1《城池》
	当逆氛不靖，每警骇于闻风，若欲保障有资，亟绸缪于未雨，同治二年秋至四年夏，其修内垣也，陾陾橐橐，聆鼛鼓以弗胜；其修外垣也，仡仡言言，甃花砖而无坏	佚名:《重修城垣记》，光绪《屯留县志》卷6《艺文》

续表

州县	城墙包砌信息	出处
襄垣	隆庆元年九月，鲁贼大举入寇，破石州屠掠甚惨，隆庆二年春，以堞台频修频坏，耗财力，乃悉砌以砖，计堞一千五百有奇	姚九功:《李侯修城记》，康熙《襄垣县志》卷10《艺文》
	知县王檥，崇祯十三年任，修城三壁，俱以砖甃	康熙《重修襄垣县志》卷5《官师志·知县》
	前明知县王檥砖包东、南、西三面，北面仅具土胎，以濒甘水，道光三年，南面已坍一十八丈，北面矬缺，人兽可逾，楼堞之坏，浪窝之穿，指不胜屈，乃重修，历四年工始竣，北面四五百丈，概包以砖，重修东南城砖壁坍塌十八丈，临河者砌礀立脚以御冲刷，一切塌损之处，悉为补葺	光绪《襄垣县续志》卷9《建修·城池》；张力卓:《重修北城墙碑记》，光绪《襄垣县续志》卷10《艺文》
	里城壁垒日久未修，雨淋水穿，倾塌三十六处，兹于光绪五年逐加补葺，砖垒土筑一律完整	光绪《襄垣县续志》卷9《建修·城池》
潞城	隋开皇始筑，元至正再筑，明隆庆二年三修、隆庆五年四修，然皆帮土易力，年久倾圮，至崇祯十二年，因寇虏披猖久损卑薄，周围用砖包砌	康熙《潞城县志》卷2《建置志·城池》；杨四重:《任轩宗公包城记》，康熙《潞城县志》卷7《艺文志》
黎城	正德间，高广门基，甃以砖石	康熙《黎城县志》卷1《地理志·城池》
	隆庆二年，于三门外咸创建重门，各饰以砖石	康熙《黎城县志》卷1《地理志·城池》
	崇祯十四年，将前所增雉堞俱易以砖，城以石城为最，黎虽建楼增堞，然犹土城也，每春雨发生，崩溃百出，修筑维艰	康熙《黎城县志》卷1《地理志·城池》
	道光十八年，圮堞全无寸甓，道光十九年至二十六年修，四周新垒砖垛一千七百四十九座	《知县陈金鉴修城碑记》，民国《黎城县志》卷2《营建考》
	民国十二年，修理东门瓮城外表，易土以砖	民国《黎城县志》卷2《营建考》
壶关	嘉靖十九年秋八月，贼寇西鄙，肆贪婪也，掳掠无厌，嘉靖二十年、二十一年连岁大举，嘉靖二十二年，乃扩旧基，甃以砖石	张铎:《壶关县重修县城记》，康熙《壶关县志》卷3《艺文》
汾阳	隆庆元年，北虏跳梁，攻石州，城破，遂凭陵我疆堡，虏退，乃大议缮城，旧畚土而筑，而今包之砖也，隆庆五年兴事，隆庆六年告有成绪，瓮城之未甓、壕隍之未挑者，至万历元年六月告完	孔天胤:《新甓汾州城记》，万历《汾州府志》卷13《艺文志·碑记》

续表

州县	城墙包砌信息	出处
孝义	隆庆元年，因虏患，浚壕增城，通甓之，垒基戌屋，俱增于旧	万历《汾州府志》卷3《建置志·城池》
平遥	嘉靖十九年秋，北兵入寇太原，长驱南下，流毒于介、平诸邑，城历年浸久，多圮剥，且女墙旧皆土筑，易摧而难守，于嘉靖四十二年至四十三年，大城量补其敝，女墙悉易以砖	霍冀:《张侯修城碑记》，康熙《平遥县志》卷7上《艺文志》
	城岁久易湮，渐为崩圮，近岁北番愈炽，隆庆三年于是修城，六门外复建重门，前后左右甃砌砖石，增敌台，新旧皆砖包，石甃根底，有敌台、内城墙未及周围包砌	康熙《平遥县志》卷2《建置志·城池》；李甘:《岳侯增修城池碑记》，康熙《平遥县志》卷7《艺文志》
	嘉靖二十年北寇辽、沁，隆庆元年攻陷石州，虽值虏酋称贡、疆圉宁谧，仍应缮城，于万历三年至四年，易砖于陶冶，砖石包城四面	梁明翰:《孟侯新甃砖城记》，康熙《平遥县志》卷7《艺文志》；光绪《平遥县志》卷2《建置志·城池》
	万历二十二年，修筑东西瓮城者三，皆以砖石	光绪《平遥县志》卷2《建置志·城池》
	平邑地当孔道，人民富庶，往岁盗劫，实由自失藩篱，于是修城，自咸丰元年春至六年冬，外城之坍塌者，悉易新砖而包砌之，里城则益土而补筑之	冀唐封:《平遥县修城开濠记》，光绪《平遥县志》卷11《艺文志》
介休	景泰元年，以备北虏，四门砖砌	万历《汾州府志》卷3《建置志·城池》
	嘉靖元年，因备水患，于城北门外砌砖门	
	嘉隆间，变起仓卒，几罹堙井墟社之祸，邑人士惧甚，乃谋筑内城，易土以甓，奠基以石，雉堞云连，埤堄霞映	刘正宗:《创修介休县外关砖城记》，康熙《介休县志》卷8《艺文志》
	隆万间，蒙古屡警，城既以石为基，易土以砖，称完固矣	刘正宗:《介休县缮关厢记》，乾隆《汾州府志》卷30《艺文》
	崇祯四年秋，霪雨逾月，东面砖城之半及内附土垣四面，凡数十处浸崩，适值流贼肆掠，知县李云鸿捐俸设处，弥月修完，恃以无恐	康熙《介休县志》卷2《建置·城池》
	康熙三十四年，震塌垛口二百五十四个，康熙三十五年重修西面砖城十六丈、土城二十四丈，又北面砖城二十六丈、土城三处十一丈余	康熙《介休县志》卷2《建置·城池》
	知县吴步青，乾隆三十年至三十一年在任，修西砖城二十一丈	乾隆《汾州府志》卷5《城池》；嘉庆《介休县志》卷5《职官》

续表

州县	城墙包砌信息	出处
石楼	土城一座，其南门路塌墙颓、西门砖塌城坍，雍正八年修理	雍正《石楼县志》卷1《城池》
临县	隆庆元年，虏破石州，石包东、南、北三面	万历《汾州府志》卷3《建置志·城池》；康熙《临县志》卷2《建置志·城池》
	邑治西北枕凤山之麓，东南绕榆水，向俱削土成城，其绕河者，苦水啮，后易以石，而踞山犹土也。山坡埤堄，登山俯视举足可逾，频年风雨剥蚀，土石俱消，渐薄渐脆，万历四十六年，议增议减，议土议砖，议役议费，西城则铲削壁立，表以女墙，基俱石砌、罅俱石髓	尹同皋:《重修西城记》，康熙《临县志》卷8《艺文》
	康熙三十二年，大水西射城郭，嗣后日渐崩溃，埤堞颓落殆尽，以工巨费繁，迁延弗果，乾隆三十一年至乾隆三十二年，圮者修之，剥落者补之，东门上下用大石包砌，所有从前土城并包以石	康熙《临县志》卷2《建置志·城池》；民国《临县志》卷15《营建考·城池》
永宁州	隆庆元年遭虏陷，非无城也，城不足恃，城非环土之筑可保，宜易之以砖，于万历三年六月至七年九月间，城四围基用石壁，顶、垸、墙悉用砖	胡櫶:《永宁州砖城记》，万历《汾州府志》卷14《艺文志·碑记》
宁乡	嘉靖三十五年，因边报紧急，砖女墙	万历《汾州府志》卷3《建置志·城池》
	宁逼邻虏穴，所恃拱护而翼卫者，惟城是借，自虏破石州后，士民畏切邻戒，日惴惴焉，虑城之弗固，议以砖修，岁久未决，万历三十五年，建议砖修，三十六年，动众兴工，刻期报完，真一劳永逸，奠邦之远图云	万历《汾州府志》卷3《建置志·城池》
凤台	洪武十四年，甃以砖	万历《泽州志》卷9《兵防志·城池》
	隆庆四年，上列女墙，覆砌砖，今废	
高平	旧土城，每岁有风凌雨剥之损，氓庶篑板筑之劳无已时，于是万历二十六年秋至万历二十八年冬，用砖石包砌城垣	郭东:《高平县砖甃城垣记》，万历《泽州志》卷18《艺文志·记》
	旧无瓮城，始制三座，亦议砖包，寻寝，至万历三十六年，以城近西山，水壅土溃，害及城基，始申请砖包	顺治《高平县志》卷2《建置志·城池》

续表

州县	城墙包砌信息	出处
阳城	景泰初，甃以砖	雍正《泽州府志》卷16《营建志·城池》
	嘉靖间，易以砖堞	
	初城东西面故甃以砖，南北犹覆土，岁久浸颓圮，万历五年，筑石基，城垣以砖甃	雍正《泽州府志》卷16《营建志·城池》；乾隆《阳城县志》卷8《宦绩》；于达真:《阳城县新甃砖城记》，万历《泽州志》卷18《艺文志·记》
	崇祯间，东西各增瓮城，砖甃	雍正《泽州府志》卷16《营建志·城池》
	乾隆九年，凡城东西南三面甓剥者补之	乾隆《阳城县志》卷3《城池》
陵川	嘉靖二十年，甃以砖石	乾隆五年《陵川县志》卷7《城池》
	万历四年，砖砌南城内面，十一年，砖包环城四面	乾隆五年《陵川县志》卷7《城池》
沁水	嘉靖三十二年，周围修砖垛	万历《泽州志》卷9《兵防志·城池》
大同	洪武五年，因旧土城南之半增筑，以砖外包	正德《大同府志》卷2《城池》
怀仁	隆庆四年，因边兵逼城，增高大墙四尺，女墙俱用砖	万历《怀仁县志》卷上《城池》
	万历元年秋七月，远人输诚来贡，乘暇议用砖石包修，厥工未竟，万历二年接修，用石垛基，高三尺厚三尺五寸，砖高三丈八尺厚七层，东西月城亦皆砖包，万历三年仲秋告成	万历《怀仁县志》卷上《城池》；郭子直:《大明怀仁县新包城碑记》，万历《怀仁县志》卷下《艺文》
浑源州	万历二年甃以甓，瓮城、月城俱基砌以石，墙甃以砖	顺治《浑源州志》卷上《封建志·城池》
	今二百余年，风摧雨濯，藓蚀苔侵，雉堞颓崩，甃甓剥落，同治七年，雨旸时若，年谷告成，鸠工庀材，运石陶砖，至同治八年，砌砖铺墁，注灰镕合	孔广培:《重修浑源州城记》，乾隆《浑源州志》卷末

续表

州县	城墙包砌信息	出处
应州	城土墉，土疏而常溃，缓急不足恃，隆庆四年，单于归我叛人，款阙乞贡塞，令加甓甃，隆庆六年三月经始，万历元年工毕，四面俱石砌砖包，砻石为址，石厚数尺，累甓为墉，甓周数匝	万历《应州志》卷2《营建志·城池》；王家屏:《新修应州城记》，顺治《云中郡志》卷13《艺文志·碑记》
	万历二十四年，周围垛口、墁顶俱用砖砌	万历《应州志》卷2《营建志·城池》
	内用土筑，外用砖包	乾隆《大同府志》卷12《建置·城池》
山阴	隆庆六年，砖包	崇祯《山阴县志》卷1《城池》
	万历三十五年，复以砖墁顶及女墙、水口、马道	崇祯《山阴县志》卷1《城池》
广灵	土城，万历二年，以边邑土垣，非保障长策，疏请发内帑修包，石基砖甃，石基三尺，砖入五联	顺治《云中郡志》卷3《建置志·城池》；乾隆《大同府志》卷12《建置·城池》
	崇祯十三年，筑护门砖台二座	乾隆《大同府志》卷12《建置·城池》
灵丘	万历二十四年，砖包	康熙《灵丘县志》卷1《建置志·城池》
阳高	阳和城，洪武三十一年砖建	王士琦:《三云筹俎考》卷3《险隘考》
	崇祯四年，总督魏云中于敌台上每面修敌楼六座，砖包壁立，屹然边镇	顺治《云中郡志》卷3《建置志·城池》
天镇	天镇城，洪武三十一年砖设，万历十三年重包	王士琦:《三云筹俎考》卷3《险隘考》
宁武	弘治十一年拓之，然皆土筑，万历元年议包以石，未果，至万历三十四年，始甃以砖	乾隆《宁武府志》卷3《城池》
神池	正统十三年，置神池口巡检司，有土城址，成化十五年筑堡，嘉靖十八年展筑，万历四年，城始甃，雍正三年改堡为县，即以堡城为县郭	乾隆《宁武府志》卷3《城池》；光绪《神池县志》卷3《城池》

续表

州县	城墙包砌信息	出处
偏关	城池器械不容无备，宣德四年春至冬，里外城门甃以砖石	郭处靖:《偏关展城碑》，乾隆《宁武府志》卷12《艺文》
	嘉靖四十二年，于城东南隅砖甃城垣四百余丈，嘉靖四十五年，易埤堄以砖	道光《偏关志》卷上《城池》；乾隆《宁武府志》卷3《城池》
	万历七年，砖甃建楼	乾隆《宁武府志》卷3《城池》
五寨	嘉靖十八年始建堡城，一时草创，甃砌未遑，隆庆朝，俺答款塞归命，请为外藩，岁入贡市，罢烽燧之警，亦既数载矣，为久安长治计，大修边备，五寨卑薄不堪保障，万历九年，乃甃城以砖，为东南西三门，甃之	乾隆《宁武府志》卷3《城池》；高自治:《新修五寨砖城碑》，乾隆《宁武府志》卷12《艺文》
右玉	洪武二十五年设定边卫，始筑，其后卫革，永乐七年设大同右卫，筑完	正德《大同府志》卷2《城池》
	洪武二十五年初设为定边卫，筑土以城，寻省，永乐七年复设，为大同右卫，城始竣版筑，万历三年，甃以砖石	刘士铭:《重修朔平府城垣碑记》，雍正《朔平府志》卷12《艺文志》
	雍正四年，城垣未修，非所以壮国威而固邦域，城基历数百年，砖多剥落，土易颓唐，自雍正七年四月至雍正九年九月，四面砖工大小共修六十六处，土工大小共修七十二处，内土外砖	刘士铭:《重修朔平府城垣碑记》，雍正《朔平府志》卷12《艺文志》；雍正《朔平府志》卷4《建置·城池》
左云	洪武二十五年始筑，初设镇朔卫，其后卫革。永乐七年设大同左卫，城始筑完	正德《大同府志》卷2《城池》
	大同左卫城，永乐七年设，砖砌	王士琦:《三云筹俎考》卷3《险隘考》
	正统间以边外云川卫内徙附入，为左云川卫，始砖包	雍正《朔平府志》卷4《建置志·城池》；光绪《左云县志》卷2《建置志·城池》
	嘉靖四十五年议重修，砖包瓮城里外	光绪《左云县志》卷2《建置志·城池》
	万历三十八年，大城加墁一层，女墙俱改砖砌	光绪《左云县志》卷2《建置志·城池》

续表

州县	城墙包砌信息	出处
平鲁	成化十七年，垒土为之，弘治十一年，因倾圮，用砖石包砌东北二面	顺治《云中郡志》卷3《建置志·城池》
	隆庆六年至万历二年，参将袁世杰、赵崇璧相继通用砖石包砌南北二面，楼橹一新	顺治《云中郡志》卷3《建置志·城池》；雍正《朔平府志》卷4《建置志·城池》
朔州	朔州城，旧土城，洪武三年，砖建，砖券四门，洪武二十年，奉文用砖包砌	正德《大同府志》卷2《城池》；王士琦:《三云筹俎考》卷3《险隘考》；顺治《云中郡志》卷3《建置志·城池》；康熙《朔州志》卷1《沿革·城池》
	顺治六年，大兵攻剿，炮打损北面城墙四十五丈，大小城楼三座，火焚南门正大楼一座，西南角大楼一座，因钱粮缺乏，城墙止用土补，城楼尚未修理	康熙《朔州志》卷1《沿革·城池》
平定州	景泰元年，讹传有警迫甚，民心惕焉罔措，初欲逃匿山林岩穴，卒依是城保其无虞。历岁既久，多致倾圮，狐兔之迹交道，弘治十一年，政暇，春二月至夏四月，卑者崇、缺者完，薄者厚，环列有砖堞，焕然完好	白思明:《重修上城记》，乾隆五十五年《平定州志》卷9《艺文志》
寿阳	嘉靖间，蒙古犯境，嘉靖二十八年，撤土陴以砖甃之	乾隆《寿阳县志》卷2《城池》
	嘉靖、隆庆间，始建楼橹，撤土陴甃以砖石，增筑瓮城三所，角城四座。万历四年因雨毁，大加修筑，迄今逾三百年，土垣全圮，楼橹无存，三门砖石亦剥落殆尽，道光十二年，县城垣倾圮，楼堞蚀泐，道光二十一年八月开工，甫过半而经费不给，道光二十四年方次第动工，越八月一律告竣，统计历时首尾四载	王晋介:《重修寿阳县城碑记》，光绪《寿阳县志》卷11《艺文》
盂县	盂县土城	乾隆五十五年《平定州志》卷4《建置志·城池》
	盂县土城	光绪《盂县志》卷7《建置考上·城池》

续表

州县	城墙包砌信息	出处
忻州	虏阑入，凭城为守，城仅筑土为之，易于隤坏，至嘉靖之季，虏无岁不内讧，忻父老子弟时苦蹂躏，萧然不支矣。议者屡欲甓以砖石，而蒿目疮痍之民不任力役，又官无见缗，议辄寝，比和虏后，益复因循二十余年，经始于万历二十四年四月讫工于二十六年十月，城高四丈二尺，砖厚七重，石基八尺，周二千一百九十丈	（明）余继登:《重修州城记》，乾隆《忻州志》卷5《艺文·记》；乾隆《忻州志》卷1《城池》
	粤匪跳梁，窜入金陵，咸丰三年由豫入晋，豕突平阳，全省不无风鹤之惊，城居商民率妻子携什物，依山结寨以自保，盖自前明万历间，大中丞南乐魏介肃公修筑以来，垂三百年，日就倾圮，同治四年登陴以望，雉堞崩剥，东南尤甚，盖由牧马河水啮使然，甚骇之，同治七年四月至九年十月，城上之垣累其甓	郝椿龄:《重修忻州城记》，光绪《忻州直隶州志》卷37《艺文上》
定襄	晋北与虏邻，每秋高烽火通太原，逼处襄邑，天子敕有司慎固封守，于隆庆二年二月至七月，帽砖陴	张九罭:《大修城池记》，万历《定襄县志》卷8《艺文》
	每秋高，烽火警，太原朝发夕至，故世庙时，虏骑数薄城下，城故垒地为巉，于是画砖石之议，万历三十二年至万历三十三年，城之西南半壁叠石者八、叠砖者八十有四，东北半壁杈石之盈，晋增一叠而省砖二叠焉，石入深凡五尺，砖本七列、末五列，以渐盈缩焉	王兴:《定襄县包城记》，万历《定襄县志》卷8《艺文》
	康熙四十二年，倾圮南门砖城一十三丈有奇，恭值皇恩蠲免全省租粮，知县王时炯补修；自万历元年后，增卑培薄，距今垂百年，诸颓塌冲啮之处，岁久弥甚，康熙四十二年三月至五月，修南门砖城一十三丈	雍正《定襄县志》卷2《建置志·城池》；王时炯:《重修砖城记》，雍正《定襄县志》卷8《艺文志》
	康熙六十一年，南面倾圮砖城一十五丈四尺，知县杜琠倡捐修葺	雍正《定襄县志》卷2《建置志·城池》

续表

州县	城墙包砌信息	出处
静乐	隆庆二年，女墙去土而甓之；会是时边警，数从楼烦人，雉垛甃以浑砖，计八百五十座，内周以石墙，高三尺，以界行者，有变则毁而下之	康熙《静乐县志》卷3《建置志·城池》；傅霖:《刘邑侯修城碑记》，康熙《静乐县志》卷9《艺文》
	近边城堡若岢岚、岚县、宁化所、忻州、定襄俱已砖包，止有本县独是土城，且极为卑薄，是静乐无险也，其地其势其时其城有不得不议包修者；万历二十五年，议砖包城，不果，三十三年，准砖包城垣，减墁顶砖一层	王近愚:《修城疏略》，康熙《静乐县志》卷9《艺文》；康熙《静乐县志》卷3《建置志·城池》
代州	洪武六年，周砖之	万历《代州志书》卷1《舆地志·舆图·城池》
五台	土垣卑薄，正统十四年展筑其西，仍是土垣，隆庆四年知县张绍芳始以砖甃之	康熙《五台县志》卷3《建置志·城垣》；光绪《五台新志》卷1《城池》；雍正《山西通志》卷8《城池》
	万历二十四年砖甃垛口六百三十五，三十三年，整缮边防，以五台近边，修之，大垣、敌楼纯用砖包，下砌石为台数层，上接大垣，自堞至址，高丈余	乾隆《直隶代州志》卷1《舆地志·城池》；光绪《五台新志》卷1《城池》
	乾隆三十一年，修理北门瓮城起至东北角止砖身九十丈，乾隆三十二年闰七月工竣	乾隆《五台县志》卷3《建置志·城池》
繁峙	万历十四年，砖包	万历《太原府志》卷5《城池》
崞县	万历二十六年四月至八月，用砖石包砌	乾隆《崞县志》卷1《城池》；冯琦:《重修崞县城记》，万历《太原府志》卷23《艺文》
	万历三十二年，霪雨，东、西、北三面塌毁百余丈，补砌完固	乾隆《崞县志》卷1《城池》

续表

州县	城墙包砌信息	出处
保德州	保德僻处晋西北之穷壤，连河接陕，密迩套寇，冰坚辄侵犯，城低薄不足恃。嘉靖四十二年，李春芳奉命来兹，入境即有寇掠，孤悬边城，倾圮若是，万一有警，将何以支，南门闉阇旧土筑，更以砖石	王环:《重修城垣记》，康熙《保德州志》卷11《艺文》
	嘉靖四十三年以来，寇凡七抵城下，万历三十年自春讫秋，城一千一百丈有奇，堞高五尺，下石上甃	万自约:《新甃州城记》，康熙《保德州志》卷11《艺文中》；康熙《保德州志》卷1《因革·城垣》
	后历年东北西三面坍塌六处，城楼俱圮，狼夜入城，康熙二十四年，奉文修城，改甃东北角，退故城基数武，修完前坏处各十余丈	康熙《保德州志》卷1《因革·城垣》
	雍正五年，修西北城角砖墙长十二丈	乾隆《保德州志》卷1《因革·城垣》
	乾隆二十六年，补修正东城土胎长三丈、东南城土胎长三丈、南城土胎长十三丈、西城土胎长十四丈五尺、西北城土胎长一丈、西北城角垛口墙长一丈五尺、西城砖墙长十五丈三尺	
	乾隆三十二年，补修西门瓮城砖墙长十二丈五尺、西城砖墙长五丈、北城砖墙长五丈三尺	
	乾隆三十三年补修南门瓮城西角砖墙长二丈八尺、西城砖墙长五丈、东城砖墙长五十一丈	
	乾隆三十六年修西城砖墙长四十八丈	
河曲	河曲尚土城，石州之祸可虑哉？万历十四年，鸠材包砌，石基入垣七尺，砖入五尺	万历《太原府志》卷5《城池》；道光《河曲县志》卷1《疆域·城池》
	顺治五年，缮城垣，内外包城各十五丈，石基入土七尺，砖入垣五尺，比前加厚	道光《河曲县志》卷1《疆域·城池》
	乾隆二十九年徙治开拓，周围三里八步，砖砌高三丈六尺	道光《河曲县志》卷1《疆域·城池》
	复于西门瓮城包石，同治七年五月经始、八年九月落成	同治《河曲县志》卷3《疆域类·城池》；金福增:《重修河曲县城碑记》，同治《河曲县志》卷6《艺文类》

续表

州县	城墙包砌信息	出处
解州	嘉靖三十四年，砖甃垛口，乾隆十二年，详请修筑，凡四关门洞谯楼系四关民修，土身砖垛系四乡分段民修，每年正月点充乡约新旧交代随时补葺，城上刻石为界	乾隆《解州全志》卷3《城池》
	乾隆二十七年，重修北城并门洞，甃砖。按马氏旧志曰：解城寥阔，多旷野，居民不当垛口者十之三，即高深足据，尚难与守，矧累土卑薄，其北隅逼近盐池，咸卤易剥，修筑无虚日，其何恃以无恐，然则岁修之法，守土者勿视为具文可耳	乾隆《解州全志》卷3《城池》
安邑	隆庆间，筑东西二月城，四面犹然土障，年久圮剥。乾隆二十三年，缭垣加厚五尺，腹里不完者补之，上筑女墙，东月城、戍铺、角楼皆甃以甓，城面悉用砖，屹为重镇；我国家承平百余年矣。烟消燧燧熙皞相安，垣墙未备，剥落过半，虽盛世，无藉高深，而皇图要资巩固，完之缮之，有备无患，非守土者责与？乾隆二十五年秋至二十七年夏，甃砖者瓮城、墙顶、女墙、戍楼	乾隆《解州安邑县志》卷3《城池》；杨国翰：《重修安邑县城记》，乾隆《解州安邑县志》卷14《艺文》
夏县	土城砖垛。嘉靖三十四年，地震，城摧隍湮，城楼俱毁，重修，四面女墙砌以砖	康熙《夏县志》卷1《建置志·城池》
	土身砖垛	乾隆《解州夏县志》卷3《城池》
	土身砖垛。乾隆二十七年，以城东北近河，于城墙下砖砌三层，高七尺，护以石堤，高四尺，厚三尺	光绪《夏县志》卷2《建置志·城池》
平陆	咸丰元年三月至二年八月，垣以土，雉堞以砖	光绪《平陆县续志》卷上《营建类·城池》
芮城	嘉靖七年，砖甃城门	乾隆《解州芮城县志》卷3《城池》
	万历十四年，女墙悉砌以砖	乾隆《解州芮城县志》卷3《城池》；薛一鹗：《李公修城记》，乾隆《解州芮城县志》卷12《艺文》
	崇祯十三年，砌砖城，未竟而止	乾隆《解州芮城县志》卷3《城池》
	民国三十四年，城垣除东南角为砖墙外，其余均为土质结构	《芮城县志》，三秦出版社，1994，第359页

续表

州县	城墙包砌信息	出处
绛州	其埤堄土质灰饰，岁屡补葺。嘉靖二十一年，知州彭灿易之以砖，其内女墙犹故	康熙《绛州志》卷1《地理·城池》
	三十七年，知州贵儒于两门各建楼五间，规模壮丽，女墙以砖为之	康熙《绛州志》卷1《地理·城池》
	隆庆元年，鉴石州之变，埤堄加高	康熙《绛州志》卷1《地理·城池》
	顺治六年之变，敌近城下，赖台上火炮雷轰固守无失，同知徐祚焕因火炮有功，于北门外重建月城，砖砌数十丈，中设炮眼以便攻击	康熙《绛州志》卷1《地理·城池》
	邑城周围向系土筑，年久失修，诸多倾圮，民国十四年八月至民国十五年四月，计砖砌土筑等工程分十一段，每段应修者少则两三处，多则七八处，或十一二处不等	民国《新绛县志》卷8《营建考》
闻喜	嘉靖间，知县沈维藩砖砌垛口	乾隆《闻喜县志》卷2《城池》
	崇祯间，知县贾之骥砖包东南二门各数丈	乾隆《闻喜县志》卷2《城池》
	乾隆二十年，周围土筑，砖砌城楼、城门并城堞	乾隆《闻喜县志》卷2《城池》
绛县	嘉靖六年，砖砌女墙	顺治《绛县志》卷2《建置·城池》
稷山	嘉靖二十二年，北虏犯平阳境，嘉靖二十九年，撤雉堞土陴悉易以砖	万历《稷山县志》卷1《地理·城池》
	嘉靖三十四年，地震，城垣尽颓，隆庆元年，以虏警，廷议，请西北诸内地悉高城浚池，于隆庆二年三月至九月，修浚城池，雉堞千四百有奇，各以甓	同治《稷山县志》卷2《城池志》；亢思谦:《新筑邑城记》，同治《稷山县志》卷9《艺文中》
河津	嘉靖二十四年，砖甃垣堞	康熙《河津县志》卷2《建置志·城池》
	崇祯三年，始议甃城以砖，功大未就，至九年，知县李士焜始克成之，明末虽经寇燹而城无恙，甃砖之功居多焉；秦寇告警，吾圉不固，土圮沙崩，于是思为甃城之举	康熙《河津县志》卷2《建置志·城池》；李士焜:《河津县包砌砖城记》，康熙《河津县志》卷7《艺文》

续表

州县	城墙包砌信息	出处
垣曲	隆庆二年，易以砖垛	光绪《垣曲县志》卷3《城池》
	乾隆二十六年，霪雨城圮，乾隆二十八年，修砖垛一千六十六座	光绪《垣曲县志》卷3《城池》
隰州	万历二十九年秋，霪雨连月，山水猛急，城西北隅崩至五十丈许，居民惧甚，其他处颓损亦多，万历三十年秋乃为筑城计，伐石为基，锢之以垩，乃先掘地及泉，布乱石燥土，隐以金椎，使坚厚，加方石叠砌高丈许，厚二尺许，以障土而固其基，万历三十一年，春始征茭楗筑城于基上，五旬而竣，上用瓴甓为埤堄	范守己:《徙河筑城记》，康熙《隰州志》卷24《艺文》
	嘉靖四十五年，易垛头以砖	康熙《隰州志》卷7《城池》
	康熙四十七年六月至四十八年五月，知州钱以垲重修，西北隅当水冲，砌石为基，乃固	雍正《山西通志》卷8《城池》；钱以垲:《修城记》，康熙《隰州志》卷7《城池》
蒲县	正德十六年记曰：蒲县城北依山，东、南、西咸土筑	马汝骥:《修城碑记》，乾隆《蒲县志》卷10《艺文志》
	崇祯五年至七年，张启谟在任时，以土城难守，申请备砖包砌，按旧系土城，明季砌以砖石，修筑较固；崇祯年间，知县张启谟因流寇扰乱，土城难以保守，申详道府砍伐翠屏山松柏变价购砖包砌，城垣未就而寇贼数万突至，环攻三昼夜，不克，贼竟宵遁，民始并力以成今城	乾隆《蒲县志》卷2《建置志·城池》；康熙《蒲县新志》卷1《方舆志·城池》
大宁	崇祯七年，重修三面，砌石	康熙《平阳府志》卷7《城池》
	同治八年，重修东西南门内外土石各墙、城楼、营房并垛口六十七个，更为完善起观	光绪《大宁县志》卷2《建置集·城池》
永和	明洪武初主簿徐大荣修其城，不备，惟有缭墙而已	康熙《永和县志》卷7《城池》

续表

州县	城墙包砌信息	出处
沁州	沁城旧治，土筑甚坚，崇祯十一年，奉旨修理各处城垣，不一年而坍塌屡告，止石包三面，较旧治凿低三尺，已包者石落土崩，独西城一面犹其古基	康熙《山西直隶沁州志》卷3《建置考·城池》
	顺治十六年九月至十月，凡城垣缺者补、颓者杵，以畚以锸、以甃以砌，百堵云兴，共葺完周围九百六十三丈余	《重修城工碑记》，乾隆《沁州志》卷10《艺文》
	顺治十七年，重修城垣，四周墙体砖石砌面，以防漳水冲刷	《沁水县志》，中华书局，1999，第277~279页
	康熙六年，四城修葺，将垛口细加石灰重砌，民始安堵	康熙《山西直隶沁州志》卷3《建置考·城池》
	乾隆二十八年三月至三十年十月，东北城全修，西南城补修，南瓮城东南全修，西瓮城西南全修，其余瓮城补修，周围女墙重建，墙底平石新铺	乾隆《沁州志》卷2《城池》
沁源	万历七年，知县靳贤因阴雨塌毁不时劳民，申请于院道，包之以砖，连砖垛高三丈九尺； 建置诸山中，筑土为城，且低薄难恃，万历七年三月至八年七月，包土以砖，计城垣周围四百三十五丈，十五敌台，三门，马道、里墙胥砖石包修	康熙《山西直隶沁州志》卷3《建置考·城池》；李尚智:《重修沁源县城记》，乾隆《沁州志》卷10《艺文》
	康熙二十八年，知县王容德重修北城垣二十二丈，用砖包砌	雍正《沁源县志》卷2《建置·城池》
	雍正十年，知县王廷抡重修东城垣，高二丈四尺，阔六丈三尺，南城垣高三丈四尺，阔十丈二尺，俱用砖包砌	雍正《沁源县志》卷2《建置·城池》
	康熙、雍正年间，历次补修，颇称完固，而不能久而不敝也，嘉庆十六七年，雉颓楼坏，而近楼稍西之城亦圮，垣可以乘，重门何恃！道光二十三年，楼基两旁之城悉以砖砌，近楼稍西之城，约六七丈有奇，亦一并兴工，外砖内土，为高为原，俱如城制	光绪《沁源县续志》卷1《公署·城垣》

续表

州县	城墙包砌信息	出处
武乡	南面尚无城池，嘉靖二十一年，因寇患，始议筑城，取泽潞所属民壮，搜各县无碍官银，以石条为基，高丈余，辖以铁锭	康熙《武乡县志》卷1《城池》；康熙《山西直隶沁州志》卷3《建置考·城池》
	万历八年，城垛易土以砖	康熙《山西直隶沁州志》卷3《建置考·城池》
	崇祯三年，邑绅郡丞魏公权中廷望又即旧石勒寨为上城，城易以砖垛	康熙《武乡县志》卷1《城池》
	崇祯十二年，南门以西迨西城半，张公继载易以石甃，至〔南〕门以东尽甃以石，则邑绅中丞魏公光绪所修也；崇祯十一年东城门圮，邑人中丞魏光绪砖甃东半城；十二年，知县张继载以石甃西南城，邑人中丞魏光绪以石砖甃东南城	康熙《武乡县志》卷1《城池》；乾隆《武乡县志》卷1《城池》
辽州	隆庆元年，易垛以砖	雍正《山西通志》卷8《城池》
榆社	东为上城、西为下城，土城二座，城土疏散，每岁，五里分任修补，榆邑筑土为城，高仅丈许，无所为金汤之固也	乾隆《榆社县志》卷2《建置志·城池》
	土城二座，迎艮为龙，垒石成壁，居于高阜	光绪《榆社县志》卷1《舆地志·城池》
和顺	和邑土城一座，高连砖垛三丈七尺，砖垛口八百一十六，万历二年，益砖砌，十三年，益土坯泥砌	乾隆《重修和顺县志》卷2《建置志·城池》
	顺治十六年，鼎新西门，以砖包瓮城	康熙《和顺县志·文集·城池》
	为土城非砖城，风雨易剥，冰雹易酥，二三更历而不修必致土崩垣塌，勘得高连砖垛三丈七尺，岁久失修，其倾圮之状，殆有不可胜言者。计塌倒里口二十三处，共一百一十五丈，原设窝铺一十五间，俱已破烂倒坏，砖垛口三十九个，角楼、敌台悉皆零落。倘至夏秋间霪雨连绵，酥剥几尽，其为费滋多，亟宜力为修葺，无容少缓。除城楼三座另行区画外，今估计得用工二万八千三百余工，用砖三万五千，用瓦一万二千，用灰二千斤。兴工于康熙八年四月	邓宪璋:《修和顺县城碑记》，康熙《和顺县志·信集·艺文》
	雍正十三年，雉堞尽废，重修，全补砖垛	乾隆《重修和顺县志》卷2《建置志·城池》
	和邑土城一座，周围二里二百五十步，高连砖垛三丈七尺，根宽二丈五尺，收顶一丈五尺	民国《重修和顺县志》卷2《建置·城池》

续表

州县	城墙包砌信息	出处
霍州	霍之为城，虽历代经久，而属土垣，非所云金汤，云百雉也	康熙《霍州志》卷1《地舆志·城池》
赵城	正德五年，撤土陴悉易以砖	康熙《平阳府志》卷7《城池》；雍正《平阳府志》卷7《城池》
	崇祯十二年，砖包南北二面，十四年，包砌东西二面	康熙《平阳府志》卷7《城池》
灵石	隆庆三年，增高六尺，帮里城七尺，上砌砖垛，内树女墙；城垣单薄，不堪为卫，方以民穷为忧，遽难劳费，凡百以三年计，不意隆庆元年北虏猖獗，大举入寇，由兴岚崞县直犯灵石逼霍州，以窥平阳汾属一带，杀掳无算，破石州屠其城，其为残毒百年未有之变也，于是大加修城	康熙《灵石县志》卷1《地理·城池》；申嘉言:《灵石县新城记》，道光《直隶霍州志》卷25《艺文》

参考文献

一　史料

（一）正史、编年史、实录、农书、文集、日记等

（明）徐光启:《农政全书》，明崇祯十二年（1639）平露堂刻本。

（清）祁寯藻:《马首农言》，王毓瑚辑《秦晋农言》，中华书局，1957。

《光绪朝东华录》，中华书局，1958。

《明实录》，“中央研究院”历史语言研究所，1962。

《汉书》，中华书局，1962。

《皇明经世文编》，中华书局，1962。

《史记》，中华书局，1963。

《明史》，中华书局，1974。

《金史》，中华书局，1975。

《宋史》，中华书局，1977。

（清）屠寄:《蒙兀儿史记》，北京市中国书店，1984。

《清实录》，中华书局，1985。

刘大鹏遗著，乔志强标注《退想斋日记》，山西人民出版社，1990。

（清）洪亮吉:《洪亮吉集》，中华书局，2001。

《续资治通鉴长编》，中华书局，2004。

（清）曾国荃:《曾国荃全集》，岳麓书社，2008。

（清）康基田编著《晋乘蒐略》，山西古籍出版社，2006。

（清）王心敬：《丰川续集》，《清代诗文集汇编》第 199 册，上海古籍出版社，2010。

（二）方志

成化《山西通志》，《四库全书存目丛书·史部》第 174 册，齐鲁书社，1996。

嘉靖《山西通志》，明嘉靖四十三年（1564）刻本。

万历《山西通志》，明崇祯二年（1629）刻本。

崇祯《山阴县志》，《中国地方志集成·山西府县志辑》第 6 册，凤凰出版社，2005。

顺治《浑源州志》，《中国地方志集成·山西府县志辑》第 7 册。

康熙《保德州志》，《中国方志丛书·华北地方》第 414 号，成文出版社，1976。

康熙《岢岚州志》，《中国地方志集成·山西府县志辑》第 17 册。

康熙《黎城县志》，《中国地方志集成·山西府县志辑》第 35 册。

康熙《灵丘县志》，《中国地方志集成·山西府县志辑》第 6 册。

康熙《宁乡县志》，《中国地方志集成·山西府县志辑》第 31 册。

康熙《山西通志》，清康熙三十一年（1692）刻本。

康熙《文水县志》，《中国地方志集成·山西府县志辑》第 28 册。

康熙《隰州志》，《中国地方志集成·山西府县志辑》第 33 册。

康熙《夏县志》，《中国地方志集成·山西府县志辑》第 63 册。

康熙《徐沟县志》，《中国地方志集成·山西府县志辑》第 3 册。

康熙《永宁州志》，《中国地方志集成·山西府县志辑》第 25 册。

雍正《定襄县志》，《中国地方志集成·山西府县志辑》第 13 册。

雍正《辽州志》，《中国地方志集成·山西府县志辑》第 18 册。

雍正《平阳府志》，《中国地方志集成·山西府县志辑》第 44~45 册。

雍正《沁源县志》，《中国地方志集成·山西府县志辑》第 40 册。

雍正《山西通志》，清雍正十二年（1734）刻本。

雍正《石楼县志》，《中国地方志集成·山西府县志辑》第 26 册。

雍正《朔平府志》,《中国地方志集成·山西府县志辑》第9册。
雍正《朔州志》,《中国地方志集成·山西府县志辑》第10册。
雍正《阳高县志》,《中国地方志集成·山西府县志辑》第7册。
雍正《猗氏县志》,《中国地方志集成·山西府县志辑》第70册。
雍正《泽州府志》,《中国地方志集成·山西府县志辑》第32~33册。
乾隆《保德州志》,《中国地方志集成·山西府县志辑》第15册。
乾隆《长治县志》,《中国地方志集成·山西府县志辑》第28册。
乾隆《重修襄垣县志》,《中国地方志集成·山西府县志辑》第33册。
乾隆《大同府志》,《中国地方志集成·山西府县志辑》第4册。
乾隆《汾州府志》,《中国地方志集成·山西府县志辑》第27册。
乾隆《凤台县志》,《中国地方志集成·山西府县志辑》第37册。
乾隆《高平县志》,《中国地方志集成·山西府县志辑》第36册。
乾隆《广灵县志》,《中国地方志集成·山西府县志辑》第8册。
乾隆《崞县志》,《中国地方志集成·山西府县志辑》第14册。
乾隆《解州安邑县运城志》,《中国地方志集成·山西府县志辑》第58册。
乾隆《解州安邑县志》,《中国地方志集成·山西府县志辑》第58册。
乾隆《解州平陆县志》,《中国地方志集成·山西府县志辑》第64册。
乾隆《解州芮城县志》,《中国地方志集成·山西府县志辑》第63册。
乾隆《解州夏县志》,《中国地方志集成·山西府县志辑》第63册。
乾隆《浑源州志》,《中国地方志集成·山西府县志辑》第7册。
乾隆《绛县志》,《中国地方志集成·山西府县志辑》第61册。
乾隆《介休县志》,《中国地方志集成·山西府县志辑》第24册。
乾隆《临汾县志》,《中国地方志集成·山西府县志辑》第46册。
乾隆《临晋县志》,《中国地方志集成·山西府县志辑》第65册。
乾隆《陵川县志》,《中国地方志集成·山西府县志辑》第42册。
乾隆《潞安府志》,《中国地方志集成·山西府县志辑》第30~31册。
乾隆《宁武府志》,《中国地方志集成·山西府县志辑》第11册。

乾隆《蒲县志》,《中国地方志集成·山西府县志辑》第 50 册。

乾隆《蒲州府志》,《中国地方志集成·山西府县志辑》第 66 册。

乾隆《沁州志》,《中国地方志集成·山西府县志辑》第 39 册。

乾隆《荣河县志》,《中国地方志集成·山西府县志辑》第 69 册。

乾隆《太谷县志》,《中国地方志集成·山西府县志辑》第 19 册。

乾隆《太原府志》,《中国地方志集成·山西府县志辑》第 1~2 册。

乾隆《闻喜县志》,《中国地方志集成·山西府县志辑》第 60 册。

乾隆《武乡县志》,《中国地方志集成·山西府县志辑》第 41 册。

乾隆《乡宁县志》,《中国地方志集成·山西府县志辑》第 57 册。

乾隆《孝义县志》,《中国地方志集成·山西府县志辑》第 25 册。

乾隆《新修曲沃县志》,《中国地方志集成·山西府县志辑》第 48 册。

乾隆《忻州志》,《中国地方志集成·山西府县志辑》第 12 册。

乾隆《兴县志》,《中国地方志集成·山西府县志辑》第 23 册。

乾隆《续修曲沃县志》,《中国地方志集成·山西府县志辑》第 48 册。

乾隆《宣化府志》,《中国地方志集成·河北府县志辑》第 11 册,上海书店出版社,2006。

乾隆《阳城县志》,《中国地方志集成·山西府县志辑》第 38 册。

乾隆《应州续志》,《中国地方志集成·山西府县志辑》第 29 册。

嘉庆《介休县志》,《中国地方志集成·山西府县志辑》第 24 册。

嘉庆《灵石县志》,《中国地方志集成·山西府县志辑》第 20 册。

道光《大同县志》,《中国地方志集成·山西府县志辑》第 5 册。

道光《繁峙县志》,《中国地方志集成·山西府县志辑》第 15 册。

道光《壶关县志》,《中国地方志集成·山西府县志辑》第 35 册。

道光《偏关志》,《中国地方志集成·山西府县志辑》第 57 册。

道光《太平县志》,《中国地方志集成·山西府县志辑》第 52~53 册。

道光《太原县志》,《中国地方志集成·山西府县志辑》第 2 册。

咸丰《续宁武府志》,《中国地方志集成·山西府县志辑》第 11 册。

道光《阳曲县志》,《中国地方志集成·山西府县志辑》第 2 册。

道光《赵城县志》,《中国地方志集成·山西府县志辑》第 52 册。
道光《直隶霍州志》,《中国地方志集成·山西府县志辑》第 54 册。
同治《浮山县志》,《中国地方志集成·山西府县志辑》第 55 册。
同治《高平县志》,《中国地方志集成·山西府县志辑》第 36 册。
同治《河曲县志》,《中国地方志集成·山西府县志辑》第 16 册。
同治《稷山县志》,《中国地方志集成·山西府县志辑》第 62 册。
同治《续猗氏县志》,《中国地方志集成·山西府县志辑》第 70 册。
同治《阳城县志》,《中国地方志集成·山西府县志辑》第 38 册。
同治《榆次县志》,《中国地方志集成·山西府县志辑》第 16 册。
光绪《安邑县续志》,《中国地方志集成·山西府县志辑》第 58 册。
光绪《补修徐沟县志》,《中国地方志集成·山西府县志辑》第 3 册。
光绪《长治县志》,《中国地方志集成·山西府县志辑》第 29 册。
光绪《长子县志》,《中国地方志集成·山西府县志辑》第 8 册。
光绪《大宁县志》,《中国地方志集成·山西府县志辑》第 57 册。
光绪《代州志》,《中国地方志集成·山西府县志辑》第 11 册。
光绪《定襄县补志》,《中国地方志集成·山西府县志辑》第 13 册。
光绪《繁峙县志》,《中国地方志集成·山西府县志辑》第 15 册。
光绪《汾西县志》,《中国地方志集成·山西府县志辑》第 44 册。
光绪《汾阳县志》,《中国地方志集成·山西府县志辑》第 26 册。
光绪《凤台县续志》,《中国地方志集成·山西府县志辑》第 37 册。
光绪《浮山县志》,《中国地方志集成·山西府县志辑》第 55 册。
光绪《广灵县补志》,《中国地方志集成·山西府县志辑》第 8 册。
光绪《解州志》,《中国地方志集成·山西府县志辑》第 56 册。
光绪《河津县志》,《中国地方志集成·山西府县志辑》第 62 册。
光绪《怀仁县新志》,《中国地方志集成·山西府县志辑》第 6 册。
光绪《浑源州续志》,《中国地方志集成·山西府县志辑》第 7 册。
光绪《吉州全志》,《中国地方志集成·山西府县志辑》第 45 册。
光绪《绛县志》,《中国地方志集成·山西府县志辑》第 61 册。

光绪《交城县志》,《中国地方志集成·山西府县志辑》第25册。

光绪《岢岚州志》,《中国地方志集成·山西府县志辑》第17册。

光绪《黎城县续志》,《中国地方志集成·山西府县志辑》第35册。

光绪《灵丘县补志》,《中国地方志集成·山西府县志辑》第6册。

光绪《潞城县志》,《中国地方志集成·山西府县志辑》第41册。

光绪《太平县志》,《中国地方志集成·山西府县志辑》第53册。

光绪《平定州志》,《中国地方志集成·山西府县志辑》第21册。

光绪《平定州志补》,《中国地方志集成·山西府县志辑》第21册。

光绪《平陆县续志》,《中国地方志集成·山西府县志辑》第64册。

光绪《平遥县志》,《中国地方志集成·山西府县志辑》第17册。

光绪《蒲县续志》,《中国地方志集成·山西府县志辑》第50册。

光绪《祁县志》,《中国地方志集成·山西府县志辑》第23册。

光绪《沁水县志》,《中国地方志集成·山西府县志辑》第6册。

光绪《沁源县续志》,《中国地方志集成·山西府县志辑》第40册。

光绪《沁州复续志》,《中国地方志集成·山西府县志辑》第39册。

光绪《清源乡志》,《中国地方志集成·山西府县志辑》第3册。

光绪《荣河县志》,《中国方志丛书·华北地方》第421号,成文出版社,1976。

光绪《山西通志》,中华书局,1990。

光绪《神池县志》,《中国地方志集成·山西府县志辑》第17册。

光绪《寿阳县志》,《中国地方志集成·山西府县志辑》第22册。

光绪《天镇县志》,《中国地方志集成·山西府县志辑》第5册。

光绪《屯留县志》,《中国地方志集成·山西府县志辑》第43册。

光绪《文水县志》,《中国地方志集成·山西府县志辑》第28册。

光绪《闻喜县志补》,《中国地方志集成·山西府县志辑》第60册。

光绪《闻喜县志斠》,《中国地方志集成·山西府县志辑》第60册。

光绪《闻喜县志续》,《中国地方志集成·山西府县志辑》第60册。

光绪《五台新志》,《中国地方志集成·山西府县志辑》第14册。

光绪《夏县志》,《中国地方志集成·山西府县志辑》第 65 册。

光绪《忻州志》,《中国地方志集成·山西府县志辑》第 12 册。

光绪《兴县续志》,《中国地方志集成·山西府县志辑》第 23 册。

光绪《续高平县志》,《中国地方志集成·山西府县志辑》第 36 册。

光绪《续刻直隶霍州志》,《中国地方志集成·山西府县志辑》第 54 册。

光绪《续太原县志》,《中国地方志集成·山西府县志辑》第 3 册。

光绪《续修崞县志》,《中国地方志集成·山西府县志辑》第 14 册。

光绪《续修稷山县志》,《中国地方志集成·山西府县志辑》第 63 册。

光绪《续修临晋县志》,《中国地方志集成·山西府县志辑》第 65 册。

光绪《续修曲沃县志》,《中国地方志集成·山西府县志辑》第 49 册。

光绪《续修隰州志》,《中国地方志集成·山西府县志辑》第 33 册。

光绪《续修乡宁县志》,《中国地方志集成·山西府县志辑》第 57 册。

光绪《续阳城县志》,《中国地方志集成·山西府县志辑》第 38 册。

光绪《续猗氏县志》,《中国地方志集成·山西府县志辑》第 70 册。

光绪《翼城县志》,《中国地方志集成·山西府县志辑》第 47 册。

光绪《永济县志》,《中国地方志集成·山西府县志辑》第 67 册。

光绪《榆次县续志》,《中国地方志集成·山西府县志辑》第 16 册。

光绪《榆社县志》,《中国地方志集成·山西府县志辑》第 18 册。

光绪《盂县志》,《中国地方志集成·山西府县志辑》第 22 册。

光绪《虞乡县志》,《中国地方志集成·山西府县志辑》第 68 册。

光绪《垣曲县志》,《中国地方志集成·山西府县志辑》第 61 册。

光绪《直隶绛州志》,《中国地方志集成·山西府县志辑》第 59 册。

光绪《左云县志》,《中国地方志集成·山西府县志辑》第 10 册。

（清）冯济川撰，任根珠点校《山西乡土志》，山西省地方志编纂委员会编《山西旧志二种》，中华书局，2006。

民国《重修安泽县志》,《中国地方志集成·山西府县志辑》第 43 册。

民国《重修和顺县志》,《中国地方志集成·山西府县志辑》第 18 册。

民国《浮山县志》,《中国地方志集成·山西府县志辑》第 56 册。

民国《解县志》,《中国地方志集成·山西府县志辑》第58册。

民国《洪洞县志》,《中国地方志集成·山西府县志辑》第51册。

民国《洪洞县水利志补》,《中国地方志集成·山西府县志辑》第51册。

民国《介休县志》,《中国方志丛书·华北地方》第399号，成文出版社，1976。

民国《临汾县志》,《中国地方志集成·山西府县志辑》第46册。

民国《临晋县志》,《中国地方志集成·山西府县志辑》第65册。

民国《临县志》,《中国地方志集成·山西府县志辑》第31册。

民国《陵川县志》,《中国方志丛书·华北地方》第406号，成文出版社，1976。

民国《灵石县志》,《中国地方志集成·山西府县志辑》第20册。

民国《马邑县志》,《中国地方志集成·山西府县志辑》第10册。

民国《平顺县志》,《中国地方志集成·山西府县志辑》第42册。

民国《沁源县志》,《中国地方志集成·山西府县志辑》第40册。

民国《荣河县志》,《中国地方志集成·山西府县志辑》第69册。

日本东亚同文会编《中国分省全志》卷17《山西省志》，山西省地方志编纂委员会编《山西旧志二种》，孙耀、西樵译，中华书局，2006。

民国《芮城县志》,《中国地方志集成·山西府县志辑》第64册。

民国《太谷县志》,《中国地方志集成·山西府县志辑》第19册。

民国《合河政纪》,《中国方志丛书·华北地方》第71号，成文出版社，1968。

民国《万泉县志》,《中国地方志集成·山西府县志辑》第70册。

民国《闻喜县志》,《中国地方志集成·山西府县志辑》第60册。

民国《武乡新志》,《中国地方志集成·山西府县志辑》第41册。

民国《昔阳县志》,《中国地方志集成·山西府县志辑》第18册。

民国《襄陵县新志》,《中国地方志集成·山西府县志辑》第50册。

民国《乡宁县志》,《中国地方志集成·山西府县志辑》第57册。

民国《襄垣县志》,《中国地方志集成·山西府县志辑》第34册。

民国《新绛县志》,《中国地方志集成 · 山西府县志辑》第 59 册。

民国《新修曲沃县志》,《中国地方志集成 · 山西府县志辑》第 49 册。

民国《新修岳阳县志》,《中国地方志集成 · 山西府县志辑》第 8 册。

民国《续修陕西通志稿》,民国二十三年(1934)铅印本。

民国《阳城县乡土志》,《中国方志丛书 · 华北地方》第 74 号,成文出版社,1968。

民国《翼城县志》,《中国方志丛书 · 华北地方》第 417 号,成文出版社,1976。

民国《永和县志》,《中国地方志集成 · 山西府县志辑》第 47 册。

民国《虞乡县新志》,《中国地方志集成 · 山西府县志辑》第 68 册。

(三)碑刻

王堉昌原著,郝胜芳主编《汾阳县金石类编》,山西古籍出版社,2000。

《高平金石志》编纂委员会编《高平金石志》,中华书局,2004。

张正明、科大卫主编《明清山西碑刻资料选》,山西人民出版社,2005。

张正明、科大卫、王勇红主编《明清山西碑刻资料选(续一)》,山西古籍出版社,2007。

贾志军主编《沁水碑刻蒐编》,山西人民出版社,2008。

汪学文主编《三晋石刻大全 · 临汾市洪洞县卷(上)》,三晋出版社,2009。

汪学文主编《三晋石刻大全 · 临汾市洪洞县卷(下)》,三晋出版社,2009。

张正明、科大卫、王勇红主编《明清山西碑刻资料选(续二)》,山西经济出版社,2009。

高凤山主编《三晋石刻大全 · 大同市灵丘县卷》,三晋出版社,2010。

史景怡主编《三晋石刻大全 · 晋中市寿阳县卷》,三晋出版社,2010。

杨洪主编《三晋石刻大全 · 晋中市灵石县卷》,三晋出版社,2010。

张培莲主编《三晋石刻大全 · 运城市盐湖区卷》,三晋出版社,2010。

高青山主编《三晋石刻大全·临汾市侯马市卷》，三晋出版社，2011。

曹廷元主编《三晋石刻大全·临汾市古县卷》，三晋出版社，2012。

车国梁主编《三晋石刻大全·晋城市沁水县卷》，三晋出版社，2012。

杜红涛主编《三晋石刻大全·吕梁市孝义市卷》，三晋出版社，2012。

冯贵兴、徐松林主编《三晋石刻大全·长治市屯留县卷》，三晋出版社，2012。

冯锦昌主编《三晋石刻大全·晋中市和顺县卷》，三晋出版社，2012。

高凤山主编《三晋石刻大全·大同市灵丘县卷续编》，三晋出版社，2012。

李文清主编《三晋石刻大全·太原市古交市卷》，三晋出版社，2012。

王丽主编《三晋石刻大全·晋城市泽州县卷》，三晋出版社，2012。

王琳玉主编《三晋石刻大全·晋中市榆次区卷》，三晋出版社，2012。

王苏陵主编《三晋石刻大全·长治市黎城县卷》，三晋出版社，2012。

卫伟林主编《三晋石刻大全·晋城市阳城县卷》，三晋出版社，2012。

杨晓波、李永红主编《三晋石刻大全·晋城市城区卷》，三晋出版社，2012。

张金科、姚锦玉、邢爱勤主编《三晋石刻大全·临汾市浮山县卷》，三晋出版社，2012。

周亮主编《三晋石刻大全·朔州市平鲁区卷》，三晋出版社，2012。

王立新主编《三晋石刻大全·晋城市陵川县卷》，三晋出版社，2013。

段新莲主编《三晋石刻大全·临汾市霍州市卷》，三晋出版社，2014。

杨年玉主编《三晋石刻大全·临汾市永和县卷》，三晋出版社，2015。

申树森主编《三晋石刻大全·长治市平顺县卷（续）》，三晋出版社，2016。

（四）影像

山西省地图编纂委员会编制《山西省历史地图集》，中国地图出版社，2000。

〔美〕西德尼·戴维·甘博:《甘博摄影集》，浙江人民美术出版社，

2018。

《近代中国分省人文地理影像采集与研究》编委会编《近代中国分省人文地理影像采集与研究·山西》，山西人民出版社，2019。

《近代中国分省人文地理影像采集与研究》编委会编《近代中国分省人文地理影像采集与研究·陕西》，山西人民出版社，2019。

二 论著

（一）中文

1. 论文

辛树帜:《我国水土保持的历史研究》，科学史集刊编辑委员会编《科学史集刊》第2期，科学出版社，1959，第31~72页。

延安专署公路管理段:《修建土桥施工介绍》，《公路》1960年第6期。

姚汉源:《中国古代的农田淤灌及放淤问题——古代泥沙利用问题之一》，《武汉水利电力学院学报》1964年第2期。

姚汉源:《中国古代的河滩放淤及其他落淤措施——古代泥沙利用问题之二》，《华北水利水电学院学报》1980年第1期。

史念海:《历史时期黄河中游的森林》，《河山集·二集》，生活·读书·新知三联书店，1981，第232~313页。

姚汉源:《中国古代放淤和淤灌的技术问题——古代泥沙利用问题之三》，《华北水利水电学院学报》1981年第1期。

陈树平:《明清时期的井灌》，《中国社会经济史研究》1983年第4期。

许国华:《罗德民博士与中国的水土流失保持事业》，《中国水土保持》1984年第1期。

张波:《谁是我们的母亲—是黄河，还是黄土？——中国农业起源的“河土辩”》，《农业考古》1988年第3期。

乔志强:《近世山西民居特色》，《文史知识》1989年第12期。

郭涛:《明代学者阎绳芳论山西祁县的水土流失》，《中国水土保持》1990

年第 1 期。

梁四宝:《明清晋陕黄土高原的水土流失与水土保持》,《中国水土保持》1990 年第 6 期。

梁四宝:《明代“九边”屯田引起的水土流失问题》,《山西大学学报》(哲学社会科学版)1992 年第 3 期。

王守春:《明清时期黄土高原植被与环境》,王守春主编《黄河流域环境演变与水沙运行规律研究文集》(第五集),海洋出版社,1993,第 9~15 页。

李辅斌:《清代直隶山西口外地区农垦述略》,《中国历史地理论丛》1994 年第 1 辑。

李辅斌:《清代中后期直隶山西传统农业区垦殖述论》,《中国历史地理论丛》1994 年第 2 辑。

李辅斌:《清代前期直隶山西的土地复垦》,《中国历史地理论丛》1995 年第 3 辑。

李辅斌:《清代山西水利事业述论》,《西北大学学报》(自然科学版)1995 年第 6 期。

王尚义:《太原盆地昭余古湖的变迁及湮塞》,《地理学报》1997 年第 3 期。

马雪芹:《历史时期黄河中游地区森林与草原的变迁》,《宁夏社会科学》1999 年第 6 期。

韩茂莉:《历史时期黄土高原人类活动与环境关系研究的总体回顾》,《中国史研究动态》2000 年第 10 期。

李三谋、曹建强:《清代北方农地使用方式》,《农业考古》2001 年第 3 期。

刘叙杰:《中国古代城墙》,国家文物局文物保护司、江苏省文物管理委员会办公室、南京市文物局编《中国古代城墙保护研究》,文物出版社,2001,第 29~45 页。

张正明、张梅梅:《明清时期山西农业生产方法的改进》,《经济问题》2002 年第 12 期。

包茂宏:《唐纳德 · 沃斯特和美国的环境史研究》,《史学理论研究》2003 年第 4 期。

罗桂环:《20世纪上半叶西方学者对中国水土保持事业的促进》,《中国水土保持科学》2003年第3期。

梁四宝、燕红忠:《清代晋陕两省的经济活动与水土流失问题》,《山西区域社会史研讨会论文集》，山西区域社会史研讨会，2003，第115~121页。

赵赟:《纳税单位“真实”的一面——以徽州府土地数据考释为中心》,《安徽史学》2003年第5期。

包茂宏:《解释中国历史的新思维：环境史——评述伊懋可教授的新著〈象之退隐：中国环境史〉》,《中国历史地理论丛》2004年第3辑。

成一农:《宋、元以及明代前中期城市城墙政策的演变及其原因》,〔日〕中村圭尔、辛德勇编《中日古代城市研究》，中国社会科学出版社，2004，第145~183页。

王社教:《清代西北地区地方官员的环境意识——对清代陕甘两省地方志的考察》,《中国历史地理论丛》2004年第1辑。

高国荣:《什么是环境史？》,《郑州大学学报》(哲学社会科学版)2005年第1期。

李三谋:《清代山西主要农田水利活动》,《古今农业》2005年第2期。

邱仲麟:《国防在线：明代长城沿边的森林砍伐与人工造林》,《明代研究》2005年第8期。

桑广书:《黄土高原历史时期的植被变化》,《干旱区资源与环境》2005年第4期。

行龙:《晋水流域36村水利祭祀系统个案研究》,《史林》2005年第4期。

行龙:《从“治水社会”到水利社会》,《读书》2005年第8期。

行龙:《明清以来晋水流域的环境与灾害——以“峪水为灾”为中心的田野考察与研究》,《史林》2006年第2期。

韩云伟、张慧芝、王尚义:《明代汾州“泄文湖为田”的负面影响》,《中国地方志》2006年第5期。

李根蟠:《环境史视野与经济史研究——以农史为中心的思考》,《南开学报》(哲学社会科学版)2006年第2期。

李令福:《论淤灌是中国农田水利发展史上的第一个重要阶段》,《中国农史》2006 年第 2 期。

梅雪芹:《从环境的历史到环境史——关于环境史研究的一种认识》,《学术研究》2006 年第 9 期。

任世芳、赵淑贞:《历史时期汾河水库上游耕地发展与土壤侵蚀之关系》,《水土保持研究》2006 年第 4 期。

王利华:《中国生态史学的思想框架和研究理路》,《南开学报》(哲学社会科学版)2006 年第 2 期。

王尚义、张慧芝:《明清时期汾河流域生态环境演变与民间控制》,《民俗研究》2006 年第 3 期。

赵海晓、任伯平、王尚义:《试论清代中晚期汾河上游人类活动与太原水患加剧之关系》,《太原师范学院学报》(自然科学版)2006 年第 4 期。

成一农:《中国古代城市城墙史研究综述》,《中国史研究动态》2007 年第 1 期。

王尚义:《明清时期五台山佛教发展对自然环境的影响》,《太原师范学院学报》(自然科学版)2007 年第 3 期。

王社教:《清代山西的田地数字及其变动》,《中国农史》2007 年第 1 期。

孟万忠、王尚义、牛俊杰:《汾河上游流域人类活动影响下的森林覆被变化》,《太原师范学院学报》(自然科学版)2007 年第 1 期。

王尚义、张慧芝、马义娟等:《历史时期流域生态安全探研——以汾河上游为例》,《地理研究》2008 年第 3 期。

行龙:《"水利社会史"探源——兼论以水为中心的山西社会》,《山西大学学报》(哲学社会科学版)2008 年第 1 期。

张俊峰:《前近代华北乡村社会水权的表达与实践——山西滦池的历史水权个案研究》,《清华大学学报》(哲学社会科学版)2008 年第 4 期。

邱仲麟:《明代长城沿线的植木造林》,安介生、邱仲麟主编《边界、边地与边民:明清时期北方边塞地区部族分布与地理生态基础研究》,齐鲁书社,2009,第 129~148 页。

行龙、张俊峰:《化荒诞为神奇：山西“水母娘娘”信仰与地方社会》，香港《亚洲研究》2009 年第 58 期。

程森:《生态、交通与县际纷争——以清代漳河草桥的修造为中心》,《清史研究》2010 年第 4 期。

孟万忠、王尚义、刘晓峰:《太原盆地湖泊变迁过程中人地关系的透视》,《太原师范学院学报》(社会科学版) 2010 年第 5 期。

王先明:《环境史研究的社会史取向——关于“社会环境史”的思考》,《历史研究》2010 年第 1 期。

王利华:《浅议中国环境史学建构》,《历史研究》2010 年第 1 期。

孟万忠、刘晓峰、王尚义:《两千年来太原盆地古湖泊的水量平衡研究》,《干旱区资源与环境》2011 年第 8 期。

史红帅:《清乾隆四十六年至五十一年西安城墙维修工程考——基于奏折档案的探讨》,《中国历史地理论丛》2011 年第 1 辑。

行龙:《何以研究明清以来“以水为中心”的晋水流域?》,《山西大学学报》(哲学社会科学版) 2011 年第 3 期。

邱仲麟:《明清晋北的山地开发与森林砍伐》，夏明方主编《新史学》第 6 卷《历史的生态学解释：世界与中国》，中华书局，2012，第 115~160 页。

邱仲麟:《明清山西的山地开发与森林砍伐——以晋中、晋南为中心的考察》，山西大学中国社会史研究中心编《山西水利社会史》，北京大学出版社，2012，第 7~41 页。

辛德勇:《日本学者松本洪对中国历史植被变迁的开拓性研究》,《中国历史地理论丛》2012 年第 1 辑。

辛德勇:《由元光河决与所谓王景治河重论东汉以后黄河长期安流的原因》,《文史》2012 年第 1 辑。

张俊峰:《二十年来中国水利社会史研究的新进展》，山西大学中国社会史研究中心编《山西水利社会史》，北京大学出版社，2012，第 163 页。

郝平:《明蒙军事冲突背景下山西关厢城修筑运动考论——以地方志为中心》,《史林》2013 年第 6 期。

舒成强、何政伟、张斌等:《元谋干热河谷侵蚀区土桥发育特征与演化过程》,《热带地理》2014 年第 3 期。

朱士光《试论我国黄土高原历史时期森林变迁及其对生态环境的影响》,《黄河文明与可持续发展》第 7 辑，河南大学出版社，2014，第 86~105 页。

李荣华:《清代黄土高原水土流失及社会应对机制》,《兰州学刊》2015 年第 5 期。

涂师平:《中国镇水文物探析》,《农业考古》2015 年第 4 期。

周琼:《定义、对象与案例：环境史基础问题再探讨》,《云南社会科学》2015 年第 3 期。

韩强强:《碑刻所见近五百年山西人的环境意识初探》,《鄱阳湖学刊》2016 年第 6 期。

贾亭立:《中国古代城墙包砖》,《南方建筑》2016 年第 6 期。

李荣华:《民国时期水土保持学的引进与环境治理思想的发展》,《鄱阳湖学刊》2016 年第 6 期。

史红帅:《清乾隆五十二—五十六年潼关城工考论——基于奏折档案的探讨》,《中国历史地理论丛》2016 年第 2 辑。

李清临、孙燃:《中国古代陶瓷窑炉分类浅议》,《江汉考古》2017 年第 6 期。

王晓军、王亚文、张鸾等:《历史时期晋北森林生态系统变迁研究》,《江西农业学报》2017 年第 9 期。

赵九洲、马斗成:《中国微观环境史研究论纲》,《史林》2017 年第 4 期。

张俊峰:《金元以来山陕水利图碑与历史水权问题》,《山西大学学报》(哲学社会科学版)2017 年第 3 期。

周琼:《中国环境史学科名称及起源再探讨——兼论全球环境整体观视野中的边疆环境史研究》,《思想战线》2017 年第 2 期。

艾开开、杨乙丹:《明至民国时期黄土高原淤地坝的发展变迁——以陕晋为中心》,《农业考古》2018 年第 6 期。

李荣华:《20 世纪五六十年代黄土高原水土保持体系的构建》,《当代中国史研究》2018 年第 3 期。

钱克金:《明清太湖流域植棉业的时空分布——基于环境“应对”之分析》,《中国经济史研究》2018 年第 3 期。

王洋:《当前中国人口资源环境史研究述评》，山西大学中国社会史研究中心编《社会史研究》第 5 辑，商务印书馆，2018，第 275~277 页。

何一民:《清代前中期城墙重建修葺及特点》,《福建论坛》(人文社会科学版)2019 年第 4 期。

蓝勇:《近 70 年来中国历史交通地理研究的回顾与思考》,《中国历史地理论丛》2019 年第 3 辑。

史红帅:《清中后期陕西捐修城工研究——基于档案的考察》,《中国历史地理论丛》2019 年第 3 辑。

韩强强:《环境史视野与清代陕南山地农垦》,《中国社会经济史研究》2020 年第 1 期。

李荣华:《20 世纪 50 年代以来中国水土保持史研究综述》,《农业考古》2020 年第 6 期。

史霄曜:《明代太原府的城防建设》,《忻州师范学院学报》2020 年第 1 期。

夏如兵、王威:《明清时期山西地区的水稻种植》,《中国历史地理论丛》2020 年第 1 辑。

薛辉:《中国边疆环境史研究刍议——基于学术史梳理的思考》,《史学理论研究》2020 年第 4 期。

段志强:《经学、政治与堪舆：中国龙脉理论的形成》,《历史研究》2021 年第 2 期。

魏欣宝:《明清陕西府县城墙的包砌》,《中国历史地理论丛》2021 年第 2 辑。

吴闻达、季宇:《明初城墙包砖问题试析》,《故宫博物院院刊》2021 年第 3 期。

张荷:《“从智伯渠到汾河八大冬堰”的历史解读》,《山西水利》2021 年第 3 期。

行龙:《“以水为中心”：区域社会史研究的一个路径》,《史林》2023 年第 6 期。

张俊峰:《不确定性的世界：一个洪灌型水利社会的诉讼与秩序——基于明清以来晋南三村的观察》,《近代史研究》2023 年第 1 期。

赵九洲:《由陆向海：中国海洋环境史研究前瞻》,《中国边疆史地研究》2023 年第 1 期。

赵九洲:《意义与方法：中国近代环境史研究批评》,《社会科学》2023 年第 8 期。

王利华:《范式转换和领域开拓：中国近代环境史研究蠡见》,《社会科学战线》2024 年第 7 期。

2. 著作

李书田等:《中国水利问题》，商务印书馆，1937。

张含英:《治河论丛》，国立编译馆，1937。

华东军政委员会水利部编《黄河资料・治水利水篇》，华东军政委员会水利部印，1951。

杨伯峻:《论语译注・子路》，古籍出版社，1958。

夏纬瑛:《〈周礼〉书中有关农业条文的解释》，农业出版社，1979。

辛树帜、蒋德麒主编《中国水土保持概论》，农业出版社，1982。

曹隆恭:《肥料史话》(修订版)，农业出版社，1984。

茅以升主编《中国古桥技术史》，北京出版社，1986。

张维邦主编《山西省经济地理》，新华出版社，1986。

李仪祉:《李仪祉水利著作选集》，水利电力出版社，1988。

朱显谟主编《黄土高原土壤与农业》，农业出版社，1989。

徐松荣主编《近代陕西农业经济》，农业出版社，1990。

彭雨新:《清代土地开垦史资料汇编》，武汉大学出版社，1992。

曲格平、李金昌:《中国人口与环境》，中国环境科学出版社，1992。

徐月文主编《山西经济开发史》，山西经济出版社，1992。

杨纯渊:《山西经济史纲要》，山西人民出版社，1993。

杨纯渊:《山西历史经济地理述要》，山西人民出版社，1993。

张海瀛:《张居正改革与山西万历清丈研究》，山西人民出版社，1993。

翟旺、杨丕文主编《管涔山林区森林与生态变迁史》，山西高校联合出版社，1994。

翟旺、张守道:《太行山系森林与生态简史》，山西高校联合出版社，1994。

刘翠溶、伊懋可主编《积渐所至：中国环境史论文集》，“中央研究院”经济研究所，1995。

刘建生、刘鹏生:《山西近代经济史（1840—1949）》，山西经济出版社，1995。

翟旺、段书贵:《太岳山区森林与生态史》，山西高校联合出版社，1996。

安介生:《山西移民史》，山西人民出版社，1999。

李心纯:《黄河流域与绿色文明——明代山西河北的农业生态环境》，人民出版社，1999。

《山西水土保持志》编纂委员会编《山西水土保持志》，黄河水利出版社，1999。

翟旺、刘志光、韩日有:《太原森林与生态史》，内部发行，1999。

朱士光、吴宏岐主编《黄河文化丛书·住行卷》，陕西人民出版社，2001。

山西省史志研究院编《山西通史》，山西人民出版社，2002。

董晓萍、〔法〕蓝克利:《不灌而治：山西四社五村水利文献与民俗》，中华书局，2003。

刘东生、丁梦麟:《黄土高原·农业起源·水土保持》，地震出版社，2004。

翟旺、张士权、赵汉儒:《雁北森林与生态史》，中央文献出版社，2004。

王利华主编《中国历史上的环境与社会》，生活·读书·新知三联书店，2007。

行龙:《以水为中心的晋水流域》，山西人民出版社，2007。

行龙主编《环境史视野下的近代山西社会》，山西人民出版社，2007。

王尚义、张慧芝：《历史时期汾河上游生态环境演变研究——重大事件及史料编年》，山西人民出版社，2008。

王建革：《传统社会末期华北的生态与社会》，生活·读书·新知三联书店，2009。

王杰瑜：《政策与环境：明清时期晋冀蒙接壤地区生态环境变迁》，山西人民出版社，2009。

翟旺、米文精：《五台山区森林与生态史》，中国林业出版社，2009。

翟旺、米文精：《山西森林与生态史》，中国林业出版社，2009。

张芳：《中国古代灌溉工程技术史》，山西教育出版社，2009。

张荷：《晋水春秋：山西水利史述略》，中国水利水电出版社，2009。

丁晓荣编著《山西煤炭简史》，煤炭工业出版社，2011。

包茂红：《环境史学的起源与发展》，北京大学出版社，2012。

韩茂莉：《中国历史农业地理》，北京大学出版社，2012。

胡英泽：《流动的土地：明清以来黄河小北干流区域社会研究》，北京大学出版社，2012。

张俊峰：《水利社会的类型：明清以来洪洞水利与乡村社会变迁》，北京大学出版社，2012。

傅林祥、林涓、任玉雪、王卫东：《中国行政区划通史·清代卷》，复旦大学出版社，2013。

孙建中、王兰民、门玉明等编著《黄土学·中篇·黄土岩土工程学》，西安地图出版社，2013。

王利华：《人竹共生的环境与文明》，生活·读书·新知三联书店，2013。

项海帆、潘洪萱、张圣城等编著《中国桥梁史纲》，同济大学出版社，2013。

王尚义、张慧芝：《历史流域学论纲》，科学出版社，2014。

张驭寰：《中国城池史》，中国友谊出版公司，2015。

吴朋飞：《历史水文地理学的理论与实践：基于涞水河流域的个案研究》，

科学出版社，2016。

张伟然等:《历史与现代的对接：中国历史地理学最新研究进展》，商务印书馆，2016。

李文杰:《中国古代制陶工程技术史》，山西教育出版社，2017。

唐寰澄、唐浩编著《中国桥梁技术史·古代篇》，北京交通大学出版社，2017。

杜新豪:《金汁：中国传统肥料知识与技术实践研究（10~19 世纪）》，中国农业科学技术出版社，2018。

胡英泽:《凿井而饮：明清以来黄土高原的生活用水与节水》，商务印书馆，2018。

行龙编著《以水为中心的山西社会》，商务印书馆，2018。

张俊峰:《泉域社会：对明清山西环境史的一种解读》，商务印书馆，2018。

周亚:《晋南龙祠：黄土高原一个水利社区的结构与变迁》，商务印书馆，2018。

李嘎:《旱域水潦：水患语境下山陕黄土高原城市环境史研究》，商务印书馆，2019。

梅雪芹、倪玉平、李志英等编著《中国环境通史》第 4 卷《清—民国》，中国环境出版集团，2019。

王利华编著《中国环境通史》第 1 卷《史前—秦汉》，中国环境出版集团，2019。

王利华编著《中国环境通史》第 2 卷《魏晋—唐》，中国环境出版集团，2019。

王尚义:《历史流域学的理论与实践》，商务印书馆，2019。

杜娟:《历史时期关中的土壤环境与永续农耕》，中国环境出版集团，2020。

耿金、和六花:《矿业·经济·生态：历史时期金沙江云南段环境变迁研究》，中国环境出版集团，2020。

侯甬坚、聂传平、夏宇旭、赵彦风编著《中国环境通史》第3卷《五代十国—明》，中国环境出版集团，2020。

刘荣昆：《林人共生：彝族森林文化及变迁》，中国环境出版集团，2020。

刘海鸥：《中国古代环境资源法律探研》，中国社会科学出版社，2021。

张青瑶：《环境与社会：清代晋北地区土地利用及其驱动机制研究》，陕西人民出版社，2021。

贾珺：《慎思与深耕：外国军事环境史研究》，中国社会科学出版社，2023。

（二）外文、译著

〔美〕唐纳德·沃斯特撰，侯文蕙译《环境史研究的三个层面》，《世界历史》2011年第4期。

〔日〕井黑忍著，王睿译《清浊灌溉方式具有的对水环境问题的适应性——以中国山西吕梁山脉南麓的历史事例为中心》，刘杰主编《当代日本中国研究》第3辑《经济·环境》，社会科学文献出版社，2014，第194~222页。

〔美〕何炳棣：《黄土与中国农业的起源》，香港中文大学，1969。

冀朝鼎：《中国历史上的基本经济区与水利事业的发展》，朱诗鳌译，中国社会科学出版社，1981。

〔美〕弗·卡特、汤姆·戴尔：《表土与人类文明》，庄崚、鱼姗玲译，中国环境科学出版社，1987。

〔美〕何炳棣：《中国古今土地数字的考释和评价》，中国社会科学出版社，1988。

〔美〕何炳棣：《明初以降人口及其相关问题（1368—1953）》，葛剑雄译，生活·读书·新知三联书店，2000。

〔美〕J. 唐纳德·休斯：《什么是环境史》，梅雪芹译，北京大学出版社，2008。

〔美〕马立博：《中国环境史：从史前到现代》，关永强、高丽洁译，中国人民大学出版社，2015。

〔美〕戴维·R.蒙哥马利:《泥土:文明的侵蚀》,陆小璇译,译林出版社,2017。

〔日〕北支那开发株式会社业务调查课编《支那の水利問題》,生活社,1939。

〔日〕大久保隆弘:《作物轮作技术与理论》,巴恒修、张清沔译,农业出版社,1982。

〔日〕松永光平:《中国の水土流失:史的展開と現代中国における転換点》,勁草书房,2013。

〔英〕柯林武德:《历史的观念》,何兆武、张文杰译,商务印书馆,1997。

〔英〕伊懋可:《大象的退却:一部中国环境史》,梅雪芹、毛利霞、王玉山译,江苏人民出版社,2014。

后　记

摆在读者诸君面前的这本小书，是在我博士学位论文的基础上写成的。博士学位论文于2021年12月在南开大学历史学院通过答辩，我也顺利毕业。毕业之后，不曾想过，基于博士学位论文的第一部书作的出版竟然来得这样快。2023年，在博士研究生导师王利华老师的主导下，拙著有幸忝列“华北区域环境史研究丛书”，与其他6本书一道获得2023年度国家出版基金资助，这成为我修改博士学位论文的强大动力。自获批国家出版基金之后，在日常琐事的匆匆忙忙之中，经过一年多时间断断续续地修改，最终在截止日期之前完成了这本并不令人十分满意的作品。若从2011年9月进入本科学习算起，我至今与历史学已经相处超过13个年头。拙著算不上是这13年历史学学习与研究的结晶，只能算是自1997年至2021年求学生涯的一个句号。

2018年作为博士生入学之后，我听从王利华老师的建议，拟选择历史上黄土高原“水土保持”作为博士学位论文的选题。可经过大致的梳理之后，我发现，“水土流失”或“水土保持”的历史研究蔚为大观，相比之下可以突破的点少之又少，可谓已属于题无剩义。并且我还发现，在陕西师范大学西北历史环境与经济社会发展研究院读硕士学位时的老师，已经于2019年获批一个关于黄土高原水土保持的历史研究项目，即国家社科基金一般项目“基于环境史视角的黄土高原水土保持研究（1840—1980）”（19BZS102）。为了在相关研究上有所推进且避免“撞题”的风险，我基于环境史研究的立场与取径，最终选取了“土”这一自然环境要素作为博士学位论文的研究对象，最后定题目为“清代山西社会对土的利用与治理研究”，试图还原一段“以土为中心”而非“以土地为中心”的山西民人生生不息的历史。

在翻检史料的过程中，历史文献中关于黄土的文字，常常引我回到我那已经消逝了的与土为伴的童年。

我出生并生长在黄土高原山西的南部，在进入镇里的初中读书之前，乡野间广阔但支离破碎的黄土沟梁就是我目力所及的全世界。我家居住的房子虽已经是砖窑，但有一间房屋的地面仍然是未墁砖的黄土地面，在家里洒扫地面时就能闻到黄土地特有的芬芳。麦收后也用作碾麦场的宽敞大院亦是未硬化过的黄土地面，下雨下雪时的泥泞常常使我的鞋子如灌铅般沉重，不小心踩到泼上去的水之后还能收获一个结结实实的屁股蹲儿。而房顶上所铺垫的也仍然是厚厚的黄土，上面长满了可供牛羊食用的野草，我常常在房顶放羊的同时欣赏黄土高原特有的风土。因为以农为生，我的祖父除了种地也养着一群绵羊以及几匹骡马，绵羊与骡马的粪尿乃是上好的肥料，所以院子的一角有一座大大的粪堆。生土被源源不断地从别处挖来并垫进绵羊与骡子的圈里，混合了粪尿而后被羊与骡踩踏结实的粪土则被源源不断地积攒于院落一角。当然，庭院洒扫之尘灰与人排泄之屎溺也一并进入了粪堆，最后被运进农田里为农作物的生长提供不可缺少的养分。

院落之外的天地虽然也常常泥泞不堪或尘土满目，但依然对我及儿时的玩伴有着无比巨大的吸引力。我家院子的外面是别人家的房顶，而别人家的院落外又是另一家人的房顶。房顶不仅仅是房顶，还是交通必经之地。所以当我们奔跑在院落外的道路上时，常常会引起房顶之下村民的不满。村落中的房屋坐落在几个沟谷之中，房屋也就沿着等高线拾坡而上，除了少数几家的房屋是砖混房外，多数房屋是土窑与砖窑，或前面一半是砖窑、后面一半是土窑。每当酷热难耐的时候，我跟儿时的玩伴最喜欢躲在土窑里纳凉，那种凉爽比后来我所感受过的空调带来的凉爽有过之而无不及。只是相比于冬暖夏凉的优点，人们更在意的是窑洞逼仄昏暗的缺点，所以到后来土窑渐渐被废弃，一座座砖混房拔地而起，而一座座土窑、砖窑则被野草灌木所占据。在土路没有被硬化之前，雨过天晴之后的时光，是我跟儿时玩伴最喜欢的，流水顺着土路从上而下，流水潺潺、水窝浅浅，我们不仅可以在水沟中横造泥坝玩蓄水放水的游戏，还可以抟土捏造小坦克、小泥人等物件互相把玩，甚至可以在被水浸润的土地上踩来踩去体验泥土的柔软与黏腻。但雨后并不总是充满着欢乐，雨水的冲蚀常常给土路造成难以抚平的伤痕，或者直接将毫无保护的土路冲成断沟深壑，沟槽与断陷给我们的出行带来了不小的麻烦，所以雨后修路也常常成为大人的必修课，冲了又修，修好又冲，人与水、与土就这样来回拉扯，直到后来土路被人们硬化，为土路医治伤痕的行为才不那么频繁。

以农为生的村民们所开辟的农田多在村落之外的沟壑之中，一级一级的梯田上种满各种庄稼。在水能浇灌的土地上，除了偶尔种植蔬菜瓜果外，更多的是连种冬小麦与玉米，这样能两年三收。在靠天吃饭的地块上，多种植一季，或冬小麦、或玉米、或番薯、或小米、或绿豆，不一而足。当然，彼时人们已经不再只靠农业而生，农业似乎完全成了家庭副业。在一级一级的农田之间，也少不了跳上跳下的身影，我跟玩伴们寻找着一切能入口的野生浆果，踩踏着虚松的土地，寻找爬行在地上或深藏于土里的昆虫，肆意挥洒着年少不知愁滋味的精力与时光。农田离家稍远，但最远大概也就是步行一个小时的往返路程。收割小麦、掰玉米、栽种红薯，汗水被大地照单全收，秸秆划破的肌肤则热辣辣地迎接暖风，面朝黄土背朝天的日子使人不忍回首，傍晚农作之后迎着晚霞、吹着凉风的时间总是令人如释重负。日复一日、年复一年的辛勤劳作不会令人苦闷与难以忍受，但日复一日、年复一年劳作后挣不到钱会使人对于勤劳致富的信仰渐渐崩塌。后来，没有一个人是仅仅靠着种地活着的，种地沦为一种副业，或许从更早的时候就开始了。我的祖父挨过饿，所以终其一生都在不停地种地，试图通过种地解决生活中的一切烦恼。但种地没能让他过上相对较为富足的日子，反而过早地压垮了他不屈的脊梁，他的儿子们抛弃了土地从事了农产品加工业之后，日子才好过了一些。

黄土高原的深厚黄土为我的童年添加了许多土的元素，让我深刻体悟到土作为一种自然环境要素的无孔不入。我们住的房子或是土窑，或是砖窑，均是赖土而成。我们的院墙或是夯土而成，或是垒坯而就，均是塑土而成。我们的灶台、火炕亦少不了土的参与，我们的农田建立在深厚的土层之上，并需要土参与的粪肥还田以增加土壤肥力。我们的村子及周围的村子里还坐落着几座烧砖厂，一些人以此为主要生计。我们所走过的每一段路，都是踏土而行，需要忍受并应对泥泞、风尘与断陷。就连我们的玩乐，也处处闪现着土的身影。而我想，我所经见闻听的一切，应该也是历史上如我一般的童稚所经见听闻的，应该也是历史上如我的祖父和乡民们一样的生命日常所必然亲历的。如此，那土与人发生的关联就不仅限土地那样单一，人们关于土的事项也就不仅仅是一个“水土保持”所能概括的，一定存在着一幅围绕着“土”而展开的历史画卷。于是在“清代山西社会对土的利用与治理研究”的基础上，我拟定“以土为中心的历史：山西明清时期的环境与社会”为题，试图揭示一段山西民人如何通过与土这一自然环境要素互动而生生不息的历史。呈现在读者诸君面前的这部书作，或许达到了这一目的，或许只达成了一部分，或许压根就没有达到。如果达到或达到了一部分，那么至少可以慰藉我心。如果没有达到，那么只能说我的能力驾驭不了我的野心，拙著权作抛砖引玉之作以冀望于后来者。

最后，拙著能有付梓之今日，与众多师友及家人的无私帮助密不可分，在此略陈数言以聊表谢意。

感谢我的硕士研究生导师王社教老师。是他领我走进中国历史农业地理学的门庭，教给了我做学术研究的知识与技巧，以及一些为人处世的道理。一直以来社教师对我提出的要求从未拒绝过，我发过去的请教学术问题的信息总是迅速地得到他的回应。虽然我天资鲁钝，但社教师一直诲人不倦，我也收获良多。跟随社教师学过的中国历史农业地理知识及相关的学术训练，为这本小书，特别是前两章的写作提供了便利的条件，奠定了良好的基础。社教师常批评今日之论著，“看似材料齐全，而实为材料堆砌，不知取舍，没有提炼，虽洋洋万言而空洞无物，读之让人昏昏欲睡”。不幸的是，拙著便有此通病，可能还更为严重，这完全有悖于社教师的教诲，这一问题的出现无疑该由我自己来负责，并承担其后果。

感谢我的博士研究生导师王利华老师。利华师一向采取自由主义的指导风格，对我们的选题及写作给予最大程度的宽容，并时常接济一些科研经费以助力我们的科研活动。利华师饱读各类书籍，笔耕不辍，勤于思考，他睿智深邃的思想常常让我醍醐灌顶、钦佩不已。我对环境史的所有体悟与认知，基本上都来源于利华师的已刊文字或谆谆教诲。利华师对环境史学科体系的建构、研究内容的厘定均十分独特，拙著正是遵循这一学科体系、研究内容而写成的。同时，“生命”是利华师所强调的环境史的核心关键词，拙著正是在“生命”这一前提下立论并展开论述的。希望拙著的相关论述与发挥没有曲解利华师的本意。拙著能够被纳入2023年度国家出版基金资助项目予以出版，也完全仰赖利华师的信任。利华师将我的博士学位论文列入“华北区域环境史研究丛书”之中，给予我完成这本小书的写作以巨大的动力。可以说，没有利华师的信任与支持，拙著就不可能这么快出版。

感谢我的父母，特别是我的母亲，我想把这部书作献给她。她从小吃了没钱念不起书的苦，所以后来不管身体上遭受多少辛苦，精神上承受多少熬煎，都始终特别支持我与妹妹们的学业。特别是顶住父亲的压力，多次支持已具备劳动能力可以为家庭分担经济压力的我参加高考。最后幸而有上天眷顾可怜的人儿，让我考上了我自己都不认为能考上的大学，使我家的祖坟结结实实冒了一把青烟，而我也不用再听父亲时常在我耳边提起的“亮脸研炭”“驴粪蛋表面光”“祖坟上没长那根蒿”等言语了。之后顺利地攻读了历史学学士、硕士、博士学位，为我将这本书作呈现在读者诸君面前奠定了不可或缺的基础。

感谢我的妻子。我们从小就认识但不熟识，我们两家门当户对、距离只有步行几分钟的路程，少了很多因原生环境背景差异而带来的生活烦恼，少了逢年过节时到底回谁家的频繁无解的争论。她很听我的意见，因此我们的相处也少了很多龃龉。她是一位贤妻良母，也是一位很好的伴侣。只要她在家，总是把家里收拾得井井有条、干干净净，让我体会到家的温馨与温暖。她特别支持我的科研工作，因此主动承担了很多家务，陪伴着我们尚是懵懂的女儿，所以我们的女儿常常会说她喜欢妈妈但是不喜欢爸爸，会哭着找妈妈，而欢快地、果断地送爸爸出门。没有妻子在精神上的支持与在家务上的分担，我即便有再多的想法与自律，也都会被耗散在工作的琐碎与日常的烦忧中，也就不会有呈现在读者诸君面前的这本小书。四周岁的女儿正是无忧无虑的时候，希望她未来不用体会生活的艰辛与烦忧，永远保有她孩提时代的这颗赤子之心，天真烂漫。

感谢的话永远说不完，还有许多帮助过、支持过我的师友亲朋，虽无法在这里一一具名以示谢意，但我的感念之心一直存在。是他们让我深深感受到“人间自有真情在”，而并非“人间不值得”。

科研永无止境，我自忖是一个十分鲁钝的人，又懒惰、散漫而急功近利，做科研毫无定力，又缺乏耐心。按照学术惯常，书作出版之前，应将其中的若干篇章单独发表出来，以供学术界同仁批评，从而减少舛谬、提高质量、精益求精。但可惜的是，由于能力有限，拙著中的篇章并未能单独发表以经受学术界的检验，心中因此不免有些忐忑与不安。唯一可以稍稍慰藉我心的是，我呈现在读者诸君面前的这本小书是“新”的。当然，“新”不会使得拙著的思考更为圆融、论述更加精辟、错漏有所减少，更不会抵消或掩盖书中那诸多令人难以忽视的缺点与不足，而那些有失允当、拉杂冗余之处的出现概由本人负责，特别企盼社会各界的批评斧正，如有指教，将不胜感激。

韩强强

2025 年 4 月 15 日于魏榆客舍

图书在版编目（CIP）数据

以土为中心的历史：山西明清时期的环境与社会 / 韩强强著．-- 北京：社会科学文献出版社，2025. 6.
（华北区域环境史研究丛书）．-- ISBN 978-7-5228-5317-8

Ⅰ．X21

中国国家版本馆 CIP 数据核字第 2025RR2778 号

·华北区域环境史研究丛书·

以土为中心的历史

——山西明清时期的环境与社会

著　　者 / 韩强强

出 版 人 / 冀祥德
组稿编辑 / 任文武
责任编辑 / 李　淼
责任印制 / 岳　阳

出　　版 / 社会科学文献出版社·生态文明分社（010）59367143
地址：北京市北三环中路甲29号院华龙大厦　邮编：100029
网址：www. ssap. com. cn
发　　行 / 社会科学文献出版社（010）59367028
印　　装 / 三河市东方印刷有限公司

规　　格 / 开 本：787mm × 1092mm　1/16
印 张：25.75　字 数：389千字
版　　次 / 2025年6月第1版　2025年6月第1次印刷
书　　号 / ISBN 978-7-5228-5317-8
定　　价 / 98. 00元

读者服务电话：4008918866